★★★★ ★★★★

物联网应用技术系列教材

ZigBee无线网络原理

无线龙 编著

北 京
冶金工业出版社
2017

内 容 提 要

ZigBee 是一种基于 IEEE802. 15. 4 标准、简单易用、近距离、低速率、低功耗（长电池寿命）且极廉价的无线通信技术，是无线传感网和物联网的首选技术之一。本书通过实验可直观演示 ZigBee 组网、ZigBee 数据传输、ZigBee 网络拓扑等功能，使读者更加容易掌握和理解。本书的实验均有源代码，并通过了实际的验证。

本书适合高等学校物联网技术专业及相关专业的教学使用，在完成本书学习后通常都能自己动手开发 ZigBee 相关项目，因此本书可以用作现场技术人员及物联网从业人员的培训教材。

图书在版编目(CIP)数据

ZigBee 无线网络原理/无线龙编著. —北京：冶金工业出版社，2011. 9（2017. 1 重印）
物联网应用技术系列教材
ISBN 978-7-5024-5709-9

Ⅰ. ①Z… Ⅱ. ①无… Ⅲ. ①无线网—高等学校—教材
Ⅳ. ①TN92

中国版本图书馆 CIP 数据核字(2011)第 169578 号

出 版 人　谭学余
地　　址　北京市东城区嵩祝院北巷 39 号　邮编　100009　电话　(010)64027926
网　　址　www. cnmip. com. cn　电子信箱　yjcbs@ cnmip. com. cn
责任编辑　程志宏　美术编辑　李　新　版式设计　孙跃红
责任校对　石　静　责任印制　牛晓波
ISBN 978-7-5024-5709-9
冶金工业出版社出版发行；各地新华书店经销；三河市双峰印刷装订有限公司印刷
2011 年 9 月第 1 版，2017 年 1 月第 2 次印刷
787mm × 1092mm　1/16；20. 25 印张；488 千字；311 页
49. 00 元

冶金工业出版社　投稿电话　(010)64027932　投稿信箱　tougao@ cnmip. com. cn
冶金工业出版社营销中心　电话　(010)64044283　传真　(010)64027893
冶金书店　地址　北京市东四西大街 46 号(100010)　电话　(010)65289081(兼传真)
冶金工业出版社天猫旗舰店　yjgycbs. tmall. com
（本书如有印装质量问题，本社营销中心负责退换）

《ZigBee无线网络原理》
编　委　会

序　言

当今世界通信技术迅猛发展，ZigBee 作为一种新兴的短距离无线通信技术，正有力地推动着低速率无线个人区域网络（LR-WPAN Low-Rate Wireless Personal Area Network）的发展。ZigBee 是基于 IEEE802.15.4 标准和应用于无线监测与控制的全球性无线通信标准，强调简单易用、近距离、低速率、低功耗（长电池寿命）且极廉价的市场定位，可以广泛应用于工业控制、家庭自动化、医疗护理、智能农业、消费类电子和远程控制等领域，拥有广阔的应用前景。

ZigBee 核心技术是运行于微控制器内部的一套软件，又称之为软件 ZigBee 协议栈，负责该协议规范制定的是 ZigBee 联盟。ZigBee 联盟于 2004 年 12 月通过了 ZigBee1.0（亦称 ZigBee2004）标准，于 2005 年 9 月公布并提供下载。

2006 年 12 月 ZigBee 联盟又推出 ZigBee1.1（又称 ZigBee2006）版。ZigBee1.1 较原有 ZigBee1.0 作了比较大的改进，例如新增（ZCL ZigBee Cluster Library）、集团装置（Group Device）、多播（Multicast）功效、更丰富的网络拓扑，并且可以直接透过无线方式（OTA Over The Air）进行组态配置和软件更新，此外也移除了（KVP Key Value Pair）的讯息格式。

2007 年 10 月 ZigBee 联盟推出 ZigBee2007，制定出 ZigBee Pro Feature Set（简称 ZigBee Pro）的新标准，对 ZigBee 协议栈进行了重大升级，加强了对家庭自动化（HA Home Automation）、建筑/商业大楼自动化（BA Building Automation）、高级抄表结构（AMI Advanced Meter Infrastructure）3 种应用剖面的支持。同时在自动跳频、支持更大的网络、更高级的路由算法等方面有很大改进和提高，将 ZigBee 协议栈可用性和可靠性，提高到一个全新的阶段。

国内的一些知名企业也一直专注于 ZigBee 技术的研究开发，在 ZigBee 开发系统和相关教材书籍方面，努力跟踪该技术的发展，与 ZigBee1.0 协议配套开发的系统为 C51RF-3-JKS，与 ZigBee1.1 协议配套开发的系统为 C51RF-3-PK，与 ZigBee2007 配套的系统为 C51RF-CC25X0-PK。

掌握 ZigBee 技术的关键是掌握 ZigBee 协议栈，从 ZigBee1.0 到 ZigBee1.1 再到目前 ZigBee Pro，协议栈的结构、功能调用、参数设置、软件代码等，都有重大的变化，掌握的难度也在不断增加，如何在复杂的协议栈技术手册和浩瀚的代码中抓住其中的精髓，驾驭协议栈和实现自己的应用设计，只有靠投入大量的智力潜心研究，依靠大量的实验来体验和观察。

本书主要从实践入手，让读者更多地去体会 ZigBee 协议，利用 ZigBee 协议达到驾驭和使用的目的，并在 ZigBee 协议栈之上建立自己的应用，从而更快速地完成项目。如果读者已经有一些 ZigBee 的理论基础，本书可使您尽快去验证并应用这些理论；如果读者还是 ZigBee 技术初学者，则本书前面的部分理论性章节可使您对 ZigBee 技术不再陌生；如果读者已经有 ZigBee 开发经验，通过本书学习能更进一步领会最新 ZigBee Pro 协议应用。

本书适合高等学校 ZigBee 技术相关专业的教学，书中大量的实际例子让学生的学习不再空洞，让学生把高深的理论知识，通过本书的实验达到直观演示和了解 ZigBee 组网、ZigBee 数据传输、ZigBee 网络拓扑等功能，让学生的学习更加得心应手。

作者为本书的实验开发了全部源代码，而且这些实验均通过了实际的验证。

通过本书的学习，读者一般都能自己动手开发 ZigBee 相关项目，作者希望本书能为您带去一份精彩的技术人生。我们的初衷是真诚为您服务！

最后，要特别感谢冶金工业出版社的全力支持和修正，如果没有他们的努力和辛勤劳动，这本书不会这样快出版。

作　者

2011 年 6 月

目　录

第 1 章　ZigBee 无线网络技术现状

ZigBee 是一种新兴的短距离、低速率无线网络技术，它是一种介于无线标记技术和蓝牙之间的技术提案。在此前曾被称作“HomeRF Lite”或“FireFly”无线技术，主要用在近距离无线连接。它有自己的无线电标准，在数千个微小的传感器之间相互协调实现通信。这些传感器只需要很少的能量，以接力的方式通过无线电波将数据从一个传感器传到另一个传感器，所以它们的通信效率非常高。最后，这些数据就可以进入计算机用于分析或者被另外一种无线技术如 WiMax 所收集。

1.1　ZigBee 技术演变和进展

ZigBee 基础是 IEEE802.15.4，它是 IEEE 无线个人区域网（PAN Personal Area Network）工作组的一项标准，被称作 IEEE802.15.4（ZigBee）技术标准。ZigBee 不只是 802.15.4 的名字。因为 IEEE802.15.4 仅规范了低级 MAC 层和物理层协议，但 ZigBee 联盟对其网络层协议和 API 进行了标准化。ZigBee 完全协议用于一次可直接连接到一个设备的基本节点的 4K 字节或者作为 Hub 或路由器的协调器的 32K 字节。每个协调器可连接多达 255 个节点，而几个协调器则可形成一个网络，对路由传输的数目则没有限制。ZigBee 联盟还开发了安全层，以保证这种便携设备不会意外泄漏其标识，而且这种利用网络的远距离传输不会被其他节点获得。

2002 年下半年，英国 Invensys 公司、日本三菱电气公司、美国摩托罗拉公司以及荷兰飞利浦半导体公司四大巨头共同宣布，它们将加盟“ZigBee 联盟”，参与研发名为“ZigBee”的下一代无线通信标准，这一事件成为该项技术发展过程中的里程碑。

到目前为止，除了 Invensys、Ember、三菱电子、摩托罗拉、TI（德州仪器）、飞思卡尔和飞利浦等国际知名的大公司外，该联盟大约已有 200 多家成员企业，并在迅速发展壮大。其中涵盖了半导体生产商、IP 服务提供商、消费类电子厂商及 OEM 商等，例如 Honeywell、Eaton 和 Invensys Metering Systems 等工业控制和家用自动化公司，甚至还有像 Mattel 之类的玩具公司。所有这些公司都参加了负责开发 ZigBee 物理和媒体控制层技术标准的 IEEE802.15.4 工作组。

1.1.1　ZigBee 技术由来

在蓝牙技术的使用过程中，人们发现蓝牙技术尽管有许多优点，但也存在许多缺陷。对工业、家庭自动化控制和遥测遥控领域而言，蓝牙技术显得太复杂、功耗大、距离近、组网规模太小等，而工业自动化对无线通信的需求越来越强烈。为此经过人们长期努力，2004 年正式制定了 ZigBee 协议规范。

ZigBee 是一个由可多到 65000 个无线数传模块组成的一个无线数传网络平台，十分类似于现有的移动通信的 CDMA 网或 GSM 网，每一个 ZigBee 网络数传模块类似移动网络的一个基站，在整个网络范围内，它们之间可以进行相互通信；每个网络节点间的距离可以从标准的 75 米，到扩展后的几百米，甚至几千米；另外整个 ZigBee 网络还可以与现有的其他各种网络连接。例如，你可以通过互联网在北京监控云南某地的一个 ZigBee 网络。

不同的是 ZigBee 网络主要是为自动化控制数据传输而建立，而移动通信网主要是为语音通信而建立。每个移动基站造价一般都在百万元人民币以上，而每个 ZigBee “基站”却不到 1000 元人民币。每个 ZigBee 网络节点不仅本身可以与监控对象连接，例如与传感器连接直接进行数据采集和监控，还可以自动中转别的网络节点传过来的数据资料。除此之外，每一个 ZigBee 网络节点（FFD）还可在自己信号覆盖的范围内，和多个不承担网络信息中转任务的孤立的子节点（RFD）无线连接。

每个 ZigBee 网络节点（FFD 和 RFD）可以支持多到 31 个的传感器和受控设备，每一个传感器和受控设备终端可以有 8 种不同的接口方式，可以采集和传输数字量和模拟量。

1.1.2 ZigBee 技术发展历程

ZigBee 是以 IEEE802.15.4 标准为基础发展起来的无线通信技术。2000 年 12 月成立了工作小组起草 IEEE802.15.4 标准，ZigBee 联盟于 2002 年 10 月发起成立，当时的成员有 Philips Semiconductor、Honeywell、Mitsubishi、Invensys、Motorola 等，其中 Philips Smiconductor 于 2004 年 4 月退出，改由 Philips Lighting（照明）接替其原有在 ZigBee Alliance 中的会员位置。

2004 年 12 月 ZigBee1.0 标准（即 ZigBee2004）敲定，之后于 2005 年 9 月公布并提供下载。于 2006 年 12 月进行标准修订，推出 ZigBee1.1 版（即 ZigBee2006）。ZigBee1.1 相对于 ZigBee1.0 作了若干修改，例如新增 ZCL（ZigBee Cluster Library）、群化式装置（Group Device）、多播（Multicast,）功能以及空中无线（OTA Over The Air）进行组态配置，此外也移除了 KVP（Key Value Pair）的信息格式。

然而 ZigBee1.1 依然无法达到最初的理想，此标准又于 2007 年 10 月完成再次修订（称为 ZigBee2007/PRO、ZigBee Pro 或 ZigBee2007），推出 ZigBee Pro Feature Set（简称 ZigBee Pro）的新标准。此新标准 ZigBee 联盟更专注以下三种应用类型的拓展：

（1）家庭自动化（HA Home Automation）；

（2）建筑/商业大楼自动化（BA Building Automation）；

（3）先进抄表基础建设（AMI Advanced Meter Infrastructure）。

ZigBee Pro 与之前的 ZigBee1.1 有诸多的不同，且推翻许多在 ZigBee1.0、ZigBee1.1 版中的设计，例如移除了 Cskip 的地址排定（Address Assignment）法，这也表示不支持 1.1 版中的树状路由（Tree Routing）做法，然而增加了新的机制，例如或然性的地址安排（Stochastic Address Assignment）、多对一性的路由（Many to One Routing）、来源节点性的路由（Source Routing）。

另外，还增加了快速频率切换（Frequency Agility）、封包拆解（Fragmentation）及重组（Reassembly）、群组性寻址（Group Addressing）等功能，此外也将安全性机制区分成标准安全与高度安全两种模式。

从 2003 年 12 月，CHIPCON 推出业界第一款 ZigBee 收发器 CC2420 以来，各大半导体厂家可谓百家争鸣，先后推出许多款 ZigBee 收发芯片，其中仍然以 CHIPCON 最受关注。先后有多家公司推出与 ZigBee 收发芯片匹配的专业处理器，除了 CHIPCON 外以微芯的 PIC18F4620 和 ATMEL 的 A222222 最为成功。2004 年 12 月，推出全球第一个 IEEE802. 15. 4/ZigBee 片上系统（SoC）解决方案——CC2430 无线单片机，该款芯片内部集成了一颗增强型的 8051 内核以及业内性能卓越的 ZigBee 收发器 CC2420。2005 年 12 月，CHIPCON 再接再厉，推出内嵌定位引擎的 ZigBee/IEEE802. 15. 4 解决方案 CC2431。

2006 年 2 月 TI 公司收购 CHIPCON 公司，以壮大其在 RF 行业的龙头地位。之后 TI 在发布的 ZigBee 收发器以及无线单片机上进行不断的修订，也陆续开发出具有针对性的开发系统，并于 2006 年 10 月把其自身的 MSP430 处理器用于对 ZigBee 收发器的控制，并于 2007 年 5 月推出整套 CC2420 + MSP430 ZigBee/IEEE802. 15. 4 Development Kit 开发包。2008 年 2 月，推出第二代 ZigBee/IEEE802. 15. 4 收发芯片 CC2520，2008 年 4 月推出 ZigBee 协处理器 CC2480，2008 年 6 月推出 2. 4G 放大芯片 CC2591。

在国内，嵌入式无线开发工具供应商，如成都某通讯科技有限公司从 2005 年就开始对 ZigBee 无线网络技术进行研发，并相继跟随芯片发展步伐推出相关 ZigBee 开发工具，例如 ZigBee2004 开发系统 C51RF-3-JKS；ZigBee2006 开发系统 C51RF-3-PK；ZigBee2007 开发系统 C51RF-CC2520-PK；ZigBee 协处理器 CC2480 开发工具 ARMRF2-STR911。

不仅仅是硬件，软件方面 TI 也跟进得相当快，而且是唯一一家免费公开协议栈的公司。

2007 年 1 月德州仪器（TI）宣布推出 ZigBee 协议栈（Z-Stack），并于 2007 年 4 月提供免费下载版本 V1. 4. 1。Z-Stack 达到 ZigBee 测试机构德国莱茵集团（TUV Rheinland）评定的 ZigBee 联盟参考平台（golden unit）水平，目前已为全球众多 ZigBee 开发商所广泛采用。Z-Stack 符合 ZigBee2006 规范，支持多种平台，其中包括面向 IEEE802. 15. 4/ZigBee 的 CC2430 片上系统解决方案、基于 CC2420 收发器的新平台以及 TI MSP430 超低功耗 MCU。

除了全面符合 ZigBee2006 规范以外，Z-Stack 还支持丰富的新特征，如无线下载，可通过 ZigBee 网状网络（mesh network）无线下载节点更新。Z-Stack 还支持具备定位感知（location awareness）特征的 CC2431。上述特征使用户能够设计出可根据节点当前位置改变行为的新型 ZigBee 应用。

Z-Stack 与低功耗 RF 开发商网络是 TI 为工程师提供的广泛性基础支持的一部分，其他支持还包括培训和研讨会、设计工具与实用程序、技术文档、评估板、在线知识库、产品信息热线以及全面周到的样片供应服务。

2007 年 7 月，Z-Stack 升级为 V1. 4. 2，之后对其进行了多次更新，并于 2008 年 1 月升级为 V1. 4. 3。2008 年 3 月，针对 MSP430F4618 + CC2420 组合把 Z-Stack 升级为 V2. 0. 0，升级后的 Z-Stack V2. 0. 0 支持 CC2520 + MSP430；2008 年 6 月设计的 Z-Stack 为 V2. 1. 0，支持 ZigBee Pro and Smart Energy；2009 年 4 月 Z-Stack 升级为 V2. 0. 0，支持 CC2530；2010 年 1 月 Z-Stack 升级为 V2. 3. 0，支持 CC2531，CC2530/MSP430 编译环境变化等；2010 年 12 月 Z-Stack 升级为 V2. 4. 0，空中下载升级、工程文件、睡眠定时器均有改进。

Z-Stack 2. 1. 0 软件全面支持 ZigBee 与 ZigBee Pro 特征集并符合最新智能能源规范，非常适用于高级电表架构（AMI）。Z-Stack 2.1.0软件可与C51RF-CC2520-PK平台协同工作，该平台包括MSP430超低功耗微控制器（MCU）、CC2520RF收发器以及CC2591距离扩展器，通信连接距离可达数公里。该软件提供了其所支持的应用范例库，其中包括智能能源、家庭自动化以及无线下载（OAD）等功能。

目前芯片供应商TI一共推出了三种ZigBee方案：方案1为单芯片（SOC）CC2430/CC2431/CC2530；方案2为协处理器（CC2480）方案，提供AT命令接口；方案3为MCU加射频收发器（CC2520/CC2420）。

方案1和方案3功耗理想，其中方案1是单芯片方案，集成度高；方案3采用TIMSP430，加上外置的射频收发器；方案2的ZigBee协处理器可以与任何MCU接口，下一步还将和DSP对接，因此方案2更加灵活，上市时间快。

某公司对方案1提供的开发平台是C51RF-3-PK；对方案2提供的开发平台是ARM-RF2-STR911；对方案3提供的开发平台是C51RF-CC2520-PK。相关开发平台介绍，请查阅第3章内容的介绍。

1.2 ZigBee技术特点

ZigBee技术的特点包括以下几方面：

（1）可靠。采用了碰撞避免机制，同时为需要固定带宽通信业务预留了专用时隙，避免了发送数据时的竞争和冲突；节点模块之间具有自动动态组网的功能，信息在整个ZigBee网络中通过自动路由的方式进行传输，从而保证了信息传输的可靠性。

（2）时延短。针对时延敏感的应用做了优化，通信时延和从休眠状态激活时延都非常短，通常时延都在15ms至30ms之间。

（3）网络容量大。可支持达65000个节点。

（4）安全。ZigBee提供了数据完整性检查和鉴权功能，加密算法采用通用的AES-128，具有高保密性：64位出厂编号和支持AES-128加密。

（5）数据传输速率低。只有10kb/s到250kb/s，专注于低传输应用。

（6）功耗低。在低耗电待机模式下，两节普通5号干电池可使用6个月到2年，免去了充电或者频繁更换电池的麻烦。这也是ZigBee的支持者一直引以为豪的独特优势。

（7）成本低。因为ZigBee数据传输速率低，协议简单，所以大大降低了成本，且ZigBee协议免收专利费。

（8）优良网络拓扑能力。ZigBee设备具有无线网路自愈能力，ZigBee具有星状、树状和网状网络结构的能力。因此通过ZigBee无线网络拓扑能简单地覆盖广阔范围。

（9）有效范围大。有效覆盖范围10～75m之间（通过功放可在低功耗条件实现1000m以上通信距离），具体依据实际发射功率的大小和各种不同的应用模式而定，基本上能够覆盖普通家庭或办公室环境。

（10）工作频段灵活。使用的频段分别为2.4GHz（全球）、868MHz（欧洲）及915MHz（美国），均为免执照频段。

ZigBee技术和RFID技术在2004年就被列为当今世界发展最快、市场前景最广阔的十大最新技术中的两个。关于这方面的报道，只需在百度或Google搜索栏中键入“ZigBee”，你就会看到大量的有关报道。总之今后若干年，都将是ZigBee技术飞速发展的时期。

尽管国内不少人已经开始关注 ZigBee，而且涉足 ZigBee 技术的开发工作，然而由于 ZigBee 本身是一种新的系统集成技术，应用软件的开发必须和网络传输、射频技术和底层软硬件控制技术结合在一起。因而深入理解这个来自国外的新技术，再组织一个在这几个方面都有丰富经验的配套的队伍，本身就不是一件容易的事情。到目前为止，国内除了有限的几家公司外，专注于 ZigBee 开发的公司还是很少。但可喜的是随着国家加大对物联网/传感网等技术研究的扶持政策，一些公司研发了 ZigBee 系列的实用开发系统并推向市场，目前各大高校以及更多公司相继加入 ZigBee 的开发行列中。

1.3 ZigBee2007 特征

ZigBee2007 规范定义了 ZigBee 和 ZigBee Pro 的两个特征集。全新 ZigBee2007 规范构建于 ZigBee2006 之上，不但提供了增强型功能，而且在某些网络条件下还具有向后兼容性。

1.3.1 特征集比较

ZigBee 特征集提供了树寻址、AODV 网状路由、单播、广播和群组通信以及安全等特征。相比之下，ZigBee Pro 用随机寻址取代了树寻址，虽然包括了 ZigBee2006 和 2007 规范中所使用的 AODV 路由，但是却提供了多对一源路由备选方案。ZigBee Pro 还增加了有限的广播寻址功能，并增加了对“高级”安全性的支持功能。ZigBee 和 ZigBee Pro 特征集均对可选频率捷变和拆分提供更多的支持。

ZigBee 的树寻址按照等级分配地址；ZigBee Pro 采用的随机寻址法随机地为设备分配地址，并通过不断监控和达到“管理”流量将冲突挑选出来。ZigBee 不仅受益于可靠、独特的寻址方法，而且不存在经常性的监控通信与处理地址冲突的开销。但 PRO 却得益于调整功能，如当通信限制会导致一个由多个（5 个以上）跳频（Hop）组成的网络时。或者当一个网络由多个移动终端设备组成时，该优势是以不断增加的启动延迟为代价的，因为 ZigBee Pro 必须要允许一定的时间以解决地址冲突问题，而对于树寻址而言则并非必须。

ZigBee 和 ZigBee Pro 路由均使用 Ad hoc 方式的按需距离矢量（AODV）路由协议，但是只有 PRO 可支持多对一路由选项。在牺牲一个较大协议栈的前提下，多对一源路由实现了快速路由建立，此时多个设备（如传感器）均向一个接收器（Sink）报告（如网关设备）。对于自主双向和点对点通信（如灯控开关和灯）来说，多对一特征就变得不那么高效了，并且在一些情况下会变得不合事宜。

ZigBee 和 ZigBee Pro 均支持集群寻址，但是 PRO 增加了对有限广播集群寻址的支持，可在所有集群成员相对紧密邻近时防止整个网络出现不必要的溢流（Flooding）。该特征在降低大型网络的网络宽通信开销方面极为有用，但随之而来的是占用更多宝贵的节点空间。

虽然存在一些细微的差异，但 ZigBee 和 ZigBee Pro 之间最主要的特征差异就是对高级别安全性的支持。高级别安全性提供了一个在点对点连接之间建立链路密匙的机制，并且当网络设备在应用层无法得到信任时增加了更多的安全性。像许多 PRO 特征那样，高级安全特征对于某些应用而言非常有用，但在有效利用宝贵节点空间方面却付出很大代价。

尽管ZigBee和ZigBee Pro在大部分特征上相同，但只有在有限条件下二者的设备才能在同一网络上同时使用。如果所建立的网络（由协调器建立）为一个ZigBee网络，那么ZigBee Pro设备将只能以有限的终端设备的角色连接和参与到该网络中，即该设备将通过一个父级设备（路由器或协调器）与该网络保持通信，且不参与到路由或允许更多的设备连接到该网络中。同样，如果网络最初建立为一个Pro网络，那么ZigBee设备也只能以有限的终端设备的角色参与到该网络中来。

事实上，许多采用了ZigBee的产品都将是专用方案或应用规范，任何特定网络往往都只允许使用特定厂家的设备。在医疗行业尤为如此，因为目前该领域还没有定义和批准公共方案。但是，对于那些不同厂商的众多设备都必须作为一个单一协同运行网络来完成指定服务或功能的市场来说，则需要对公共方案进行规范，以保证所有网络中的设备都“讲”同一种语言，并具有互操作性。书中的互操作性是指某公司A的一款产品（灯控开关）可与另一家公司B的产品（灯镇流器）进行通信，而无需两家公司在此之前制定通信协议来确保设备的协同工作。

ZigBee初期主要面向家庭和商业楼宇自动化市场，随着更多公司和专业人员投身于ZigBee并更好地了解其功能和差异，ZigBee开始进入更广阔的市场，除了关注于老年护理及生活辅助、医疗、电信、资产追踪、娱乐和更多其他用途的产品以外，ZigBee还进入了先进抄表基础设施（AMI）领域。

除批准ZigBee 2007规范（ZigBee和ZigBee Pro特征集）以外，ZigBee联盟将注意力集中于最终确定和正式测试的几种应用方案，对网络中支持的设备类型以及这些设备之间通信的语言进行了定义。家庭自动化（HA）就是首个获批准的公共方案，其已经成熟并在相当长的一段时间内得到了使用。以AMI为目标的智能能源（SE）技术目前已被批准，并且在2008年5月完成最终测试和参考平台（Golden Unit）认证。商业楼宇自动化（CBA）不久就会进行测试，同时，由于更多的公司均在该联盟规范内开发产品和进行技术研究，接下来会出现更多的公共方案，例如医疗特别是个人健康和医院护理（PHHC）领域，由于它有望在ZigBee上实施IEEE11073标准，因此在不久的将来会受到更多关注。

1.3.2 不同版本兼容分析

对于ZigBee规格演进，从ZigBee2004、ZigBee2006及目前ZigBee2007/Pro，并非原本的规格设计有严重的瑕疵，迫使ZigBee联盟改良规格，相反，也正是ZigBee应用越来越广泛，使原本的设计须在不同的应用进行调整，如ZigBee联盟目前积极推广的市场，如家庭自动化（Home Automation）、商业大楼自动化（Building Automation）或自动读表系统（Automatic Meter Reading）。三种应用的差异极大，使得新版的ZigBee Pro必须进行功能上的调整，如在ZigBee Pro中移除CSKIP位置配置（Address Assignment）、树状路由（Tree Routing）等2006版的功能；新增的功能则包括随机位址分配（Stochastic Address Assignment）、多对一/源节点路由（Many to One Routing/Source Routing）、组播（Multicast）、频率捷变（Frequency Agility）、分割/重组（Fragmentation/Reassembly）及标准和高安全模式（Standard and High Security Modes）等。正因为这些功能的调整，使厂商对于版本间的相容性问题产生疑虑，因此以下将针对几个主要功能上的改变，并利用封包格式进行说明，分析相容性的问题。

1.3.2.1 网路位置配置

对于 ZigBee 而言，网路层负责网路机制的建立与管理，并具有自我组态（Self Configure）与自我修复（Self Healing）能力。在网路层中，ZigBee 定义三种角色，如图 1-1 所示，第一个是网路协调节点（Coordinator），负责网路的建立（WPAN Formation）及网路位置的分配；第二个是路由器节点（Router），主要负责找寻、建立及修复资料封包路由路径（Routing Path），并负责转送资料封包，同时也可配置网路位置给子节点（Child）；最后一个是末端装置节点（End Device），只能选择加入别人已经形成的网路，可收送资料，但不能帮忙转送封包。

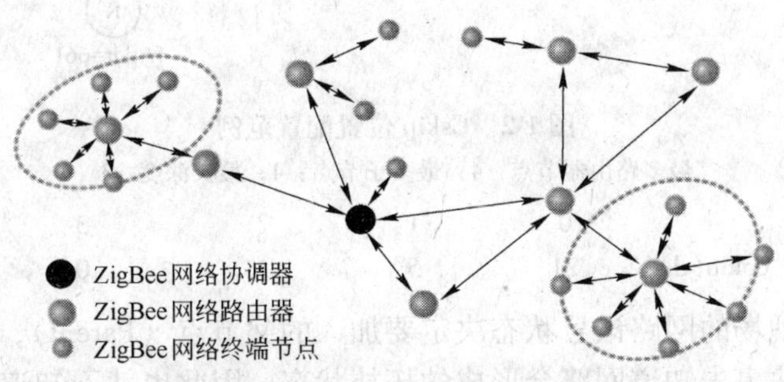

图 1-1 ZigBee 网络

$$\mathrm{Cskip}(d)=\begin{cases}1+C_m\times(L_m-d-1);R_m=1\\ \dfrac{1+C_m-R_m-C_m\times R_m^{L_m-d-1}}{1-R_m}\end{cases} \tag{1-1}$$

式中 Cskip( )——函数计算网络位置；

C_m——一个父节点可拥有的最多子节点数；

R_m——一个父节点可拥有的最多路由数；

L_m——网络中最大深度；

d——该设备深度。

因此网路形成的过程中，首先就遇到网路位置配置的问题。原本的位置配置方式，是透过 Cskip 的公式（1-1）计算，Cskip 会根据系统原先设定的网路参数，包含每个节点可接受的最多子节点（Max Children），这些子节点中，可担任最多路由器节点（Max Router）的数量及整个网路系统中最长深度（Max Depth），利用这些参数计算出的 Cskip 参数，可让每个加入网路的节点配置一个唯一的网路位置，且不会与其他节点重复。而由于这个配置方式（图 1-2）会使所配置到的网路位置与节点在整个系统网路拓扑（Topology）中实际的相对位置有绝对关系，所以这个配置方式最大的好处是简易，且是可用来作为树状路由（Tree Routing）依据。

上述最多路由器节点、最多子节点、最长深度等参数，与整个系统网路拓扑有密切的关系，但问题是建置一个系统时，通常会使用自我组态功能，所谓自我组态就是让系统中

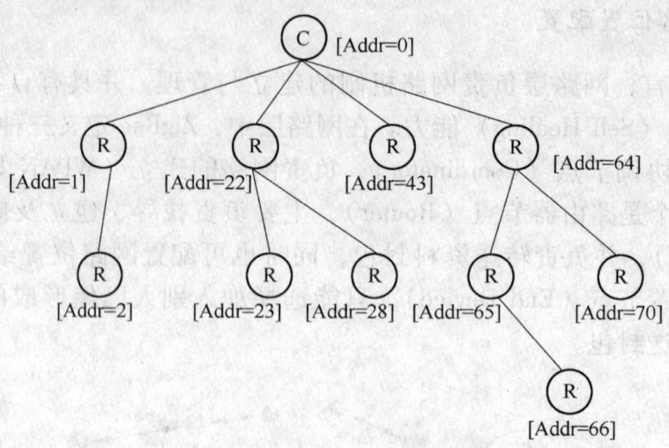

图 1-2　Cskip 位置配置范例

最多路由器节点：4；最多子节点：4；最长深度：3

d	0	1	2	3
Cskip(d)	21	5	1	0

所有的节点，根据现场的网路讯号状态决定要加入的父节点（Parent），因此在系统自我组态完成之前，是无法事先知道网路会形成的拓扑状态，因此也就不知道上述三个等参数应该如何设定，既然如此，要事先在系统建置前设定这些参数会有困难，特别是在大型的网路节点系统。

因此在 ZigBee Pro 的规格中，网路位置配置的方法则是改为随机选取的方式（Stochastic Address Assignment），既然网路位置是随机选取配置的，因此所有子节点的网路位置，就与在整个系统网路拓扑中实际的相对位置完全没有关系，也因此 ZigBee Pro 不支持树状路由。

1.3.2.2　路由方式

对网路层而言，当网路形成后，最重要的工作就是协助封包的路由（Routing）。原本的路由方式，可称为一对一路由（Unicast Routing），以图 1-3 为例，节点 A 会传送路由要求（Route Request），试图建立一条可把资料传送到节点 C 的路径，中间的路由器节点 B 也会协助转发这个命令，直到节点 C 听到这个命令，然后回传路由回应（Route Reply）才算完成，而建立的路由表格（Route Table，RT）也可使用。

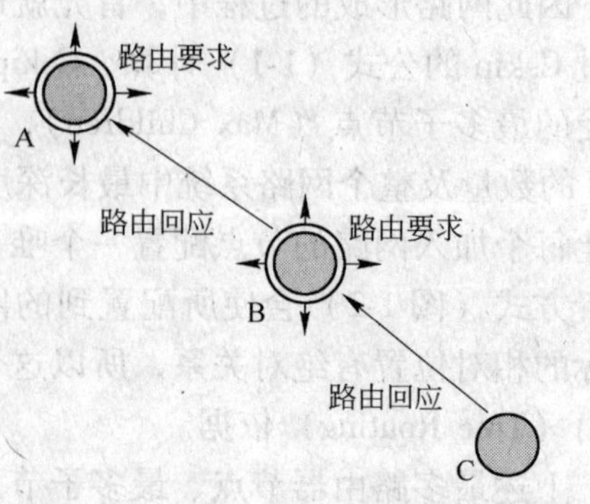

图 1-3　一对一路由要求与回应

而在 ZigBee Pro 里，则新增加了一对多路由（Multicast Routing）、多对一路由及源节点路由。一对多路由与一对一路由（Unicast Routing）相同，路由节点会发出路由要求，差别在于当收到封包的节点，会检查群组身份表（GIDT Group ID Table），GIDT 由当地（Local）端设定，如果是属于相同的群组身份（Group ID）的话，就会回应路由，在回应路由后，建立的路由表条目（Route Table Entry）

就可以使用。因此如果发送一对多的封包，如图 1-4 所示，会先检查 GIDT，如果不是属于同一个群组，就会检查路由表，把封包往下一个节点（Next Hop）传送，如果检查到是属于自己群组封包时，会将自己的状态改成会员模式（Member Mode），然后再将封包以广播（Broadcast）方式，确保同一个群组的节点都能够接收到这笔资料。当然，为了避免这个广播的封包在网路上一直重复的传送，当节点的状态为会员模式时，会检查广播传送表（Broadcast Transmission Table），以确保不再重复传送同样的封包。

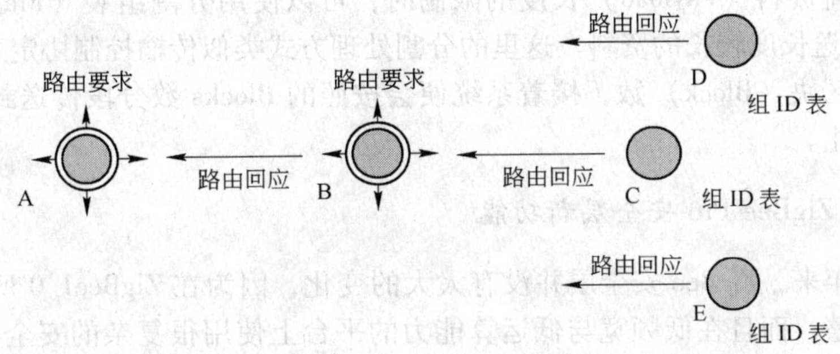

图 1-4 一对多路由的路由要求与回应

就应用而言，很多情境会把资料集中收集，多数的节点都会把资料往同一个节点送，因此，整个网路拓扑就如树状一样。由于 ZigBee Pro 放弃树状路由的功能，此时为建立树状的路由路径，如果每个节点都做一对一路由，才能建立往源节点（Originator/Source）的路径，这样会花较多的时间，比较没有效率，所以必须提出一个新的路由方式，即所谓的多对一路由如图 1-5 所示。由源节点发送多对一路由的路由要求，当接收到这个封包的节点，就会直接建立一条往源节点路由的路径，所以所有节点很快就会建好路由条目。

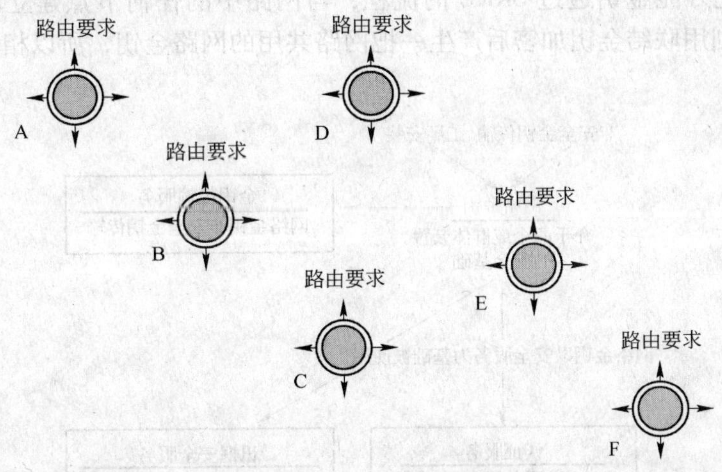

图 1-5 多对一路由的路由要求

反向基本上还是得通过一对一路由的方式，建立起源节点对于其他节点的路由路径。不过在 ZigBee Pro 增加源节点路由的方式，就是当路由路径有变化时，节点会先发出一个路由记录命令（Route Record Command），这个命令中会记录这条路径上经过的节点，因此当源节点接收该命令后，会把这条路径记录在源节点路由表（Source Route Table），只要源节点须把资料传送到其他节点时，会先到源节点路由表找寻路由路径，以加快时间，并且减少建立路由路径或路径修复的次数。

1.3.2.3 ZigBee Pro 应用层新功能

ZigBee Pro 在应用层功能部分，新增分割传输（Fragmented Transmission）功能，就是当超过有效载荷资料（Payload）长度的限制时，可以使用分割组装（Fragment & Assemble）的功能传送长度较长的资料。这里的分割处理方式类似传输控制协定（TCP）的分割方式，先设定区块（Block）数，接着系统便会按照的 Blocks 数分段传送封包，直到完整的封包送完为止。

1.3.2.4 ZigBee Pro 安全层新功能

其实这几年来，ZigBee 安全层并没有太大的变化，因为在 ZigBee1.0 所定的规格对应用来说已很完整，而且在低频宽与低运算能力的平台上使用很复杂的安全机制也非易事。ZigBee1.0 已定义所谓的住宅模式（Residential Mode）与商业模式（Commercial Mode），即 PRO 中的标准模式（Standard Mode）与高安全模式（High Security Mode），但在过去版本的认证中，并未有商业模式相关的测试案例，因此大部分只是堆叠并未支援，但在 ZigBee Pro 则要求一定要支援商业模式。

所谓住宅安全模式金钥，如图 1-6 所示就是当节点加入网路时，信托中心（TC Trust Center）会配一把网络金钥（NWK Key）放在应用层有效载荷中传送给对方，传送过程不做任何的加密动作，所有网路中的节点，就透过网路加密资料。在商业安全模式金钥（如图 1-7 所示）中，TC 会先配一把万能金钥（Master Key）给新加入的节点，然后，新加入的节点再用这把万能金钥透过 SKKE 的流程，与网路中的任何节点建立联结金钥（Link Key），最后再利用联结金钥加密后产生一把网路共用的网路金钥，所以相较起来有较强的安全性。

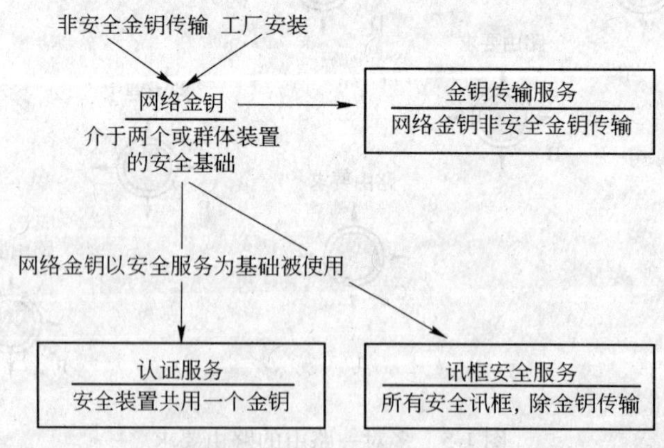

图 1-6 住宅安全模式金钥

接下来要从网路层与应用层的封包格式了解 ZigBee2006 与 PRO 两个新旧版本的相容性问题。

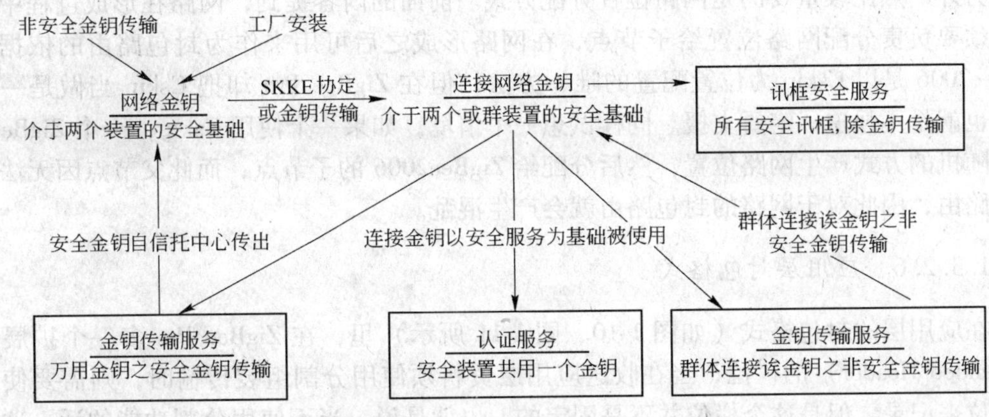

图 1-7 商业安全模式金钥示意图

1.3.2.5 网路层封包格式

对于 ZigBee2006 与 ZigBee Pro 而言，网路层的帧格式相同（如图 1-8 所示），所以两个版本在网路层中可互通。不过，从多对一路由功能中，须使用在广播位置（Broadcast Address）的栏位中定义旗标，而在 ZigBee2006 的规格并未定义多对一路由功能旗标（如图 1-9 所示），试想一个情境，假设有一个 ZigBee Pro 的网路已形成，然后有一个 ZigBee2006 的节点要加入，将无法辨识与执行多对一路由的功能。

字节：2	2	2	1	1	0/8	0/8	0/1	变长	变长
帧控制	目标地址	源地址	广播半径	广播序列号	目标 IEEE 地址	源 IEEE 地址	多点传输控制	源路由帧	帧有效载荷
网络层帧报头									网络层有效载荷

图 1-8 ZigBee2006 与 ZigBee Pro 网路层封包格式

字节：2	2	2	1	1	0/8	0/8	0/1	变长	变长
帧控制	目标地址	源地址	广播半径	广播序列号	目标 IEEE 地址	源 IEEE 地址	多点传输控制	源路由帧	帧有效载荷
网络层帧报头									网络层有效载荷

ZigBee2007/Pro 目标广播地址	
地 址	说 明
0XFFFF	网络内所有设备
0XFFFE	保 留
0XFFFD	macRxOnWhenIdle = TRUE
0XFFFC	目标地址为所有路由器及协调器
0XFFFB	目标地址为低功耗路由设备
0XFFF8-0XFFFA	保 留

图 1-9 网路层广播位置栏位意义

另外一点比较重要的是网路位置分配方式。前面的内容提到，网路在形成过程中，父节点须要负责分配网路位置给子节点，在网路形成之后可用来作为封包路由的依据。在ZigBee2006是以Cskip为位置配置的唯一方法，但在ZigBee Pro却把Cskip当做是一个选项，也就是不强迫一定要支援。同样试想一个情境，如果一个使用Cskip，一个ZigBee Pro使用随机的方式产生网路位置，然后分配给ZigBee2006的子节点，而此父节点因无法执行树状路由，因此对于网路的封包路由就会产生混乱。

1.3.2.6 应用层封包格式

在应用层的封包格式（如图1-10、图1-11所示）里，在ZigBee Pro多一个扩展标头（Extended Header）的栏位，当在收送应用层资料须使用分割组装传输时，则需要使用这个栏位来记录。但是这个栏位并不是固定的，也就是说，当不使用分割功能的话，这个栏位是不存在的，所以ZigBee2006与ZigBee Pro在应用层基本上可相通。

字节：1	0/1	0/2	0/2	0/2	0/1	1	变长
帧控制	目的节点	集团地址	串ID	模式ID	源节点	安全帧计数	帧有效载荷
地址域 安全帧头							安全帧有效载荷

图1-10 ZigBee2006安全帧

字节：1	0/1	0/2	0/2	0/2	0/1	1	0/变长	变长
帧控制	目的节点	集团地址	串ID	模式ID	源节点	安全帧计数	扩展帧头	帧有效载荷
地址域 安全帧头								安全帧有效载荷

字节：1 0/1	0/1	0/1
扩展帧控制	区块数量	ACK位域

位：0～1	2～7
内 容	保 留

图1-11 ZigBee2007/Pro安全帧

1.3.2.7 安全层封包格式

严格说来安全层并非独立的协定，而是在网路层与应用层都设计了相同的安全机制。在Pro规格里，要求各层协定使用CCM安全机制（如图1-12、图1-13所示），CCM即CTR（Counter Mode）与CBC-MAC（Cipher Block Chaining Mode）的缩写，CTR是加解密的演算法，CBC-MAC是检查资料有无被篡改的演算法，经过CCM加密之后，过程中会在

增加额外标头及MIC状态位

SYNC	物理层扩展标头	MAC层扩展标头	网络层扩展标头	新增加标头	安全帧有效载荷	MIC

所有安全层帧数据被完整保护

图1-12 ZigBee2006安全层封包格式

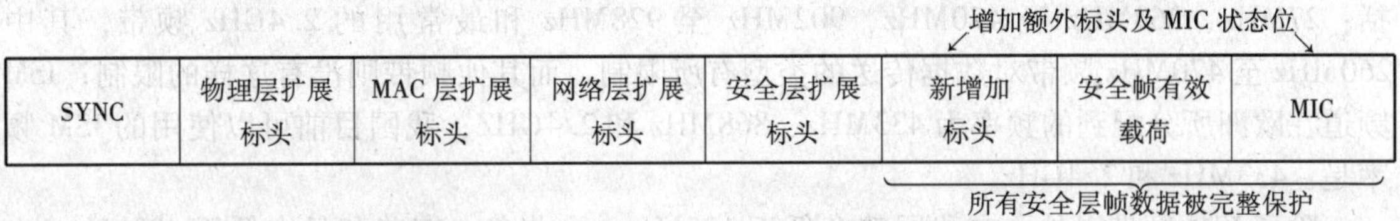

增加额外标头及 MIC 状态位

SYNC	物理层扩展标头	MAC 层扩展标头	网络层扩展标头	安全层扩展标头	新增加标头	安全帧有效载荷	MIC

所有安全层帧数据被完整保护

图 1-13 ZigBee2007/Pro 安全层封包格式

每一层资料的前后增加额外的档头（Auxiliary Header）与 MIC 栏位。使用不同的安全模式，除金钥配置的程序不同外，以封包的格式来看，也完全不同，因此不同的安全模式也会造成两个标准间不相容。

ZigBee2006 采用称为住宅安全的单一安全模式，Pro 须支持 ZigBee2006 装置并须加上商业安全模式。

综上所述相容性的问题可从网路层、应用层与安全层探讨，以网路层而言，ZigBee2006 与 ZigBee Pro 的封包格式相同，只是在部分栏位的定义不完全一致，因此两者在网路层可相容，但因为网路位置分配方式不同，路由的功能也不尽相同，当 ZigBee2006 与 ZigBee Pro 互相加入对方的网路时，只能担任末端节点。对于应用层而言，同样有部分功能 ZigBee2006 不支援，而当系统中不使用这些新的功能时，两者可以互相相容。对于安全层而言，如果 ZigBee Pro 系统使用高安全模式，则完全不相容。

因此在某种条件下，ZigBee2006 与 ZigBee Pro 是不相容的，如此也引起许多使用 ZigBee 开发产品者很大的质疑，而 ZigBee 联盟则是力挺 ZigBee Pro 新规格，同时也对外宣称在未来更新的规格出现时，保证不会出现如 ZigBee Pro 有大幅度的调整。

1.4 ZigBee 频谱

日常生活中，我们经常能够看到各式各样的天线。对于一个无线系统来说，能够正确地发送和接收信息是最基本的要求。天线作为无线通信中不可缺少的一部分，其基本功就能是接收和发送无线电波。发射时，把高频电流转换为电波；接收时，把电波转换为高频电流。那么这么多的电波在空气中是如何传播，我们又是如何区分哪些是我们需要的电波呢?

频谱是我们区别各种电波的一个重要依据，无线通信的频谱在 RF（Radio Frequency）这一段包括了我们常见的调频收音机、各种手机、无线电话、无线卫星电视等等，由于从几十兆到几千兆的频谱上，集中了各种不同的无线应用，而且这些无线电传播都使用同一个通信媒介——空气，所以为了保证各种无线通信之间不相互干扰，就需要对无线频道的使用进行必要的管理。

各国的无线电管理机构负责管理 RF 频道的使用，在美国这个管理机构是美国联邦通讯委员会（FCC），欧洲是欧洲电信标准化协会（ETSI），中国是中国无线电管理委员会。频道管理最基本的规则是无线发送器的使用需要获得许可。

各国的无线管理部门也规定了某些频带不需许可就可以使用，以满足不同的需要，这些频带通常包括 ISM（Industrial、Scientific and Medical 工业、医疗、科学）频带。各国的无线电管理不尽相同，在美国，FCC 管理无线电频谱的分配，可用的免许可证的频带包括：27MHz、260MHz 至 470MHz、902MHz 至 928MHz 和最常用的 2.4GHz 频带，其中 260MHz 至 470MHz 频带对数据传送的类型有所限制，而其他频带则没有这样的限制；ISM 频道在欧洲所分配到的频率为 433MHz、868MHz 和 2.4GHZ；我国目前可以使用的 ISM 频率是：433MHz 和 2.4GHz。

除了 ISM 频带以外，在我国整个低于 135kHz，在北美、南美和日本低于 400kHz，也都是可以使用的免费频段。各国对无线频谱资源的管理，不仅规定了相关的 ISM 开放频道的频率，同时也严格规定了在这些频率上所使用的发射功率，在实际使用这些频率时，需要查阅各国无线频谱管理机构的不同的具体技术要求。

中国的无线电管理要求的具体技术参数请查阅中国信息产业部发布的《微功率（短距离）无线电设备管理暂行规定》。

IEEE802.15.4（ZigBee）工作在工业科学医疗（ISM）频段，定义了两个工作频段，即 2.4GHz 频段和 868/915MHz 频段。在 IEEE802.15.4 中，总共分配了 27 个具有 3 种速率的信道：在 2.4GHz 频段有 16 个速率为 250kb/s 的信道，在 915MHz 频段有 10 个 40kb/s 的信道，在 868MHz 频段有 1 个 20kb/s 的信道。其中 2.4G 是全球通用的 ISM 频段，915 是北美的 ISM 频段，868 是欧洲的 ISM 频段。

1.5 ZigBee 广阔应用前景

ZigBee 出发点是希望能发展一种易布建的低成本无线网络，同时其低耗电性将使产品的电池能维持 6 个月到数年的时间。在产品发展的初期，将以工业或企业市场的感应式网路为主，提供感应辨识、灯光与安全控制等功能，再逐渐将目前市场拓展至家庭中的应用。

ZigBee 技术弥补了低成本、低功耗和低速率无线通信市场的空缺，其成功的关键在于丰富而便捷的应用，而不是技术本身。随着正式版本协议的公布，更多的注意力和研发力量将转到应用的设计和实现、互联互通测试和市场推广等方面。我们有理由相信在不远的将来，将有越来越多的内置式 ZigBee 功能的设备进入我们的生活，并将极大地改善我们的生活方式和体验。

通常符合以下条件之一的应用，就可以考虑采用 ZigBee 技术：

（1）需要数据采集或监控的网点多；

（2）要求传输的数据量不大，而要求设备成本低；

（3）要求数据传输可性高，安全性高；

（4）无线传感器网络；

（5）设备体积很小，不便放置较大的充电电池或者电源模块；

（6）电池供电；

（7）地形复杂，监测点多，需要较大的网络覆盖；

（8）现有移动网络的覆盖盲区；

（9）使用现存移动网络进行低数据量传输的遥测遥控系统；

（10）使用 GPS 效果差，或成本太高的局部区域移动目标的定位应用。

根据 ZigBee Alliance（ZigBee 联盟）的观点，一般可将 ZigBee 应用于以下领域：

（1）家庭自动化；

(2) 健康医疗服务;
(3) 无线自动读表系统;
(4) 智能小区;
(5) 无线传感器网络;
(6) 无线工业控制;
(7) 智慧型标签。

ZigBee 技术的应用前景被非常看好，ZigBee 在未来的几年里将在工业控制、工业无线定位、家庭网络、汽车自动化、楼宇自动化、消费电子、医用设备控制等多个领域具有广泛的应用前景。特别是家庭自动化和工业控制，将成为今后 ZigBee 芯片主要应用领域。

在工业领域：利用传感器和 ZigBee 网络，使得数据的自动采集、分析和处理变得更加容易，可以作为决策辅助系统的重要组成部分。

在汽车领域：主要是传递信息的通用传感器。由于很多传感器只能内置在飞转的车轮或者发动机中，比如轮胎压力监测系统，这就要求内置的无线通信设备使用的电池有较长的寿命（大于或等于轮胎本身的寿命），同时应该克服嘈杂的环境和金属结构对电磁波的屏蔽效应。

在精确农业：传统农业主要使用孤立的、没有通信能力的机械设备，主要依靠人力监测作物的生长状况。采用了传感器和 ZigBee 网络（如图 1-14 所示）后，农业将可以逐渐地转向以信息和软件为中心的生产模式，使用更多的自动化、网络化、智能化和远程控制的设备来耕种。

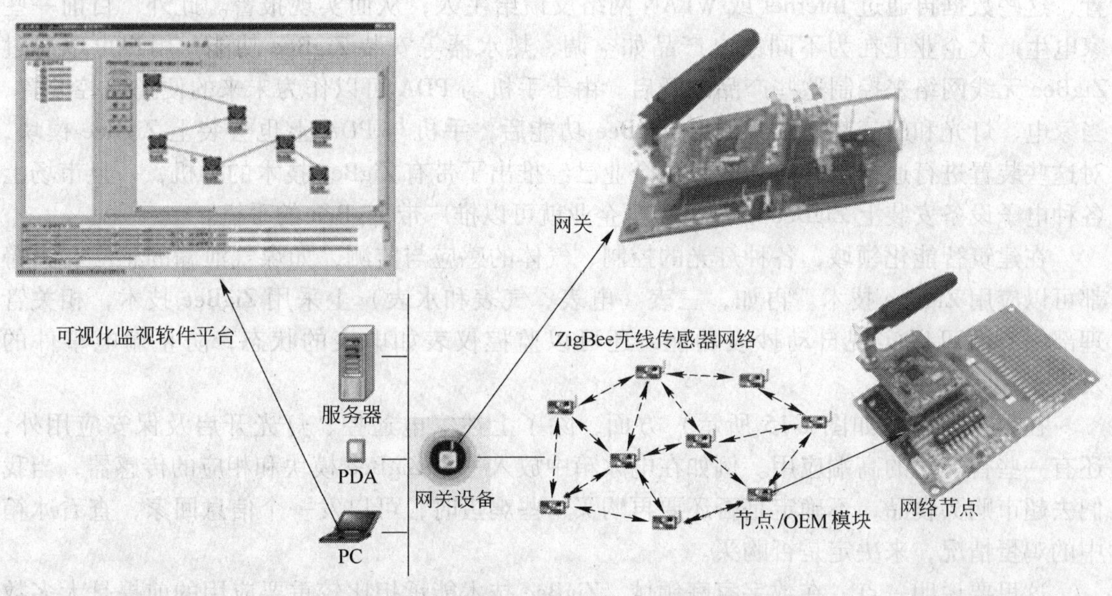

图 1-14 实用的 ZigBee 无线传感器网络

在家庭和楼宇自动化领域：家庭自动化系统作为电子技术的集成被得到迅速扩展，易于进入、简单明了和廉价的安装成本等成了驱动自动化居家、建筑开发和应用无线技术的主要动因。

在医学领域：将借助于各种传感器和ZigBee网络，准确而且实时地监测病人的血压、体温和心跳速度等信息，从而减少医生查房的工作负担，有助于医生做出快速的反应，特别是对重病和病危患者的监护和治疗。

在消费和家用自动化市场：可以联网的家用设备有电视、录像机、无线耳机、PC外设（键盘和鼠标等）、运动与休闲器械、儿童玩具、游戏机、窗户和窗帘、照明设备、空调系统和其他家用电器等。

在国内目前ZigBee网络应用范围非常广泛，很多我们想象不到的地方也在使用ZigBee技术。例如，在工业领域，ZigBee技术不仅用来控制照明灯的开关，它还有一个用途是检查高速路上照明灯的工作情况。以前，工程师要开车到高速路上检查哪些照明灯已经坏掉了，需要维修，但因为车速较快，不能记下所有要检修灯的编号，但通过ZigBee网络，工程师只需坐在电脑前，就很清楚地监测到整个高速路上照明灯的工作情况，这是目前一个热点应用。再如，ZigBee技术用于进出的控制，它可以记录汽车的进出，也可以用于人员进出时传输相关指纹识别数据，进行身份认证。此外，通过ZigBee网络的路由器功能，它可以用来实时监控煤矿内各点的安全状况，防止相关事故的发生。另外，在加油站，一些客户不希望布线，他们正在考虑采用ZigBee无线技术来传输相关数据。

在消费电子方面，ZigBee技术可以代替现在的红外遥控，而它与红外遥控相比有两个优势：一是消费者可以不用站在家电前边就能进行遥控操作；二是消费者每一个操作都会有反馈信息，告诉他们是否实现了相关的操作。再如，ZigBee可以用于家庭保安，消费者在家中的门和窗上都安装了ZigBee网络，当有人闯入时，ZigBee可以控制开启室内摄像装置，这些数据再通过Internet或WLAN网络反馈给主人，从而实现报警。此外，目前一些家电生产大企业正在为不同家电产品如空调、热水器等安装ZigBee功能，用户可以通过ZigBee无线网络来控制这些产品的开启。由于手机与PDA可以作为未来的便携遥控装置，当家电、灯光和门禁都已陆续具备ZigBee功能后，手机与PDA上也会装上ZigBee模块，对这些装置进行遥控。目前大的手机企业已经推出了带有ZigBee技术的样机，一旦市场上各种电子设备安装上ZigBee功能，手机企业就可以推广带ZigBee的手机。

在建筑智能化领域，各种灯光的控制、气体的感应与监测，如煤气泄漏的感应和报警都可以应用ZigBee技术。再如，三表（电表、气表和水表）上采用ZigBee技术，相关管理部门不但可以实现自动抄表功能，还可以监控仪表如电表的状态，防止偷电事件的发生。

在数字家庭（如图1-15所示）方面，除了上述家电遥控、灯光开启及保安应用外，还有一些智能化的高端应用。例如在电冰箱中放入一个ZigBee模块和相应的传感器，当我们去超市购买食品，不确定是否还要再购买一些鸡蛋时，可以发一个信息回家，查看冰箱中的鸡蛋情况，来决定是否购买。

这里要说明一点，在数字家庭领域，ZigBee技术能承担比较重要应用的前提是大多数家电、灯光、门禁等设施都要具备ZigBee功能，它们可以在家中建起一个ZigBee网络，之后，手机和PDA也加入ZigBee功能，实现对这些设备的遥控，才能逐步实现数字家庭的功能。

ZigBee技术正广泛应用于包括智能家居、建筑自动化、自动仪表读取（AMR）、工业自动化、冷冻管理、货柜防护等方面。这些应用可节省能源，为企业带来经济及环保效

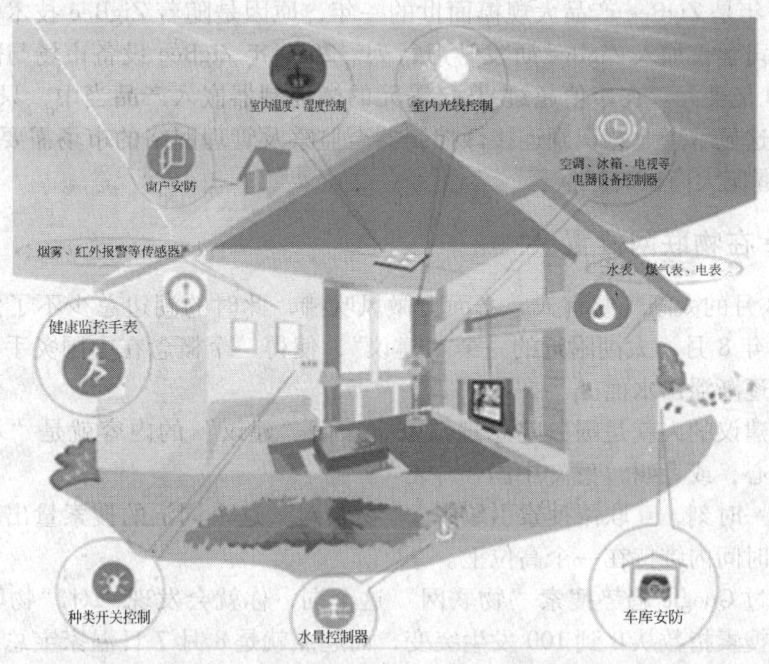

图 1-15 数字家庭解决方案

益；智能家居提升家居安全、舒适度及娱乐享受；监测道路及桥梁等公用基建的损耗，避免设施损坏而造成人身伤亡；追踪易变质货品在运输过程中的新鲜度，以及其他各种用途。已开发以 ZigBee 为基础的数码智能家居服务，让用户通过手机或互联网监察及控制他们的家居设施，如灯光、烟雾侦测器、入侵侦测器、温度调节、燃气阀门及电子门锁等，全部均可通过以 ZigBee 基础的无线“住宅通道”连接至互联网。

此外，国内的一些开发公司均使用 TI 的 ZigBee 技术，制造无线电力、燃气及水表，为公用事业机构节省数以百万元计的成本。照明把 ZigBee 技术融合至其商业照明，为酒店及办公室节省电费。

在 ZigBee 的领域里，只要能用上单片机的市场，就会有用到 ZigBee 的机会。由于 ZigBee 技术新，客户都还在熟悉的阶段，要求一些消费性电子产品使用 ZigBee 的技术并未成熟，但是在一些有关保安、安全、人身或物资监控追踪上，我们已经看到以 IEEE802.15.4 做 PHY/MAC 平台，加上 ZigBee Networking 的联网技术正广泛地推展开来。在数字家庭领域应用中，普遍认为 ZigBee 最适合于家用的无线感测网络骨干，配合速率较高的家庭 PLC 或以太网，来达到全屋覆盖、移动点覆盖的目标。第一波的数字家庭应用比较偏向于老年看护、防盗防窃以及节能控制等方面的应用；而对于被看好的自动抄表及相关资源管理应用方面，由于目前 ZigBee 模块的成本相对于住宅用表的总成本还较高，用户还不能接受，因此工业和商业领域会先应用 ZigBee 抄表技术。总体来说 2008 年和 2009 年 ZigBee 已切入到一些特殊市场，随着成本的下降，它才能被数字家庭慢慢接受。

2008 年有多家 ZigBee 芯片厂商推出新一代的 ZigBee 射频芯片，将单片机和射频芯片整合在一起的 SoC 也已经蓄势待发。有 30 多家公司于 2007 年 9 月的 ZigBee 展览会上展示最新的产品。事实上 TI、飞思卡尔、无线龙等公司现已把产品交付客户，开发的产品亦达百多种，2010 年是 ZigBee 产品大规模面世的一年，原因是随着 ZigBee 技术的成熟，现在越来越多的公司学校加入 ZigBee 研发学习行列。2009 年 ZigBee 设备市场与配件收益计算的增长将达 80 亿美元。在市值超过 80 亿美元的微控制器嵌入产品当中，只有少于 2% 附有网络功能。这显示企业意识到连接微控制器至监察及管理网络的市场需要，亦正是 ZigBee 开发商把握庞大商机的时候。

1.6 ZigBee 在物联网位置

2009 年 8 月的太湖气候宜人，水面上微风吹拂，此时的湖边总少不了悠然的垂钓者和游客。2009 年 8 月，太湖附近的一个“建议”，使得一个概念在中国炙手可热，也使得一个新的产业逐渐浮出水面。

提出这个建议的人就是国务院总理温家宝，而“建议”的内容就是“尽快建立中国的传感信息中心，或者叫‘感知中国’中心”。

几乎在同一时刻，互联网搜索引擎中，“物联网”这个词汇的搜索量出现井喷，并从此在很长一段时间内维持在一个高位上。

如果你通过 Google 趋势搜索“物联网”这个词，你就会发现，对“物联网”的搜索量从无到有，搜索指数从 0 到 100 发生突变，而起点就是 8 月 7 日温家宝总理考察中科院无锡高新微纳传感网工程技术研发中心，提出“感知中国”这个时间点开始的。

此后 8 月 24 日，中国移动总裁王建宙在台湾的一次演讲中公开提及“物联网”的概念；9 月 11 日，“传感器网络标准工作组成立大会暨‘感知中国’高峰论坛”在北京的举行，都让这个新概念以一种近乎爆发的方式出现在人们眼前。

物联网的英文名字叫做“Internet of Things”。这个词，最早在 1999 年由 ITU（国际电信联盟）在一系列会议上被提及。而 2005 年，ITU 则把“The Internet of Things”定为了其年度互联网报告的主题。

在这份仅摘要就长达 28 页的报告中，ITU 深入探讨了物联网的技术细节及其对全球商业和个人生活的影响，着重呈现了新兴技术、市场机会和政策问题等信息。报告由 ITU 战略与政策部撰写，而当时在 ITU 战略与政策部门任职的 Lara Srivastava 则参与了撰写过程。

目前，Lara 负责监控分析信息与通信技术、政策以及市场结构的趋势，尤其聚焦于移动及无线通信领域。在她看来，物联网并不是某种特定的技术，更像是一种愿景，一种对未来世界的描述，是多种技术综合应用。而这种描述并非海市蜃楼，Lara 说物联网必然会带来很多新的商业模式，而这个过程已经开始了。

1.6.1 物联网

每一次大危机，都会催生一些新技术，而新技术也是使经济，特别是工业走出危机的巨大推动力。2008 年以来席卷全球的金融危机也不例外，相关国家正在试图通过“物联网”走出经济的泥沼。

2008 年新一轮全球经济危机虽然起源于美国，但形成原因却非常复杂。由于金融在现代经济中地位突出，因此，当前全球在金融与经济领域出现的双重危机，较之过去历次经济危机而言，其影响深度及克服难度更加复杂。

“注资救市”是各国政府应对此轮危机所采取的共同举措。鉴于此轮危机主要表现为金融领域和经济领域的双重危机，对于金融领域而言，适当的注资有利于避免由于资金链断裂而出现的多米诺骨牌效应；对于实体经济而言，过度的注资会使通胀的幽灵再次出现。

从人类历史长河来看，经济危机是经济发展过程中必然出现的产物，而人类应对经济危机的方式主要有两种，一是“战争”，即通过战争进行生产要素和消费要素的再分配，最终达到经济的均衡发展；二是“新技术革命”，即通过新一轮技术革命发展一批新兴产业，由新兴产业带动新的生产和消费需求，从而激发整个社会需求活力，使经济摆脱危机，进入新一轮由新技术革命推动的产业发展周期。

历史经验提示我们，与残酷的战争相比，新技术产业革命是解决经济危机的最佳手段，同时，任何一个大国的崛起或振兴都是建立在掌握世界当时最前沿科学技术基础上而实现的。就当今人类最前沿科学技术而言，无非是新动力能源（低碳经济）、基因工程、物联网等。由于基因工程尚有诸多难题没有答案，可以预计，此轮危机之后，率先走出危机并再度崛起的大国一定是掌握新动力能源（低碳经济）、物联网等革命核心技术的那个国家。

“物联网”概念问世，打破了之前的传统思维。过去的思路一直是将物理基础设施和 IT 基础设施分开：一方面是机场、公路、建筑物；而另一方面是数据中心、个人电脑、宽带等。而在“物联网”时代，钢筋混凝土、电缆将与芯片、宽带整合为统一的基础设施，在此意义上，基础设施更像是一块新的地球工地，世界的运转就在它上面进行，其中包括经济管理、生产运行、社会管理乃至个人生活。

物联网是把所有物品通过射频识别、感应器、定位系统、扫描器、视频跟踪等信息传感设备与网络连接起来，进行信息交换和通信，实现智能化识别、定位、跟踪、监控和管理，如图 1-16 所示。

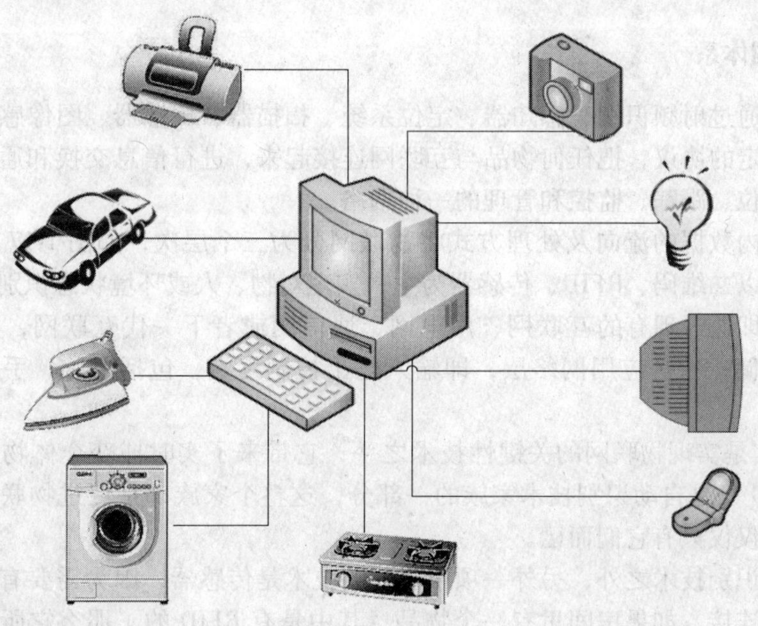

图 1-16 图解物联网

(1) 对物体属性进行标识，属性包括静态和动态的属性，静态属性可以直接存储在标签中，动态属性需要先由传感器实时探测；

(2) 需要识别设备完成对物体属性的读取，并将信息转换为适合网络传输的数据格式；

(3) 将物体信息通过网络传输到信息处理中心（处理中心可能是分布式的，如家用电脑或者手机，也可能是集中式的，如中国移动 IDC），由处理中心完成物体通信相关计算。

物联网是在计算机互联网的基础上，利用 RFID、无线数据通信、传感等技术，构造一个覆盖世界上万事万物的“Internet of Things”。在这个网络中，物品（商品）能够彼此进行“交流”，而无需人的干预。其实质是利用射频自动识别（RFID）技术，通过计算机互联网实现物品（商品）的自动识别和信息的互联与共享。

而 RFID 正是能够让物品“开口说话”的一种技术。在“物联网”的构想中，RFID 标签中存储着规范而具有互用性的信息，通过无线数据通信网络把它们自动采集到中央信息系统，实现物品（商品）的识别，进而通过开放性的计算机网络实现信息交换和共享，实现对物品的“透明”管理。

从信息流控制的角度，物联网组成划分为感知层、传送层和信息应用层三层划分类似，即通过传感器等方式获取物理世界的各种信息，结合互联网、移动通信网等网络进行信息的传送与交互，采用智能计算技术对信息进行分析处理，从而提升对物质世界的感知能力，实现智能化的决策和控制。

物联网在组成上主要分为两个层面，一个是以传感和控制为主的硬件部分，主要由无线射频识别 RFID、传感、数据传输等技术构成；另一个方面主要的是以软件为主的数据处理技术，其中包括搜索引擎技术、数据挖掘、人工智能处理、实现人机交流的标准化机器语言等。

1.6.2 物联网体系

物联网是通过射频识别、感知器、定位系统、扫描器、传感器、图像感知器等信息传感设备，按约定的协议，把任何物品与互联网连接起来，进行信息交换和通信，以实现智能化识别、定位、跟踪、监控和管理的一种网络。

按照网络内数据的流向及处理方式将物联网分为三个层次，如图 1-17 所示：一是感知网络层，即以二维码、RFID、传感器为主，实现对物、人或环境状态识别、感知；二是传输网络层，即通过现有的互联网、广电网、通信网或者下一代互联网，实现数据的传输、计算和存储；三是应用网络层，即输入输出控制终端，包括电脑、手机、笔记本等终端。

RFID 确实是实现物联网的关键性技术之一，它带来了实时捕获个体物品信息的可能性。其实 RFID 只是自动识别技术家族的一部分，这整个家族都是促进物联网的关键性技术，但是并不仅仅只有它们而已。

除了自动识别技术之外，另外一项很重要的技术是传感器，因为需要有一项技术把物品与互联网相连接。如果房间里有一个物品，其中是有 RFID 的，那么它所起的作用是告诉我们有这样一个东西是在那里的，但是更具体的信息我们并不知道，比如说，我们可以

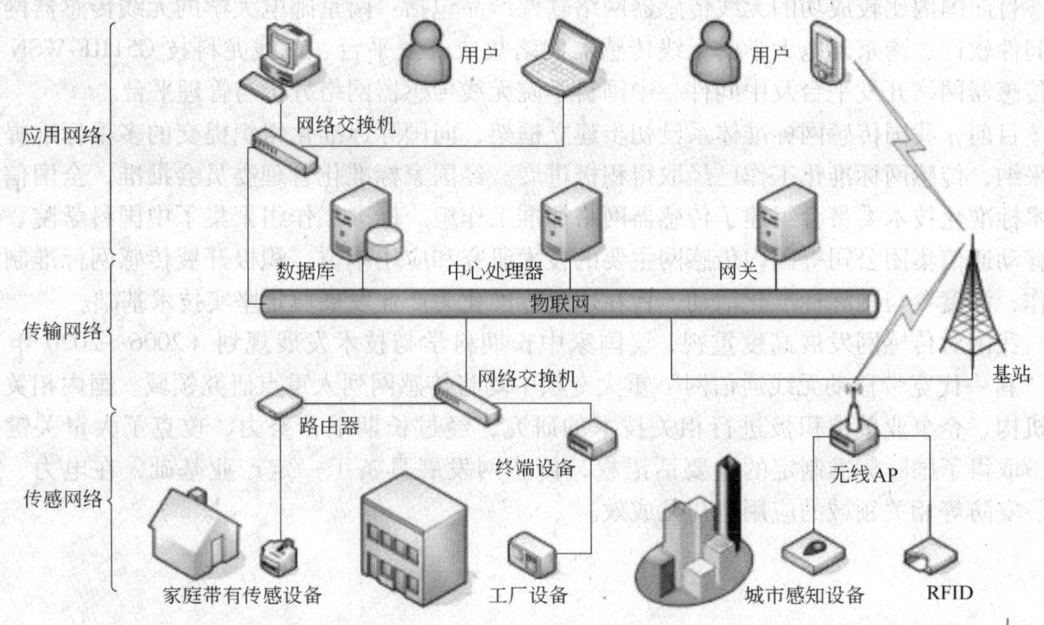

图 1-17 物联网架构

知道房间里有一把剪刀、一包牛奶，但是我们并不知道那包牛奶是否已经过期了，或者它是否被污染了，在这些方面就是传感器起作用的地方。传感器不仅仅能够告诉我们物品的存在，还能够告诉我们物品所处的环境，它所包含的物质等等。

作为物联网的物物互联子网络，在感知层的（ZigBee）（无线）传感网在很早以前就开始相关研究，早在 1999 年，中科院就启动了传感网研究，由其提出的传感网络体系架构、标准体系、演进路线、协同架构等代表传感网络发展方向的顶层设计已被 ISO/IEC 国际标准认可。

（ZigBee）传感网已经成为政府推进物联网发展的首要着力点，在政府高度关注和明确支持以及产业技术发展、需求推动等协同作用下，中国传感网市场将在未来一段时间内以超过 200% 的年均复合增长率增长，并于 2015 年达到 200 亿元人民币规模。

对于传感网，射频通信和感知设备是核心技术，也是利润最大产业。射频通信由于我国起步比较晚，因此在射频通信（无线芯片）方面比较薄弱，主要还是被国外所垄断，例如 TI 和飞思卡尔等公司。

国内目前在无线传感器网络软件方面也取得了相应的突破，在基于国外的操作系统之上，开发自己的中间件软件。如南京邮电大学无线传感器网络研究中心开发的基于移动代理的无线传感器网络中间件平台。无线龙科技 C51RF-WSN 无线传感器网络开发平台，提供了功能齐全的硬件开发平台，对外提供便捷的接口，使用户无需了解底层细节，极大地降低了无线传感器网络应用开发的难度。

国内研究机构在理论研究方面，如对无线传感器网络协议、算法、体系结构等方面，提出了许多具有创新性的想法与理论。在这方面，国内的南京邮电大学、哈尔滨工业大学、清华大学、上海交通大学、北京邮电大学等都取得了一些相关的理论研究成果。

目前国内比较成功的无线传感器网络软件产品包括：南京邮电大学的无线传感器网络中间件软件、南京邮电大学的无线传感器网络集成开发平台、无线龙科技 C51RF-WSN 无线传感器网络开发平台及中间件、中国科学院无线传感器网络分析与管理平台。

目前，我国传感网标准体系已初步建立框架，向国际标准化组织提交的多项标准提案被采纳，传感网标准化工作已经取得积极进展。经国家标准化管理委员会批准，全国信息技术标准化技术委员会组建了传感器网络标准工作组。标准工作组聚集了中国科学院、中国移动通信集团公司等国内传感网主要的技术研究和应用单位，积极开展传感网标准制定工作，深度参与国际标准化活动，旨在通过标准化为产业发展奠定坚实技术基础。

我国对传感网发展高度重视，《国家中长期科学与技术发展规划（2006—2020年）》和“新一代宽带移动无线通信网”重大专项中均将传感网列入重点研究领域。国内相关科研机构、企事业单位积极进行相关技术的研究，经过长期艰苦努力，攻克了大量关键技术，取得了国际标准制定的重要话语权，传感网发展具备了一定产业基础，在电力、交通、安防等相关领域的应用也初见成效。

第 2 章　ZigBee 无线网络技术开发

建立 ZigBee 无线开发平台，需要的基本硬件平台、包括开发板、仿真器、协议分析仪、ZigBee 高频模块、网关、电脑等。

需要准备的软件分为两部分：一部分是 ZigBee 芯片微控制器软件编程集成开发平台，如本书推荐的 IAR 高级编译、汇编、查错等综合软件；另一部分是 ZigBee 协议栈以及相关例子程序，例如无线龙精简版协议栈源代码、TI/飞思卡尔等公司提供免费 ZigBee 协议栈 2006/2007，工具软件。

2.1　开发平台选择

今天的世界，已经是无线的世界，未来的世界，更是无线的天下。无线应用已成为国内外嵌入式应用热点，从方便灵活的“无线工业控制”到方便舒适的“无线数字家庭”；从方便千家万户的便民项目“无线抄表免入户”到彻底改变商品标签“RFID”；从生命保护线的“无线矿井定位”到方便快捷的“集装箱定位系统”。千千万万无线项目、无线产品，如雨后春笋一样不断涌现，预示着一个无线应用百花齐放的春天正在向我们走来。

无线通信技术的发展日新月异，各种新的无线通信技术层出不穷，从 Wi-Fi，到蓝牙，再到今天物联网/传感网热点 ZigBee/无线定位、无线传感器网络，令电子工程师们应接不暇。如果电子工程师有机会通过很少量的投资，迅速建立自己的无线网络开发平台，通过自己动手实践，掌握开发无线网络的技术经验和核心技术，在今天这个无线的时代应该是非常重要的事情。

2.1.1　如何选择嵌入式无线开发工具和平台

2.1.1.1　了解市场以及技术发展状况

由于 ZigBee 技术是目前嵌入式应用的大热门，所以目前全世界很多公司陆续投入这个市场，市场上各种 ZigBee 的技术方案五花八门，争奇斗艳。但俗话说“外行看热闹，内行看门道”。以大家的眼光看，每个方案的提供商，无不追求一个“利”字，芯片公司为了推销自己的微处理器，推销给用户不同的微处理器（MCU），不同公司的硬件平台，不同的编译调试系统。这对初次进入无线领域的工程师而言，不仅要面对复杂的 ZigBee 无线通信协议，超高频的硬件环境，还加上完全陌生的指令系统、硬件平台。无疑对学习 ZigBee 是“雪上加霜”。

建议的解决之道是选择 8051 微处理器为 ZigBee 的核心 MCU，8051 微处理器已诞生 30 多年，目前在国内最为普及，大学中专，都有广泛的课程，各种参考书到处都有，开发软件 KEIL、IAR 早已被大家熟悉，用起来最顺手。

有人认为8051“老了”，不能当此重任，也有人说8051会产生数字噪声，影响无线通信，这些都是没有科学依据的说法。随着芯片科技的发展，今天的8051早已经脱胎换骨，只是片上系统（SoC）的一小部分；而且在低功耗，高速度，低噪声等方面，有了质的飞跃。拿TI/CHIPCON公司最新的ZigBee单片机CC2430/CC2431为例，其8051内核经过特别设计，可以和2.4GHz的ZigBee无线收发电路完美地配合工作，绝不会因为其8051内核的高速运行而对高频无线通信有任何影响。

从8051入手，入门ZigBee技术，好处如下：

（1）无需重新学习微处理器结构原理，无需重新熟悉编译/调试工具；

（2）对片上系统的I/O、定时器、A/D、PWM、看门狗等等，也无需重新学习；

（3）如果你没有单片机的基础，学起来也非常容易，也容易做到与人请教，交流。

从技术眼光看，ZigBee技术的核心是软件，如果MCU是8051，则ZigBee是由C51代码组成的一堆软件而已。无论是无线数据传输、路由算法、网络拓扑等都是各种函数的组合，代码组合。如果你熟悉C51编程，你就很容易熟悉ZigBee的代码，同时将自己的应用代码和ZigBee结合在一起。

从硬件而言，如果已经熟悉8051/ARM，学习ZigBee最好从片上系统（无线单片机）开始进入。因为对于初学无线的工程师而言，从无线单片机开始，可以避开硬件/高频方面的很多难点（像CC2430/CC2431/CC1110/CC2510无线部分完全集成在芯片中，外部只有很少几只零件，几乎完全不需要考虑如何焊接，如何调试无线高频部分硬件），直接进入最关键部分的学习。

入门最理想的是选择8051/ARM内核ZigBee无线单片机。理想选择是最新CC2430/CC2431/CC2530/MC13224，如果需要高精度无线定位的话，可以容易地扩展到CC2431。注意CC2430/CC2431无线单片机带有128K闪存的8051内核的ZigBee无线单片机。

2.1.1.2 根据你的应用需要，选择合适的开发工具

如果应用主要的要求是成本的考虑，而且应用比较简单，如：设计一个简单的遥控器产品，包括遥控一个窗帘、灯的开关、简单的点对点数据传输、遥控门铃、无线电子显示牌、无线键盘、无线鼠标、无线游戏手柄等，高频系统工作在300MHz~2.4GHz的高频频段，可以选择采用比较成熟和价格低廉的NRF9E5/NRF24E1/CC1010无线单片机芯片和价格较低的C51RF-2系列仿真器和开发工具（包括该开放工具配套的全部无线通信培训教材）；如果采用MCU+RF的技术方案，可以采用CC1100/CC2500/NRF2401/NRF905等无线芯片和C51RF-S3100（8051处理器+RF芯片）开发平台。

如果应用比较复杂，有较多的节点共同工作，需要有比较复杂的网络拓扑进行连接，如超级星状网络，树（串）状网络，网状网络等，或者需要兼容802.15.4国际短距离无线通信标准，应用系统包括：井下人员安全系统、高精度实时定位系统、大容量无线传感器网络、数字家庭系统、集装箱跟踪系统、RFID系统、符合802.15.4标准的无线网络家电产品、无线安全系统等等，工作在高于2.4GHz的高频频段，可以选择C51RF-CC2431-ZDK、C51RF-WSN、EXPLORERF-MC13224、DREAMRF-CC2530的ZigBee/802.15.4系列仿真器和开发工具和开发平台。

如果应用是要求非常小的体积，比较简单的网络拓扑，非常快的发时间，无线节点数量比较上，一般小于6个。应用包括：无线手表、无线运动器材、医学微型传感器，你可以采用NRF24AP1/NRF24L01等无线网络芯片和S3000（8051处理器+RF芯片）开发平台。

2.1.1.3 根据自己的知识水平和对无线技术熟悉的程度，选择开发平台

对较少接触高频设计的电子工程师而言，要快速完成一个无线通信系统开发/设计是一件具有挑战性的工作，要对应这个挑战，需要有一个逐渐学习过程和有一定的实验设备和测试环境；如果是第一次接触嵌入式无线通信技术，可以选择从低价格的C51RF-2系列无线单片机开发系统入手，通过对照相关配套教材，动手实践如何进行简单的无线通信，开发简单的无线实际应用，对高频电路、无线通信原理、硬件和软件中可能出现的问题、如何用软件编程去解决数据通信中的实际问题等等，有一个完整的认识和经验；然后再开始更复杂的无线网络的设计开发。

对于在这方面已经有丰富经验，而且产品开发需要在无线网络方面进行设计，直接选择C51RF-CC2431-ZDK、C51RF-WSN、EXPLORERF-MC13224、DREAMRF-CC2530等ZigBee/802.15.4系列仿真器、开发工具和开发平台。

2.1.2 需要的设备和必要条件

在无线开发先进的国家，例如美国，开发无线网络产品的实验室投资都非常巨大，动辄几十万美元，几百万美元也很常见，这是因为美国的高频工程师年薪很高，10多万美元很常见，所以，需要提供较高水平的开发设备来缩短开发时间，减低开发成本；同时，无线开发所需要的高频设备，如高频示波器，频谱仪，高频信号发生器，都非常昂贵，还有专门的信号和无线协议分析仪（ZigBee协议分析仪，蓝牙协议分析仪）等，价格更是“天价”。

在国内，一般中小企业都很难有条件投资这样的实验室，更不用说是普通的电子工程师希望在家建立这样的无线网络开发平台了。

但是随着技术的进步，特别是集成电路的发展，开发低成本无线芯片的厂家，采用片上系统的办法，对高频电路进行了人量集成，诞生了无线单片机这样的产品，最近更开发出将8051/ARM微控制器、ZigBee/802.15.4高频电路和相当多无线网络软件集成到一个单晶片上的产品（目前最优秀的产品是TI/飞思卡尔公司开发的CC2430/CC2431/CC2530/MC13224系列ZigBee无线单片机），使普通工程师可以通过很少的投资，实现在自己家里建立一个属于自己的无线网络产品开发工作室，在家里从事无线产品的开发工作的梦想。建立这个实验室需要的必需条件是：

（1）一台PC机，能运行任何中文/英文Windows 2000以上的版本，5G以上的硬盘空闲空间，普通光盘驱动器，具有USB接口、串行接口，速度800M以上就可以工作。不必很新的电脑，一台旧电脑工作也没有问题。

（2）一台ZigBee开发系统，如C51RF-CC2431-ZDK、C51RF-WSN、EXPLORERF-MC13224、DREAMRF-CC2530开发系统，需要将开发系统C51RF实时在线仿真器通过USB接口直接连接到你的电脑，同时通过10线仿真电缆连接到CC2430/CC2431/CC2530/

MC13224 的 ZigBee 无线单片机或目标板，就方便地完成了连接，无需其他的直流电源。

（3）IAR7. 20H 以上 C51 开发环境，该开发平台非常类似 KELL 的开发平台，如果熟悉 KELL 的 C51 开发平台，非常容易去使用和非常喜欢这个功能强大的类似的 IDE/DEBUG 平台。

（4）一个万用表。

当完成连接后，已经拥有了自己的无线网络产品开发平台，采用这个平台，可以在家使用 CC2430/CC2431/CC2530/MC13224 等 ZigBee 无线单片机（如果选择 C51RF-CC2431-ZDK、C51RF-WSN、EXPLORERF-MC13224、DREAMRF-CC2530）开发许多带有无线网络功能的无线产品。完全不用去考虑这是工作在 2. 4GHz 的高频产品，只要会 8051/ARM，就可以在这个无线平台上自由飞翔，开发希望的无线产品。采用这个开发系统，照样可以开发出国外在价值几十万的无线网络实验室里开发的，同样功能的高级无线通信产品。当然这只是一个基本的平台。如果有条件，可以选择下面的配备：

（1）Protel 99 等电路板设计软件，设计自己的电路板；

（2）一台示波器，观察微处理器的低频数字信号；

（3）低成本的 C51RF-3-F 型 ZigBee/802. 15. 4 无线协议分析仪器，该协议分析仪和国外专业 ZigBee/802. 15. 4 无线协议分析仪器相同，采用 USB 高速连接 PC，可以方便/快捷观察在空气中间传输的无线数据包装，使你的无线网络调试/测试更加方便，而价格相当便宜。

2. 1. 3　总结

作为一个电子工程师/单片机工程师，具有多方面的设计经验和知识是非常重要的，特别是电子技术的发展，一日千里，日新月异，跟上时代的发展，对电子工程师而言就更加重要。

许多电子工程师/单片机工程师在熟悉 8 位单片机技术后，开始自己学习 ARM 等 32 位单片机技术，也自己花费多达几千人民币购买 ARM 开发工具，在家建立自己的 ARM 开发平台；也有不少的广告说“学好 ARM 就有机会”等等。其实，从电子/单片机技术发展的角度来看，单片机从 8 位到 32 位的发展，主要是在运行速度上的量改变，而单片机的无线化和无线网络化集成，才是单片机在质的方面的飞跃，而由此带来的巨大的市场和无比广阔的应用前景，将比单片机从 8 位到 32 位的发展，更加令人鼓舞和令人期待。

2004 年，本书作者曾写过一篇文章“单片机的无线时代和无线时代的 8051 单片机”（可在 www. c51rf. com 上查阅），描绘了无线单片机令人鼓舞的市场前景，6 年过去了，正如我们当时的预测，无线单片机无论市场和发展，都有非常快的速度，特别是 IC 巨人 TI 公司收购了 8051 无线单片机的先行者 Chipcon 公司和 ZigBee 联盟的巨大成功，更证明了“无线单片机”这个时代的到来。

2. 2　多功能 ZigBee 开发系统

基于 ZigBee 协议栈的高级开发系统 C51RF 是经济、高效、方便、快捷、可视性、可重复使用的开发工具套装，可满足 IEEE802. 15. 4 标准和 ZigBee 技术标准无线网络技术设计开发。

该工具箱包含了构建多种 ZigBee 网络所需的全部硬件、软件专业开发工具、文档和各种展示、表演软件。其功能特点包括：

（1）具有 USB 高速下载、支持 IAR 集成开发环境；

（2）具有在线下载、调试、仿真功能；

（3）提供 ZigBee 协议栈源代码；

（4）例子程序以源代码方式提供；

（5）灵活配置，根据需求可选配多种扩展开发板；

（6）开发方便、快捷、简单；

（7）C51、ARM 编程，熟悉、入手快；

（8）具有液晶显示，直观、明了；

（9）扩展板提供各种扩展、多种传感器；

（10）市场上有相应配套教材可供学习使用；

（11）具有多年高频设计工程师提供专业、经验丰富技术支持；

（12）功能强大的 C51RF 仿真器，不仅可以实现对 CC2430/CC2431/CC2530/MC13224 等 ZigBee 芯片程序下载，还可实现开发仿真调试；

（13）多种扩展板既有简单开发按键、又有液晶显示及各种传感器；不但可实现简单的 CC2430/CC2431/CC2530/MC13224 开发及无线数据通信，还可用于复杂的 ZigBee 无线网络；

（14）硬件系统、软件代码程序自主设计完成保证长期技术支持；

（15）多种不同距离 ZigBee 模块选择（1～3000m）。

2.2.1 C51RF 仿真器

C51RF 线 ZigBee 开发系统的技术核心——C51RF 仿真器如图 2-1 所示。C51RF 仿真器具有在线下载、调试、仿真等功能。从图可以看出 C51RF 仿真器外形非常简洁，具有一个 USB 接口、一个复位按键以及一根仿真线。

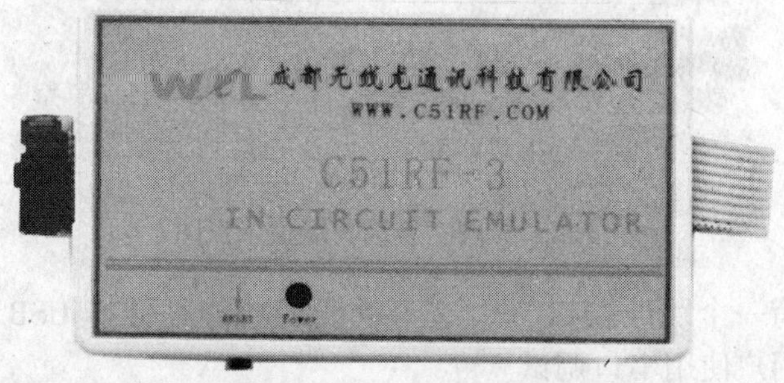

图 2-1 C51RF 仿真器

（1）USB 接口，通过 USB 接口把 C51RF 仿真器与计算机有机地连接起来。C51RF 仿真器通过此接口与计算机进行通信，要在 CC2430/CC2431 的 ZigBee 模块的开发上实现下载、调试（DEBUG）、仿真等的通信都由此接口来实现。

（2）复位按键，此按键用来实现 C51RF 仿真器的复位，当需要重新下载、调试（DE-

BUG)、仿真可通过此按键来实现硬复位。

（3）仿真线，这是一根 10 芯的下载、调试（DEBUG）、仿真线，通过它与 CC2430/CC2431/CC2530/MC13224 的 ZigBee 模块进行连接。

C51RF 仿真器具有以下特点：

（1）USB 接口，使 C51RF 开发与计算机连接更加简单快捷；

（2）高速代码下载，C51RF 仿真器提供高达 129kb/s 的下载速度，把程序下载到 CC2430/CC2431/CC2530/MC13224 的 ZigBee 模块只需要几秒就完成；

（3）在线下载、调试、仿真；

（4）硬件断点调试，类似 JTAG 的硬件断点调试，可实现单步、变量（寄存器）观察等全部 C51 源代码水平的在线调试 DEBUG 功能；

（5）支持 IAR 的 C51 编译/调试图形 IDE 开发平台；

（6）专业设计，系统稳定可靠，噪声干扰小。

2.2.2　网络液晶扩展板

网络液晶扩展板上包括图形汉字 LCD 显示器、小键盘、传感器、ZigBee 模块接口、可调电阻、LED、JTAG 仿真器接口、电源接口、RS-232 接口。用户可以方便地使用该板上的硬件部件和评估软件，如 C51 源代码，快速开发自己的应用系统，同时也可以用于各种教学/实验，如图 2-2 所示。

图 2-2　网络液晶扩展板示意图

C51RF 扩展板有一个跳线接口 J6，这个跳线的功能是转换 USB 转串口和串口接口，是为了方便笔记本用户使用串口调试。

电源电路采用的是 5V 电源通过 TPS79533 转换为 3.3V 工作电压供电；USB 提供电源，通过 TPS79533 转换位 3.3V 工作电压；仿真器直接提供 3.3V 工作电压和电池供电四种电源方案。

C51RF 扩展板提供了一个标准的无线模块通用接口，这个接口将芯片的硬件资源向外扩展出来，用户可以根据自己的需要制作外围设备，也可以用不同的 CPU 来使用该开发板。模块接口对应见表 2-1。

表 2-1 模块接口对应表

左排（以正对开发板为准）		右排（靠近仿真器接口）	
1(从上至下)	VCC(3.3V)	2	P1_4(LCD_CS)
3	P0.3(Uart_TXD)	4	P1_5(LCD_CK)
5	P0.2(Uart_RXD)	6	P1_7(LCD_RS)
7	P1_2(LCD 背光)	8	P1_6(LCD_E)
9	RESET	10	P0_1(LCD_RW)
11	P1_2(液晶译码器命令)	12	P0_4(KEY_CANCEL)
13	P2_1	14	P0_7(ADC_电位器)
15	P2_2	16	P0_6(ADC_KEY)
17	P0_0(光电传感器接口)	18	P0_5(KEY_OK)
19	GND	20	P2_0(LCD_DAT)

复位电路的作用是将单片机复位，该电路是一个典型的按键复位电路。

通过扩展板仿真器接口实现把程序下载至 ZigBee 模块，同时可实现对 ZigBee 模块的仿真、调试。

键盘电路由方向键和命令键组成，方向键通过电压采样完成，通过不同的电压值来判断按键值，命令按键直接通过端口判断。

液晶采用的是 OCM12864-9 图形点阵液晶显示模块，该模块提供了一个完善的驱动电路，提供了 20 个引脚作为和设备的连接接口。该液晶的位并行数据通信，为了节约更多的端口提供给用户自己发挥，采用了 74HC595 解码，如表 2-2 所示。

表 2-2 液晶引脚

引脚编号	引脚名称	方 向	引脚功能描述
1	VSS	I	逻辑电源地 0V
2	VDD	I	逻辑电源 +3.3V
3	NC（VO）	I	悬 空
4	AO	—	数据指令选择：高电平：DB0-DB7 为显示数据 低电平：DB0-DB7 为操作指令
5	R/W（/WR）	I	读/写控制脚： 当接口定义主 6800 接口时，R/W = H：读操作 R/W = L：写操作 当接口定义为 8080 接口时，/WR 为写入控制脚
6	E（/RD）	I	当接口定义为 6800 接口时，为使能控制脚，E = H 有效 当接口定义为 8080 接口时，/RD 为读控制脚，低有效
7	DB0	I/O	数据输入输出引脚
8	DB1	I/O	数据输入输出引脚
9	DB2	I/O	数据输入输出引脚
10	DB3	I/O	数据输入输出引脚

续表 2-2

引脚编号	引脚名称	方 向	引脚功能描述
11	DB4	I/O	数据输入输出引脚
12	DB5	I/O	数据输入输出引脚
13	DB6	I/O	数据输入输出引脚
14	DB7	I/O	数据输入输出引脚
15	/CSI	I	片选择信号，低电平时有
16	NC	—	悬 空
17	/RST	—	复位信号，低电平有效
18	NC（VEE）	O	悬 空
19	LED +	I	背光电源，LED -（3.3V）
20	LED -	I	背光电源，LED -（0V）

串口电路通过 SP3223E 完成电平转换，串口提供了一个标准的 9 针串行接口。

USB 转串口电路的作用是将 PC 机的 USB 口通过转换做串口使用，目的是为了方便笔记本用户使用串口调试，该电路采用了 FT232 完成转换工作。

传感器电路是通过 AD 来采集传感器的电压值，这里给出了一些实验性传感器，如光电传感器和电位器。

2.2.3 C51RF 电池板

电池板如图 2-3 所示，包括 CC2430 的 ZigBee 模块接口、JTAG 仿真器接口、复位按键、电源开关、电池盒等。主要用于为 ZigBee 模块提供电源或为下载程序至 ZigBee 模块提供接口。电源开关向里（靠近仿真器接口）表示开，向外表示关。

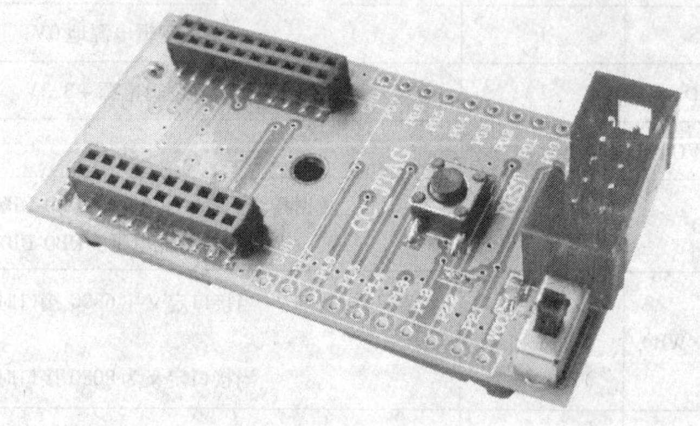

图 2-3 电池板功能示意图

2.2.4 ZigBee 模块

以 C51 或 ARM 为内核的 ZigBee 模块符合 IEEE802.15.4 标准的 ZigBee 无线网络高频模块，主要面向多种工业、商用及家庭应用，如图 2-4 所示。模块中含有世界上真正意义

图 2-4 ZigBee 无线模块

上 SoC 的 ZigBee 一站式产品 CC2430/CC2431/CC2530/MC13224。由于 CC2430/CC2431/CC2530/MC13224 的 ZigBee 无线模块具有 802.15.4/ZigBee 全兼容的硬件层、物理层，因此它可通过符合现有规范的物理层（PHY）和媒体访问控制（MAC）层实现无线通信，更易于开发 ZigBee 原型和产品。

在 ZigBee 无线网络系统中，此模块可用作协调器、终端节点、路由节点；在 ZigBee 无线网络系统中，此模块可用作参考节点、定位节点、网关。

CC2430、CC2431、CC2530 等以 C51 为内核 ZigBee 模块在外观上是完全一样的。在 ZigBee 无线网络系统中完成的功能是一样的；但在 ZigBee 无线网络定位系统中，CC2430 模块只能用作参考节点，而 CC2431 模块不仅可作定位节点之用，还可以作为参考节点使用。MC13224 是以 ARM 为内核 ZigBee 模块，其与 ZigBee 模块 CC2530 一样支持 ZigBee 最新协议标准 ZigBee2007/Pro。

CC2430/CC2431/CC2530 的 ZigBee 无线模块采用的是 CC2430/CC2431F128、CC2530F256 的片上系统，具备了高速、超低功耗 8051 内核、128kb 大容量闪存、8kb 的 SRAM、128kb/s 的高速无线通信接口；并采用 DSSS 频谱传输。自动跳频、防冲突、防碰撞从而提高传输可靠性。待机状态下工作电流仅为 0.2μA，实现了更低功耗。集成 MCU、多种外围电路的高度集成，易用，底层实现库类丰富，功能完善，源代码开放、标准化。

飞思卡尔公司 MC13224 是第三代 ZigBee 解决方案，集成了完整低功耗 2.4GHz 无线电收发器，基于 32 位 ARM7 核的 MCU，采用 IEEE802.15.4、MAC 和 AES 安全加密的硬件加速器以及 MCU 成套外设，是高密度低元件数 IEEE802.15.4 综合解决方案，能实现点对点连接和完整的 ZigBee 网状网络，因此可广泛应用在住宅区和商业自动化、工业控制、HVAC、卫生保健和消费类电子等产品。

MC13224 支持国际 802.15.4 标准以及 ZigBee、ZigBee Pro 和 ZigBee RF4CE 标准。提供了 104dB 的链路质量、优秀的接收器灵敏度和健壮的抗干扰性，多种供电模式，以及一套广泛的外设集——包括 2 个高速 UART、12 位 ADC 和 64 个通用 GPIO、4 个定时器、I2C 等等。除了更强 MCU，改进了 RF 输出功率、灵敏度、选择性，且一般会提供一个超越上一代 CC2430 的重要性能改进。除了通过优秀的 RF 性能、选择性和业界标准 ARM7TDMI-S 内核，支持一般低功耗无线通信，还可以配备一个标准网络协议栈（ZigBee，ZigBee RF4CE）来简化开发，使你更快地获得市场。MC13224 可以用于的应用包括远程控制、工业控制、HVAC、卫生保健消费型电子、家庭控制、计量和智能能源、楼宇自动化、医疗以及更多领域。

ZigBee/802. 15. 4 多功能可视化无线网络开发系统 C51RF 配套提供各不同的 ZigBee 模块，包括不同距离（从 1 ~ 3000m）、不同天线（外接、PCB、陶瓷）。

ZigBee/802. 15. 4 多功能可视化无线网络开发系统 C51RF 配套全新一代长距离、微功耗无线模块 LBee。该系列模块由无线 SOC、高质量功率放大器（PA）和低噪声放大器（LNA）等组成，外观只有邮票大小，支持 ZigBee2007/Pro/2006/2004 协议栈，无线连接预算大于 110dBm，在 ZigBee 网络状态下，无论室内和室外使用，可靠通信距离都可以大幅度提高。

和目前市场上已经有的带有外置放大器的 ZigBee 模块不同的是，该模块采用独特的设计，在对高频信号进行放大的同时成功实现了超低功耗（只需要数十毫安的瞬间电流消耗），这些创新设计使 LBee 系列模块可以使用普通 AA 碱性电池供电，电池寿命可以长达数年。

同时 LBee 系列模块是目前市场上第一个全开放式 ZigBee 长距离模块，客户可以使用该模块和 TI 公司提供的免费 ZigBee 认证的协议栈进行软件开发和编程。

ZigBee 长距离专业开发系统 C51RF 以及无线传感器网络系统 C51RF-WSN 等成套开发系统，可方便用户实现长距离网状网络通信应用系统开发，并提供 LBee 系列长距离无缝升级套件，用户无须进行任何软件和硬件修改，只要将新的 LBee 模块直接插入原开发系统和节点插座，即可轻松完成 ZigBee 长距离应用升级。

LBee 系列长距离微功耗模块，将大大扩展 ZigBee 技术应用范围，使 ZigBee 技术在远程无线抄表、安防报警、路灯控制、舞台灯光控制、智能小区、工业自动控制、无线传感器等领域获得更加广泛应用。

2. 2. 5 ZigBee 分析仪

USB 接口最新 IEEE802. 15. 4/ZigBee 协议分析仪相当于一台 2. 4G 的频谱分析仪、一台高档的逻辑分析仪和数字示波器。

此协议分析仪为 C51RF 的 ZigBee 开发系统/无线网络/定位系统中选配器件，也就是说没有此协议分析仪，C51RF 的 ZigBee 开发系统/无线网络/定位系统也能完成开发实验。ZigBee 协议分析仪可以全面解码、简化、了解复杂的 ZigBee 协议栈并加速调试。

ZigBee 协议分析仪具有较强的功能，包括：分析以及解码在 PHY、MAC、NETWORK/SECURITY、APPLICATION FRAMEWORK 和 APPLICATION PROFICES 等各层协议上的信息包；显示出错的包以及接入错误；指示触发包；在接收和登记过程中可连续显示包。

ZigBee 协议分析仪对于 ZigBee 器具的设计开发者具有很重要的意义，这在于它可以帮助进行与第三方 ZigBee 器具的互操作性测试，设计人员可以独立地监控自己的器具与未知的第三方器具之间的通信及相互操作，从而发现可能出现的错误。

ZigBee 协议分析仪还可以在产品的硬件开发、软件开发、硬软件集成以及质量保证等四个阶段发挥重要的作用。它还有一种独立工作模式，使网中的器具不会受到分析仪的影响，这对于软件测试是关键的。这是一台高速度 USB 接口 ZigBee/802.15.4 协议分析工具，可以完全监视空气中的无线包装，是开发无线网络的高级工具。

图 2-5 C51RF-3-F 硬件部分——分析仪

C51RF-3-F 协议分析仪完全兼容 CHIPCON 包装分析 PC 软件，这个免费软件用户可以从 CHIPCON 网站下载。

当把 C51RF-3-F 协议分析仪（见图 2-5）通过 USB 接口连接到 PC 机，打开 CHIPCON 包装分析 PC 软件，你就可以看到如图 2-6 所示的开机界面。

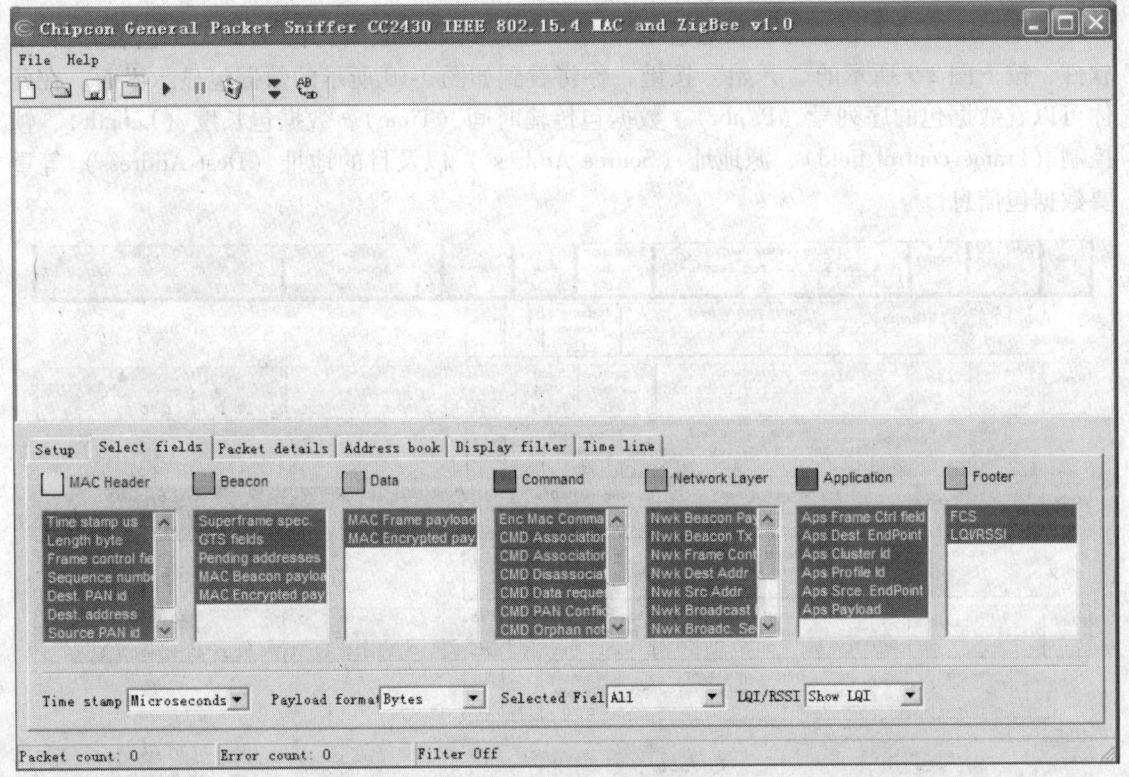

图 2-6 CHIPCON 包装分析 PC 共享软件开机界面

在图 2-6 中可以看到一系列操作按键，如图 2-7 所示的是一组查看按键，在此可以查看数据包的各种信息。

图 2-8 所示是操作按键，包括保存、暂停、开始、清除以及显示查看等。

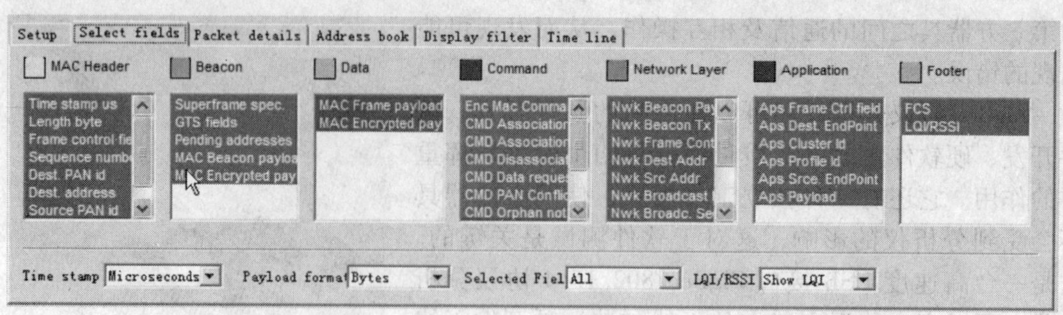

图 2-7　查看按键

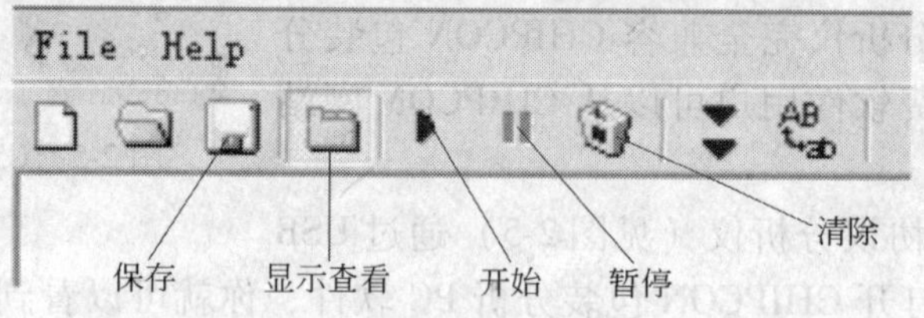

图 2-8　操作按键

当把 C51RF-3-F 协议分析仪通过 USB 接口连接到 PC 机，打开 CHIPCON 包装分析 PC 软件，按下图 2-9 所示的“开始”按键，你将看到如图 2-10 所示的数据包显示界面。在此你可以看数据包的序列号（P. nbr）、数据包传输时间（Time）、数据包长度（Length）、帧控制（Frame control field）、源地址（Source Address）以及目的地址（Dest Address）等重要数据包信息。

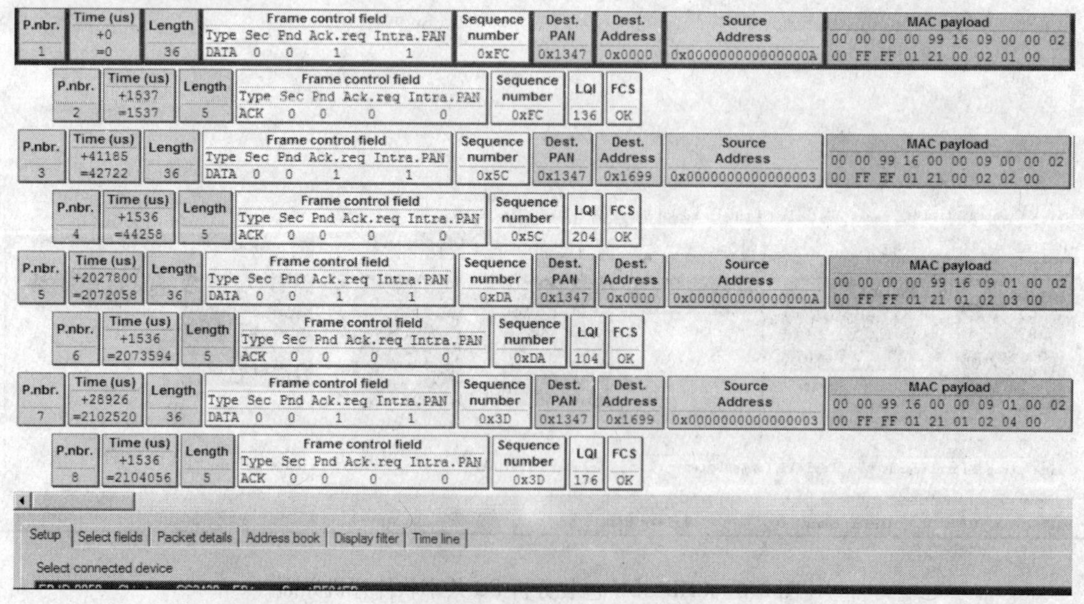

图 2-9　C51RF-3-F 分析 ZigBee 数据包界面 1

当模块实现加入网络通信时，你将看到通信数据包格式如图 2-10 所示，在此可以看从 MAC 到 NWK（网络层）的数据包格式。

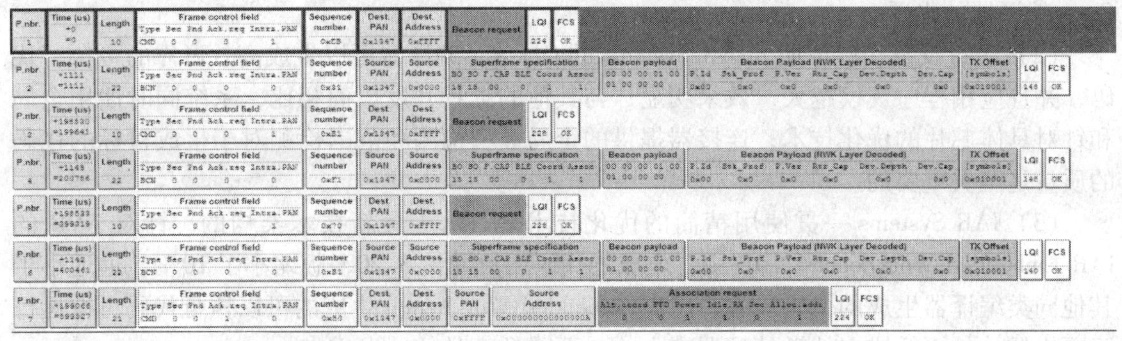

图 2-10 C51RF-3-F 分析 ZigBee 数据包界面 2

2.3 ZigBee 软件开发平台

IAR Embedded Workbench（简称 EW）的 C/C ++ 交叉编译器和调试器是当今世界上最完整和最容易使用的专业嵌入式应用开发工具，EW 对不同的微处理器提供一样的直观用户界面。EW 今天已经支持 35 种以上的 8 位/16 位/32 位 ARM 的微处理器结构。

EW 包括嵌入式 C/C ++ 优化编译器、汇编器、连接定位器、库管理员、编辑器、项目管理器和 C-SPY 调试器，使用 IAR 的编译器最优化最紧凑的代码，节省硬件资源，最大限度地降低产品成本，提高产品竞争力。

EWARM 是 IAR 目前发展很快的产品，EWARM 已经支持 ARM7/9/10/11XSCALE，并且在同类产品中具有明显价格优势。其编译器可以对一些 SOC 芯片进行专门的优化，如 Atmel、TI、ST、Philips。除了 EWARM 标准版外，IAR 公司还提供 EWARM BL（256K）的版本，方便了不同层次客户的需求。

IAR System 是嵌入式领域唯一能够提供这种解决方案的公司。EW 支持 35 种以上的 8 位/16 位/32 位的微处理器结构。

IAR Embedded Workbench 集成的编译器主要产品特征：

（1）高效 PRO Mable 代码；

（2）完全标准 C 兼容；

（3）内建对应芯片的程序速度和大小优化器；

（4）目标特性扩充；

（5）版本控制和扩展工具支持良好；

（6）便捷的中断处理和模拟；

（7）瓶颈性能分析；

（8）高效浮点支持；

（9）内存模式选择；

（10）工程中相对路径支持。

为什么要放弃使用其他各种免费的开发工具，而选择需要支付费用来购买的 IAR Systems 开发工具？主要包括以下几点原因：

（1）由于 IAR 公司在微处理器 C/C ++ 编译器设计方面的丰富经验，目前没有任何一家公司的产品可以达到 IAR 公司针对 8 位、16 位、32 位处理器生产的 30 多种不同 C/

C++编译器的水平。

（2）经过反复实验证明，IAR Systems的C/C++编译器可以生成高效可靠的可执行代码，并且应用程序规模越大，效果明显；与其他的工具开发厂商相比，系统同时使用全局和针对具体芯片的优化技术；连接器提供的全局类型检测和范围检测对于生成目标的代码的质量是至关重要的。

（3）IAR Systems一贯使用精简的优化技术——基于最新技术架构的，针对AVR的IAR Embedded Workbench4.10B版，生成的代码的尺寸比3.20A版缩小了10%，远远小于其他同类编译器生成的代码尺寸，IAR Embedded Workbench生成的可以执行代码可以运行于更小尺寸、更低成本的微处理器之上，从而降低产品的开发成本。

为什么小就意味着完美？因为紧缩的代码，就说明它可以很好的运行在更小、更便宜的芯片上！假设公司要生产10000设备，而每一台因为使用了更小尺寸处理器的设备可以节省2美元，这对公司来说将是一笔很客观的收入。产品的成本对于设计部门来说不是最先考虑的因素也不是开发工具的任务，但是它确实是产品或销售经理最感兴趣的内容。

尺寸小不仅仅意味着廉价，它也为各种附加的功能留下充足的扩展空间。假设客户中途需要为他们的产品设计增加一些新的功能特性，而在这个阶段再去选择另一款芯片是不可行的。这时IAR Systems提供的高效的编译器加上代码检测服务为公司在最终期限之前完成任务提供了可能。应该清楚这种情况在以前的工作中会经常遇到。

（4）忽略项目的最终期限，开发者需要依靠一些可靠的开发工具来完成任务。未能按时完成进度会给项目带来不便，而恶性循环将会导致所有进度安排的拖延，后果变得十分严重。IAR Embedded Workbench被认为是一款稳定可靠的开发工具，它提供连续的工作流，使开发者可以专心于项目的开发，提高开发效率。

（5）IAR Embedded Workbench是一套完整的集成开发工具集合，它包括从代码编辑器、工程建立到C/C++编译器、连接器和调试器的各类开发工具。它和各种仿真器、调试器紧密结合，使用户在开发和调试过程中，仅仅使用一种开发环境界面，就可以完成多种微控制器的开发工作。

除上述的几点之外，在IAR Embedded Workbench，IAR Systems还提供了Visual STATE和IAR Make App两套图形开发工具帮助开发者完成应用程序的开发，它可以根据设计自动生成应用程序代码和自动生成驱动程序，使开发者摆脱这些耗时的任务同时保证了代码的质量。详细信息请参阅http：//www.iar.com网站的相关内容。不论客户在哪里，IAR Systems都可以为其提供完善的技术支持和设计服务。

C51RF开发系统根据不同内核使用不同版本的ZigBee软件集成环境。

本节将逐步介绍IAR安装、IAR开发环境如何添加文件、新建程序文件、设置工程选项参数、编译和连接、程序下载、仿真调试。

2.3.1　软件安装

安装如同Windows操作系统的一般软件一样，单击Setup.exe进行安装。

单击“Next”至下一步，将分别需要填写用户名字、公司以及认证序列。

正确填写后，单击“Next”至下一步，将分别需要有计算机的机器码和认证序列生成的序列钥匙。

输入的认证序列以及序列钥匙正确后，单击“Next”到下一步。在将选择完全安装或是典型安装，在这里选择第 1 个也就是完全安装。

单击“Next”到下一步，在这里将查看输入的信息是否正确。如果需要修改，单击“Back”返回修改。

单击“Next”正式开始安装。在这将看到安装进度，这将需要几分钟时间的等待，现在需要耐心等待。

当进度到 100% 时，它将跳到下一个界面。在此可选择查看 IAR 的介绍以及是否立即运行 IAR 开发集成环境。单击“Finish”来完成安装。

完成安装后，可以从计算机的操作系统“开始”菜单那里找到刚刚安装 IAR 软件。

现在可以通过在桌面的快捷方式或在“开始”按键中选择程序来启动 IAR 软件开发环境。

使用 IAR 开发环境首先应建立一个新的工作区。在一个工作区中可创建一个或多个工程。用户打开 IAR Embedded Workbench 时，已经建好了一个工作区，可选择打开最近使用的工作区或向当前工作区添加新的工程。

选择 File\New\Workspace。现在用户已经建好一个工作区，可创建新的工程并把它放入工作区。单击 Project 菜单，选择 Greate New Project。弹出建立新工程对话框，确认 Tool chain 栏已经选择 8051，在 Project templates 栏选择 Empty project 单击下方 OK 按钮。

根据需要选择工程保存的位置，更改工程名，如 ledtest 单击 Save 来保存。这样便建立了一个空的工程。这样工程就出现在工作区窗口中了。

系统产生两个创建配置：调试和发布。在这里只使用 Debug 即调试。项目名称后的星号（*）指示修改还没有保存。选择菜单 File\Save\Workspace，保存工作区文件，并指明存放路径，这里把它放到新建的工程目录下。单击 Save 保存工作区。

2.3.2 新建文件

选择菜单 Project\Add File 或在工作区窗口中，在工程名上点右键，在弹出的快捷菜单中选择 Add File，弹出文件打开对话框，选择需要的文件单击“打开”退出。

如没有建好的程序文件也可单击工具栏上的 或选择菜单 File\New\File 新建一个空文本文件，向文件里添加以下程序清单代码。

```
#include"ioCC2430.h"
void Delay(unsigned char n)
{
    unsigned char i;
    unsigned int j;
    for(i=0;i<n;i++)
    for(j=1;j;j++);
}
void main(void)
{
//CC2430中,I/O口做普通I/O使用时和每个I/O端口相关的寄存器有3个,分别是//PxSEL
//功能选择寄存器,PxDIR方向寄存器,PxINP输入模式寄存器,其中x为0,1,2。
```

```
//这里选择 P1.0 上的红色 LED 作为 I/O 测试。
    SLEEP &= ~0x04;
    while(!(SLEEP & 0x40));          //晶体振荡器开启且稳定
    CLKCON &= ~0x47;                 //选择 1-32MHz 晶体振荡器
    SLEEP|=0x04;
    P1SEL=0x00;                      //P1.0 为普通 I/O 口
    P1DIR=0x01;                      //P1.0 输出
    while(1)
    {
        P1_0=1;
        Delay(10);
        P1_0=0;
        Delay(10);
    }
}
```

选择菜单 File\Save 弹出保存对话框所示。新建一个 Source 文件夹，将文件名改为 Test.c 后保存到 Source 文件夹下。按照前面添加文件的方法将 Test.c 添加到当前工程里。

2.3.3 设置参数

选择 Project 菜单下的 Options 配置与相关选项。

2.3.3.1 Target 标签

按图 2-11 所示配置 Target，选择 Code model 和 Data model，以及其他参数。

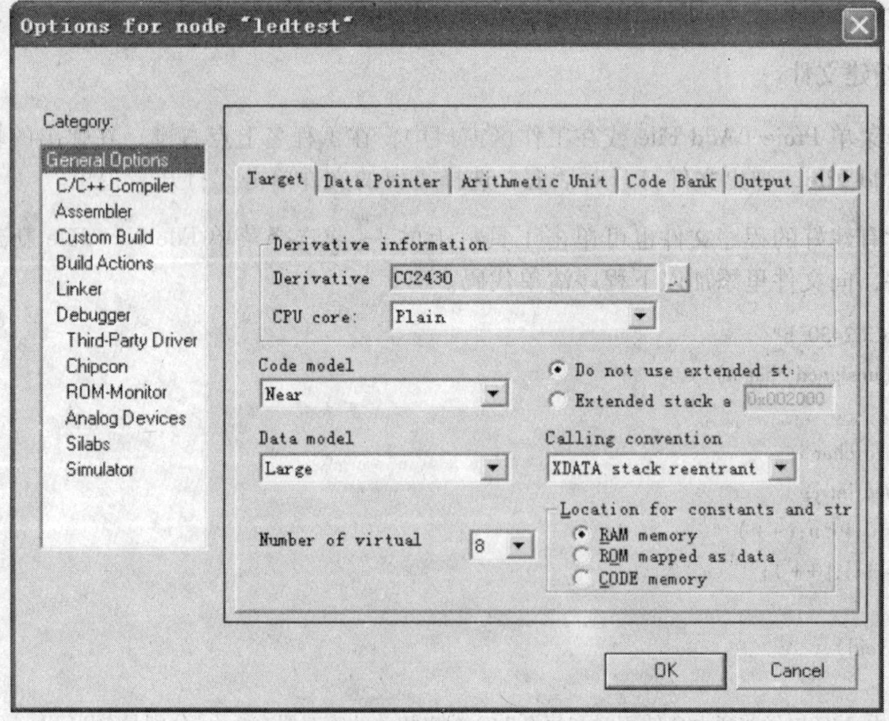

图 2-11　配置 Target

单击 Derivative information 栏右边的按钮，选择程序安装位置，如这里是 IAR Systems\Embedded Workbench4.05 Evaluation version\8051\config\derivatives\chipcon 下的文件 CC2430.i51（ZigBee 芯片 CC2430）。

2.3.3.2 Data Pointer 标签

如图 2-12 所示，选择数据指针数 1 个，16 位。

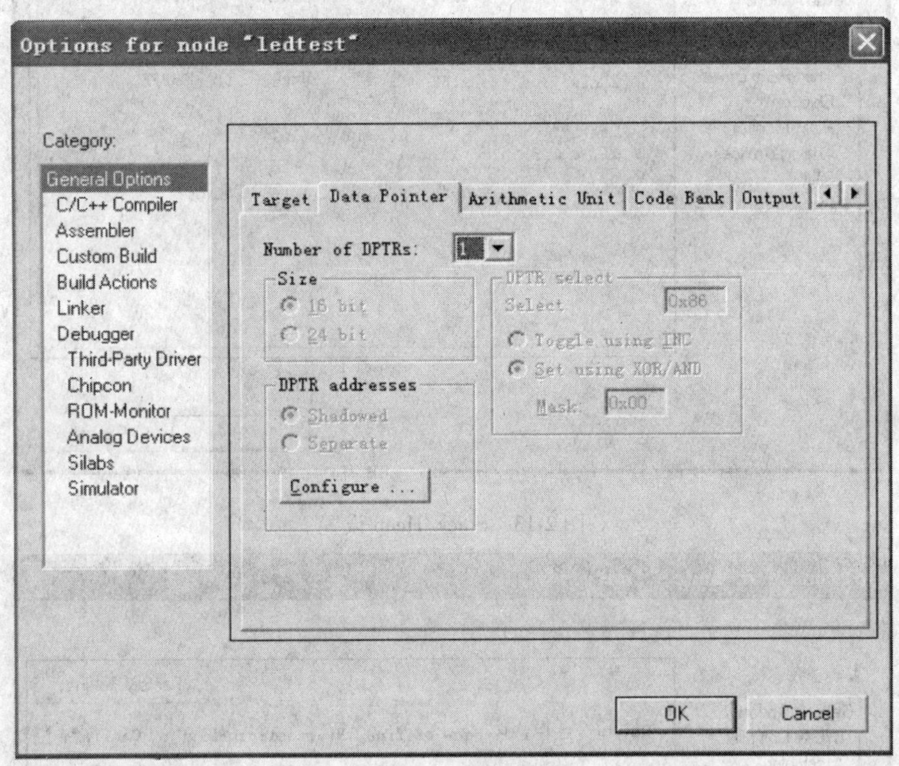

图 2-12 数据指针选择

2.3.3.3 Stack/Heap 标签

如图 2-13 所示，改变 XDATA 栈大小到 0x1FF。单击 Options 中右边框架内的 Linker 选项，配置相关的选项见图 2-14。

2.3.3.4 Output 标签

选中 Override default 可以在下面的文本框中更改输出文件名。如果要用 C-SPY 进行调试，选中 Format 下面的 Debug information for C-SPY，如图 2-14 所示。

2.3.3.5 Config 标签

如图 2-15 所示，单击 Linker command file 栏文本框右边的按钮，选择正确的连接命令文件，如表 2-3 所示（ZigBee 芯片 CC2430）。

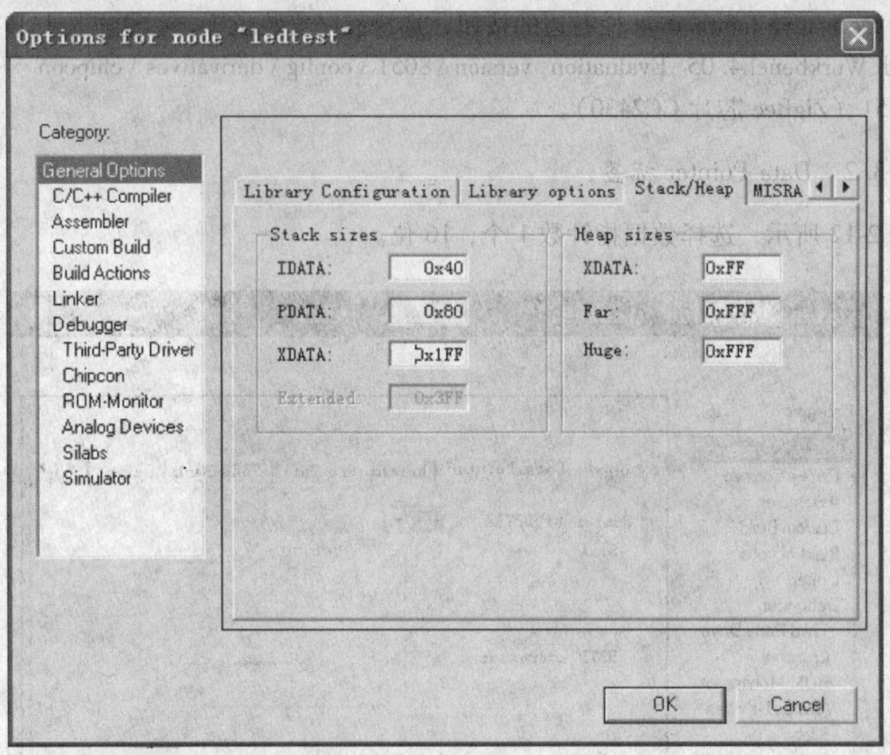

图 2-13　Stack/Heap 设置

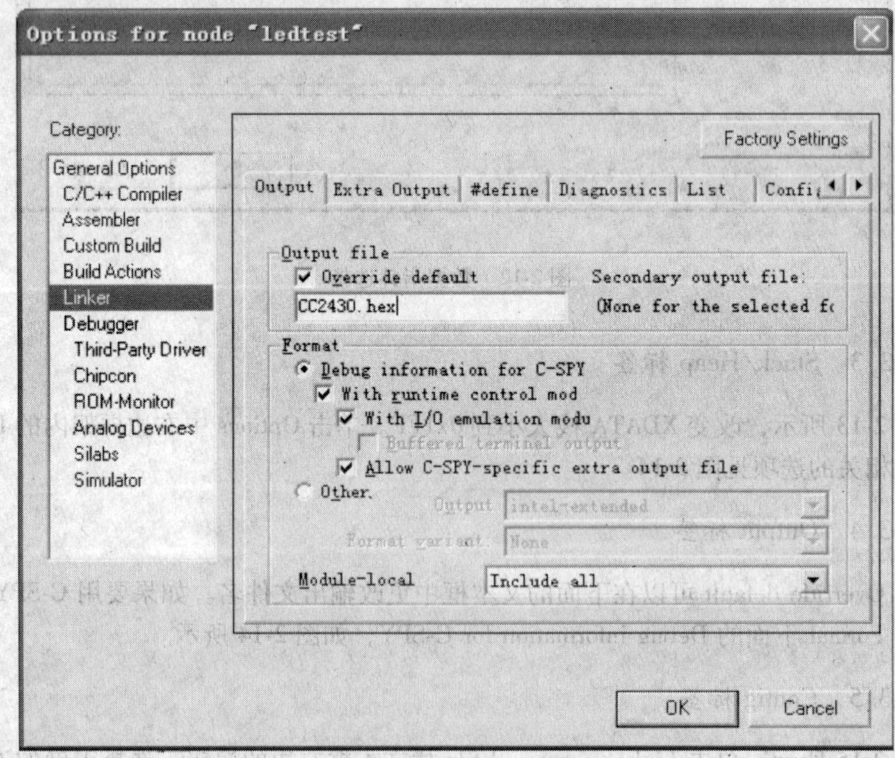

图 2-14　输出文件设置

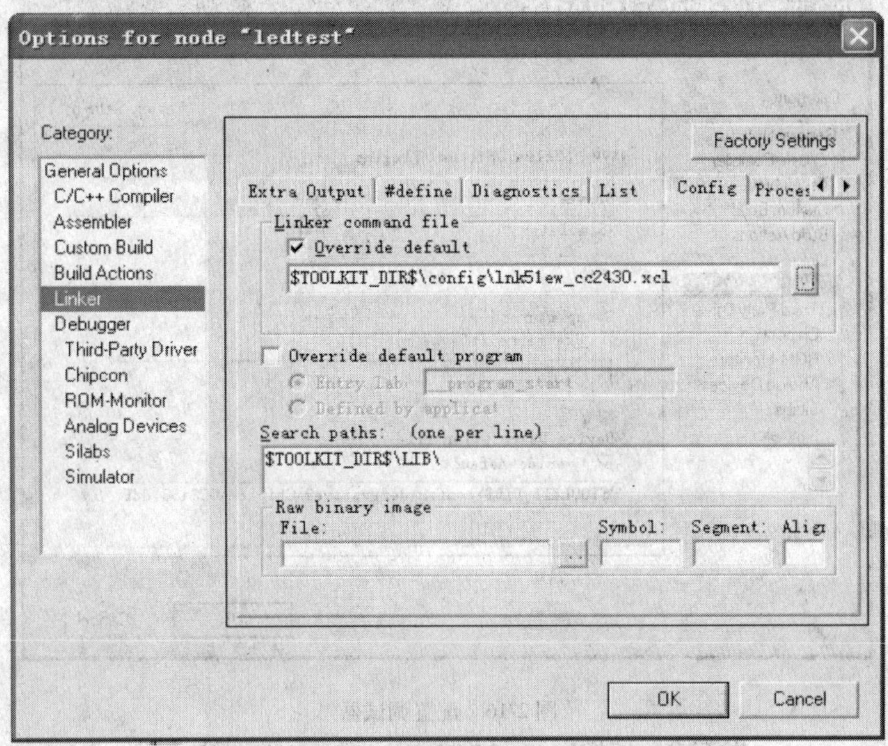

图 2-15 选择连接命令文件

表 2-3 Code Model 关系表

Code Model	File
Near	lnk51ew_cc2430. xcl
Banked	lnk51ew_cc2430b. xcl

2.3.3.6 Debugger 标签

单击 Options 中右边框架内的 Debugger 选项，配置相关的选项。在 Setup 标签按下图 2-16 所示设置。

在 Device Description file 选择 CC2430. ddf 文件（ZigBee 芯片 CC2430），其位置在程序安装文件夹下如 C：\Program Files\IAR Systems\Embedded Workbench 4. 05 Evaluation version\8051\Config\derivatives\chipcon。最后按下“OK”保存设置。

2.3.4 编译、连接、下载

选择 Project\Make 或按 F7 键编译和连接工程，如图 2-17 所示。

成功编译工程，并且没有错误信息提示后，连接硬件系统。选择 IAR 集成开发环境中菜单 Project\Debug 或按快捷键“Ctrl + D”进入调试状态，也可按工具栏上按钮进入程序下载，程序下载完成后，IAR 将自动跳转至仿真状态。

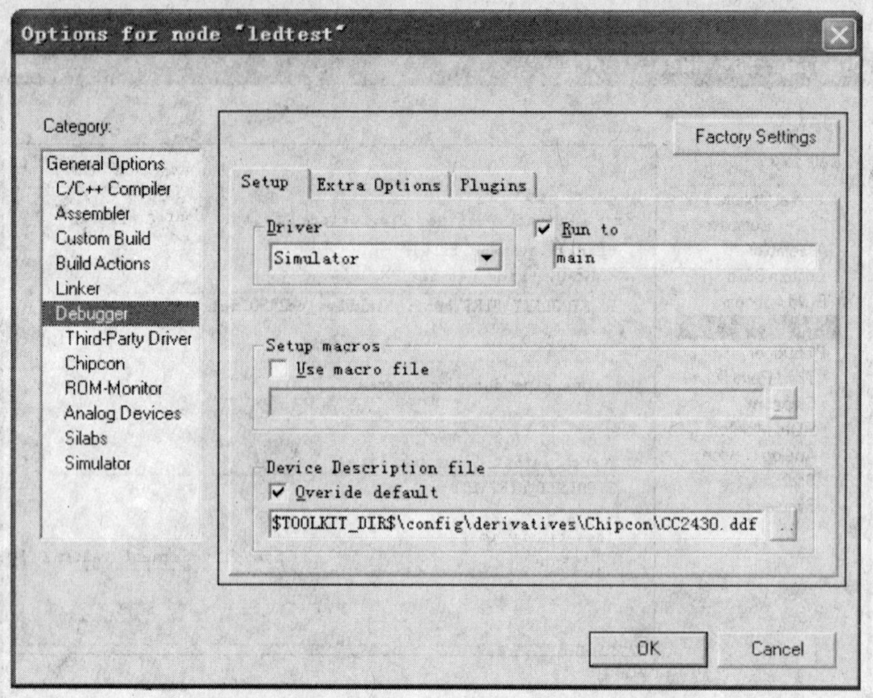

图 2-16 配置调试器

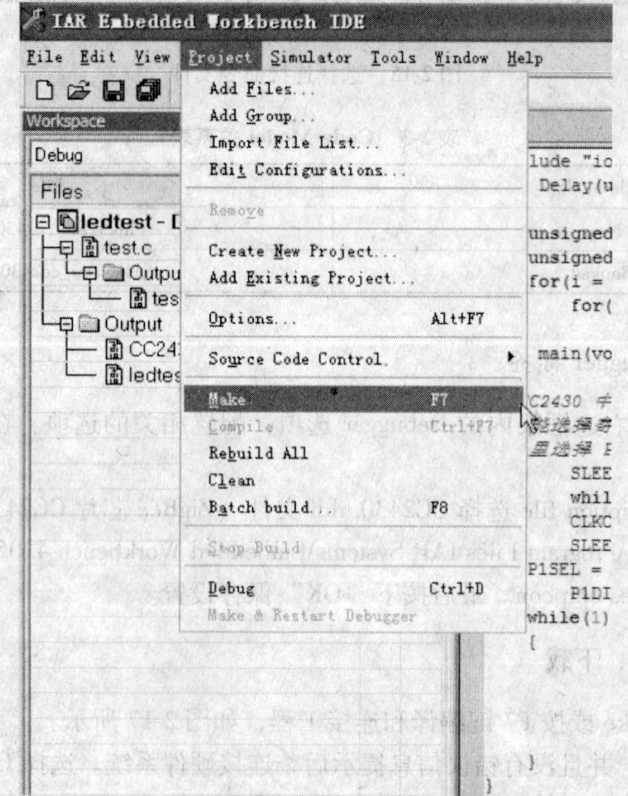

图 2-17 编译和连接工程

2.3.5 仿真调试

编译好后接下来就是调试程序了。首先需要连接硬件平台才能进行调试。在计算机与 ZigBee 硬件系统连接前，需要确保已在计算机上安装了必要的仿真器驱动。

安装完成仿真器驱动后，通过 USB 接口把 ZigBee 开发系统与计算机连接后，进入 IAR 编译环境进行仿真调试。

选择菜单 Project\Debug 或按快捷键"Ctrl + D"进入调试状态，也可按工具栏上按钮进入调试。

2.3.5.1 调试窗口管理

在 IAR Embedded Workbench 中用户可以在特定的位置停靠窗口，并利用标签组来管理它们；也可以使某个窗口处于悬浮状态，即让它始终停靠在窗口的上层。状态栏位于主窗口底部，包含了如何管理窗口的帮助信息。更详细信息参见帮助文件中的 EW8051_UserGuide。

查看源文件语句：

Step Into 执行内部函数或子进程的调用；

Step Over 每步执行一个函数调用；

Next statement 每次执行一个语句。

这些命令在工具栏上都有对应的快捷键。

2.3.5.2 调试管理

C-SPY 允许用户在源代码中查看变量或表达式，可在程序运行时跟踪其值的变化。选择菜单 View\Auto 开启窗口，窗口会自动显示当前被修改过的表达式。

（1）连续观察 my_timer 值的变化情况。选择菜单 View\Watch，打开 Watch 窗口。单击 Watch 窗口中的虚线框，出现输入区域时键入 my_timer 并回车。也可以先选中一个变量将其从编辑窗口拖到 Watch 窗口。

（2）单步执行，观察 my_timer 的变化。如果要在 Watch 窗口中去掉一个变量，先选中然后单击键盘上的"Delete"键或点右键删除。

（3）设置并监控断点。使用断点最便捷的方式是将其设置为交互式的，即将插入点的位置指到一个语句里或靠近一个语句，然后选择 Toggle Breakpoint 命令。在 BK1KeyInit 语句处插入断点，在编辑窗口选择要插入断点的语句，选择菜单 Edit\Toggle Breakpoint。或者在工具栏上单击按钮。

这样在这个语句设置好一个断点，用高亮表示并且在左边标注一个红色的"X"显示有一个断点存在。可选择菜单 View\Bradkpoint 打开断点窗口，观察工程所设置的断点。在主窗口下方的调试日志 Debug Log 窗口中可以查看断点的执行情况。如要取消断点，在原来断点的设置处再执行一次 Toggle Breakpoint 命令。

（4）在反汇编模式中调试。在反汇编模式，每一步都对应一条汇编指令，用户可对底层进行完全控制。选择菜单 View\Disassembly，打开反汇编调试窗口，用户可看到当前 C 语言语句对应的汇编语言指令。

（5）监控寄存器。寄存器窗口允许用户监控并修改寄存器的内容。选择菜单 View\Regisster，打开寄存器窗口。

选择窗口上部的下拉列表，选择不同的寄存器分组。单步运行程序观察寄存器值的变化情况。

（6）监控存储器。存储器窗口允许用户监控寄存器的指定区域。选择菜单 View\Memory，打开存储器窗口。打开 my_timer 所在文件，单击 my_timer，将它从源代码窗口拖到存储器窗口中。此时存储器窗口中对应的值也被选中。

（7）单步执行程序，观察存储器中值的变化。用户可以在存储器窗口中对数据进行编辑，修改。在想进行编辑的存储器数值处放置插入点，键入期望值即可。

（8）完整运行程序。选择菜单 Debug\Go 或点调试工具栏上按钮，如果没有断点，程序将一直运行下去，可以看到在 ZigBee 的开发系统中相关的硬件反应。如果要停止，选择菜单 Debug\Break 或点调试工具栏上按钮，停止程序运行，退出调试。选择菜单 Debug\Stop Debugging 或单击调试工具栏上的按钮退出调试模式。

2.4 ZigBee 芯片

目前市场上 ZigBee 芯片提供商（2.4GHz），主要有：TI/CHIPCON、EMBER（ST）、JENNIC、FREESCALE、MICROCHIP、CEL 等。

目前 ZigBee 技术提供方式有三种：

（1）ZigBee RF + MCU，例如：TI 的 CC2420 + MSP430、FREESCLAE 的 MC13XX + GT60、MICROCHIP 的 MJ2440 + PIC MCU；

（2）单芯片集成 SOC，如：TI 的 CC2430/CC2431（8051 内核）、FREESCALE 的 MC1321X，MC13224（ARM 内核）、EM250；

（3）单芯片内置 ZigBee 协议栈 + 外挂控制芯片，如 JENNIC 的 SOC + EEPROM、EMBER 的 260 + MCU、TI 的 CC2480 + MCU。

主要 ZigBee 芯片对比表，如表 2-4 所示。

表 2-4 ZigBee 芯片对比表

项 目	CC2430	CC2530	MC13224
引 脚	48	40	99
封 装	QLP48	QFN40	LGA
电 压	2.0～3.6V	2.0～3.6V	2.0～3.6V
尺寸/mm × mm	7×7	6×6	9.5×9.5
微控制器	增强型 C8051	增强型 C8051	ARM7TDMI-S
Flash	32/64/128kb	32/64/128/256kb	128kb
RAM	8kb SRAM，4kb Data	8kb	96kb，80K ROM
段频/GHz	2.4	2.4	2.4
支持标准	ZigBee04/06/SimpliciTI	ZigBee07/Pro/RF4CE/Si mpliciTI	ZigBee07/Pro/RF4 CE
软件平台	IAR	IAR	IAR
射频 RF	CC2420	CC2520	MC13224

续表 2-4

项 目	CC2430	CC2530	MC13224
接收灵敏度/dBm	-90	-97	-96（DCD模式） -100（NCD模式）
输出功率	0（最小为-3）dBm	4.5（最小-8，最大10）dBm	-30至4dBm
自带传感器	温度	温度	温度
功耗/mA	RX：27 TX：25	RX：24 TX：29	RX：22 TX：29
低功耗/μA	掉电：0.9 挂起：0.6	掉电：1 挂起：0.4	掉电：0.8 挂起：0.3
抗干扰	CSMA/CA	CSMA/CA	CSMA/CA
DMA	支持	支持	支持
RSSI/LQI	支持	支持	支持
AES处理器	有	有	有
I/O	21个	21个	64个
定时/计数器	4（2个16位、2个8位）	4（2个16位、2个8位）	4（16位）
串 口	2个	2个	2个（2M）
802.15.4定时器	有	有	有
ADC	8~14位	7~12位	12位

2.4.1 ZigBee射频芯片

现在市场ZigBee射频芯片数目众多，因可自由选择搭配不同微控制器而受到欢迎，典型代表包括CC2420、CC2520（如表2-5所示）、MC13XX等。下面通过CC2420来了解此类芯片特点。

表2-5 CC2520与CC2420比较

特 性	CC2420	CC2520
标 准	IEEE802.15.4—2004	IEEE802.15.4—2006
最大输出功率/dB	0	5
典型灵敏度/dBm	-95	-98
时钟输出	否	配置频率是1~16MHz
用户接口	SPI控制操作	通过GPIO传输指令集形式
寄存器访问	无晶体振荡器运行也可以访问	只有晶体振荡器运行时才能访问
数字输出	没有施密特触发器	所有全数输入都有施密特触发器
数字输出	固定配置	高度灵活和可配置
启 动	XOSC的手动启动	复位(reset_n)后XOSC自动开始，SRES指令后XOSC手动启动
晶体频率	16MHz	32MHz

续表2-5

特　性	CC2420	CC2520
数据包分析	无硬件支持	硬件支持非侵入性数据传输和接收帧分析
最大SPI时钟频率/MHz	10	8
RAM大小/B	364	768
工作电压/V	2.1~3.6	1.8~3.8
最大工作温度/℃	85	125
安　全	有限的灵活性	高度灵活的安全指示。更多的RAM可允许更灵活的处理
封装/mm×mm	QLP-48，7×7	QFN28（RHD），5×5
RF频率范围/MHz	2400~2483.5	2394~2507

CC2420是TI/Chipcon公司推出的一款符合IEEE802.15.4规范的2.4GHz射频芯片，用来开发工业无线传感及家庭组网等PAN网络的ZigBee设备和产品。

该器件包括众多额外功能，是第一款适用于ZigBee产品的RF器件。它基于Chipcon公司的SmartRF 03技术，以0.18μm CMOS工艺制成，只需极少外部元器件，性能稳定且功耗极低。CC2420的选择性和敏感性指数超过了IEEE802.15.4标准的要求，可确保短距离通信的有效性和可靠性。利用此芯片开发的无线通信设备支持数据传输率高达250kb/s，可以实现多点对多点的快速组网。

ZigBee射频芯片CC2420主要性能参数如下：

（1）工作频带范围为：2.400~2.4835GHz；

（2）采用IEEE802.15.4规范要求的直接序列扩频通信；

（3）数据速率达250kb/s；

（4）采用O-QPSK调制方式；

（5）超低电流消耗（RX：19.74mA，TX：17.4mA）；

（6）高接收灵敏度（-94dBm）；

（7）抗邻频道干扰能力强（39dB）；

（8）内部集成有VCO、LNA、PA以及电源整流器；

（9）采用低电压供电（2.1~3.6V）；

（10）输出功率编程可控；

（11）IEEE802.15.4MAC层硬件可支持自动帧格式生成、同步插入与检测、16位的CRC校验、电源检测、完全自动MAC层安全保护（CTR，CBC-MAC，CCM）；

（12）与控制微处理器的接口配置容易（4总线SPI接口）；

（13）采用QLP-48封装，外形尺寸只有7mm×7mm。

CC2420芯片从天线接收到射频信号，首先经过低噪声放大器（LNA），然后正交下变频到2MHz的中频上，经过中频信号的同相分量和正交分量。两路信号经过滤波和放大后，直接通过A/D转换器转换成数字信号。后继的处理，如自动增益控制、最终信道选择、解扩以及字节同步等，都是以数字信号的形式处理。

当CC2420的SFD引脚为低电平时，表示接收到物理帧的SFD字节。接收到的数据存放在128字节的接收FIFO缓冲区中，帧的CRC校验由硬件完成。

CC2420的FIFO缓冲区保存MAC帧的长度、MAC帧头和MAC帧负载数据三个部分，不保存帧校验码。CC2420发送数据时，数据帧的前导序列、帧开始分隔符以及帧校验序列由硬件产生；接收数据时，这些部分只用于帧同步和CRC校验，而不会保存到接收FIFO缓冲区。

CC2420发送数据时，使用直接正交上变频。基带信号的同相分量和正交分量直接被数模转换器转换为模拟信号，通过低频滤波器，直接变频到设定的信道上。

发射机部分基于直接上变频。要发送的数据先被送入128字节的发送缓存器中，头帧和起始帧是通过硬件自动产生的。根据IEEE802.15.4标准，所要发送的数据流的每4个比特被32码片的扩频序列扩频后送到DA变换器。然后经过低通滤波和上变频的混频后的射频信号最终被调制到2.4GHz，并经放大后送到天线发射出去。

CC2420芯片射频收发器包含了物理层（PHY）及媒体访问控制器层（MAC）；可组建一个具备65000个节点的无线网络，并可随时扩充；以及具有低功耗、传输速率为250kb/s、较低的快速唤醒时间（小于30ms）、CSMA-CA信道状态侦测等特性。

此外，CC2420可通过4线SPI总路线（SI、SO、SCLK、CSn）设置芯片的工作模式、实现读/写缓存数据及读/写状态寄存器等；通过控制FIFO和FIFOP管脚接口的状态可设置发射/接收缓存器；通过CCA管脚状态的设置可以控制清除信道估计；通过SFD管脚状态的设置可以控制时钟/定时信息的输入。这些接口必须与微处理器的相应管脚相连来实现系统射频功能的控制与管理。

CC2420的IEEE802.15.4数字高频调制使用2.4G直接序列扩频（DSSS）技术。调制前，需要将数据信号进行转换处理。每1个字节（byte）信息分为2个符号（symbol），每个符号包括4位比特（bit）。根据符号数据，从16个正交的伪随机序列（PN序列）中，选取其中一个序列作为传送序列。根据所发送连续的数据信息，将所选出的PN序列串接起来，并使用Q-QFSK的调制方法，将这些集合在一起的序列调制到载波上。

在比特-符号（Bit-to-Symbol）转换时，将每个字节（byte）中的低4位转换成一个符号（Symbol），高4位转换成另一个符号。每一个字节都要逐个进行处理，即从它的前同步码字段开始到最后一个字节。在每个字节处理过程中，优先处理低4位，随后处理高4位。

经过比特-符号（Bit-to-Symbol）转换得到的符号数据，将其进行扩展，即每个符号数据映射成一个32位的伪随机序列（PN序列）即是符号-码片（Symbol-to-Chip）转换。这些PN序列通过循环移位或相互结合（如奇数位取反）等相互关联。

扩展后的码元序列通过采用半正弦脉冲形式的O-QPSK调制方法，将符号数据信号调制到载波信号上。其中编码为偶数的码元调制到I相位的载波上，编码为奇数的码元调制到Q相位的载波上。为了使用I相位和Q相位的码元调制存在偏移，Q相位的码元相对于I相位的码元要延迟T_c秒发送，T_c是码元速率的倒数。

CC2420在进行无线数据收发前，需要对对应的收发寄存器作一些配置：

(1) 缓冲发送模式。使用IEEE802.15.4媒介访问控制层数字格式和短地址发送一个信息包，使能发送；当信道评估显示信道空闲时，使能校准然后发送；当没有字节写入，TXFIFO缓冲器发出下溢指示状态位和下溢脉冲，发送自动停止。寄存器设置如下：

CTRL1. TX_MODE = 0；STXON 使能发送；STXONCCA 信道估计显示信道空闲，使能校准然后发送；SFLUSHTX 当没有字节写入，TXFIFO 缓冲器发出下溢脉冲；TXCTL = 0xA0FF 发射最大电流为 1. 72mA。

（2）缓冲接收模式。先使使能信息包接收和 FIFOP 中断，通过 FIFOP 中断服务程序接收信息包，其中 RXFIFO 缓冲器溢出和不合法信息包格式都有中断服务程序处理，信息包接收采用 CC2420 自动应答。寄存器设置如下：DMCTRL1. RX_MODE = 0；SRXON 使能接收；SFLUSHRXRXFIFO 缓冲器溢出，复位解调器；RXCTRL0 = 0x12E5 低噪声放大器增益中等。

在接收模式中，当开始帧分隔符被接收到后，中断标志 RFIF. IRQ_SFD 为高，同时产生射频（RF）中断。如果地址识别禁止或成功，仅当 MPDU 的最后一个字节接收到后，RFSTATUS. SFD 为低。如果在接收帧中没有地址识别，RFSTATUS. SFD 立即转为低。

当接收 RXFIFO 中有一个或多个字节数据时，RFSTATUS. FIFO 位为高。在 RXFIFO 中第一个字节表示接收帧的长度。当表示长度的字节写入 RXFIFO 后，RFSTATUS. FIFO 位将被设为高。直到 RXFIFO 为空，否则 RFSTATUS. FIFO 位一直为高。在 RXFIFO 中还有没读出数据时，RFSTATUS. FIFOP 位为高。当地址识别配置为使能时，RFSTATUS. FIFO 位为高。

在 RF 寄存器 RXFIFOCNT 中记录 RXFIFO 的现有字节数。

当接收到一个新的数据包时，RFSTATUS. FIFOP 位为高。只要有一个字节读出 RXFIFO 时，RFSTATUS. FIFOP 位将为低。

当地址识别使用时，数据在地址完成接收前将不被读出 RXFIFO。这是因为如果禁止地址识别，CC2430 会自动刷新帧。这将用 RFSTATUS. FIFOP 位来处理，因为 RFSTATUS. FIFOP 位直到帧通过地址识别，否则一直为低。

在发送模式中，RFSTATUS. FIFO 与 RFSTATUS. FIFOP 位仅与 RXFIFO 相关。RFSTATUS. SFD 位在发送数据帧中状态。

当 SFD 完整发送后，RFIF. IRQ_SFD 中断标志为高，同时产生 RF 中断。当发送 MPDU（MAC Protocol Data Unit MAC 协议数据单元）后或检测到下溢发生时，RFIF. IRQ_SFD 中断标志为低。

在接收和发送一个数据帧时，RFSTATUS. SFD 位是非常相似的。在发送一个数据帧时，比较发送 RFSTATUS. SFD 位和接收 RFSTATUS. SFD 位，发现它们之间有大约 2μs 延迟，这是因为发送以及接收时的带宽限制。

CC2420 内部有 33 个 16 位结构寄存器和 15 个命令脉冲寄存器以及 2 个 8 位访问独立的发射和接收缓冲器的 RXFIFO、TXFIFO 寄存器。这些寄存器在芯片复位时都已设置了一些初始值。例如：MDMCTRL0. AUTOCRC 自动循环冗余校验；IOCFG0. FIFOP_THR 设置 RXFIFO 缓冲器中字节门限值；BATTMON. BATTMON_E 电池监控使能；TXCTRL. PA_LEVEL 输出功率编程（输出功率单位为 dBm）；IN0. XOSC16M_BYPASS 使能外部晶体振荡器等。实际使用时，应根据需要对初始值进行修改。

初始化：定义信息包传输的基本格式；定义单片机和 CC2420 的端口；打开电压调节器，复位 CC2420，开启晶体振荡器，写入所有必需的寄存器和地址识别（为自动地址识别准备），注意晶体振荡器应该一直处于工作状态。寄存器设置如下：SXOSCON 打开晶体振荡器；MDMCTRL0 = 0x0AF2 打开自动应答；MDMCTRL1 = 0x0500；设置关联门限值为 20；IOCFG0 = 0x007F 设置 FIFOP 门限至最大值 128；SECCTRL0 = 0x01C4 关闭安全使能。

CC2420 外围电路包括晶振时钟电路、射频输入/输出匹配电路和微控制器接口电路三个部分。芯片本振信号既可由外部有源晶体提供，也可由内部电路提供。由内部电路提供时需外加晶体振荡器和两个负载电容，电容的大小取决于晶体的频率及输入容抗等参数。

CC2420 外围电路如图 2-18 所示。CC2420 内部使用 1.8V 工作电压，适合于电池供电的设备；外部数字 I/O 接口使用 3.3V 电压，这样可以保持和 3.3V 逻辑器件的兼容型。它在片上集成了一个直流稳压器，能够把 3.3V 电压转化成 1.8V 电压。这样对于只有 3.3V 电源的设备，不需要额外的电压转换电路就能正常工作。

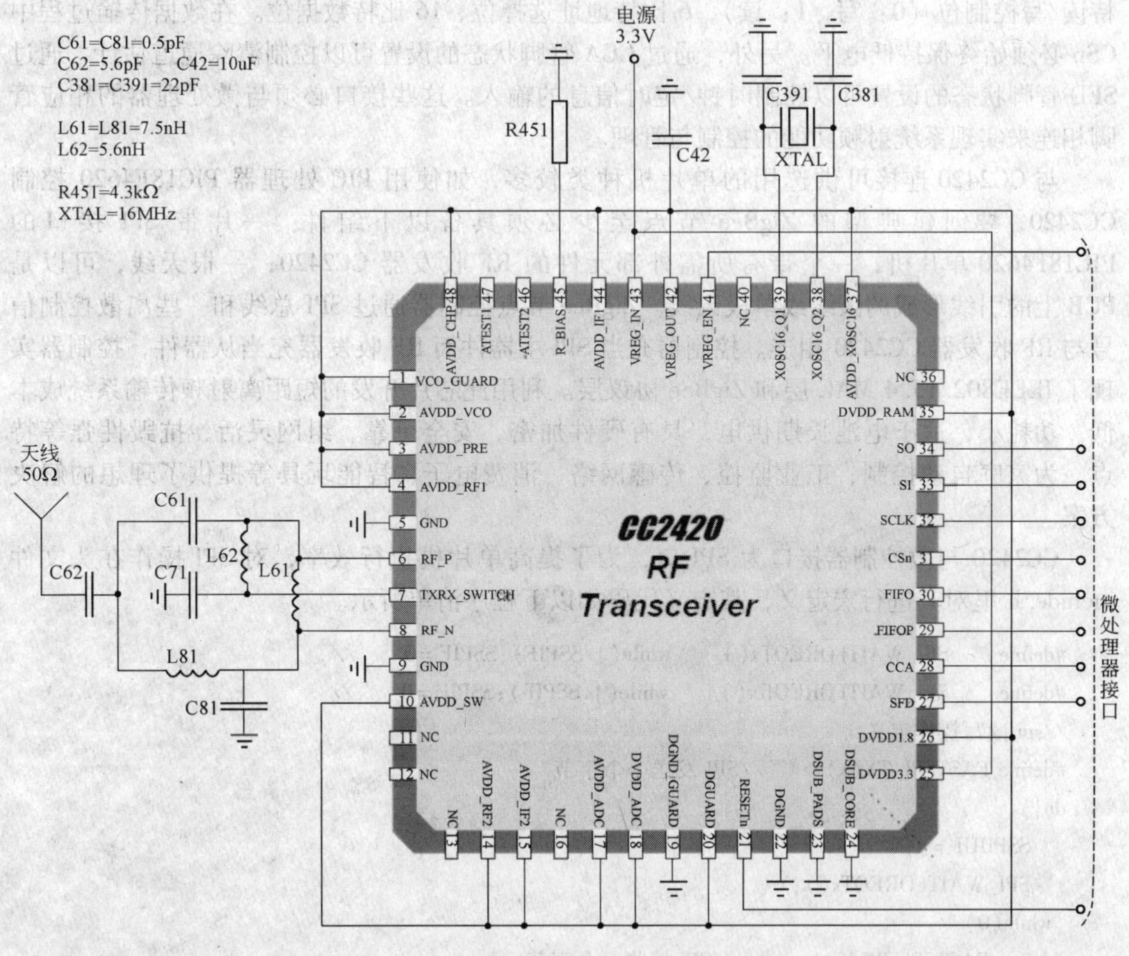

图 2-18 参考设计电路

CC2420 射频信号的收发采用差分方式进行传输，其最佳差分负载是 115 + j180W，阻抗匹配电路应该根据这个数值进行调整。如果使用单端天线则需要使用平衡/非平衡阻抗转换电路（BALUN，巴伦电路），以达到最佳收发效果。

CC2420 需要有 16MHz 的参考时钟用于 250kb/s 数据的收发。这个参考时钟可以来自外部时钟源，也可以使用内部晶体振荡器产生。如果使用外部时钟，直接从 XOSC16 Q1

引脚引入，XOSC16Q2保持悬空；如果使用内部晶体振荡器，晶体接在XOSC16 Q1和XOSC16 Q2引脚之间。CC2420要求时钟源的精度应该在 $\pm 40\times 10^{-6}$ 以内。

CC2420射频输入/输出匹配电路主要用来匹配芯片的输入输出阻抗，使其输入输出阻抗为50Ω，同时为芯片内部的PA及LAN提供直流偏置。CC2420可以通过4线SPI总线（SI、SO、SCLK、CSn）设置芯片的工作模式，并实现读/写缓存数据、读/写状态寄存器等。通过控制FIFO和FIFOP管脚接口的状态可设置发射/接收缓存器。

注意：在SPI总线接口上进行的地址和数据传输大多是MSB优先的。

CC2420片内有33个16比特状态设置寄存器，在每个寄存器的读/写周期中，SI总线上共有24比特数据，分别为：1比特RAM/寄存器选择位（0：寄存器，1：RAM），1比特读/写控制位（0：写，1：读），6比特地址选择位、16比特数据位。在数据传输过程中CSn必须始终保持低电平。另外，通过CCA管脚状态的设置可以控制清除通道估计，通过SFD管脚状态的设置可以控制时钟/定时信息的输入。这些接口必须与微处理器的相应管脚相连来实现系统射频功能的控制与管理。

与CC2420连接可供选用的单片机种类较多，如使用PIC处理器PIC18F4620控制CC2420，要创建典型的ZigBee节点至少必须具备以下组件：一片带SPI接口的PIC18F4620单片机；一个带有所需外部元件的RF收发器CC2420；一根天线，可以是PCB上的引线形成的天线或单极天线。ZigBee节点控制器通过SPI总线和一些离散控制信号与RF收发器CC2420相连。控制器充当SPI主器件而RF收发器充当从器件，控制器实现了IEEE802.15.4 MAC层和ZigBee协议层。利用此芯片开发的短距离射频传输系统成本低、功耗小，适于电池长期供电，具有硬件加密、安全可靠、组网灵活、抗毁性强等特点，为家庭自动控制、工业监控、传感网络、消费电子、智能玩具等提供了理想的解决方案。

CC2420与微控制器接口为SPI口，为了提高单片机执行效率，对SPI操作在头文件include.h里对其进行宏定义，其定义代码如以下程序清单所示。

```
#define    SPI_WAITFOREOTx()     while(! SSPIF);SSPIF =0     //
#define    SPI_WAITFOREORx()     while(! SSPIF);SSPIF =0     //
//spi读写操作定义
#define FASTSPI_TX(x)      //SPI发送一个字节
do{\
   SSPBUF =x;\
   SPI_WAITFOREOTx();\
}while(0)
#define FASTSPI_RX(x)\       //SPI接收一个字节
  do{\
      SSPBUF =0;\
      SPI_WAITFOREORx();\
      x = SSPBUF;\
  }while(0)
#define FASTSPI_RX_GARBAGE()\  //SPI快速空接收
do{\
```

```
    SSPBUF = 0; \
    SPI_WAITFOREORx(); \
    SSPBUF; \
}while(0)
#define FASTSPI_TX_MANY(p,c) \  //SPI发送多个字节
do{ \
    UINT8 spiCnt; \
  for(spiCnt = 0;spiCnt < (c);spiCnt ++){ \
      FASTSPI_TX(((BYTE * )(p))[spiCnt]); \
  } \
}while(0)
#define FASTSPI_RX_WORD(x) \  //SPI接收16位
  do{ \
      SSPBUF = 0; \
      SPI_WAITFOREORx(); \
      x = U1RXBUF < <8; \
      SSPBUF = 0; \
      SPI_WAITFOREORx(); \
      x| = SSPBUF; \
  }while(0)
#define FASTSPI_TX_ADDR(a) \  //发送地址
  do{ \
      SSPBUF = a; \
      SPI_WAITFOREOTx(); \
  }while(0)
#define FASTSPI_RX_ADDR(a) \                //接收地址
  do{ \
      SSPBUF = (a)|0x40; \
      SPI_WAITFOREOTx(); \
  }while(0)
/*****************************************************************
//快速SPI操作读写2420
//参数介绍:s = 命令
//          a = 寄存器地址
//          v = 寄存器值e
*****************************************************************/
#define FASTSPI_STROBE(s) \
  do{ \
      SPI_ENABLE(); \
      FASTSPI_TX_ADDR(s); \
      SPI_DISABLE(); \
  }while(0)
#define FASTSPI_SETREG(a,v) \
```

```
  do{\
      SPI_ENABLE();\
      FASTSPI_TX_ADDR(a);\
      FASTSPI_TX((BYTE)((v)>>8));\
      FASTSPI_TX((BYTE)(v));\
      SPI_DISABLE();\
  }while(0)
#define FASTSPI_GETREG(a,v)\
  do{\
      SPI_ENABLE();\
      FASTSPI_RX_ADDR(a);\
      v=(BYTE)U1RXBUF;\
      FASTSPI_RX_WORD(v);\
      halWait(1);\
      SPI_DISABLE();\
  }while(0)
//更新 SPI 状态字节
#define FASTSPI_UPD_STATUS(s)\
  do{\
      SPI_ENABLE();\
      SSPBUF=CC2420_SNOP;\
      SPI_WAITFOREOTx();\
      s=SSPBUF;\
      SPI_DISABLE();\
  }while(0)
/*************************************************************************
//快速 SPI:CC2420 的 FIFO 操作
//参数介绍:p=pointer to the byte array to be read/written
//         c=the number of bytes to read/write
//         b=single data byte
*************************************************************************/
#define FASTSPI_WRITE_FIFO(p,c)\
  do{\
      UINT8i;\
      SPI_ENABLE();\
      FASTSPI_TX_ADDR(CC2420_TXFIFO);\
      for(i=0;i<(c);i++){\
        FASTSPI_TX(((BYTE*)(p))[i]);\
      }\
      SPI_DISABLE();\
    }while(0)
#define FASTSPI_WRITE_FIFO_NOCE(p,c)\
  do{\
```

```
        UINT8spiCnt;\
        FASTSPI_TX_ADDR(CC2420_TXFIFO);\
        for(spiCnt=0;spiCnt<(c);spiCnt++){\
            FASTSPI_TX(((BYTE*)(p))[spiCnt]);\
        }\
    }while(0)
#define FASTSPI_READ_FIFO_BYTE(b)\
    do{\
        SPI_ENABLE();\
        FASTSPI_RX_ADDR(CC2420_RXFIFO);\
        SSPBUF;\
        FASTSPI_RX(b);\
          halWait(1);\
        SPI_DISABLE();\
    }while(0)
#define FASTSPI_READ_FIFO_NO_WAIT(p,c)\
    do{\
        UINT8 spiCnt;\
        SPI_ENABLE();\
        FASTSPI_RX_ADDR(CC2420_RXFIFO);\
        SSPBUF;\
        for(spiCnt=0;spiCnt<(c);spiCnt++){\
            FASTSPI_RX(((BYTE*)(p))[spiCnt]);\
        }\
        halWait(1);\
        SPI_DISABLE();\
    }while(0)
#define FASTSPI_READ_FIFO_GARBAGE(c)\
    do{\
        UINT8 spiCnt;\
        SPI_ENABLE();\
        FASTSPI_RX_ADDR(CC2420_RXFIFO);\
        SSPBUF;\
        for(spiCnt=0;spiCnt<(c);spiCnt++){\
            FASTSPI_RX_GARBAGE();\
        }\
          halWait(1);\
        SPI_DISABLE();\
    }while(0)
/****************************************************************
//  快速 SPI:CC2420RAM 操作
//  参数介绍:
//          p=pointer to the variable to be written
```

```
//          a = the CC2420 RAM address
//          c = the number of bytes to write
//          n = counter variable which is used in for/while loops(UINT8)
*******************************************************************************/
#define FASTSPI_WRITE_RAM_LE(p,a,c,n) \
  do{ \
      SPI_ENABLE(); \
      FASTSPI_TX(0x80|(a&0x7F)); \
      FASTSPI_TX((a>>1)&0xC0); \
      for(n=0;n<(c);n++){ \
        FASTSPI_TX(((BYTE*)(p))[n]); \
      } \
      SPI_DISABLE(); \
  }while(0)
```

上面的代码可以实现对 CC2420 的全部控制。

CC2420 初始化函数，其功能函数如下程序清单所示。

```
//*******************************************************************************
//函数原型:void basicRfInit(BASIC_RF_RX_INFO* pRRI,UINT8 channel,WORD panId,WORD my Addr)
//输入:发送信息指针,频道,PANID,地址
//输出:无
//功能描述:CC2420 芯片初始化
//*******************************************************************************
  void basicRfInit(BASIC_RF_RX_INFO* pRRI,UINT8 channel,WORD panId,WORD my Addr)
  {
    UINT8 n;
    //稳压器激活,复位
    SET_VREG_ACTIVE();
    halWait(1000);
    SET_RESET_ACTIVE();
    halWait(1000);
    SET_RESET_INACTIVE();
    halWait(500);
    //寄存器初始化
    FASTSPI_STROBE(CC2420_SXOSCON);
    halRfWaitForCrystalOscillator();                        //等待晶振稳定
    FASTSPI_SETREG(CC2420_MDMCTRL0,0x0AF2);                 //打开自动包应答
    FASTSPI_SETREG(CC2420_MDMCTRL1,0x0500);                 //设置相关极限值 =20
    FASTSPI_SETREG(CC2420_IOCFG0,0x007F);                   //设置 FIFOP 最大极限值
    FASTSPI_SETREG(CC2420_SECCTRL0,0x01C4);                 //关安全性
    FASTSPI_SETREG(CC2420_TXCTRL,0xA0EF);                   //选择 TX 输出功率
    halRfSetChannel(channel);                               //设置频道
    ENABLE_GLOBAL_INT();                                    //开中断
```

```
    //设置协议配置
    rfSettings.pRxInfo = pRRI;
    rfSettings.panId = panId;
    rfSettings.myAddr = myAddr;
    rfSettings.txSeqNumber = 0;
    rfSettings.receiveOn = FALSE;
      //写短地址和 PANID 到 CC2420 RAM
    DISABLE_GLOBAL_INT();
    FASTSPI_WRITE_RAM_LE(&myAddr,CC2420RAM_SHORTADDR,2,n);
    FASTSPI_WRITE_RAM_LE(&panId,CC2420RAM_PANID,2,n);
    ENABLE_GLOBAL_INT();
}
```

CC2420 的初始化在这里只进行了简单和必要的设置，相当于最小设置系统，是能让2420 正常通信工作的配置。

通过这个函数（见以下程序清单），PIC 单片机控制 CC2420 发送一个待发送的数据包。在调用该函数之前，要对发送数据初始化。该函数是 CC2420 发送一个数据包函数，仅仅是发送用户指定的有效载荷数据，应答信号不通过该函数发送，是由硬件自动发送（在 CC2420 寄存器已经配置）。

```
//**********************************************************************
//函数原型:BOOL basicRfSendPacket(BASIC_RF_TX_INFO * pRTI)
//输入:发送数据
//输出:发送成功标志
//功能描述:RF 发送数据包函数
//**********************************************************************
BOOL basicRfSendPacket(BASIC_RF_TX_INFO * pRTI)
{
    WORD frameControlField;
    UINT8 packetLength;
    BOOL success;
    BYTE spiStatusByte;
    //等待发射机 IDLE
    while(FIFOP_IS_1 || SFD_IS_1);
    //关全局中断
    DISABLE_GLOBAL_INT();
    //激活 TX FIFO
    FASTSPI_STROBE(CC2420_SFLUSHTX);
    //如果需要打开接收
    if(!rfSettings.receiveOn)FASTSPI_STROBE(CC2420_SRXON);
    //等待 RSSI 正常
    do{
        FASTSPI_UPD_STATUS(spiStatusByte);
```

```
} while(! (spiStatusByte&BM(CC2420_RSSI_VALID)));
//写数据包到 TXFIFO
packetLength = pRTI->length + BASIC_RF_PACKET_OVERHEAD_SIZE;
frameControlField = pRTI->ackRequest? BASIC_RF_FCF_ACK:BASIC_RF_FCF_NOACK;
FASTSPI_WRITE_FIFO((BYTE*)&packetLength,1);                          //长度
FASTSPI_WRITE_FIFO((BYTE*)&frameControlField,2);                     //帧控制
FASTSPI_WRITE_FIFO((BYTE*)&rfSettings.txSeqNumber,1);                //序号
FASTSPI_WRITE_FIFO((BYTE*)&rfSettings.panId,2);                      //目的 PANID
FASTSPI_WRITE_FIFO((BYTE*)&pRTI->destAddr,2);                        //目的地址
FASTSPI_WRITE_FIFO((BYTE*)&rfSettings.myAddr,2);                     //源地址 s
FASTSPI_WRITE_FIFO((BYTE*)pRTI->pPayload,pRTI->length);              //载荷
FASTSPI_STROBE(CC2420_STXONCCA);
while(! SFD);          //开始发送
//while(SFD);          //发送完毕
ENABLE_GLOBAL_INT();          //开中断
//等待应答
if(pRTI->ackRequest)          //如果需要应答
{
  rfSettings.ackReceived = FALSE;
  //等待 SFD 变低
  while(SFD_IS_1);
  halWait((12*BASIC_RF_SYMBOL_DURATION) + (BASIC_RF_ACK_DURATION) + (2*BASIC_
RF_SYMBOL_DURATION) + 100);
  success = rfSettings.ackReceived;
}
else
{
  success = TRUE;
}
  //关接收
  DISABLE_GLOBAL_INT();
  if(! rfSettings.receiveOn)FASTSPI_STROBE(CC2420_SRFOFF);
  ENABLE_GLOBAL_INT();
  rfSettings.txSeqNumber++;
  return success;
}
```

接收采用的是中断接收（见以下程序清单所示），由于 FIFOP 接单片机的 RB3 引脚，当有个完整的数据包被接收后，FIFOP 引脚变为高电平，可以用 PIC 单片机的 CCP2 来捕捉 FIFOP 的上升沿。

该中断不仅能接收数据包，也能接收节点发送的应答信号，从理论上说，该中断可以接收所有的有效的信号。有效是频段、地址等都匹配的信号。

```
//**********************************************************************
//函数原型:  void HighISR()
//输入:无
//输出:无
//功能描述:高优先级中断服务函数
//**********************************************************************
void HighISR();                         //高优先级中断声明
 #pragma code high_vector = 0x08              //入口
  void high_interrupt(void)                      //跳转到高优先级中断
  {
    _asm GOTO HighISR_endasm
  }
 #pragma code
 #pragma interruptlow HighISR
 void HighISR()                  //中断服务函数
 {
    WORD frameControlField;
    INT8 length;
    BYTE pFooter[2];
    CLEAR_FIFOP_INT();
    //FIFOP = 1 和 FIFO = 0 指示 FIFO 溢出,清空 FIFO
    if((FIFOP_IS_1)&&(! (FIFO_IS_1))){
         FASTSPI_STROBE(CC2420_SFLUSHRX);
         FASTSPI_STROBE(CC2420_SFLUSHRX);
         return;
    }
    //接收载荷长度
    FASTSPI_READ_FIFO_BYTE(length);
    length & = BASIC_RF_LENGTH_MASK;//Ignore MSB
    //如果太短忽略
    if(length < BASIC_RF_ACK_PACKET_SIZE){
         FASTSPI_READ_FIFO_GARBAGE(length);
    //如果长度有效,处理数据包
    }
  else
  {
        rfSettings. pRxInfo- > length = length-BASIC_RF_PACKET_OVERHEAD_SIZE;
        //读帧控制和其他数据域
        FASTSPI_READ_FIFO_NO_WAIT((BYTE*)&frameControlField,2);
        rfSettings. pRxInfo- > ackRequest = !! (frameControlField&BASIC_RF_FCF_ACK_BM);
        FASTSPI_READ_FIFO_BYTE(rfSettings. pRxInfo- > seqNumber);
        //如果是一个应答数据包
        if((length == BASIC_RF_ACK_PACKET_SIZE)&&(frameControlField = BASIC_RF_ACK_FCF)
```

```
&&(rfSettings. pRxInfo- > seqNumber = rfSettings. txSeqNumber))
        {
          //读检查 CRCOK
          FASTSPI_READ_FIFO_NO_WAIT((BYTE*)pFooter,2);
          if(pFooter[1]&BASIC_RF_CRC_OK_BM)rfSettings. ackReceived = TRUE;
        }
        else if(length < BASIC_RF_PACKET_OVERHEAD_SIZE)
        {
          FASTSPI_READ_FIFO_GARBAGE(length-3);
          return;
        //接收到测试数据包
        }
        else
        {
          //扫描地址
          FASTSPI_READ_FIFO_GARBAGE(4);
          //读源地址
          FASTSPI_READ_FIFO_NO_WAIT((BYTE*)& rfSettings. pRxInfo- > srcAddr,2);
          //读数据载荷
          FASTSPI_READ_FIFO_NO_WAIT(rfSettings. pRxInfo- > pPayload,rfSettings. pRxInfo- > length);
          //读 RSSI
          FASTSPI_READ_FIFO_NO_WAIT((BYTE*)pFooter,2);
          rfSettings. pRxInfo- > rssi = pFooter[0];
          //CRC 是 OK
          if(((frameControlField & (BASIC_RF_FCF_BM)) = BASIC_RF_FCF_NOACK)&&(pFooter
[1]&BASIC_RF_CRC_OK_BM))
          {
              rfSettings. pRxInfo = basicRfReceivePacket(rfSettings. pRxInfo);recive = 1;
          }
        }
    }
}
```

2.4.2 C51 内核 ZigBee 芯片

ZigBee 芯片的第 2 种解决方案是由射频芯片与微控制器组成的 SOC 片上系统的单芯片解决方案，根据微控制器内核可分为 C51 内核、ARM 内核，典型代表包括 CC2430、CC2530、MC13224 等。

由于 CC2430 与 CC2420 相似，下面以 CC2530 为代表来介绍以 C51 为内核的 ZigBee 芯片特征。

CC2530 是用于 IEEE802. 15. 4、ZigBee 和 RF4CE 应用的一个真正的片上系统（SoC）解决方案，它能够以非常低的总的材料成本建立强大的网络节点。CC2530 结合了领先的

RF 收发器的优良性能、业界标准的增强型 8051CPU、系统内可编程闪存、8kb RAM 和许多其他强大的功能；CC2530 有四种不同的闪存版本：CC2530F32/64/128/256，分别具有 32/64/128/256kb 的闪存；CC2530 具有不同的运行模式，使得它尤其适应超低功耗要求的系统。运行模式之间的转换时间短进一步确保了低能源消耗。CC2530 包括 ZigBee Pro 网络、ZigBee RF4CE 远程控制、智能能源、家庭与楼宇自动化、环境监控以及无线医疗等在内的一系列丰富应用，除了远程控制，CC2530 还能满足音/视频消费类电子产品、高级家庭自动化以及个人无线医疗设备等应用，达到构架智能家居的目的。

CC2530 是继 CC2340、CC2341 之后的又一款 2.4GHz（2.4～2.483GHz）ISM ZigBee 产品。之所以选择继续推出 2.4G 频段产品原因有三：首先它是一个全球性的频段，开发的产品具有全球通用性；其次，它整体的频宽胜于其他 ISM 频段，这就提高了整体数据传输速率，允许系统共存；第三就是尺寸，2.4GHz 无线电和天线的体积能够做到最小，产品的体积也能更小。而且由于 IEEE802.15.4 标准中很多机制的保护，使得 ZigBee 在 2.4GHz 频段与 Wi-Fi、蓝牙、WirelessUSB 以及家用的无绳电话和微波炉相比具有更强的抗干扰优势。

与同类竞争产品相比，256K 的内存容量也是 CC2530 特点之一。像今天的 ZigBee 智能能源就需要更强大的 Flash 存储，256K 的 CC2530 能够满足更多复杂设计及应用。在 ZigBee、ZigBee Pro 设计过程中，网络具体能够接入的节点数多少也是广大工程师关心的问题之一。

CC2530F256 结合了德州仪器的业界领先的黄金单元 ZigBee 协议栈（Z-Stack™），提供了一个强大和完整的 ZigBee 解决方案。CC2530F64 结合了德州仪器的黄金单元 RemoTI，更好地提供了一个强大和完整的 ZigBee RF4CE 远程控制解决方案。

CC2530 芯片系列中使用的 8051CPU 内核是一个单周期的 8051 兼容内核。它有三种不同的内存访问总线（SFR、DATA 和 CODE/XDATA），单周期访问 SFR、DATA 和主 SRAM。它还包括一个调试接口和一个 18 输入扩展中断单元。

中断控制器总共提供了 18 个中断源，分为六个中断组，每个与四个中断优先级之一相关。当设备从活动模式回到空闲模式，任一中断服务请求就被激发。一些中断还可以从睡眠模式（供电模式 1～3）唤醒设备。

内存仲裁器位于系统中心，因为它通过 SFR 总线把 CPU 和 DMA 控制器和物理存储器以及所有外设连接起来。内存仲裁器有四个内存访问点，每次访问可以映射到三个物理存储器之一：一个 8kb SRAM、闪存存储器和 XREG/SFR 寄存器。它负责执行仲裁，并确定同时访问同一个物理存储器之间的顺序。

8kb SRAM 映射到 DATA 存储空间和部分 XDATA 存储空间。8kb SRAM 是一个超低功耗的 SRAM，即使数字部分掉电（供电模式 2 和 3）也能保留其内容。这是对于低功耗应用来说很重要的一个功能。

32/64/128/256kb 闪存块为设备提供了内电路可编程的非易失性程序存储器，映射到 XDATA 存储空间。除了保存程序代码和常量以外，非易失性存储器允许应用程序保存必须保留的数据，这样设备重启之后可以使用这些数据。使用这个功能，例如可以利用已经保存的网络具体数据，就不需要经过完全启动、网络寻找和加入过程。

数字内核和外设由一个 1.8V 低差稳压器供电。它提供了电源管理功能，可以实现使用不同供电模式的长电池寿命的低功耗运行。有五种不同的复位源来复位设备。

CC2530 包括许多不同的外设，允许应用程序设计者开发先进的应用。

调试接口执行一个专有的两线串行接口，用于内电路调试。通过这个调试接口，可以执行整个闪存存储器的擦除、控制使能哪个振荡器、停止和开始执行用户程序、执行 8051 内核提供的指令、设置代码断点，以及内核中全部指令的单步调试。使用这些技术，可以很好地执行内电路的调试和外部闪存的编程。

设备含有闪存存储器以存储程序代码。闪存存储器可通过用户软件和调试接口编程。闪存控制器处理写入和擦除嵌入式闪存存储器。闪存控制器允许页面擦除和 4 字节编程。

I/O 控制器负责所有通用 I/O 引脚。CPU 可以配置外设模块是否控制某个引脚或它们是否受软件控制，如果是的话，每个引脚配置为一个输入还是输出，是否连接衬垫里的一个上拉或下拉电阻。CPU 中断可以分别在每个引脚上使能。每个连接到 I/O 引脚的外设可以在两个不同的 I/O 引脚位置之间选择，以确保在不同应用程序中的灵活性。

系统可以使用一个多功能的五通道 DMA 控制器，使用 XDATA 存储空间访问存储器，因此能够访问所有物理存储器。每个通道（触发器、优先级、传输模式、寻址模式、源和目标指针和传输计数）用 DMA 描述符在存储器任何地方配置。许多硬件外设（AES 内核、闪存控制器、USART、定时器、ADC 接口）通过使用 DMA 控制器在 SFR 或 XREG 地址和闪存/SRAM 之间进行数据传输，获得高效率操作。

定时器 1 是一个 16 位定时器，具有定时器/PWM 功能。它有一个可编程的分频器，一个 16 位周期值，和五个各自可编程的计数器/捕获通道，每个都有一个 16 位比较值。每个计数器/捕获通道可以用作一个 PWM 输出或捕获输入信号边沿的时序。它还可以配置在 IR 产生模式，计算定时器 3 周期，输出是 ANDed，定时器 3 的输出是用最小的 CPU 互动产生调制的消费型 IR 信号。

MAC 定时器（定时器 2）是专门为支持 IEEE802. 15. 4MAC 或软件中其他时槽的协议设计。定时器有一个可配置的定时器周期和一个 8 位溢出计数器，可以用于保持跟踪已经经过的周期数。一个 16 位捕获寄存器也用于记录收到/发送一个帧开始界定符的精确时间，或传输结束的精确时间，还有一个 16 位输出比较寄存器可以在具体时间产生不同的选通命令（开始 RX，开始 TX，等等）到无线模块。

定时器 3 和定时器 4 是 8 位定时器，具有定时器/计数器/PWM 功能。它们有一个可编程的分频器，一个 8 位的周期值，一个可编程的计数器通道，具有一个 8 位的比较值。每个计数器通道可以用作一个 PWM 输出。

睡眠定时器是一个超低功耗的定时器，计算 32kHz 晶振或 32kHz RC 振荡器的周期。

睡眠定时器在除了供电模式 3 的所有工作模式下不断运行。这一定时器的典型应用是作为实时计数器，或作为一个唤醒定时器跳出供电模式 1 或 2。

ADC 支持 7 到 12 位的分辨率，分别在 30kHz 或 4kHz 的带宽。DC 和音频转换可以使用高达八个输入通道（端口 0）。输入可以选择作为单端或差分。参考电压可以是内部电压、AVDD 或是一个单端或差分外部信号。ADC 还有一个温度传感输入通道。ADC 可以自动执行定期抽样或转换通道序列的程序。

随机数发生器使用一个 16 位 LFSR 来产生伪随机数，这可以被 CPU 读取或由选通命令处理器直接使用。例如随机数可以用作产生随机密钥，用于安全。

AES加密/解密内核允许用户使用带有 128 位密钥的 AES 算法加密和解密数据。这一内核能够支持 IEEE802.15.4 MAC 安全、ZigBee 网络层和应用层要求的 AES 操作。

一个内置的看门狗允许 CC2530 在固件挂起的情况下复位自身。当看门狗定时器由软件使能，它必须定期清除；否则，当它超时就复位设备。或者它可以配置用作一个通用 32kHz 定时器。

USART0 和 USART1 每个被配置为一个 SPI 主/从或一个 UART。它们为 RX 和 TX 提供了双缓冲，以及硬件流控制，因此非常适合于高吞吐量的全双工应用。每个都有自己的高精度波特率发生器，因此可以使普通定时器空闲出来用作其他用途。

CC2530 具有一个 IEEE802.15.4 兼容无线收发器，RF 内核控制模拟无线模块。另外，它提供了 MCU 和无线设备之间的一个接口，这使得可以发出命令，读取状态，自动操作和确定无线设备事件的顺序。无线设备还包括一个数据包过滤和地址识别模块。

2.4.3 ARM 内核 ZigBee 芯片

飞思卡尔（Freescale）公司 MC13224 是第三代 ZigBee 解决方案，集成了完整低功耗 2.4GHz 无线电收发器，基于 32 位 ARM7 核的 MCU，用于 IEEE802.15.4、MAC 和 AES 安全加密的硬件加速器以及 MCU 成套外设，是高密度低元件数 IEEE802.15.4 综合解决方案，能实现点对点连接和完整的 ZigBee 网状网络，因此可广泛应用在住宅区和商业自动化、工业控制、HVAC、卫生保健和消费类电子等产品。

MC13224 支持国际 802.15.4 标准以及 ZigBee、ZigBee Pro 和 ZigBee RF4CE 标准，提供了 104dB 的链路质量，优秀的接收器灵敏度和健壮的抗干扰性，多种供电模式，以及一套广泛的外设集——包括 2 个高速 UART、12 位 ADC 和 64 个通用 GPIO，4 个定时器，I2C 等等。除了更强 MCU，改进了 RF 输出功率、灵敏度、选择性，且一般会提供一个超越上一代 CC2430 的重要性能改进。除了通过优秀的 RF 性能、选择性和业界标准 ARM7TDMI-S 内核，支持一般低功耗无线通信，还可以配备一个标准网络协议栈（ZigBee，ZigBee RF4CE）来简化开发，使你更快地获得市场。MC13224 可以应用于包括远程控制、工业控制、HVAC、卫生保健消费型电子、家庭控制、计量和智能能源、楼宇自动化、医疗以及更多领域。

2.4.3.1 特性

MC13224 具有强大无线前端，及以下一些特性：

(1) 2.4GHz IEEE802.15.4 标准射频收发器；

(2) 出色的接收器灵敏度和抗干扰能力；

(3) 可编程输出功率为 +4dBm，总体无线连接 104dbm；

(4) 极少量的外部元件；

(5) 支持运行网状网系统；

(6) −96dBm 接收灵敏度；

(7) 250kb/s 数据传输速率。

2.4.3.2　低功耗

（1）接收模式：22mA；
（2）发送模式 1dBm：29mA；
（3）功耗模式 1：3.3mA；
（4）功率模式 2：0.8μA；
（5）功耗模式 3：0.3μA；
（6）宽电源电压范围为 2 ~ 3.6V。

2.4.3.3　微控制器

（1）32 位 ARM7TDMI-S 微控制器内核；
（2）128kb 系统可编程闪存；
（3）96kb SRAM 及 80kb ROM；
（4）硬件调试支持。

2.4.3.4　外设

（1）KBI 及 I2C；
（2）4 个 16 位定时器及 PWM；
（3）红外发生电路；
（4）32kHz 的睡眠计时器和定时捕获；
（5）CSMA/CA 硬件支持；
（6）精确的数字接收信号强度指示/LQI 支持；
（7）温度传感器；
（8）两个 8 通道 12 位 ADC；
（9）AES 加密安全协处理器；
（10）两个高速同步串口；
（11）64 个通用 I/O 引脚；
（12）看门狗定时器。

2.4.3.5　应用

（1）2.4GHz IEEE802.15.4 标准系统；
（2）RF4CE 遥控控制系统；
（3）HVAC/楼宇自动化；
（4）照明系统；
（5）工业控制和监测；
（6）低功率无线传感器网络；
（7）民用电器；
（8）健康照顾和医疗保健。

2.5 ZigBee 协议栈

在网络中，为了完成通信，必须使用多层上的多种协议。这些协议按照层次顺序组合在一起，构成了协议栈（Protocol Stack）。协议栈是指网络中各层协议的总和，一套协议的规范。其形象地反映了一个网络中文件传输的过程：由上层协议到底层协议，再由底层协议到上层协议。

使用最广泛的是互联网协议栈，由上到下的协议分别是：应用层（HTTP，TELNET，DNS，EMAIL 等）、运输层（TCP，UDP）、网络层（IP）、链路层（Wi-Fi、以太网、令牌环、FDDI 等）。

成都无线龙通讯技术有限公司 ZigBee 系列开发系统 C51RF 向国内提供教育/研究/个人学习、运行于基于 ZigBee/802.15.4 的精简版协议栈（2004）以及基于 TI/Chipcon 的 ZigBee 为基础开发出来验证版 ZigBee 协议栈 2006。

2.5.1 精简版 ZigBee 协议栈（2004）

精简版 ZigBee 协议栈（2004，也称 ZigBee1.0）提供全部 C51 源代码，精简版 ZigBee 协议栈全面支持 ZigBee FFD、RFD、ROUTER、COORD 和多种网络拓扑。

成都无线龙通讯技术有限公司提供的精简版 ZigBee 协议栈具有以下特点：

（1）精简版协议栈具有 ZigBee 协议栈的基本的 C51 源文件，如图 2-19 所示；

（2）包括 NWK.C 网络层源代码、定义文件 NWK.H、网络邻居代码等 C51 源代码；

（3）也包括 802.15.4MAC 层的全部 C51 源代码；

（4）这些源代码都在 C51RF-CC2431-ZDK ZIGBEE 无线网络/定位系统上进行过测试通过；对于学习 ZigBee、进行实际简单应用产品开发、基本功能上和 ZigBee 协议效果相同。

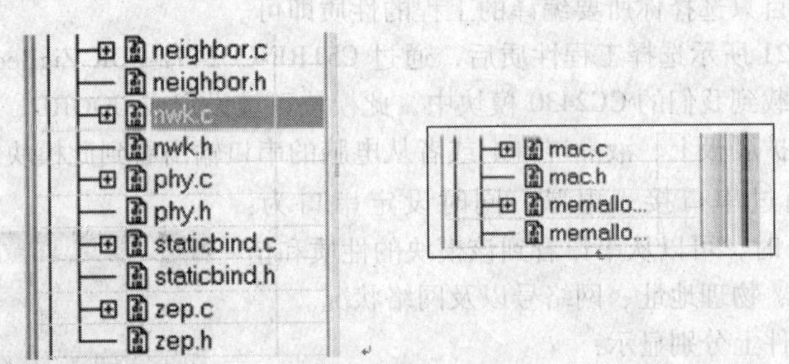

图 2-19 精简版 ZigBee 协议包括的文件

图 2-20 是实际软件在 IAR-C51 的 CC2430/2431 环境下运行软件的截图。

2.5.1.1 模块网络性质及开机显示信息

当你打开精简版 ZigBee 协议栈的 IAR 工程程序后，你可以任意把当前工程编译成

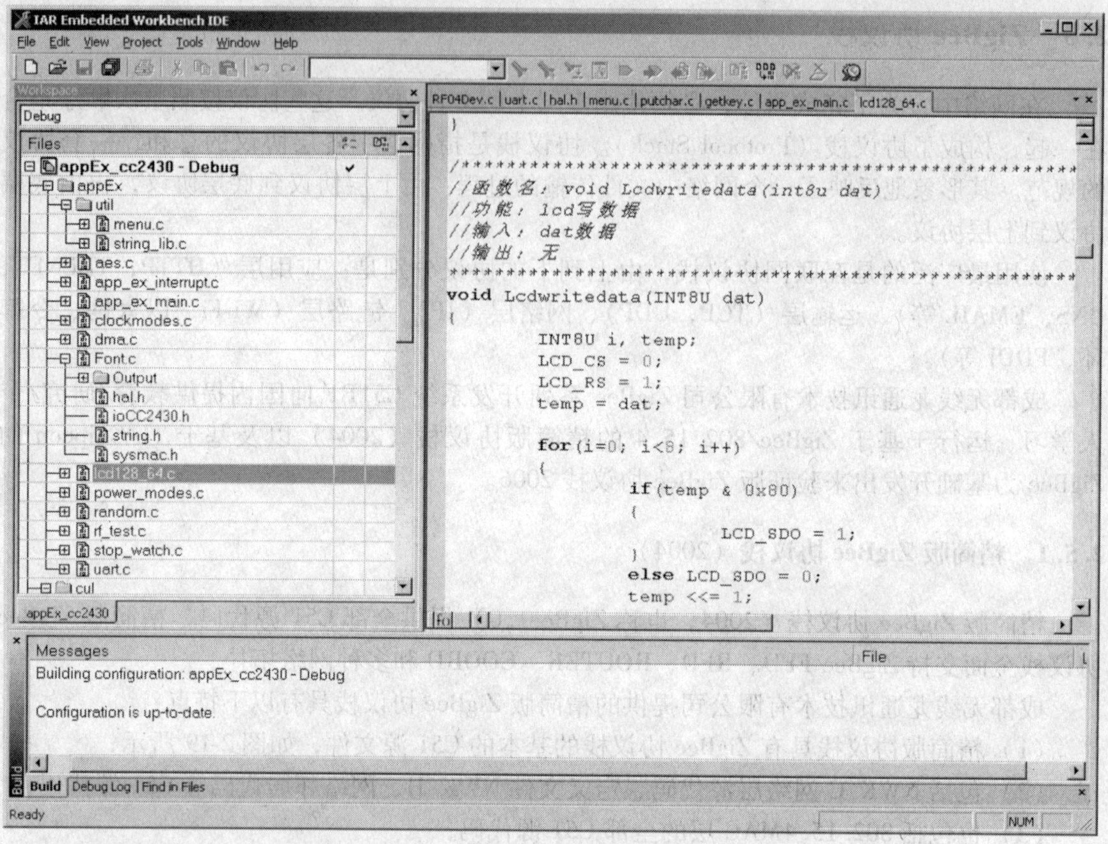

图 2-20 IAR 环境下运行 ZigBee 源代码的截图

COORD（协调者）、RFD（终端节点）或 ROUTER（路由节点）的程序，如图 2-21 所示。只需在工程序项目只选择你所要编译的工程的性质即可。

当你如图 2-21 所示选择工程性质后，通过 C51RF-CC2431-ZDK ZigBee 无线网络/定位系统的仿真器下载到我们的 CC2430 模块中，此模块可被设定成 COORD、RFD 或 ROUTER 模块了。可以从扩展板上、液晶屏幕上或者从电脑的串口输出看到此模块的网络性质。

同时如果通过串口接入电脑，同时设定串口为：57600，8，1，N 时，可以从串口看到该模块的性质和信息，包括版本号、物理地址、网络号以及网络状况。

此时串口软件上分别显示：

软件版本号。

模块网络性质（COORD/RFD/ROUTER），如COORD。

模块 64 位的物理地址（Address），如 0xFFFFFFFFFFFFFFFF。

该网络的默认网络号（Default PAN），如 0x00001347。

该网络默认的频道号（Default Channel），如 0x014。

该图为一个 COORD 开机从串口输出的信息，最后显示“Network formed，waiting for RX”，表示网络创建

图 2-21 工程编译选择

成功。

模块的物理地址从我公司出厂的都是64位的唯一地址，用户不得修改。

2.5.1.2 网络的建立

(1) 如果想要建一个网络，首先必须要有一个网络协调器处于正常工作状态。如果网络建立成功，COORD会从串口输出“Network formed, waiting for RX”信息，或从扩展板的液晶最后一排输出“Network formed”信息。

(2) 如果想建立一个星形的网络，可以先打开一个COORD模块，确认其正常工作后，再打开两个或更多RFD模块，如果此时RFD加入网络成功，COORD会在液晶显示或从串口输出加入节点的物理地址。

如：Node joined：0x0000000000000006

表示加入了一个物理地址为0x0000000000000006的RFD节点或ROUTER节点。此时RFD节点也可以从串口软件或液晶屏幕上看到。

显示内容包括如下：

加入网络成功提示信息（Network join succeeded!）。

网络分配给自己的网络地址（My Short Address is：0x1699）。

加入网络的中心物理地址（Parent LADDR：0x0000000000000001）。

加入网络的中心网络地址（Parent SADDR：0x0000）。

当按下扩展板的上键或下键时，RFD节点开始和主机开始通信，发送一个递增的数字。

此时可以从主机的串口中看到：发送数据RFD节点的网络地址、接到数据的长度、收到的数据以及接收超时的时间；此时同样可以在扩展板的液晶上看到，发送数据的网络地址、接收数据的RSSI寄存器的值和收到的数据。

在没有COORD成功建立网络的情况下，此时打开RFD或ROUTER节点都会显示加入网络失败信息。

(3) 如果想建立一个串状或树状网络，可以首先打开一个COORD模块，等到网络建立成功后，再打开ROUTER（路由）节点，此时主机会提示路由节点已经加入网络。路由节点也会显示加入成功，并显示主机分配给自己的网络地址和中心物理地址。

此时把路由节点和网络协调器保持一段距离后，在离主机较远而离路由节点较近的地方打开RFD节点，此时可以看到路由节点显示有新的RFD节点加入和加入RFD节点的物理地址。RFD节点也显示加入网络成功和显示自己的网络地址等。此时按RFD节点上键和下键，RFD节点就开始通过路由节点和网络协调器通信了。同样可以通过液晶或串口观察到发送数据地址、RSSI和数据等。

2.5.2 验证版 ZigBee 协议栈（2006）

ZigBee联盟2006年年底推出了全新一代的技术规范——ZigBee2006。从2006年开始，ZigBee技术规范（协议栈）将以年为版本号，如2006年发布称为ZigBee2006，2009年发布将称为ZigBee2009。

ZigBee2006规范R13有533页，进行了全方位的改进和提高，在低功耗、高可靠性等方面，有了全面进步。

与 ZigBee2004 相比，ZigBee2006 主要的改进有：

（1）新的协议栈和 ZDO 功能，包括集团地址、支持目标广播、改进支持设备的更好移动性、管理睡眠设备等。

（2）支持 ZigBee 串的库（ZCL）。

（3）向后兼容 ZigBee2007/2008/2009 等等（由于历史原因，ZigBee2004 将不与 ZigBee2006 兼容）。

（4）支持无线下载新功能（“over the air”）。

（5）ZigBee2006 对应用模式（profile，也称应用剖面）的支持更为广泛，在 ZigBee2004 规范，协议栈应用模式是独立的，例如“HA stack profile”和“the home stack”随着应用模式的增加和多个应用模式的综合使用，这样的表示已经不准确，所以目前将应用模式统一称呼为“ZigBee stack profile.”简单化。

（6）ZigBee2006 规范包括很多新功能，需要仔细了解规范，新功能包括：多对一路由功能和算法，使中心能够容易获得很多节点的数据；源的路由算法，涉及到容易路由一对多和方便中心控制；网络层广播。

（7）更加安全的协议栈。安全机制由安全服务提供层提供，然而值得注意的是，系统的整体安全性是在模板级定义的，这意味着模板应该定义某一特定网络中应该实现何种类型的安全机制。每一层（MAC、网络或应用层）都能被保护，为了降低存储要求，它们可以分享安全钥匙。SSP 是通过 ZDO 进行初始化和配置的，要求实现高级加密标准（AES）。ZigBee2006 规范定义了信任中心的用途。信任中心是在网络中分配安全钥匙的一种令人信任的设备。

（8）兼容全新的 ZigBee Pro 指令集。新的 ZigBee Pro 功能命令集，有更宽的地址空间，密度更大的网络和管理的方便性，更方便应用。

ZigBee 的网络拓扑中，最有特色的是网状网络拓扑，采用网状网络拓扑，无线网络可以像一张大网，相互连接，相互间可以从任意节点间进行接通。在 ZigBee 里，你调用“网状网络拓扑的数据传输”功能，数据就自动通过墙壁，绕过天花板，像下跳棋一样，提供相邻节点，进行无线通信，从 1 楼到 10 楼，将数据自动传输到最远端的无线节点。

在 ZigBee2004 里，网络拓扑采用的是短地址（16 位地址）的逻辑固定路由算法，而 ZigBee2006 网状网络拓扑采用了全新的树状地址分配机制，可以实现自动选择新的路由功能，如果发现某失效节点，ZigBee2006 协议栈将自动具有绕道路由，达到目标节点，这样，将大大提高系统可靠性。

这样的改进，将使 ZigBee 无线网络更可靠，更具有良好的抗干扰性。

验证版 ZigBee2006 协议栈（如图 2-22 所示为协议栈整体框架）是在 TI/CHIPCON 经过 ZigBee 联盟认证的全功能 ZigBee2006 协议栈基础上，进行了全面测试，增加了应用实例和技术说明。

2.5.3　Z-Stack 协议栈

德州仪器（TI）宣布推出业界领先的 ZigBee 协议栈（Z-Stack）。Z-Stack 达到 ZigBee 测试机构德国莱茵集团（TUV Rheinland）评定的 ZigBee 联盟参考平台（golden unit）水

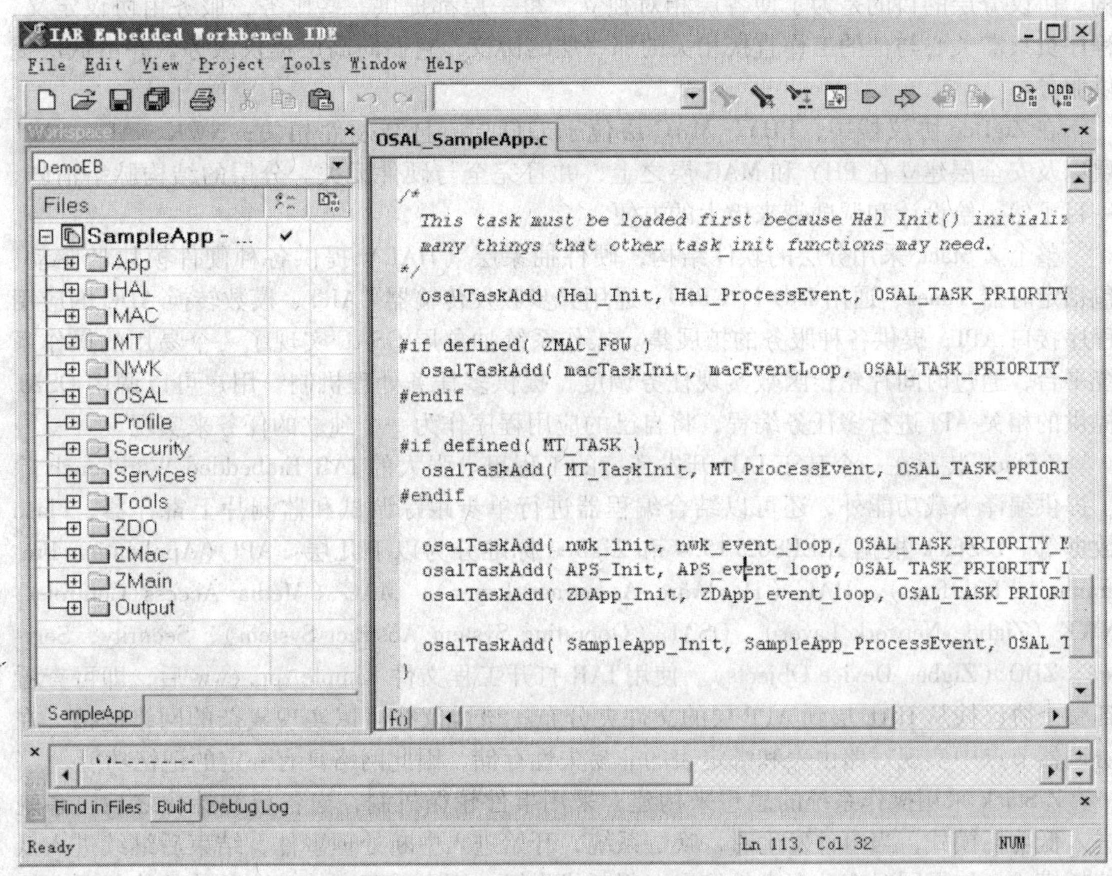

图 2-22 验证版 ZigBee2006 协议栈

平，目前已为全球众多 ZigBee 开发商所广泛采用。Z-Stack 符合 ZigBee2006/2007/Pro 规范，支持多种平台，其中包括面向 IEEE802.15.4/ZigBee 的 CC2430/CC2530 片上系统解决方案、基于 CC2420/CC2520 收发器的新平台以及 TIMSP430 超低功耗 MCU。

除了全面符合 ZigBee2006/2007 规范以外，Z-Stack 还支持丰富的新特性，如无线下载，可通过 ZigBee 网状网络（mesh network）无线下载节点更新；Z-Stack 还支持具备定位感知（location awareness）特性的 CC2431。上述特性使用户能够设计出可根据节点当前位置改变行为的新型 ZigBee 应用。

Z-Stack 协议栈定义通信硬件和软件在不同级如何协调工作。在网络通信领域，在每个协议层的实体们通过对信息打包与对等实体通信。在通信的发送方，用户需要传递的数据包按照从高层到低层的顺序依次通过各个协议层，每一层的实体按照最初预定消息格式向数据信息中加入自己的信息，比如每一层的头信息和校验等终抵达最低的物理层，变成数据位流，在物理连接间传递。在通信的接收方数据包依次向上通过协议栈，每一层的实体能够根据预定的格式准确地提取需要在本层处理的数据信息，最终用户对应用程序得到最终的数据信息进行处理。

ZigBee 无线网络的实现，是建立在 ZigBee 协议栈的基础上的，协议栈采用分层的结构，协议分层的目的是为了使各层相对独立，每一层都提供一些服务，服务由协议定义，程序员只需关心与他的工作直接相关的那些层的协议，它们向高层提供服务，并由低层提供服务。

在ZigBee协议栈中，PHY、MAC层位于最低层，且与硬件相关；NWK、APS、APL层以及安全层建立在PHY和MAC层之上，并且完全与硬件无关。分层的结构脉络清晰、一目了然，给设计和调试带来极大的方便。

整个Z-Stack采用分层的软件结构，硬件抽象层（HAL）提供各种硬件模块的驱动，包括定时器Timer、通用I/O口GPIO、通用异步收发传输器UART、模数转换ADC的应用程序接口API；提供各种服务的扩展集。操作系统抽象层OSAL实现了一个易用的操作系统平台，通过时间片轮转函数实现任务调度，提供多任务处理机制。用户可以调用OSAL提供的相关API进行多任务编程，将自己的应用程序作为一个独立的任务来实现。

Z-Stack装载在一个基于IAR开发环境的工程里。强大的IAR Embedded Workbench除了提供编译下载功能外，还可以结合编程器进行单步跟踪调试和监测片上寄存器、Flash数据等。Z-Stack根据IEEE802.15.4和ZigBee标准分为以下几层：API（Application Programming Interface），HAL（Hardware A bstract Layer），MAC（Media Access Control），NWK（Zigbee Network Layer），OSAL（Operating System Abstract System），Security，Service，ZDO（Zigbee Device Objects）。使用IAR打开工程文件SampleApp.eww后，即可查看到整个协议栈从HAL层到APP层的文件夹分布。该协议栈可以实现复杂的网络链接，在协调器节点中实现对路由表和绑定表的非易失性存储，因此网络具有一定的记忆功能。

Z-Stack采用操作系统的思想来构建，采用事件轮循机制，当各层初始化之后，系统进入低功耗模式，当事件发生时，唤醒系统，开始进入中断处理事件，结束后继续进入低功耗模式。如果同时有几个事件发生，判断优先级，逐次处理事件。这种软件构架可以极大地降低系统的功耗。

整个Z-stack的主要工作流程，大致分为系统启动、驱动初始化、OSAL初始化和启动、进入任务轮循几个阶段。

系统上电后，通过执行ZMain文件夹中ZMain.c的ZSEG int main()函数实现硬件的初始化，其中包括关总中断osal_int_disable(INTS_ALL)、初始化板上硬件设置HAL_BOARD_INIT()、初始化I/O口InitBoard(OB_COLD)、初始化HAL层驱动HalDriverInit()、初始化非易失性存储器sal_nv_init(NULL)、初始化MAC层ZMacInit()、分配64位地址zmain_ext_addr()、初始化操作系统osal_init_system()等。

硬件初始化需要根据HAL文件夹中的hal_board_cfg.h文件配置寄存器8051的寄存器。TI官方发布Z-stack的配置针对的是TI官方的开发板CC2430DB、CC2430EMK等，如采用其他开发板，则需根据原理图设计改变hal_board_cfg.h文件配置，例如本方案制作的实验板与TI官方的I/O口配置略有不同，其中状态指示LED2的需要重新设置LED2控制引脚口、通用I/O口方向和控制函数定义等。

当顺利完成上述初始化时，执行osal_start_system()函数开始运行OSAL系统。该任务调度函数按照优先级检测各个任务是否就绪。如果存在就绪的任务则调用tasksArr［］中相对应的任务处理函数去处理该事件，直到执行完所有就绪的任务。如果任务列表中没有就绪的任务，则可以使处理器进入睡眠状态实现低功耗。osal_start_system()一旦执行，则不再返回 Main()函数。

OSAL 是协议栈的核心，Z-stack 的任何一个子系统都作为 OSAL 的一个任务，因此在开发应用层的时候，必须通过创建 OSAL 任务来运行应用程序。通过 osalInitTasks()函数创建 OSAL 任务，其中 TaskID 为每个任务的唯一标识号。任何 OSAL 任务必须分为两步：一是进行任务初始化；二是处理任务事件。任务初始化主要步骤如下：

（1）初始化应用服务变量。const pTaskEventHandlerFn tasksArr[]数组定义系统提供的应用服务和用户服务变量，如 MAC 层服务 macEventLoop、用户服务 SampleApp_ProcessEvent 等。

（2）分配任务 ID 和分配堆栈内存。void osalInitTasks（void）主要功能是通过调用 osal_mem_alloc()函数给各个任务分配内存空间，和给各个已定义任务指定唯一的标识号。

（3）在 AF 层注册应用对象。通过填入 endPointDesc_t 数据格式的 EndPoint 变量，调用 afRegister()在 AF 层注册 EndPoint 应用对象。

通过在 AF 层注册应用对象的信息，告知系统 afAddrType_t 地址类型数据包的路由端点，例如用于发送周期信息的 SampleApp_Periodic_DstAddr 和发送 LED 闪烁指令的 SampleApp_Flash_DstAddr。

（4）注册相应的 OSAL 或则 HAL 系统服务。在协议栈中，Z-stack 提供键盘响应和串口活动响应两种系统服务，但是任何 Z-Stask 任务均不自行注册系统服务，两者均需要由用户应用程序注册。值得注意的是，有且仅有一个 OSAL Task 可以注册服务。例如注册键盘活动响应可调用 RegisterForKeys()函数。

（5）处理任务事件。处理任务事件通过创建"ApplicationName"_ProcessEvent()函数处理。一个 OSAL 任务除了强制事件（Mandatory Events）之外还可以定义 15 个事件。

SYS_EVENT_MSG(0x8000)是强制事件，该事件主要用来发送全局的系统信息，包括以下信息：

AF_DATA_CONFIRM_CMD：该信息用来指示通过唤醒 AF DataRequest()函数发送的数据请求信息的情况。ZSuccess 确认数据请求成功的发送。如果数据请求是通过 AF_ACK_REQUEST 置位实现的，那么 ZSussess 可以确认数据正确的到达目的地。否则，ZSucess 仅仅能确认数据成功的传输到了下一个路由。

AF_INCOMING_MSG_CMD：用来指示接收到的 AF 信息。

KEY_CHANGE：用来确认按键动作。

ZDO_NEW_DSTADDR：用来指示自动匹配请求。

ZDO_STATE_CHANGE：用来指示网络状态的变化。

ZigBee 设备有两种网络地址：一个是 64 位的 IEEE 地址，通常也叫做 MAC 地址或者扩展地址（Extended address）；另一个是 16 位的网络地址，也叫做逻辑地址（Logical address）或者短地址。64 位长地址是全球唯一的地址，并且终身分配给设备。这个地址可由制造商设定或者在安装的时候设置，是由 IEEE 来提供。当设备加入 Zigbee 网络被分配一个短地址，在其所在的网络中是唯一的。这个地址主要用来在网络中辨识设备、传递信息等。

协调器（Coordinator）首先在某个频段发起一个网络，网络频段的定义放在 DEFAULT_CHANLIST 配置文件里。如果 ZDAPP_CONFIG_PANID 定义的 PANID 是

0xFFFF（代表所有的PANID），则协调器根据它的IEEE地址随机确定一个PANID。否则，根据ZDAPP_CONFIG_PANID的定义建立PANID。当节点为Router或者End Device时，设备将会试图加入DEFAULT_CHANLIST所指定的工作频段。如果ZDAPP_CONFIG_PANID没有设为0xFFFF，则Router或者End Device会加入ZDAPP_CONFIG_PANID所定义的PANID。

设备上电之后会自动的形成或加入网络，如果想设备上电之后不马上加入网络或者在加入网络之前先处理其他事件，可以通过定义HOLD_AUTO_START来实现。通过调用ZDApp_StartUpFromApp()来手动定义多久时间之后开始加入网络。

设备如果成功地加入网络，会将网络信息存储在非易失性存储器（NVFlash）里，掉电后仍然保存，这样当再次上电后，设备会自动读取网络信息，这样设备对网络就有一定的记忆功能。对NV Flash的动作，通过NV_RESTORE()和NV_ITNT()函数来执行。

有关网络参数的设置大多保存在协议栈Tools文件夹的f8wConfig.cfg里。

Z-Stack采用无线自组网按需平面距离矢量路由协议AODV，建立一个Hoc网络，支持移动节点，链接失败和数据丢失，能够自组织和自修复。当一个Router接受到一个信息包之后，NMK层将会进行以下的工作：首先确认目的地，如果目的地就是这个Router的邻居，信息包将会直接传输给目的设备；否则，Router将会确认和目的地址相应的路由表条目，如果对于目的地址能找到有效的路由表条目，信息包将会被传递到该条目中所存储的下一个hop地址；如果找不到有效的路由表条目，路由探测功能将会被启动，信息包将会被缓存直到发现一个新的路由信息。

ZigBee End Device不会执行任何路由函数，它只是简单地将信息传送给前面的可以执行路由功能的父设备。因此，如果End Device想发送信息给另外一个End Device，在发送信息之间将会启动路由探测功能，找到相应的父路由节点。

2.5.4 BeeStack协议栈

BeeStack（图2-23）是飞思卡尔一款经过认证的ZigBee协议栈（提供目标代码），用于开发完全兼容可共同操作的ZigBee网络应用中。ZigBee和BeeStack密切协作，可以帮助开发者快速实现ZigBee兼容型网络，缩短上市时间。

飞思卡尔的BeeStack是一个完整的符合ZigBee2006/2007规范协议栈。BeeStack堆栈将全面兼容ZigBee联盟的下一代家庭控制协议栈，包括家庭自动化协议、无线传感器网络。联盟计划的其他更新内容包括支持基于802.15.4MAC、802.15.4的应用和基于SimpleMAC（SMAC）的应用等。

BeeStack与Z-Stack相似，其结构、工作原理及工作过程相近，作为一个商业ZigBee协议栈，它们都支持标准的ZigBee规范。

BeeStack与Z-Stack最大区别在于其支持芯片不同，BeeStack主要兼容飞思卡尔以ARM为内核ZigBee芯片MC13224，而Z-Stack兼容美国德州仪器以C51为内核ZigBee芯片，如CC2430、CC2530。

BeeStack与Z-Stack还有一个区别在于其源代码开放程序不同，BeeStack主要提供的是目标代码及部分应用层源代码，而Z-Stack则除了网络层外，其他各层都是以源代码方式提供。

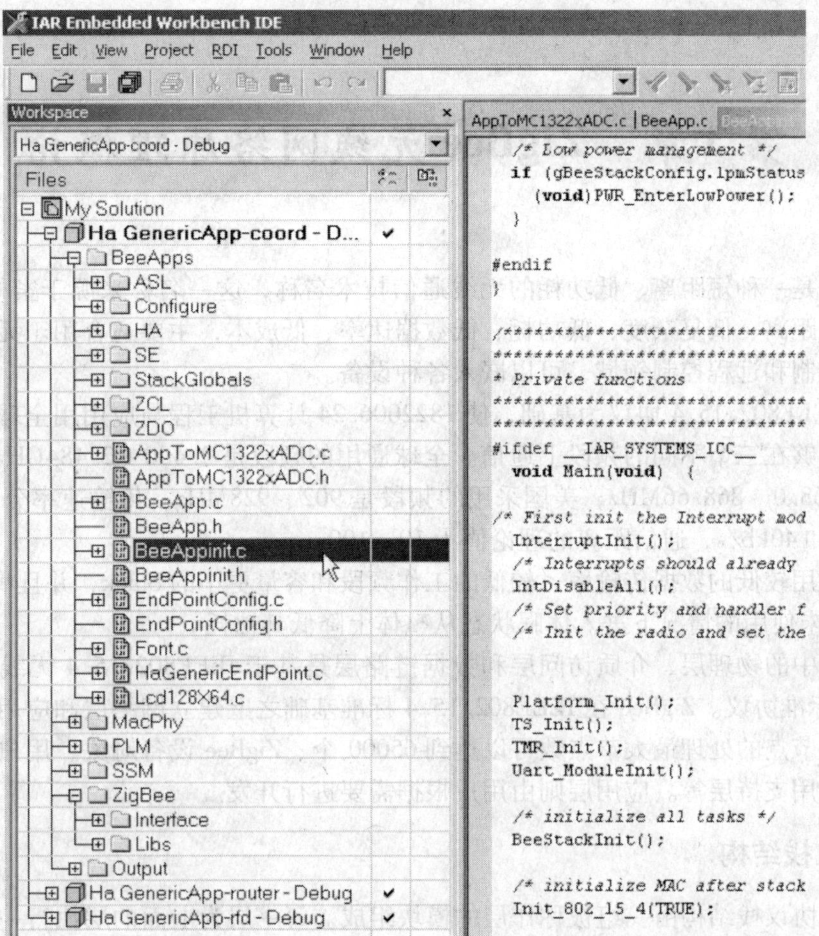

图 2-23 BeeStack

第 3 章　ZigBee 无线网络原理概论

ZigBee 是一种短距离、低功耗的无线通信技术名称，这一名称来源于蜜蜂的八字舞。其特点是近距离、低复杂度、低功耗、低数据速率、低成本，主要适合用于无线传感器网络、自动控制和远程控制领域，可以嵌入各种设备。

它以 IEEE802. 15. 4 协议为基础，使 1822006. 24 计算机工程与应用用全球免费频段进行通信，能够在三个不同的频段上通信。全球通用的频段是 2. 400 ~ 2. 484GHz，欧洲采用的频段是 868. 0 ~ 868. 66MHz，美国采用的频段是 902 ~ 928MHz。传输速率分别为 250kb/s、20kb/s 和 40kb/s，通信距离的理论值为 10 ~ 100m。

由于采用较低的数据传输率、较低的工作频段和容量更小的 Stack，并且将设备的 ZigBee 模块在未使用的情况下进入休眠状态从整体上降低其功耗。

ZigBee 中的物理层、介质访问层和数据链路层是基于 IEEE802. 15. 4 无线个人局域网（WPAN）标准协议。ZigBee 在 IEEE802. 15. 4 标准基础之上建立网络层和应用支持层，包括巨大数量节点的处理最大节点数可以达到 65000 个、ZigBee 设备对象、用户定义的应用轮廓以及应用支持层等。应用层则由用户根据需要进行开发。

3. 1　协议栈结构

ZigBee 协议栈结构由一组被称作层的模块组成。每一层为上面的层执行一组特定的服务：数据实体提供了数据传输服务，管理实体提供了所有其他的服务。

每个服务实体通过一个服务接入点（SAP）为上层提供一个接口，每个 SAP 支持多种服务原语来实现要求的功能。

ZigBee 协议栈结构在图 3-1 中做了描述，它是基于标准的开放式系统互联（OSI）七层模型，但是仅定义了那些相关实现预期市场空间功能的层。IEEE802. 15. 4—2003 标准定义了两个较低层：物理层（PHY）和媒体访问控制子层（MAC）。ZigBee 联盟在此基础上建立了网络层（NWK）和应用层构架。应用层构架由应用支持子层（APS）、ZigBee 设备对象（ZDO）和制造商定义的应用对象组成。

IEEE802. 15. 4—2003 有两个 PHY 层，这两个 PHY 层运行在两个不同的频率范围：868/915MHz 和 2. 4GHz。较低频率的 PHY 层覆盖了欧洲 868MHz 频带和 915MHz，使用的国家如美国和澳大利亚；较高频率的 PHY 层几乎在世界各地使用。

IEEE802. 15. 4—2003 MAC 子层使用 CSMA-CA 机制来控制无线电信道的访问。其职责也可能包括传输信标帧，同步和提供一个可靠的传输机制。

ZigBee 的 NWK 层的职责应该包括所采用的机制：

（1）加入和离开一个网络；

（2）为帧运用安全功能；

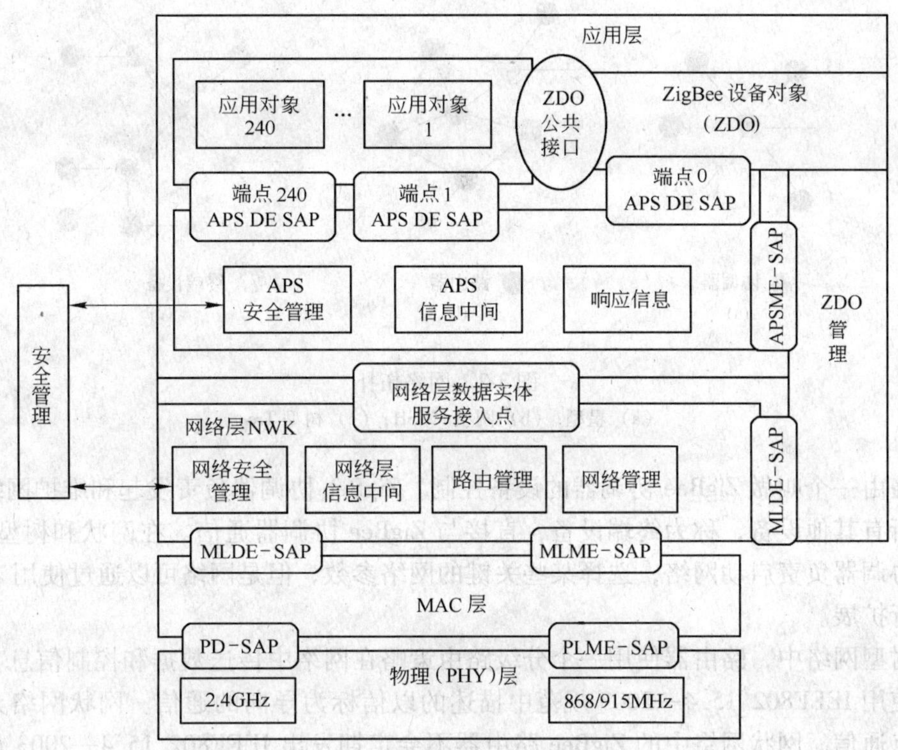

图3-1　ZigBee协议结构体系

（3）为到预定目的地的帧寻找路由；

（4）发现和维护设备之间的路由；

（5）发现单跳的邻居；

（6）存储相关的邻居信息。

ZigBee协调器的NWK层（参见“网络拓扑”）负责在适当时启动一个新的网络，并给新的相关设备指派地址。

ZigBee应用层包括APS、应用程序框架（AF）、ZDO和制造商定义的应用对象。APS子层的职责包括：

（1）维护绑定表，定义为能够同时根据其服务和需求匹配两个设备；

（2）在绑定设备之间传输信息。

ZDO的职责包括：

（1）定义网络中设备的角色（例如：ZigBee协调器或终端设备）；

（2）发起和/或响应绑定请求；

（3）在网络设备之间建立一个安全的关系。

ZDO还负责发现网络上的设备，并决定它们提供哪种应用服务。

3.2　网络拓扑

ZigBee网络层（NWK）支持星型、树型和网状网络拓扑，如图3-2所示。在星型拓扑

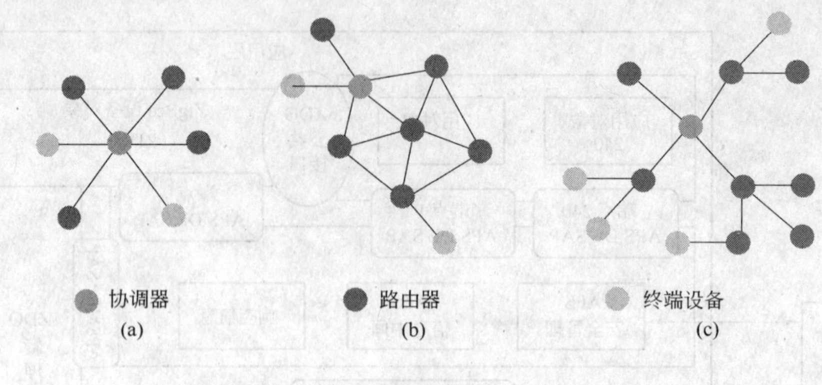

图 3-2　网络拓扑
（a）星型；（b）网型 MESH；（c）树型 Tree

中，网络由一个叫做 ZigBee 协调器的设备控制。ZigBee 协调器负责发起和维护网络中的设备以及所有其他设备，称为终端设备，直接与 ZigBee 协调器通信。在网状和树型拓扑中，ZigBee 协调器负责启动网络，选择某些关键的网络参数，但是网络可以通过使用 ZigBee 路由器进行扩展。

在树型网络中，路由器使用一个分级路由策略在网络中传送数据和控制信息，树型网络可以使用 IEEE802. 15. 4—2003 规范中描述的以信标为导向的通信。网状网络允许完全的点对点通信。网状网络中的 ZigBee 路由器不会定期发出 IEEE802. 15. 4—2003 信标。本规范仅描述了内部 PAN 网络，即通信开始和终止都是在同一个网络。

3. 3　ZigBee 基本概念

3. 3. 1　ZigBee 信道

IEEE802. 15. 4 工作在工业科学医疗（ISM）频段，定义了两个工作频段，即 2. 4GHz 频段和 868/915MHz 频段。在 IEEE802. 15. 4 中，总共分配了 27 个具有 3 种速率的信道：在 2. 4GHz 频段有 16 个速率为 250kb/s 的信道，在 915MHz 频段有 10 个 40kb/s 的信道，在 868MHz 频段有 1 个 20kb/s 的信道。

在 ZigBee 无线传感器网络系统及 ZigBee 开发系统中统一使用 2. 4GHz 频段。这些信道的中心频率按表 3-1 定义（*k* 为信道数）。

表 3-1　ZigBee 无线信道的组成

信道编号	中心频率/MHz	信道间隔/MHz	频率上限/MHz	频率下限/MHz
$k=0$	868. 3		868. 6	868. 0
$k=1, 2, 3, \cdots, 10$	$906+2(k-1)$	2	928. 0	902. 0
$k=11, 12, 13, \cdots, 26$	$2401+5(k-11)$	5	2483. 5	2400. 0

一个 IEEE802. 15. 4 可以根据 ISM 频段、可用性、拥挤状况和数据速率在 27 个信道中选择一个工作信道，如图 3-3 所示。从能量和成本效率来看，不同的数据速率能为不同的应用提供较好的选择。例如，对于有些计算机外围设备与互动式玩具，可能需要250kb/s

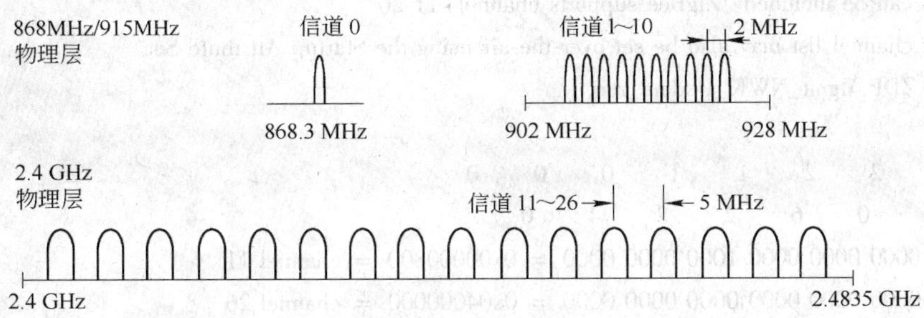

图 3-3 频率和信道分布

的速率，而对于其他许多应用，如各种传感器、智能标记和家用电器等，20kb/s 这样的低速率就能满足要求。

不同的数据传输率适用于不同的场合。例如：868/915MHz 频段物理层的低速率换取了较好的灵敏度和较大的覆盖面积，从而减少了覆盖给定物理区域所需的节点数。2.4GHz 频段物理层的较高速率适用于较高的数据吞吐量、低延时或低作业周期的场合。

3.3.2 信道实验

打开 ZigBee 协议栈配置文件 ApplicationConf.h，如图 3-4 所示。

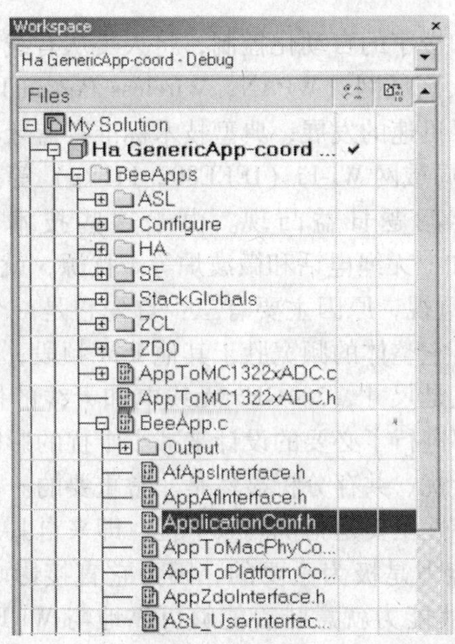

图 3-4 配置文件

找到如下源代码：

```
/*
The default channel list defines which channels to scan when forming or joining a
network. Default = 0x02000000 = channel 25. The channel list is a bitmap, where each
bit describes a channel (for example bit 12 corresponds to channel 12). Any combination
```

```
of channels can be included. ZigBee supports channels 11-26
The default channel list may also be set over-the-air using the Startup Attribute Set
Cluster, or ZDP Mgmt_NWK_Update_req.

   3 2   2   2   1   1   0   0   0
1 8   4   0   6   2   8   4   0
0000 0000 0000 0000 0000 1000 0000 0000 = 0x00000800 = channel 11
0000 0100 0000 0000 0000 0000 0000 0000 = 0x04000000 = channel 26
0000 0010 0000 0000 0000 0000 0000 0000 = 0x02000000 = channel 25 (default)
0000 0111 1111 1111 1111 1000 0000 0000 = 0x07fff800 = all channels 11-26
0000 0000 1000 0000 0001 0000 0000 0000 = 0x00801000 = channels 23 and 12
Default: 0x02000000
*/
#ifndef mDefaultValueOfChannel_c
  #define mDefaultValueOfChannel_c          0x00000800
#endif
```

由mDefaultValueOfChannel_ c来定义ZigBee无线传感器网络无线通信信道，本例中mDefaultValueOfChannel_c为0x00000800，即第11信道，由2.2.1小节介绍可知，第11信道为2.405GHz。

为了实现工业、家庭和楼宇的自动化控制，将人类从有线的环境中解放出来，以取代线缆为目标，用于无线个人区域网（WPAN，Wireless Personal Area Network）范围的短距离无线通信技术标准得到了迅速的发展，典型技术标准有蓝牙（Bluetooth）、ZigBee、无线USB（WirelessUSB）、无线局域网Wi-Fi（IEEE802.11b/g）等。在人们享受方便快捷的时候，这些技术的电磁兼容问题日益凸现。由于这些技术均选择了2.4GHz（2.4～2.483GHz）ISM频段，再加上无绳电话和微波炉等干扰源，就使得该频段日益拥挤。

2.4GHz频段日益受到重视，原因主要有三：首先它是一个全球性的频段，开发的产品具有全球通用性；其次，它整体的频宽胜于其他ISM频段，这就提高了整体数据传输速率，允许系统共存；第三就是尺寸，2.4GHz无线电和天线的体积相当小，产品体积也更小。虽然每一种技术标准都进行了必要的设计来减小干扰的影响，但是为了能让各种设备正常运行，对它们之间的干扰、共存分析显然是非常重要的。

ZigBee技术的抗干扰特性主要是指抗同频干扰，即来自共用相同频段的其他技术的干扰。对于同频干扰的抵御能力是极为重要的，因为它直接影响到设备的性能。ZigBee在2.4GHz频段内具备强抗干扰能力就意味着能够可靠地与Wi-Fi、蓝牙、WirelessUSB以及家用的无绳电话和微波炉共存。

IEEE802.15.4标准中提供了很多机制来保证ZigBee在2.4GHz频段和其他无线技术标准的共存能力。

IEEE802.15.4物理层在碰撞避免机制（CSMA/CA）中提供空闲信道评估（CCA，Clear Channel Assessment）的能力，即如果信道被其他设备占用，允许传输退出而不必考虑采用的通信协议。

ZigBee个人区域网（PAN）中的协调器首先要扫描所有的信道，然后再确认并加入一个合适的 PAN，而不是自己去创建一个新 PAN，这样就减少了同频段 PAN 的数量，降低了潜在的干扰。如果干扰源出现在重叠的信道上，协调器上层的软件要应用信道算法选择一个新的信道。

可以对比 IEEE802.11b 和 IEEE802.15.4 信道算法，有 4 个 IEEE802.15.4 信道（$n=15, 16, 21, 22$）落在 3 个 IEEE802.11b 信道的频带间距上，这些间距上的能量不为零，但是会比信道内的能量低，将这些信道作为 IEEE802.15.4 网络工作信道可以将系统间干扰降至最小，如图 3-5 所示。

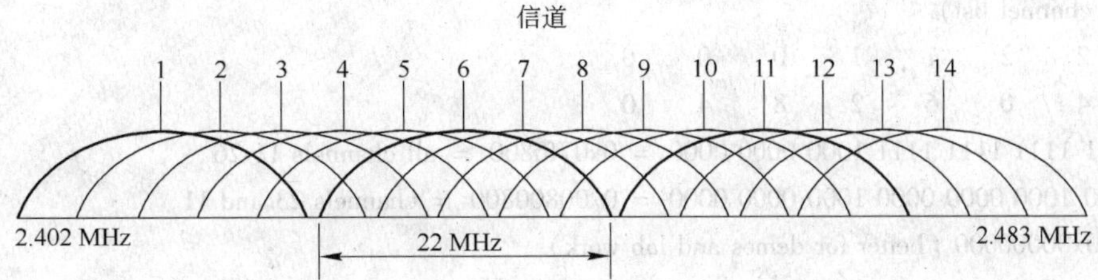

图 3-5 IEEE802.11b 信道

在网络初始化或者响应中断时，ZigBee 设备都会先扫描一系列被列入信道表参数中的信道，以便进行动态信道选择。在有 IEEE802.11b 网络活跃工作的环境中建立一个 IEEE802.15.4 网络，可以按照上述空闲信道来设置信道表参数，以便加强网络的共存性能。

前面介绍 ZigBee 无线信道通过 mDefaultValueOfChannel_c 来定义，在 ZigBee 无线传感器网络建立网络前已经初始化信道，那么 ZigBee 无线传感器网络如何动态选择信道呢？

由 mDefaultValueOfChannel_c 及 gFullChannelList_c 这两个参数来建立动态 ZigBee 信道。如果要把 ZigBee 信道设置在第 11 个及第 12 个信道上动态选择，则 mDefaultValueOfChannel_c 设置为 0x00800800，gFullChannelList_c 设置为 0x00800800。

```
/*
  The default channel list defines which channels to scan when forming or joining a
  network. Default = 0x02000000 = channel 25. The channel list is a bitmap, where each
  bit describes a channel (for example bit 12 corresponds to channel 12). Any combination
  of channels can be included. ZigBee supports channels 11-26.
  The default channel list may also be set over-the-air using the Startup Attribute Set
  Cluster, or ZDP Mgmt_NWK_Update_req.
  3 2    2    2    1    1    0    0    0
  1 8    4    0    6    2    8    4    0
  0000 0000 0000 0000 0000 1000 0000 0000 = 0x00000800 = channel 11
  0000 0100 0000 0000 0000 0000 0000 0000 = 0x04000000 = channel 26
  0000 0010 0000 0000 0000 0000 0000 0000 = 0x02000000 = channel 25 (default)
  0000 0111 1111 1111 1111 1000 0000 0000 = 0x07fff800 = all channels 11-26
  0000 0000 1000 0000 0000 1000 0000 0000 = 0x00800800 = channels 23 and 11
  Default: 0x02000000
*/
#ifndef mDefaultValueOfChannel_c
```

```
    #define mDefaultValueOfChannel_c          0x00100000
#endif
/*
    The full channel list defines which channels to scan when forming or joining a network if the
    preferred (mDefaultValueOfChannel_c) didn't work. The channel list is a bitmap, where each bit
    describes a channel (for example bit 12 corresponds to channel 12). Any combination of channels
    can be included. ZigBee supports channels 11-26.
    Set to 0x00000000 to indicate no full channel list should be used (will continued to use
    preferred channel list).
    3 2    2    2    1    1    0    0    0
    1 8    4    0    6    2    8    4    0
    0000 0111 1111 1111 1111 1000 0000 0000  =  0x07fff800  =  all channels 11-26
    0000 0000 1000 0000 0000 1000 0000 0000  =  0x00800800  =  channels 23 and 11
    Default: 0x00000000 (better for demos and lab work)
    ZigBee Default: 0x07fff800 (all channels)
 */
#ifndef gFullChannelList_c
    #define gFullChannelList_c          0
#endif
```

3.3.3 ZigBee 的 PANID（网络号）

ZigBee 无线传感器网络的协调器是通过选择网络工作信道及个域网识别标志（PANID 或网络号）来启动一个 ZigBee 无线传感器网络。

PANID 是一个 32 位标设，范围从 0x0000-0xffff。通过 mDefaultValueOfPanId_c 来设置 1 个初始化的 PANID，如果 mDefaultValueOfPanId_c 设置为 0Xffff，PANID 将会在 ZigBee 无线传感器网络新建时随机生成一个 PANID。

```
/*
    PAN ID used to form or join the network. ZigBee PAN IDs range from 0 - 0xfffe
    (0x00,0x00, 0xff,0xfe). Set to 0xffff (0xff,0xff) to indicate pick a random
    PAN ID when forming, or pick any PAN ID to join when joining.
    This field is little endian. For example, PAN ID 0xefff is 0xff,0xfe
    Range:    0x0000 - 0xfffe, or 0xffff
    Default: 0x1aaa (0xaa,0x1a)
 */
#ifndef mDefaultValueOfPanId_c
    #define mDefaultValueOfPanId_c          0xAA,0x1A
#endif
```

3.3.4 物理地址和其配置实验

在 ZigBee 无线传感器网络中，节点有两个地址，一个是物理（也称 IEEE 或扩展）地址，物理地址是在产品出厂时初始化的，在全球范围内是唯一标识地址。另一个是网络地址，见3.3.6小节内容介绍。

在ZigBee无线传感器网络程序设计中，通过ZigBee协议栈配置文件ApplicationConf.h内mDefaultValueOfExtendedAddress_c来设置。

ZigBee物理地址是一个64位地址，其在mDefaultValueOfExtendedAddress_c表示是低位在前，高位在后。如1个ZigBee节点的物理地址为：0x0050c237b0010202，则mDefaultValueOfExtendedAddress_c = {0x02,0x02,0x01,0xb0,0x37,0xc2,0x50,0x00}。

当一个ZigBee节点需要加入网络时，其物理地址必须不能与现有网络节点物理地址有冲突，并且不为0xffffffffffffffff。

```
/*
  This property describes the extended address for this node. The extended address, also
  called IEEE address, long address or 64-bit MAC addres, is a world-wide unique
  identifier. Google "IEEE OUI" for a discussion of this address, and to purchase a range
  of addresses from IEEE. The MAC address MUST be unique per node.
  Set to a specific MAC address, or use all 00s for a random MAC address. The random MAC
  address works for trade show demos and in-lab work but must not be used for shipping
  product.

  This, as with all multi-byte fields, is little endian:
  For example MAC (aka IEEE or extended) address 0x0050c237b0010202 would be
  0x02,0x02,0x01,0xb0,0x37,0xc2,0x50,0x00
  Default: 0x00,0x00,0x00,0x00,0x00,0x00,0x00,0x00

  Note: if extended PAN ID is set, it is recommended to set the PAN ID to 0xffff to avoid
  PAN ID conflicts.
*/
#ifndef mDefaultValueOfExtendedAddress_c
  #define mDefaultValueOfExtendedAddress_c   0x31,0x30,0x30,0x30,0x30,0x30,0x30,0x31
#endif
```

3.3.5 设备类型及其选择实验

ZigBee规范定义了三种类型的设备，每种都有自己的功能要求。

（1）ZigBee协调器是启动和配置网络的一种设备，协调器可以保持间接寻址用的绑定表格，支持关联，同时还能设计信任中心和执行其他活动。协调器负责网络正常工作以及保持同网络其他设备的通信。一个ZigBee网络只允许有一个ZigBee协调器。

（2）ZigBee路由器是一种支持关联的设备，能够将消息转发到其他设备。ZigBee网格或树型网络可以有多个ZigBee路由器，ZigBee星形网络不支持ZigBee路由器。

（3）ZigBee终端设备可以执行它的相关功能，并使用ZigBee网络到达其他需要与其通信的设备，它的存储器容量要求最少，其可以实现ZigBee低功耗设计。

上述的三种设备根据功能完整性可分为全功能（FFD）和半功能（RFD）设备，其中全功能设备可作为协调器、路由器和终端设备，而半功能设备只能用于终端设备。一个全功能设备可与多个 RFD 设备或多个其他 FFD 设备通信，而一个半功能设备只能与一个 FFD 通信。

在 ZigBee 开发工程文件中，使用不同工程文件选择来选择不同设备程序，使用 IAR5.20 打开“\演示及开发例子程序\ZigBee\ZigBee Sensor\”目录下工程文件，如图 3-6 所示。

Ha GenericAPP-coord 表示协调器工程文件。

Ha GenericAPP-router 表示路由器工程文件。

Ha GenericAPP-rfd 表示终端设备工程文件。

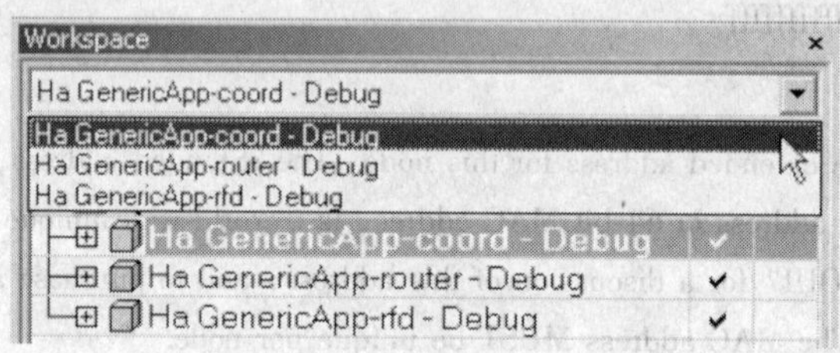

图 3-6 下载工程文件

3.3.6 网络地址分配

ZigBee 有随机分配机制和分布式分配机制两种地址分配方式。

3.3.6.1 随机分配机制

随机分配机制是指当 NIB 的 nwkAddrAlloc 值为 0x02 时，地址随机选择。在这种情况下 nwkMaxRouter 就无意义了。随机地址分配应符合 NIST 测试中的描述。当一个设备加入网络使用的是 Mac 地址，其父设备应选择一个尚未分配过的随机地址。一旦设备已分配一个地址，它没有理由放弃该地址，并应予以保留，除非它收到声明，其地址与另一个设备冲突。此外，设备可能自我指派随机地址，比如利用加入命令帧加入一个网络。

3.3.6.2 分布式分配机制

我们知道，每个 ZigBee 设备应该拥有一个唯一物理地址。协调器（coordinator）在建立网络以后使用 0x0000 作为自己的短地址。

在路由器（router）和终端（enddevice）加入网络以后，使用父设备给它分配的 16 位的短地址来通信。那么这些短地址是如何分配的呢?

16 位的地址意味着可以分配给 65536 个节点之多，地址的分配取决于整个网络的架构，整个网络的架构由以下三个值决定：

(1) 网络的最大深度（L_m）；

(2) 每个父设备拥有的子设备数（C_m）；

(3) 第 2 条的子设备当中有几个是路由器（R_m）。

有了这 3 个值就可以根据下面的公式来算出某父设备的路由器子设备之间的地址间隔 Cskip(d)：

$$\mathrm{Cskip}(d)=\begin{cases}1+C_m(L_m-d-1),\text{if } R_m=1\\ \dfrac{1+C_m-R_m-C_m\times R_m^{\,L_m-d-1}}{1-R_m}\end{cases}$$

上面这个公式是用来计算位于深度 d 的父设备的，它所分配的子路由器之间的短地址间隔。该父设备分配的第 1 个路由器地址 = 父设备地址 +1，分配的第 2 个路由器地址 = 父设备地址 +1 + Cskip(d)，第 3 个路由器地址 = 父设备地址 +1 +2 × Cskip(d)，依次类推。计算终端地址：

$$A_n = A_{\text{parent}} + \text{Cskip}(d) \times R_m + n$$

这个公式是来计算 A parent 这个父设备分配的第 n 个终端设备的地址 A_n。

来举个简单的例子，假设有一个 ZigBee 网络，最大深度为 3，每个父设备的最大子设备数是 5，在子设备当中路由器数量是 3，如图 3-7 所示。

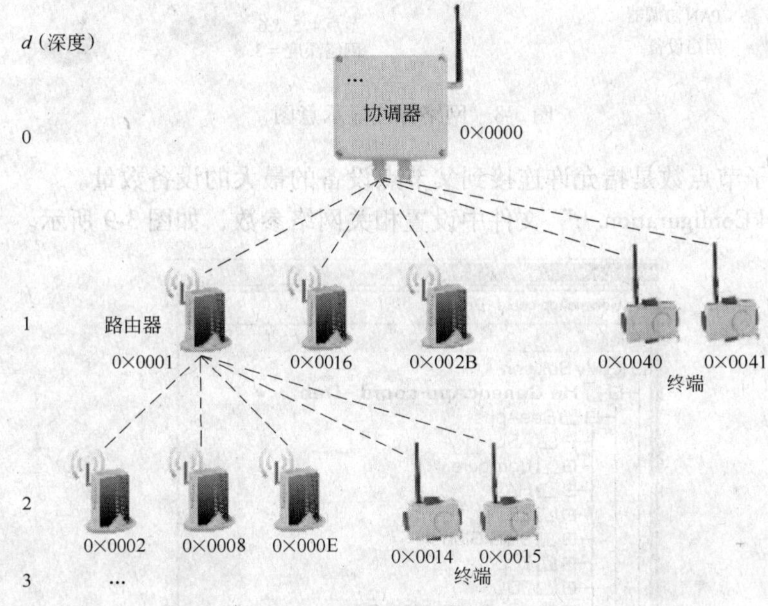

图 3-7 拓扑

由图 3-7 可知，协调器 Cskip(d) = [1 +5 −3 −5 ×3 ×(3 −0 −1)]/(1 −3) =21，所以协调器第一个路由器是 1，第二个就是 22，换算成十六进制就是 0x0016。协调器第 1 个终端地址 =0x0000 +21 ×3 +1 =64 =0x0040、第 2 个就是 0x0041。由此可见所有同一父终端设备短地址都是连续的。

不难看出一旦 L_m、C_m、R_m 这 3 个值确定了，整个网络设备地址也就确定下来。所以知道了某个设备短地址就可以计算出它设备类型和它的父设备地址。

3.3.7 路由参数设置

ZigBee 中设备最大数量由网络允许情况决定，ZigBee 决定最大数量的路由器，最大数量的终端节点。一个 ZigBee 无线网络必须至少包括 1 个协调器。

协调器是网络的发起者，它的网络深度为 0。协调器的子节点网络深度为 1，再向下一级设备网络深度增加 1。网络最大负载量由网络最大深度与每一个路由器允许的最大子设备数量决定。

例如：图 3-8 中节点 8 网络深度为 1，节点 9 网络深度为 2，节点 3 网络深度也为 2。

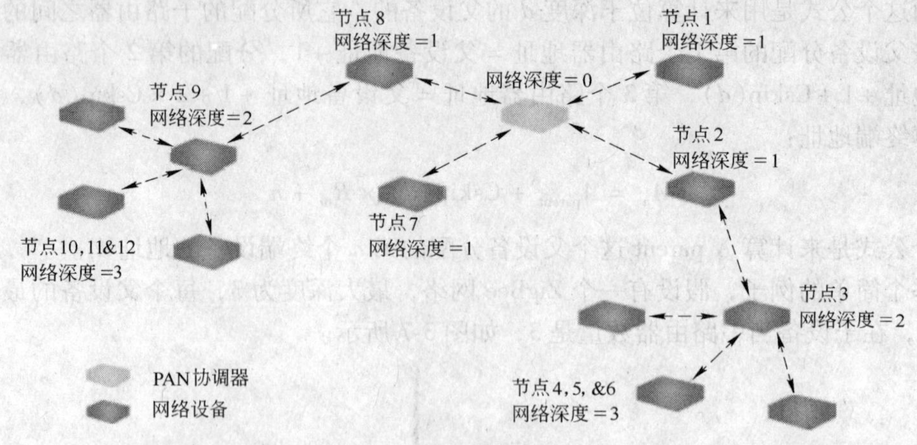

图 3-8 网络深度显示意图

最大数量的子节点数是指允许连接到父节点设备的最大的设备数量。

在"BeeStackConfiguration. h"文件中设置相关网络参数，如图 3-9 所示。

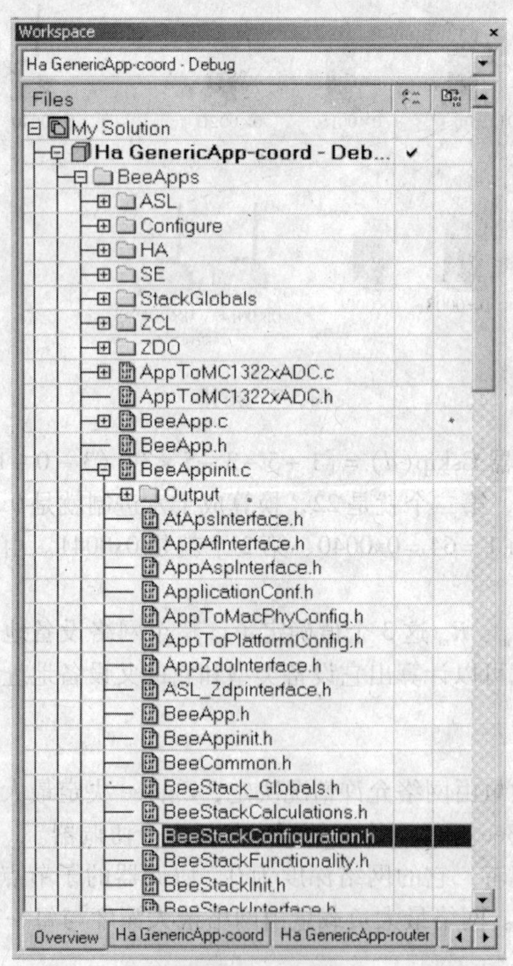

图 3-9 配置文件

```
/*
  Maximum children each router (including ZC) can keep track of. To determine number of end-devices, subtract
MaxRouters.
  Default 20 (0x14) in stack profile 1
 */
#ifndef gNwkMaximumChildren_c
#define gNwkMaximumChildren_c        20
#endif
```

gNwkMaximumChildren_c 设置每个路由器可连接节点最大个数(包括路由器及终端设备)。

```
/*
  Maximum depth from the ZigBee Coordinator (ZC) in number of hops. This also
  limits the default network diameter to 2 * maxDepth.
  Default 15 in stack profile 2
 */
#ifndef gNwkMaximumDepth_c
#define gNwkMaximumDepth_c          5
#endif
```

gNwkMaximumDepth_c 设置 ZigBee 无线网络的最大网络深度。

```
/*
  Maximum number of routers each router (including ZC) can keep track of.
  Default 6 in Stack Profile 1
 */
#ifndef gNwkMaximumRouters_c
#define gNwkMaximumRouters_c        6
#endif
```

gNwkMaximumRouters_c 设置路由器可连接路由器最大个数。

3.3.8 绑定方式协议栈中应用

在 Z-Stack 协议栈中，ZigBee2006 版本中规定，在全部节点中实现绑定机制，并将其称为源绑定。绑定机制允许一个应用服务在不知道目标地址的情况下向对方（的应用服务）发送数据包。发送时使用的目标地址将由应用支持子层从绑定表中自动获得，从而能使消息顺利被目标节点的一个或多个应用服务，乃至分组接收。

3.3.8.1 绑定表

（1）绑定表存放的位置是内存中预先定义的块，如果编译选项 NV_RESTORE 被激活，也能保存在 Flash 里。

（2）绑定表放置在源节点（需要激活编译选项 REFLECTOR）。

（3）绑定表的条目把需要发送的消息映射到它们的目标地址上。

（4）绑定表中每个条目包括其结构体的定义。

（5）绑定表条目结构体的定义：

```
typedef struct
```

```
{
  uint16 srcIdx; //源地址索引
  uint8 srcEP; //源端点
  uint8 dstGroupMode; //指定寻址模式
  uint16 dstIdx; //目标地址索引或者分组号
  uint8 dstEP; //目标端点
  uint8 numClusterIds; //在簇标识符表中簇标识符的个数
  uint16 clusterIdList[MAX_BINDING_CLUSTER_IDS]; //簇标识符表
} BindingEntry_t;
```

3.3.8.2　概述——怎样绑定节点

绑定指的是两个节点在应用层上建立起来的一条逻辑链路。在同一个节点上可以建立多个绑定服务，分别对应不同种类的数据包。此外，绑定也允许有多个目标节点（一对多绑定）。

举个例子，在一个灯光网络中，有多个开关和灯光设备，每一个开关可以控制一个或以上的灯光设备。在这种情况下，需要在每个开关中建立绑定服务。这使得开关中的应用服务在不知道灯光设备确切的目标地址时，可以顺利地向灯光设备发送数据包。

一旦在源节点上建立了绑定，其应用服务即可向目标节点发送数据，而不需指定目标地址了（调用 zb_SendDataRequest()，目标地址可用一个无效值 0xFFFE 代替）。这样，协议栈将会根据数据包的命令标识符，通过自身的绑定表查找到所对应的目标设备地址。

在绑定表的条目中，有时会有多个目标端点。这使得协议栈自动地重复发送数据包到绑定表指定的各个目标地址。同时，如果在编译目标文件时，编译选项 NV_RESTORE 被打开，协议栈将会把绑定条目保存在非易失性存储器里。因此当意外重启（或者节点电池耗尽需要更换）等突发情况发生时，节点能自动恢复到掉电前的工作状态，而不需要用户重新设置绑定服务。

配置设备绑定服务，有两种机制可供选择。如果目标设备的扩展地址（64 位地址）已知，可通过调用 zb_BindDeviceRequest()建立绑定条目；如果目标设备的扩展地址未知，可实施一个“按键”策略实现绑定，这时，目标设备将首先进入一个允许绑定的状态，并通过 zb_AllowBindResponse()对配对请求作出响应。然后，在源节点中执行 zb_BindDeviceRequest()（目标地址设为无效）可实现绑定。

此外，使用节点外部的委托工具（通常是协调器）也可实现绑定服务。请注意，绑定服务只能在“互补”设备之间建立。那就是，只有分别在两个节点的简单描述结构体(simple descriptor structure）中，同时注册了相同的命令标识符(command_id)并且方向相反（一个属于输出指令“output”，另一个属于输入指令“input”），才能成功建立绑定。

建立一个绑定表格有四种方法可供选择。

A　自动绑定

(1) 负责发送消息的设备在网络上广播带有如下参数的“个人公告”（Personal Advertisement）：

1）地址，配置文件标识符，簇集合列表；

2）描述符匹配请求-ZDP_MatchDescReq()。

（2）匹配的设备会作出响应。

（3）由ZDO处理和验证响应。

（4）负责发送消息的设备建立绑定表并保存绑定记录。

（5）这种方法有时也称“服务发现”，“自动找寻”或者“自动匹配”。

B ZigBee设备对象绑定请求

一种告诉目标设备建立绑定记录的委托工具，也称辅助绑定。

任何一个设备或应用服务，都能通过无线信道向网络上的另一个设备发送一个ZDO消息，帮助其建立一个绑定记录。这称为辅助绑定，在消息发向的设备上会建立一个绑定条目。

C 委托绑定

任一个应用服务，通过向ZDP_BindReq()[defined in ZDProfile.h]提供绑定记录所需要的应用服务入口参数（地址和端点）以及簇标识号（cluster ID），即可启动委托绑定的申请。第一个参数（消息发送目标地址）是绑定源节点的短地址（即保存绑定记录的节点地址，这是因为ZDP需委托应用框架AF辅助实现绑定，如果节点本身是REFLECTOR，并且希望保存绑定记录，则此消息发送的目标地址就是本地的AF，这与目标节点的地址DestinationAddr of Receiving device不同）。

a 注意事项

（1）确保[ZDConfig.h]中ZDO_BIND_UNBIND_REQUEST特性已经打开！

（2）你可以通过ZDP_UnbindReq()（使用相同参数）来移除绑定记录。

（3）被请求辅助绑定的目标设备会返回的ZDO申请绑定或者解除绑定的应答消息。此ZDO消息会被解析并通过调用ZDApp_BindRsp()或ZDApp_UnbindRsp()告知ZDApp.c此次请求的结果。

（4）对于申请绑定的应答消息，从协调器返回的状态可能有ZDP_SUCCESS,ZDP_TABLE_FULL or ZDP_NOT_SUPPORTED。

（5）对于解除绑定的应答消息，从协调器返回的状态可能有ZDP_SUCCESS,ZDP_NO_ENTRY or ZDP_NOT_SUPPORTED。

（6）绑定是由外部的设备发起（“外部”的意思是发起绑定的不是绑定的对象之一），外部设备应用程序以两个应用服务（地址和端点）和簇标识符作为参数调用ZDP_BindReq()发起绑定。第一个参数就是绑定记录保存的设备地址。

（7）确保编译选项REFLECTOR已经打开！

b 函数解析

ZDP_BindReq()实际上是调用ZDP_BindUnbindReq()的一个宏。这一调用会产生并发送一个绑定的请求，使得ZigBee协调器根据簇标识号clusterID对相应的应用服务实施绑定。

c 函数原型

```
afStatus_tZDP_BindReq(zAddrType_t* dstAddr, byte* SourceAddr, byte SrcEPIntf, byte ClusterID, byte
* DestinationAddr, byte DstEPIntf, byte SecuritySuite);
```

d　参数细节

DstAddr-消息发送地址（负责绑定的设备地址）；

SourceAddr-源节点的 64 位 IEEE 地址；

SrcEPIntf-源节点应用服务的端点；

ClusterID-需要绑定的簇标识符；

DestinationAddr-目标节点的 64 位 IEEE 地址；

DstEPIntf-目标节点应用服务的端点；

SecuritySuite-安全机制模式。

e　返回值

afStatus_t-此函数需要借助 AF 发送(AF_DataRequest( ))生成的消息，因此返回值是 AF 状态值。

D　ZigBee 设备对象终端节点绑定请求

两个设备可向协调器告知它们想建立一个绑定表记录，协调器通过安排配对并分别在这两个设备上建立绑定表条目，也称集中式绑定。

这一机制规定在指定的时限内，通过按键或者其他类似动作对指定的设备实施绑定。在规定的时限内，协调器负责收集终端设备绑定请求消息，然后根据相同的配置文件标识号和簇标识号建立相应的绑定表格条目。默认的终端节点绑定时限(APS_DEFAULT_MAXBINDING_TIME)是 16s(在 nwk_globals. h 中定义)，若要修改可在 f8wConfig. cfg 中新增数值。

所有例子的应用服务中都有一个响应按键事件函数（例如，TransmitApp. c 中的 TransmitApp_HandleKeys( )）。这一响应函数调用 ZDApp_SendEndDeviceBindReq( )[在 ZDApp. c 中]收集该应用服务端点的所有信息，然后再调用 ZDP_EndDeviceBindReq( )[在 ZDProfile. c 中]把信息发送给协调器。或者，像 SampleLight 和 SampleSwitch 例程中，按键后直接调用 ZDP_EndDeviceBindReq( )，仅把与开关灯函数相关的簇标识号发送出去。

这一消息将会被协调器接收[ZDP_IncomingData( ) inZDProfile. c]和解析[ZDO_ProcessEndDeviceBindReq( ) inZDObject. c]，然后让回调函数 ZDApp_EndDeviceBindReqCB( )[inZDApp. c]调用 ZDO_MatchEndDeviceBind( )[ZDObject. c]处理这一请求。

当协调器接收到第一个绑定请求时，它会在一定的时限内保留这一请求并等待第二个请求的出现（默认的最长时间间隔是 16s）。

一旦协调器接收到两个需要匹配的终端设备绑定请求时，它就会启动绑定过程，为发出请求的设备建立源绑定条目。假设在 ZDO 终端设备绑定请求中找到匹配，协调器将采取以下步骤：

(1) 协调器发送一个 ZDO 解除绑定请求给第一个设备，终端设备绑定是一个切换过程，所以解除绑定请求需要发送给第一个设备，以便移除一个已有的绑定条目；

(2) 等待 ZDO 解除绑定的应答，如果返回的状态是 ZDP_NO_ENTRY，协调器可以发送一个 ZDO 绑定请求，在源设备(ZDP_EndDeviceBindReq( )第一个参数指定的地址）中建立绑定条目；假如此时返回的状态是 ZDP_SUCCESS，可继续处理第一个设备的簇标识符(解除绑定指令已经移除了绑定条目，即已经切换完成)；

(3) 等待 ZDO 绑定应答，收到以后，继续处理第一个设备的下一个簇标识符；

（4）等第一个设备完成了以后，在第二个设备上实行同样的过程；

（5）等第二个设备也完成了，协调器向两个设备发送 ZDO 终端设备绑定应答消息。

注意打开编译选项：REFLECTOR 和 ZDO_COORDINATOR。

ZDApp_SendEndDeviceBindReq()优点：

（1）绑定信息保存在网络反射设备（例如协调器、路由器）中，可以节省目标设备的内存空间；

（2）网络反射设备总是处于监听网络的状态，所以，如果其中一个被绑定的节点广播网络地址改变的消息，网络反射设备就可以马上更新相应的绑定表条目，这样，其他被绑定的节点即使处于休眠状态（没有收到该节点网络地址改变的消息），随后也会向该节点（网络地址已改变）发送的消息，（在）网络反射设备（协助下）仍能准确定位。

缺点：

（1）一个与多个设备绑定的节点不能只向一个或若干个配对的设备发送消息，网络反射设备会向全部已绑定的设备分别发送单播消息；

（2）发送消息的设备无法收到目标设备接收情况的通告（没有像 AF_ACK_REQUEST 标志位那样返回接收情况的功能!）；

（3）所有的消息必须经过网络反射设备传输，降低了网络的带宽。

进一步分析：

与六个设备绑定的某个设备，向网络反射器发送一个消息后，会导致反射器发送六个单播消息。假设一个网络被分成两个相等的地理区域 A 和 B，网络反射器在两区之间的中央。如果发送消息的设备在 A 区的深处，接收消息的（六个）设备在 B 区的深处，那么每次通过绑定（向反射器）发送一个消息，A 区的网络流量将会是对六个接收设备分别发送消息时的六分之一（这是优点!）。但如果发送和接收的设备都邻近在一个区的深处（假设离反射器很远），那么（其中一个设备通过反射器的绑定功能想其他设备发送一个消息）该区的网络流量将会是对六个接收设备分别发送单跳消息的许多倍。

设备的应用服务设备上的一个应用服务可以建立或者维护一个绑定表。进入设备上绑定条目的另一种方法是由应用服务本身去管理绑定表。

这意味着应用服务通过调用以下的绑定表管理函数，可以在本地进入或者移除绑定表的条目。

管理绑定表使用的 API：

bindAddEntry()-绑定表中加条目

bindRemoveEntry()-绑定表中移除条目

bindRemoveClusterIdFromList()-从一个已有的绑定表条目中移除一个簇标识符

bindAddClusterIdToList()-在一个已有的绑定表条目中加入一个簇标识符

bindRemoveDev()-移除某目标地址的所有条目

bindRemoveSrcDev()-移除某源地址的所有条目

bindUpdateAddr()-更新条目到新的地址

bindFindExisting()-查找一个绑定条目

bindIsClusterIDinList()-在绑定条目中查找一个已有的簇标识符

bindNumBoundTo()-某一地址(源地址或目标地址)绑定条目的个数

bindNumOfEntries( )-绑定表条目的个数

bindCapacity( )-允许的最大绑定条目数

BindWriteNV( )-在 NV 中保存新的绑定表

“终端设备绑定请求”这一命名有误导的嫌疑。这一请求不仅仅适用于终端设备，而且适用于对希望在协调器上绑定的两个设备中匹配的簇实施绑定。一旦这个函数被调用，将假设 REFLECTOR 这一编译选项在所有希望使用这一服务的节点中都已经打开。具体操作如下：

（1）（Bind Req) Device1 -- > Coordinator < ---Device2(Bind Req)。

协调器首先找出包含在绑定请求中的簇，然后对比每一设备的 IEEE 地址，如果簇可以匹配，而且这几个设备没有已经存在的绑定表，那它将发送一个绑定应答给每一个设备。

（2）Device1 < ---NWK Addr Req------Coordinator-------NWK addr Req---- > Device2。

（3）Device1---- > NWK Addr Rsp--- > Coordinator < ----NWK addr Rsp < ---Device2。

（4）Device1 < -----Bind Rsp < -----Coordinator----- > Bind Rsp---- > Device2。

“描述符匹配”为源设备的服务发现提供了一种灵巧的方法。下面是具体的操作，这一过程并没有通过协调器。

（1）Device1---- > Match Descriptor request（broadcast or unicast）Device2

（2）Device1 < ----Match Descriptor response（if clusters，application profile id match）that includes src endpoint，src address < ----Device2。

1 号设备需要维护一个端点和地址的记录。许多应用服务最终都会使用第二种方法。

3.4 ZigBee 所涉及无线通信技术

为了更好地处理网络和应用操作的带宽，ZigBee 集成了大多数对定时要求严格的一系列 IEEE802. 15. 4 MAC 协议以减轻微控制器的负担。

3.4.1 CCA

在 ZigBee 物理层中可通过如下 3 种方法来进行清洁信道评估（CCA）：

（1）超出阈值的能量，当 CCA 检测到一个超出能量检测的阈值能量时，给出一个忙的信息；

（2）载波判断，当 CCA 检测到一个具有 IEEE802. 15. 4 标准特性的扩展调制信号时，给出一个忙的信息；

（3）带有超出阈值能量的载波判断，当 CCA 检测到一个具有 IEEE802. 15. 4 标准特性，并超出阈值能量的扩展调制信号时，给出一个忙的信息。

对于上述模式中的任何一种 CCA 模式，如果物理层正在接收一个物理层协议数据单元时，收到 PLME-CCA 请求时，CCA 也给出一个忙的信息。在 ZigBee 设备中，在帧定界符检测后，才考虑接物理层协议数据单元。对于帧定界符的检测时间为检测到物理层包头的 8 比特（bit）组数据为止。

物理层的个人网络信息库（PIB）的属性 phyCCAMode 表示所选择的清洁信道评估的工作模式。通常清除信道评估的参数符合以下标准：

（1）能量检测阈值最多超出协议标准接收机灵敏度的 10dB；

（2）清洁信道评估的检测时间等于 8 个符号周期。

3.4.2 DSSS

ZigBee 芯片数字高频部分，采用了直接序列扩频（DSSS）技术，不仅能够非常方便地实现 802.15.4 短距离无线通信标准兼容，而且大大提高了无线通信的可靠性。

下面，就简单介绍直接序列扩频（DSSS）的原理。

直接序列扩频（DSSS）技术是当今人们所熟知的扩频技术之一，它是第二次世界大战期间开发的，最初的用途是为军事通信提供安全保障。直接序列扩频技术将窄带信息信号扩展成宽带噪声信号，这种技术使敌人很难探测到信号。即便探测到信号，如果不知道正确的编码，也不可能将噪声信号重新汇编成原始的信号。

由于它的抗噪声的特性，直接序列扩频技术也非常适合商业应用。在容许无线设备公开使用的电磁环境里，它对其他传统微波设备造成最小的干扰，同时对附近其他设备有更高的抗扰性。20 世纪 80 年代末，晶体电子技术的先进程度已经足以提供商用的、成本效益好的直接序列扩频系统。

直接序列扩频 DSSS（Direct Sequence Spread Spectrum）是直接利用具有高码率的扩频码系列采用各种调制方式在发端扩展信号的频谱，而在收端，用相同的扩频码序去进行解码，把扩展宽的扩频信号还原成原始的信息。它是一种数字调制方法，具体说，就是将信源与一定的 PN 码（伪噪声码）进行模二加。例如说在发射端将“1”用 11000100110，而将“0”用 00110010110 去代替，这个过程就实现了扩频，而在接收机处只要把收到的序列是 11000100110 就恢复成“1”是 00110010110 就恢复成“0”，这就是解扩。这样信源速率就被提高了 11 倍，同时也使处理增益达到 10dB 以上，从而有效地提高了整机倍噪比。

直接序列扩频技术通过将射频载波和伪噪声（PN）数字信号有效地相乘来执行数据处理。首先，它通过相应的调制手段（如：BPSK、QPSK、QAM 等）将 PN 码调制到信息信号上。然后，用一个双重平衡混频器将射频载波和经 PN 码调制的信息信号相乘。

这种数据处理方法将射频信号替换成一个与噪声信号频谱相同的，但带宽很宽的信号。在接收端，它将接收的射频信号与同一个经 PN 码调制的载波相乘来进行解调。解调后输出一个接收端的射频信号。这解调的射频信号和噪声信号的功率最接近时它的功率最高，并且和信道的噪声最“相关”（Correlated）。然后，将这“相关”的信号过滤、解调，就可以恢复初始数据。

由于 PN 码的带宽很宽，所以可在不丢失信息的情况下，将信号能量降低到噪声限度以下：通常将功率输出频谱主瓣的零值到零值（null to null）的带宽（2Rc）（Rc 是码片率）认定为直接序列扩频系统的带宽。应该注意的是，扩频主瓣中包含的能量构成了扩频信号 90% 以上的总能量。因此容许在较窄的射频带宽里把接收信号还原为清晰的时域脉冲信号。

3.4.2.1 直接序列扩频通信的优点

直扩系统射频带宽很宽，小部分频谱衰落不会使信号频谱严重的畸变。

多径干扰是由于电波传播过程中遇到各种反射体（高山，建筑物）引起，使接收端接收信号产生失真，导致码间串扰，引起噪声增加；而直扩系统可以利用这些干扰能量提高系统的性能。

直扩系统除了一般通信系统所要求的同步以外，还必须完成伪随机码的同步，以便接收机用此同步后的伪随机码去对接受信号进行相关解扩。直扩系统随着伪随机码字的加长，要求的同步精度也就高，因而同步时间就长。

直扩和跳频系统都有很强的保密性能。对于直扩系统而言，射频带宽很宽，谱密度很低，甚至淹没在噪声中，就很难检查到信号的存在。由于直扩信号的频谱密度很低，直扩系统对其他系统的影响就很小。

直扩系统一般采用相干解调解扩，其调制方式多采用BPSK、DPSK、QPSK、MPSK等调制方式。而跳频方式由于频率不断变化、频率的驻留时间内都要完成一次载波同步，随着跳频频率的增加，要求的同步时间就越短。因此跳频多采用非相干解调，采用的解调方式多为FSK或ASK，从性能上看，直扩系统利用了频率和相位的信息，性能优于跳频。

3.4.2.2 直接序列扩频通信技术特点

A 抗干扰性强

抗干扰是扩频通信主要特性之一，比如信号扩频宽度为100倍，窄带干扰基本上不起作用，而宽带干扰的强度降低了100倍，如要保持原干扰强度，则需加大100倍总功率，这实质上是难以实现的。因信号接收需要扩频编码进行相关解扩处理才能得到，所以即使以同类型信号进行干扰，在不知道信号的扩频码的情况下，由于不同扩频编码之间的不同的相关性，干扰也不起作用。正因为扩频技术抗干扰性强，美国军方在海湾战争等处广泛采用扩频技术的无线网桥来连接分布在不同区域的计算机网络。

B 隐蔽性好

因为信号在很宽的频带上被扩展，单位带宽上的功率很小，即信号功率谱密度很低，信号淹没在白噪声之中，别人难以发现信号的存在，加之不知扩频编码，很难拾取有用信号，而极低的功率谱密度，也很少对于其他电信设备构成干扰。

C 易于实现码分多址（CDMA）

直扩通信占用宽带频谱资源通信，改善了抗干扰能力，是否浪费了频段？其实正相反，扩频通信提高了频带的利用率。正是由于直扩通信要用扩频编码进行扩频调制发送，而信号接收需要用相同的扩频编码作相关解扩才能得到，这就给频率复用和多址通信提供了基础。充分利用不同码型的扩频编码之间的相关特性，分配给不同用户不同的扩频编码，就可以区别不同的用户的信号，众多用户，只要配对使用自己的扩频编码，就可以互不干扰地同时使用同一频率通信，从而实现了频率复用，使拥挤的频谱得到充分利用。发送者可用不同的扩频编码，分别向不同的接收者发送数据；同样，接收者用不同的扩频编码，就可以收到不同的发送者送来的数据，实现了多址通信。美国国家航天管理局（NASA）的技术报告指出：采用扩频通信提高了频谱利用率。另外，扩频码分多址还易于解决随时增加新用户的问题。

D 抗多径干扰

无线通信中抗多径干扰一直是难以解决的问题，利用扩频编码之间的相关特性，在接收端可以用相关技术从多径信号中提取分离出最强的有用信号，也可把多个路径来的同一码序列的波形相加使之得到加强，从而达到有效的抗多径干扰。

E 直扩通信速率高

直扩通信速率可达 2Mb/s、8Mb/s、11Mb/s，无需申请频率资源，建网简单，网络性能好。在 802.15.4 通信标准中，要求的无线通信的速度是 250kb/s。所以 ZigBee 芯片高频部分也是使用这个通信速度。

3.4.2.3 直接序列扩频系统的处理增益

在发射机端，通过使用伪随机噪声码片序列，将窄带调制信号的带宽扩大（至少 10 倍）。直接序列扩频信号的生成（扩展）扩频传输的主要特色是：窄带信号和扩频信号中，两者的射频功率和承载的信息都相同。但是在扩频信号里，由于窄带信号的功率被分解在扩宽了的信道，扩频信号的功率密度比窄带信号的功率密度小得多。因此，要探测到扩频信号比探测到窄带信号的难度要大得多。功率密度是信号在某个频率区间里的平均功率。在这个例子中，假定扩展比是 11，那么，窄带信号的功率密度比扩频信号的功率密度大 11 倍。这个例子中使用 11 个芯片，是因为它符合 FCC 第 15 部分关于最小处理增益的规定。在接收端，扩频信号被解扩后，被还原为原始的窄带信号：如果同一频带设备在临近同时使用，便会引起干扰（同频干扰）。

一个直扩系统在扩频、解扩过程中，干扰信号将同时被扩展，因而大大降低了干扰的影响。这就是直接序列扩频设备的抗干扰能力的来源。干扰信号至少被扩展了 10 倍（扩展系数），也就是说，干扰信号的幅度被大大降低了，至少降低 90%。这就是直接序列扩频系统的“处理增益系数”，它等于传输带宽与信号带宽的比：$G_p = \mathrm{BWt/BWi}$。

处理增益还取决于所用的伪随机噪声序列（PN 序列）中的码片数。PN 序列的范例有 M 序列和巴克序列，Wi-Lan 的直接序列扩频产品中都使用了这两种序列。这些 PN 序列都具有优良的自相关特性和交叉相关特性。

3.4.2.4 直接序列扩频技术和多径问题

直接序列扩频技术还因它的抗多径干扰性能而闻名。多径干扰导致信号的衰落、抖动和分解，这是在市区应用的室内或室外无线电通信技术固有的问题，因为金属设备和建筑物结构很容易反射射频信号而形成干扰。这些反射使接收信号包含了多个不同传送路径的折射信号，这些折射波到达接收端的时间不同而做成多径干扰。标准的 DSSS 接收机用一个相关器（Correlator）自动选择幅度最大的折射波，并与之锁定同步，这样可以把多径干扰大大地降低。倾斜的 Rake DSSS 接收机不仅能减小了多径效应，同时更优化了无线电设备的性能；Rake DSSS 接收机可以使不同的折射波重新同步，并将它们组合起来，大大提高了接收信号的清晰度和强度。

3.4.2.5 直接序列扩频与窄带相比的优点

（1）低功率频谱密度。因为信号被扩展到一个宽频带上，功率频谱密度很低，不易被探测到，对其他系统没有干扰或干扰很小。因为它的功率频谱密度很低，所以邻近的通信系统不会受到很强的干扰（不过，高斯噪声水平增加了）。

（2）在所有情况下，都使用整个频谱，因此干扰的情况比较恒定。随机码难以识别，保护用户隐私，只有发射机和接收机能够识别所应用的 PN 码，这就意味着，几乎不可能译解另一用户的信息。

（3）应用扩频技术，降低多径干扰，这取决于所使用的 PN 码的特性。

（4）解决同区使用（co-location）的问题，只要系统使用正交的扩频码，即可在同地区使用而不受同频干扰的限制。

上面的讨论，涉及很多无线通信和数据通信的基本原理和基础知识，对于刚刚进入这个新领域的单片机工程师和电子工程师，不一定能很快完全理解，但我们从上面的讨论，已经了解到了直接序列扩频的简单原理以及在抗干扰、兼容性和符合 FCC 的要求，也了解了其高可靠性无线通信方面的显著优点，这已是很大的收获。由于这些高频电路已经全部集成到芯片内部，我们要做的，只是用 C51 工具进行我们的应用软件开发，通过若干寄存器的控制，我们就能做到“容易的实现”在我们的实际应用中，使用先进的直接序列扩频无线通信技术了。

3.4.3　CSMA/CA

众所周知，总线型局域网在 MAC 层的标准协议是 CSMA/CD，即载波侦听多点接入/冲突检测（Carrier Sense Multiple Access with Collision Detection）。但由于无线产品的适配器不易检测信道是否存在冲突，因此 802.15 全新定义了一种新的协议，即载波侦听多点接入/避免冲撞 CSMA/CD（with Collision Avoidance）。一方面，载波侦听——查看介质是否空闲；另一方面，避免冲撞——通过随机的时间等待，使信号冲突发生的概率减到最小。当介质被侦听到空闲时，优先发送，不仅如此，为了系统更加稳固，802.15 还提供了带确认帧 ACK 的 CSMA/CA。在一旦遭受其他噪声干扰，或者由于侦听失败时，信号冲突就有可能发生，而这种工作于 MAC 层的 ACK 此时能够提供快速的恢复能力。

以太网属于广播形式的网络，当一个站点发送信息时，网络中的所有站点都能接收到，容易形成数据堵塞，导致网络速度变慢，甚至发生系统瘫痪。为了尽量减少数据的传输碰撞和重试发送，以太网中使用了 CSMA/CA（载波监听多路访问/冲突检测）工作机制，以防止各站点无序地争用信道。无线局域网中采用了与 CSMA/CD 相类似的 CSMA/CA（载波监听多路访问/冲突防止）协议，当其中一个站点要发送信息时。首先监听系统信道空闲期间是否大于某一帧的间隔，若是，立即发送，否则暂不发送，继续监听。CSMA/CA通信方式将时间域的划分与帧格式紧密联系起来，保证某一时刻只有一个站点发送，实现了网络系统的集中控制。

因为传输介质的不同，所以传统的 CSMA/CD 与无线局域网中的 CSMA/CA 在工作方式上存在着差异。CSMA/CD 的检测方式是通过电缆中电压的变化来测得，当数据传输发生碰撞时，电缆中的电压就会随着发生变化；而 CSMA/CA 使用空气作为传输介质，必须采用其他的碰撞检测机制。CSMA/CA 采取了三种检测信道空闲的方式：能量检测（ED）、载波检测（CS）和能量载波混合检测。

（1）能量检测（ED），接收端对接收到的信号进行能量大小的判断，当功率大于某一确定值时，表示有用户在占用信道，否则信道为空。

(2) 载波检测(CS),接收端将接收到的信号与本机的伪随机码(PN 码)进行运算比较,如果其值超过某一极限时,表示有用户在占用信道,否则认为信道为空。

(3) 能量载波检测,它是能量检测和载波检测两种工作方式的结合。

在 IEEE802.15.4 CSMA/CA 机制中,网络协调器在网络中,会发出信标给所有的可感应节点,而对于有数据需传送的设备来说,它们会向网络协调器要求进行传送,由于在一段时间内只能有一个设备进行传输,因此所有想要传输的节点设备就会通过 CSMA/CA 机制来竞争传输媒体的使用权。所有准备传输数据的设备,会监测目前的无线传输媒体是否有其他设备在使用中,如果为空闲,此时,这些设备会产生一个倒退延迟时间,来错开这些设备同时送出数据从而造成碰撞的可能。若目前的无线传输媒体是忙碌中的,则这些设备将会在监测到媒体为空闲后,再进行 CSMA/CA 的竞争。

在 IEEE802.15.4 CSMA/CA 算法中,CSMA/CA 算法是用于节点间数据传输时的信道争用机制,此算法中有三个重要的参数由每个要传送数据的设备去维护:Nb、CW 和 BE。

(1) Nb(后退次数,Number of Back)。Nb 的初始值为 0,当设备有数据要传送时,经过一段后退时间后,发送 CCA 检测,若检测到信道忙,则会再一次产生倒退时间,此时 Nb 值会加 1,在 IEEE802.15.4 中,Nb 值最大定义为 4,当信道在经过 4 次的后退延迟时间后仍为忙,则放弃此次的传送,以避免过大开销。

(2) CW(碰撞窗口的长度,content window length)也就是后退延迟时间的长度,单位是 Backoff,一个后退周期的定义在MAC PIB中由参数 aUnitBackofPeriod 给出,为 20symbol 的时间。CW 的初始值为 2,最大值为 31。

(3) BE(后退指数,Backoff exponent)的取值范围为 0~5,15.4 推荐的默认值为 3,最大值为 5。当 BE 设为 0 时,则只进行一次碰撞检测。在 IEEE802.15.4 中,失败的次数(重传)最多 3 次。图 3-10 是 CSMA/CA 算法流程,其中步骤(3)是完成 CCA 的部分。

在 ZigBee 芯片里,CSMA/CA 控制处理器(CSP)提供一个控制接口在 CPU 与无线模块之间。CSMA/CA 控制处理器(CSP)通过特殊功能寄存器 RFST 以及 RF 寄存器 CSPX,CSPY,CSPZ,CSPT,CSPCTRL 接口 CPU。CSMA/CA 控制处理器(CSP)可向 CPU 产生中断请求。CSMA/CA 控制处理器(CSP)通过 MAC 定时器的溢出事件来接口 MAC 定时器。

CSMA/CA 控制处理器(CSP)允许 CPU 向无线部分发出控制命令从而控制无线操作。CSMA/CA 控制处理器(CSP)包括以下两种操作模式:

(1) 直接命令操作;

(2) 程序操作。

直接命令操作直接通过 CSP 把命令发送给无线模块,直接命令操作模式仅由 CSP 控制。程序操作 CSP 执行一个由程序存储器或指令内存中指令序列组成的程序段来进行操作,这些指令是 ZigBee 规定的指令集。这需要 CPU 首先把程序段下载到 CSP 中,CPU 通知 CSP 开始执行这些程序段。

3.4.4 无线定位引擎

ZigBee 芯片 CC2431 与 CC2430 最重要的区别在于 CC2431 具有一个 ZigBee 无线定位跟

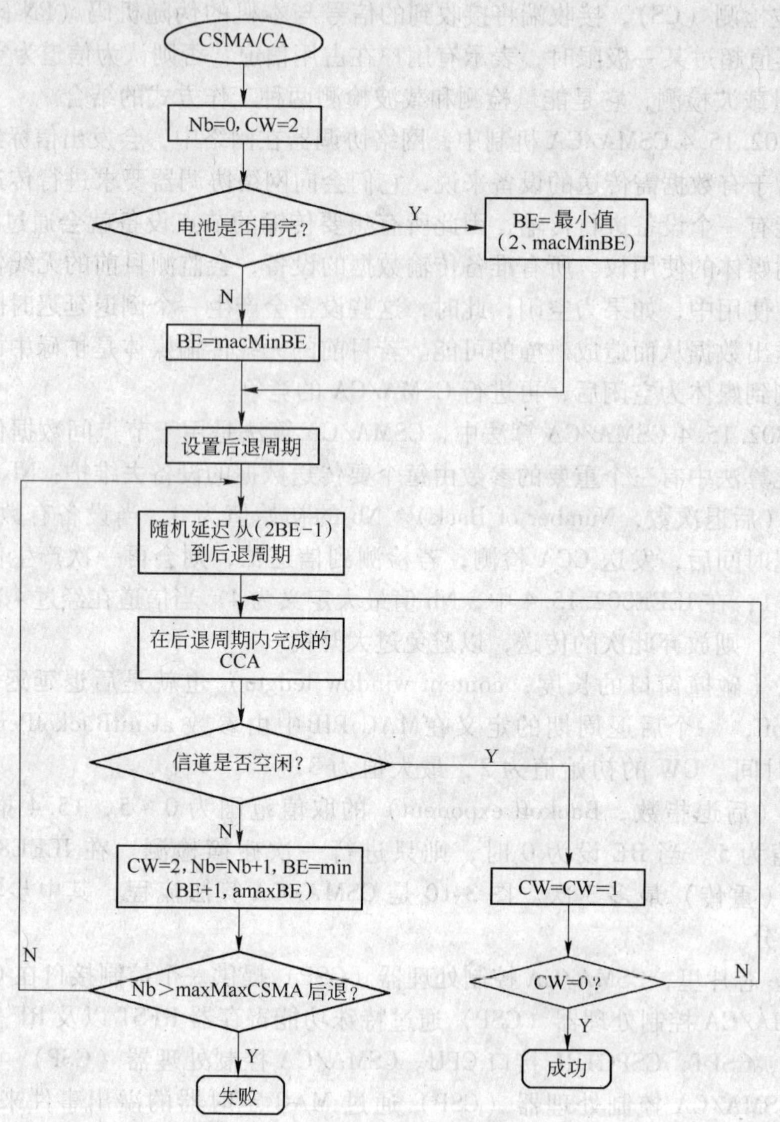

图3-10 CSMA/CA算法流程

踪引擎，而CC2430没有。除了这个定位引擎外，CC2430与CC2431功能完全一样。

CC2431的定位引擎用于计算无线网络中定位节点的位置。

在CC2431组成的无线定位网络中，包括参考节点、定位节点以及网关三大部分。其中网关作用相当于ZigBee的协调器，负责整个定位无线网络服务、协调，参考节点为已知位置的节点，并且其物理位置是固定不变的，定位节点为移动节点，其位置是随时变化的，具体位置由CC2431的定位引擎通过接受参考节点的RSSI值经过定位算法计算而得到。在CC2431无线网络定位系统中，定位精度与参考节点数量有关，一般而言，参考节点越多，定位精度越高。

CC2431无线定位引擎有如下主要特点：

(1) 3~8个参考节点参与定位计算；

（2）最高定位精度可达 0.5m；

（3）定位节点响应时间少于 40μs；

（4）定位区域为 64m×64m；

（5）定位误差小于 3m；

（6）硬件定位计算，消耗非常少 CPU 资源。

图 3-11 描述的是 CC2431 定位引擎定位操作过程，从图中可以看定位节点（移动节点）会首先读取所有参考节点的坐标（*X*、*Y*）值，然后再读取其他标准参数（A 值、N 值、RSSI 值）。其中 A 值为距离发射机（CC2430/CC2431）1m 远的 RSSI 绝对值；N 值为距离发射机每增加 1m 衰减的 RSSI 绝对值；RSSI 为 CC2430/CC2431 信号强度，单位为 dBm。

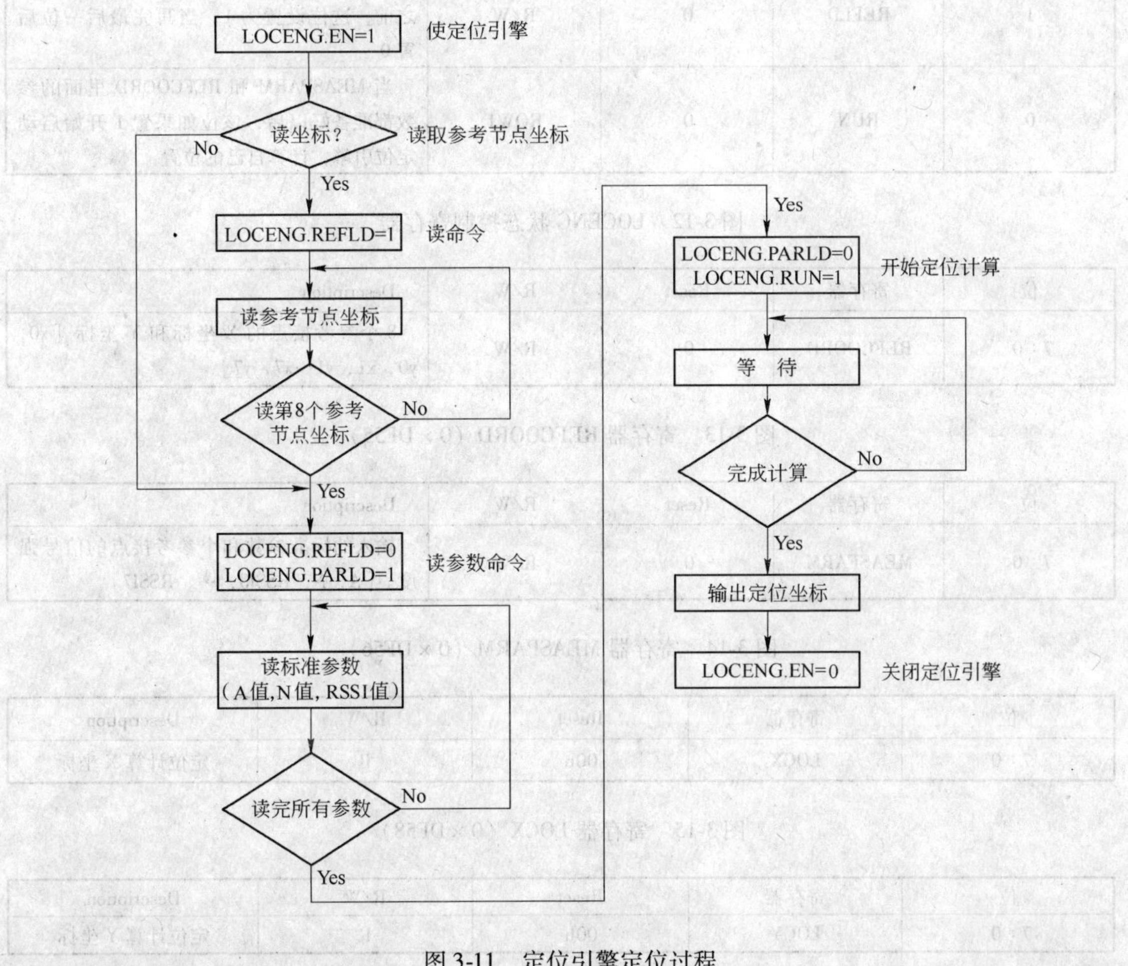

图 3-11 定位引擎定位过程

当 CC2431 把所有必要的参考读取后，就开始定位计算，然后输出定位节点的定位坐标。

与 CC2431 无线定位相关的寄存器有：LOCENG（如图 3-12 所示）、REFCOORD（如图 3-13 所示）、MEASPARM（如图 3-14 所示）、LOCX（如图 3-15 所示）、LOCY（如图 3-16所示）、LOCMIN（如图 3-17 所示）。

位	寄存器	Reset	R/W	Description
7:5	—	00	RO	Reserved. read. as 0.
4	EN	0	R/W	定位引擎使能 0 Disable location engine 1 Enable location engine
3	DONE	0	R	当硬件计算位置完成，将数据准备好以后，该为置1
2	RARDD	0	R/W	读参数：当这位设置为1时，将参数开始写给MEASPARM寄存器，当写完最后一位后置0
1	REFLD	0	R/W	读坐标：将坐标写入REFCOORD积存器之前，这位设置为1，当写完最后一位后置0
0	RUN	0	ROW1	当MEASPARM和REFCOORD里面的参数都准备好以后，该位如果置1开始启动定位引擎，计算自己的位置

图3-12 LOCENG状态控制寄存器

位	寄存器	Reset	R/W	Description
7:0	REFCOORD	0	R/W	8个参考接点的X坐标和Y坐标［x0，y0，x1，y1…x7，y7］

图3-13 寄存器REFCOORD（0×DF55）

位	寄存器	Reset	R/W	Description
7:0	MEASFARM	0	R/W	输入的标准参数和个参考接点的信号强度。［A，N，RSSI0，…，RSSI7］

图3-14 寄存器MEASPARM（0×DF56）

位	寄存器	Reset	R/W	Description
7:0	LOCX	00h	R	定位计算X坐标

图3-15 寄存器LOCX（0×DF58）

位	寄存器	Reset	R/W	Description
7:0	LOCY	00h	R	定位计算Y坐标

图3-16 寄存器LOCY（0×59）

位	寄存器	Reset	R/W	Description
7:0	LOCMIN	00h	R	定位计算最小值（Location estimate minimum value）

图3-17 寄存器LOCMIN（0×DF5A）

包括网关在内的 CC2431 无线网络定位系统的定位流程如图 3-18 所示。

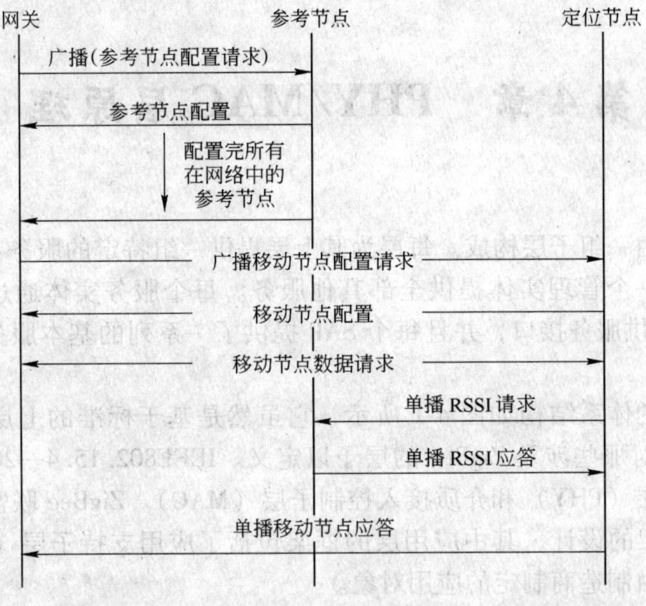

图 3-18 定位系统流程

第 4 章　PHY/MAC 层原理

ZigBee 协议栈由一组子层构成。每层为其上层提供一组特定的服务：一个数据实体提供数据传输服务，一个管理实体提供全部其他服务。每个服务实体通过一个服务接入点（SAP）为其上层提供服务接口，并且每个 SAP 提供了一系列的基本服务指令来完成相应的功能。

ZigBee 协议栈的体系结构如图 4-1 所示，它虽然是基于标准的七层开放式系统互联（OSI）模型，但仅对那些涉及 ZigBee 的层予以定义。IEEE802. 15. 4—2003 标准定义了最下面的两层：物理层（PHY）和介质接入控制子层（MAC）。ZigBee 联盟提供了网络层和应用层（APL）框架的设计，其中应用层的框架包括了应用支持子层（APS）、ZigBee 设备对象（ZDO）和由制造商制定的应用对象。

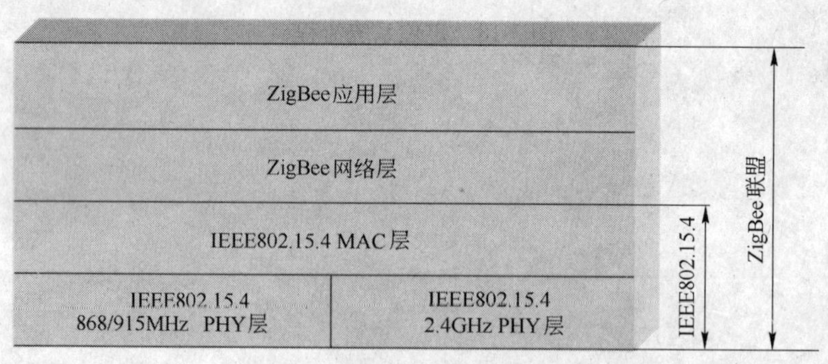

图 4-1　ZigBee 体系结构模型

相比于常见的无线通信标准，ZigBee 协议套件紧凑而简单，具体实现的要求很低。以下是 ZigBee 协议套件的最低需求估计：硬件需要 8 位处理器，如 80C51；软件需要 32kb 的 ROM，最小软件需要 4kb 的 ROM，如 CC2430 芯片是具有 8051 内核的内存从 32kb 至 128kb 的 ZigBee 无线单片机；网络主节点需要更多的 RAM 以容纳网络内所有节点的设备信息、数据包转发表、设备关联表与安全有关的密钥存储等。

ZigBee 联盟希望建立一种可连接每个电子设备的无线网。它预言 ZigBee 将很快成为全球高端的无线技术，2007 年 ZigBee 节点已达到 30 亿个。具有几十亿个节点的网络将很快耗尽已不足的 IPv4 的地址空间。因此 IPv6 与 IEEE802. 15. 4 结合是传感器网络的发展趋势。IPv6 采用 128 位地址长度，几乎可以不受限制地提供地址。按保守方法估算，IPv6 实际可为整个地球的每平方米面积分配 1000 多个地址。IPv6 在设计过程中，除了一劳永逸地解决了地址短缺问题以外，还考虑了在 IPv4 中解决不好的其他问题，如端到端 IP 连接、服务质量（QoS）、安全性、多播、移动性、即插即用等。

IEEE802.15.4 工作在工业科学医疗（ISM）频段，定义了两个工作频段，即 2.4GHz 频段和 868/915MHz 频段。在 IEEE802.15.4 中，总共分配了 27 个具有 3 种速率的信道：在 2.4GHz 频段有 16 个速率为 250kb/s 的信道，在 915MHz 频段有 10 个 40kb/s 的信道，在 868MHz 频段有 1 个 20kb/s 的信道。

这些信道的中心频率按如下定义（k 为信道数）：

$F_c = 868.3\text{MHz}, (k=0)$

$F_c = 906\text{MHz} + 2(k-1)\text{MHz}, (k=1,2,\cdots,10)$

$F_c = 2405\text{MHz} + 5(k-11)\text{MHz}, (k=11,12,\cdots,26)$

一个 IEEE802.15.4 可以根据 ISM 频段、可用性、拥挤状况和数据速率在 27 个信道中选择一个工作信道。从能量和成本效率来看，不同的数据速率能为不同的应用提供较好的选择。例如，对于有些计算机外围设备与互动式玩具，可能需要 250kb/s 速率，而对于其他许多应用，如各种传感器、智能标记和家用电器等，20kb/s 这样的低速率就能满足要求。

来自 IEEE802.15.4 物理层协议数据单元（PPDU）的二进制数据被依次（按字节从低到高）组成 4 位二进制数据符号，每种数据符号（对应 16 状态组中的一组）被映射成 32 位伪噪声码片（CHIP），以便传输。然后这个连续的伪噪音 CHIP 序列被调制（采用最小键控方式）到载波上，即采用半正弦脉冲波形的偏移正交相移键控（OQPSK）调制方式。

IEEE802.15.4 物理层传输格式如表 4-2 所示。868/915MHz 频段物理层使用简单的直接序列扩频（DSSS）方法，每个 PPDU 数据传输位被最大长为 15 的 CHIP 序列所扩展（即被多组 +1、-1 构成的 m-序列编码），然后使用二进制相移键控技术调制这个扩展的位元序列。不同的数据传输率适用于不同的场合。例如：868/915MHz 频段物理层的低速率换取了较好的灵敏度和较大的覆盖面积，从而减少了覆盖给定物理区域所需的节点数。2.4GHz 频段物理层的较高速率适用于较高的数据吞吐量、低延时或低作业周期的场合。

IEEE802.15.4 MAC 层提供两种服务：MAC 层数据服务和 MAC 层管理服务。管理服务通过 MAC 层管理实体（MLME）服务接入点（SAP）访问高层；MAC 层数据服务使 MAC 层协议数据单元（MPDU）的收发可以通过物理层数据服务。IEEE802.15.4 MAC 层的特征是有信标管理、信道接入机制、保证时隙（GTS）管理、帧确认、确认帧传输、节点接入和分离。

ZigBee 的网络层主要用于 ZigBee 网络的组网连接、数据管理以及网络安全等；应用层主要为 ZigBee 技术的实际应用提供一些应用框架模型等，以便对 ZigBee 技术的开发应用，在不同的场合，其开发应用框架不同，从目前来看，不同的厂商提供的应用框架是有差异的，应根据具体应用情况和所选择的产品来综合考虑其应用框架结构。现有比较著名的 ZigBee 芯片提供商包括 CHIPCON（已于 2006 年被 IT 公司收购）公司、FREESCALE 公司、EMBER 公司等等。

低速率的无线个域网允许使用超帧结构，超帧的格式由传感器网络的协调器定义。超帧被分为 16 个大小相等的时隙，由协调器发送，如图 4-2 所示。每个超帧之间由网络信标分隔。信标帧在超帧的第一个时隙被传输。如果协调器不想使用超帧结构，它将会停止信标的传输。信标可用来使接入的设备同步、区分个域网、描述超帧结构。任何想要通过竞争接入时段（CAP）通信的设备都要使用有时隙的载波监听多址接入-冲突避免（CSMA-CA）。所有的传输要在下一个信标到来之前结束。

超帧结构有活跃和非活跃两部分。在非活跃部分，协调器将不和网络联系，进入低能模式。

对于低延迟应用或需要特殊带宽的应用来说，网络协调器为它贡献出超帧的活跃部分。这部分叫做 GTS。GTS 由无竞争时段（CFP）组成，它总是紧跟着 CAP，在活跃的超帧尾部，如图 4-3 所示。网络协调器可以分配 7 个 GTS，每个 GTS 可以占用一个以上的时隙。而 CAP 有充足的时间留给基于竞争的接入的网络设备或想加入网络的设备。所有基于竞争的传输都要在 CFP 开始前结束，同样，GTS 的传输也要确保在下个 GTS 开始前结束。

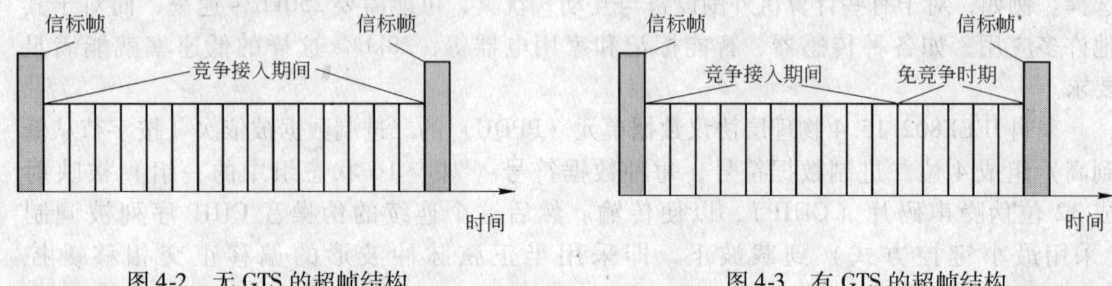

图 4-2　无 GTS 的超帧结构　　　　图 4-3　有 GTS 的超帧结构

ZigBee 协议栈的体系结构如图 4-1 所示。IEEE802. 15. 4 标准定义了最下面的两层：物理层（PHY）和媒体控制层（MAC）。而 ZigBee 直接使用了 IEEE802. 15. 4 所定义的物理层和媒体控制层来作为 ZigBee 的物理层和媒体控制层。下面我们来看 IEEE802. 15. 4 的物理层和媒体控制层是怎样的结构以及它们是如何工作的。

4. 1　PHY 层

IEEE802. 15. 4/ZigBee 物理层（PHY）的任务是通过无线信道进行安全、有效的数据通信，为 MAC 层提供服务。实现无线数据通信需要利用对数字信号进行编码并调制到高频载波上辐射出去。为了减少无线设备之间的相互干扰，国家除对使用的频段有一些规定外，对具体无线设备的发射功率也作了一定限定。为了满足在较小发射功率的情况下能够实现距离足够远而又可靠的通信，IEEE802. 15. 4/ZigBee 使用扩频技术和高效率的调制/解调方法。

IEEE802. 15. 4/ZigBee 的 MAC 层使用 CSMA/CA 算法，该算法的实现也要求物理层能够检测信道的工作状态。因此，物理层应该具备检测各信道状态的功能和选择信道的能力。

IEEE802. 15. 4/ZigBee 的技术特点之一是其低功耗，为了实现低功耗，在大部分的时间里无线收发电路可处于关闭状态，并能够在关闭状态、发射状态与接收状态间快速地转换。

考虑到 IEEE802. 15. 4/ZigBee 技术的广泛应用，会出现在一定的物理区域有若干个 ZigBee 网络共同存在情况。为了保证在这种情况下各个 ZigBee 网络工作不至于相互影响，可以使各个网络分别工作在不同的信道，并且信道的选择应该是灵活的。要实现这一点，在建立网络时，物理层能够检测在该区域内有无其他的 ZigBee 网络存在，使用的是哪些信道，并据此选择当前没有被使用的信道作为自己的工作信道。

4.1.1 频段及信道

ZigBee 的通信频率是在物理层规范的，ZigBee 根据不同的国家地区为其提供不同的工作频率范围，ZigBee 所使用的频率范围分别为 2.4GHz 和 868/915MHz。因此 IEEE802.15.4 定义了两个物理层标准，分别是 2.4GHz 物理层和 868/915MHz 物理层。两个物理层都基于直接序列扩频（DSSS：Direct Sequence Spread Spectrum）技术，使用相同的物理层数据包格式，区别在于工作频率、调制技术、扩频码片长度和传输速率。

2.4GHz 波段为全球统一、无需申请的 ISM 频段，有助于 ZigBee 设备的推广和生产成本的降低。2.4GHz 的物理层通过采用 16 相调制技术，能够提供 250kb/s 的传输速率，从而提高了数据吞吐量，减小了通信时延，缩短了数据收发的时间，因此更加省电。

868MHz 是欧洲附加的 ISM 频段，915MHz 是美国附加的 ISM 频段，工作在这两个频段上的 ZigBee 设备避开了来自 2.4GHz 频段中其他无线通信设备和家用电器的无线电干扰。868MHz 上的传输速率为 20kb/s，916MHz 上的传输速率则是 40kb/s。由于这两个频段上无线信号的传播损耗和所受到的无线电干扰均较小，因此可以降低对接收机灵敏度的要求，获得较大的有效通信距离，从而使用较少的设备即可覆盖整个区域。

ZigBee 使用的无线信道由表 3-1 确定，如图 3-3 所示。从中可以看出，ZigBee 使用的三个频段定义了 27 个物理信道，其中 868MHz 频段定义了 1 个信道；915MHz 频段附近定义了 10 个信道，信道间隔为 2MHz；2.4GHz 频段定义了 16 个信道，信道间隔为 5MHz，较大的信道间隔有助于简化收发滤波器的设计。

4.1.2 速率与调制方式

IEEE 在物理层还规范了传输速率以及调制方式等相关要求。在 2.4GHz 物理层的数据传输速率为 250kb/s；数据传送速率精度为 $\pm 40 \times 10^{-6}$；接收灵敏度为 -85dBm 或更高；最小抗干扰水平是邻近信道抗干扰电平为 0dB、交替信道抗干扰电平为 30dB；采用的是 16 相位正交调制技术（O-QPSK）。在 915MHz 的物理层的数据传输速率为 40kb/s；接收灵敏度为 -92dBm 或更高；最小抗干扰水平是邻近信道抗干扰电平为 0dB、交替信道抗干扰电平为 30dB；采用的是带有二进制移相键控（BPSK）的直接序列扩频（DSSS）技术。在 868MHz 的物理层的数据传输速率为 20kb/s；接收灵敏度为 -92dBm 或更高；最小抗干扰水平是邻近信道抗干扰电平为 0dB、交替信道抗干扰电平为 30dB，采用的是带有二进制移相键控（BPSK）的直接序列扩频（DSSS）技术。

ZigBee 技术发射功率也有一定的限制，其最大发射功率应该遵守不同国家所制定的规范，通常 ZigBee 发射功率范围为 0 ~ +10dBm，通信距离范围通常为 10m，可扩大到约 300m。但现在根据技术发展要求，一般都突破了上述限制，现在 ZigBee 模块加上放大电路点对点通信距离可达 4km 以上，ZigBee 发射功率达 +20dBm，详细参数可登录 http://www.c51rf.com查阅。随着技术发展 ZigBee 将向长距离低功率方向发展。

同时 IEEE 还规范了以下技术要求，这些技术要求同时适用于 2.4GHz 和 868/

915MHz：接收信号中心频率误差最大为 $\pm 40 \times 10^{-6}$，发射机的最小功率为 -3dBm，接收机最大输入电平大于等于 -20dBm。

4.1.3 数据包

物理层通过射频固件和射频硬件提供了一个从 MAC 层到物理层无线信道的接口。从图 4-4 可以看到在物理层中存在有数据服务接入点和物理层管理实体服务的接入点。通过这两个服务接入点提供如下服务：通过物理层数据服务接入点（PD-SAP）为物理层数据提供服务；通过物理层管理实体（PLME）服务的接入点（PLME-SAP）为物理层管理提供服务。

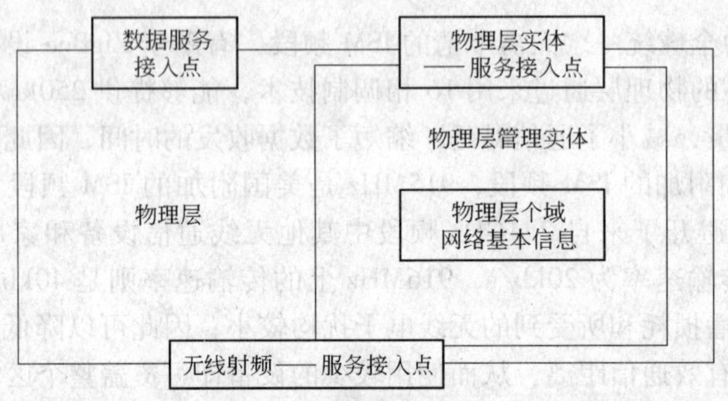

图 4-4 物理层结构模型

图 4-5 给出了物理层数据包的格式，ZigBee 物理层数据包由同步包头、物理层包头和物理层净荷三部分组成。同步包头由前同步码（前导码）和数据包（帧）定界符组成，用于获取符号同步、扩频码同步和帧同步，也有助于粗略的频率调整；物理层包头指示净荷部分的长度，净荷部分含有 MAC 层数据包，净荷部分最大长度是 127 字节。如果数据包的长度类型为 5 个字节或大于 8 个字节，那么，物理层服务数据单元（PSDU）携带 MAC 层的帧信息（即 MAC 层协议数据单元）。

4 字节	1 字节	1 字节		变长字节
前同步码	帧定界符	帧长度（位）	预留位（位）	PSDU
同步包头		物理层包头		物理层净荷

图 4-5 物理层数据包格式

4.2 MAC 层

IEEE802.15.4/ZigBee 的 MAC 层（数据链路层、介质接入控制层或媒体控制层）的主要功能是为两个 ZigBee 设备的 MAC 层实体之间提供可靠的数据链路，其主要功能包括如下一些方面：

（1）通过 CSMA-CA 机制解决信道访问时的冲突；

（2）发送信标或检测、跟踪信标；

（3）处理和维护保护时隙（GTS）；

（4）连接的建立和断开；

（5）安全机制。

IEEE802 系列标准把数据链路层分成逻辑链路控制（LLC：Logical Link Control）和 MAC 两个子层。LLC 子层在 IEEE802.6 标准中定义为 802 标准系列所共用；而 MAC 子层协议则依赖于各自的物理层。IEEE802.15.4 的 MAC 子层能支持多种 LLC 标准，通过业务相关汇聚子层（SSCS：Service-Specific Convergence Sub layer）协议承载 IEEE802.2 协议中第一种类型的 LLC 标准，同时也允许其他 LLC 标准直接使用 IEEE802.15.4 MAC 子层的服务。

LLC 子层的主要功能是进行数据包的分段与重组以及确保数据包按顺序传输。

IEEE802.15.4 MAC 子层实现包括设备间无线链路的建立、维护和断开；确认模式的帧传送与接收；信道接入与控制；帧校验与快速自动请求重发（ARQ）；预留时隙管理以及广播信息管理等。MAC 子层处理所有物理层无线信道的接入，主要功能有：

（1）网络协调器产生网络信标；

（2）与信标同步；

（3）支持个域网（PAN）链路的建立和断开；

（4）为设备的安全提供支持；

（5）信道接入方式采用免冲突载波检测多址接入（CSMA-CA）机制；

（6）处理和维护保护时隙（GTS）机制；

（7）在两个对等的 MAC 实体之间提供一个可靠的通信链路。

MAC 子层与 LLC 子层的接口中用于管理目的的原语仅有 26 条，相对于蓝牙技术的 131 条原语和 32 个事件而言，IEEE802.15.4 MAC 子层的复杂度很低，不需要高速处理器，因此降低了功耗和成本。

MAC 层在服务协议汇聚层（SSCS）和物理层之间提供了一个接口。MAC 层包括一个管理实体，该实体通过一个服务接口可调用 MAC 层管理功能，该实体还负责维护 MAC 层固有的管理对象的数据库。从图 4-6 可以看到在 MAC 层两个不同服务的接入点提供两个不同 MAC 层服务。MAC 层通过它的公共部分了层服务接入点为它提供数据服务；MAC 层

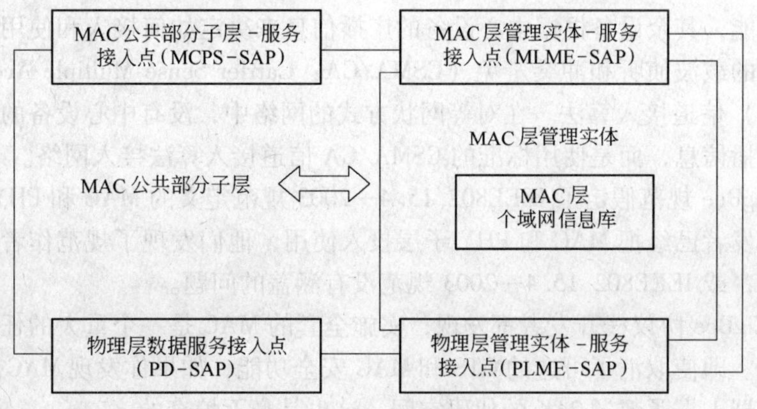

图 4-6 MAC 子层参考模型

通过它的管理实体服务接入点为它提供管理服务。

图4-7给出了MAC子层数据包格式。MAC子层数据包由MAC子层帧头（MHR：MAC Header）、MAC子层载荷和MAC子层帧尾（MFR：MAC Footer）组成。MAC子层帧头由2字节的帧控制域、1字节的帧序号域和最多20字节的地址域组成，帧控制域指明了MAC帧的类型、地址域的格式以及是否需要接收方确认等控制信息；帧序号域包含了发送方对帧的顺序编号，用于匹配确认帧，实现MAC子层的可靠传输；地址域采用的寻址方式可以是64bit的1EEEMAC地址或者8bit的ZigBee网络地址。

2字节	1字节	0/2字节	0/2/8字节	0/2字节	0/2/8字节	可变	2字节
帧控制	序列号	目的PAN标识符	目的地址	源PAN标识符	源地址	帧载荷	FCS
MHR（MAC层帧头）						MAC载荷	MFR

图4-7 MAC子层数据包格式

MAC子层载荷，其长度可变，不同的帧类型帧包含有不同的信息（如MAC子层业务数据单元（MSDU：MAC Service Data Unit)），但整个MAC帧的长度应该小于127字节，其内容取决于帧类型。IEEE802.15.4的MAC子层定义了四种帧类型，即广播（信标）帧、数据帧、确认帧和MAC命令帧。只有广播帧和数据帧包含了高层控制命令或者数据，确认帧和MAC命令帧则用于ZigBee设备间MAC子层功能实体间控制信息的收发。

MAC子层帧尾含有采用16bit CRC算法计算出来的帧校验序列（FCS：Frame Check Sequence)，用于接收方判断该数据包是否正确，从而决定是否采用ARQ进行差错恢复。广播帧和确认帧不需要接收方的确认，数据帧和MAC命令帧的帧头包含帧控制域，指示收到的帧是否需要确认，如果需要确认，并且已经通过了CRC校验，接收方将立即发送确认帧。若发送方在一定时间内收不到确认帧，将自动重传该帧，这就是MAC子层可靠传输的基本过程。

IEEE802.15.4MAC子层定义了两种基本的信道接入方法，分别用于两种ZigBee网络拓扑结构中。这两种网络结构分别是基于中心控制的星形网络和基于对等操作的网状网络。在星形网络中，中心设备承担网络的形成和维护、时隙的划分、信道接入控制和专用带宽分配等功能，其余设备根据中心设备的广播信息来决定如何接入和使用无线信道，这是一种时隙化的载波侦听和冲突避免（CSMA/CA：Carrier Sense Multiple Access with Collision Avoidance）信道接入算法。在对等网状方式的网络中，没有中心设备的控制，也没有广播信道和广播信息，而是使用标准的CSMA/CA信道接入算法接入网络。

当前的ZigBee规范假定了IEEE802.15.4—2003规范定义的MAC和PHY子层的用法。但是，因为开发者已经把MAC和PHY子层投入使用，他们发现了规范作者可能预见或没有预见的问题，或IEEE802.15.4—2003规范没有涵盖的问题。

MAC和ZigBee协议栈开发者都发现，实施全套的MAC是一个重大的任务，且需要大量的代码空间。即使取消了可选的GTS和MAC安全功能，如果你发现MAC在一个64K可用空间的处理器占据了超过24K的代码空间，这也是毫不惊奇的。

ZigBee联盟采用了一项补偿政策，即宣布不需要支持某个特定协议栈profile的MAC

功能，对于该协议栈 profile 是可选的。具体地，因为某个协议栈 profile 的平台兼容性测试的结果，不使用的任何 MAC 功能就不需要列出来，以执行所宣布的平台兼容。比如，因为 ZigBee2006 协议栈 profile 依赖的是一个无信标网络，所以协议栈 profile 的平台兼容性测试不使用信标，在测试时，支持定期信标、信标跟踪等等的代码可以从设备的代码库中空缺，测试者不需要知道，至于平台兼容性验证不会出现问题。

在连接期间，根据 IEEE802. 15. 4—2003 规范，会发送一些帧，包括一个连接请求命令、一个连接响应命令和一个数据请求。关于这些帧头的地址域，规范中有一些模棱两可的值。表 4-1 ~ 表 4-3 列出了允许的选项，它们被执行 ZigBee 规范的设备承认。在每种情况下，给定的第一个选项是首选的选项，是应该使用的。

表 4-1 Associate Request 头域

DstPANId	DstAddr	SrcPANId	SrcAddr
目的设备的个域网 ID	目的设备的 16 位短地址	0xffff	源设备的 64 位扩展地址
		因为在帧控制域 IntraPAN 被设置为 1，PANId 被忽略	
		目的设备的个域网 ID	
如果目的设备是个域网的协调器就没有父节点	如果目的设备是个域网的协调器就没有父节点		

表 4-2 数据请求头域

DstPANId	DstAddr	SrcPANId	SrcAddr
目的设备的个域网 ID	目的设备 16 位短地址	0xffff	源设备的 64 位扩展地址
		因为在帧控制域 IntraPAN 被设置为 1，PANId 被忽略	
		目的设备的个域网 ID	
如果目的设备是个域网的协调器就没有父节点	如果目的设备是个域网的协调器就没有父节点		

表 4-3 连接响应头域

DstPANId	DstAddr	SrcPANId	SrcAddr
目的设备的个域网 ID	目的设备的 64 位扩展地址	因为在帧控制域 IntraPAN 被设置为 1，PANId 被忽略	源设备 64 位扩展地址
		源设备的个域网 ID	
0xffff			

在 IEEE802. 15. 4—2003 规范中，有一个常量叫 aMaxMACFrameSize，被定义为 aMax-PHYPacketSize-aMaxFrameOverhead。本公式给定 aMaxMACFrameSize = 127 - 25 = 102 字节。关于这个值的不同意见和 aMaxFrameOverhead 参数有关。这个参数的值为 25 对于只能使用短寻址模式的 ZigBee 网络是不正确的。ZigBee 联盟决定（而不是讨论）aMaxFrameOver-head 的正确值应该定义为一个可接受的数据包，小于 aMaxPHYFrameSize，是一个可解码

的 802.15.4 和 ZigBee 数据包。

为了推动这项工作，nsdulength 参数的最大值被定义为小于 aMaxPHYFrameSize-(nwkcMACFrameOverhead + nwkcMinHeaderOverhead)，因此 ZigBee 的开发者需要保证他们的 802.15.4 的执行可以包含这个改进。

为了采用 NWK 信标调度算法，有必要对 IEEE Std 802.15.4—2003 MAC 子层执行下列改进。

一个新的参数 StartTime，需要增加到 MLME-START.request 原语，指定开始传输信标的时间。本原语的新格式如下：

```
MLME-START.request{
    PANID,
    LogicalChannel,
    BeaconOrder,
    SuperframeOrder,
    PANCoordinator,
    BatteryLifeExtention,
    CoordRealignment,
    SecurityEnable,
    StartTime
}
```

一个单个设备能成为网络信道管理器。这个设备作为中央协调机制，接收网络干扰报告和如果检测到干扰时改变信道。网络管理器的默认地址是协调器，但是这可以通过发送 Mgmt_NWK_Update_req 命令更新，带有网络信道管理器的不同短地址，是网络信道管理器设备在节点描述符服务器位掩码中设置网络管理器位，并应响应 System_Server_Discovery_req 命令。

每个路由器或协调器负责追踪传输失败，使用邻居表中的 TransmitFailure 域，也为总的传输尝试保持一个 NIB 计数器。一旦总的传输尝试超过 20，如果信息发送的传输失败超过 25%，设备可能已经在使用的信道上检测到干扰。然后设备负责采取以下步骤：

（1）在所有的信道上实施能量扫描，如果能量扫描不表明当前信道比其他信道有更高的能量，就不采取行动，设备会继续正常操作，信息计数器不复位，但是，重复的能量扫描不可取，因为在扫描时设备是离开网络的，因此执行会限制失败的设备执行能量扫描的频率；

（2）如果能量扫描指示所用的信道上能量增加，一个 Mgmt_NWK_Update_notify 会发送到网络管理器，指示存在干扰，本报告是作为带有确认的 APS 单播发送的，一旦收到确认，总传输和传输失败计数器被重置为零；

（3）为了避免有通信问题的设备频繁发送报告到网络管理器，每个小时设备不能发送 Mgmt_NWK_Update_notify 超过四次。

在收到一个主动提供的 Mgmt_NWK_Update_notify 之后，网络管理器必须评估网络是否需要信道改变。网络管理器使用的决定信道改变的具体机制留给了执行者，希望执行者会使用不同的方法最佳地决定何时信道需要改变，以及如何选择最合适的信道。以下是提供的执行的指南。

网络管理器将会采取如下行动：

（1）等待和评估是否收到其他设备的报告，如果没有报告其他设备失败，这个报告是合适的。在此情况下，网络管理器会把报告的设备增加到一个报告干扰设备列表。这样一个列表上的设备数目取决于网络的大小，网络管理器可以将老化设备移除出清单。

（2）使用 Mgmt_NWK_Update_req 命令请求其他干扰报告。如果其他的失败被报告，或者网络管理器设备本身失败希望改变信道，报告就可能产生。网络管理器可以从已经报告干扰的设备列表，以及其他在网络中随机抽选的路由器中请求数据。网络管理器不能从刚刚报告干扰的设备中请求更新，因为这已经是新的数据。

（3）在收到 Mgmt_NWK_Update_notify 之后，网络管理器会决定是否需要改变信道，不管执行的具体机制是否合适。

（4）如果上面的数据指示要考虑信道改变，网络管理器会完成下列步骤：

基于 Mgmt_NWK_Update_notify，根据最低能量选择一个信道。这是提议的新信道，如果这个新信道的能量等级不低于可以接受的阀值，不能进行信道改变。

（5）在改变信道之前，网络管理器会储存能量扫描值作为最新的能量扫描值，现存的信道中的失败率作为最新的失败率。这些值对于比较之前信道的失败率和能量等级有用，以评估网络是否造成了自己的干扰。

（6）网络管理器应该广播一个 Mgmt_NWK_Update_req 通知设备新信道。这个广播应该发到所有的路由器和协调器。网络管理器负责增加 NIB 中 nwkUpdateId 参数，并把它包括在 Mgmt_NWK_Update_req 中。网络管理器根据 apsChannelTimer 的值设置一个计时器，在发出 Mgmt_NWK_Update_req 之后，改变信道，在本计时器终止之前不能发出另外一个这样的命令。但是，在此期间，网络管理器会完成上述分析。但是，不用改变信道，网络管理器会使用 Mgmt_NWK_Update_notify 报告给本地应用程序，应用程序可以使用 Mgmt_NWK_Update_req 强制改变一个信道。

在收到带有改变信道请求的 Mgmt_NWK_Update_req 之后，本地网络管理器会设置一个计时器等于 nwkNetworkBroadcastDeliveryTime，在本计时器终止之后改变信道。每个节点也都应该增加 nwkUpdateId 参数，也要复位总的传输次数和传输失败计数器。

对于 RxOnWhenIdle 等于 FALSE 的设备，不能接收任何信道改变。在这些失去网络的设备或路由器上，应该在 APSIB 的 apsChannelMask 清单上实施一个主动的扫描，使用扩展的 PANID 去找到这个网络。如果在不同的信道上找到扩展的 PANID，设备会选择 nwkUpdateId 参数值更大的信道。如果使用 apsChannelMask 清单没有找到扩展的 PANID，应该使用所有信道进行一个扫描。

第 5 章　ZigBee 网络层详解

ZigBee 堆栈是在 IEEE802. 15. 4 标准基础上建立的，而 IEEE802. 15. 4 仅定义了协议的 MAC 和 PHY 层。ZigBee 设备应该包括 IEEE802. 15. 4 的 PHY 和 MAC 层以及 ZigBee 堆栈层：网络层（NWK）、应用层和安全服务管理。图 3-1 给出了这些组件的概况。

每个 ZigBee 设备都与一个特定模板有关，可能是公共模板或私有模板。这些模板定义了设备的应用环境、设备类型以及用于设备间通信的串（也称簇，cluster）。公共模板可以确保不同供应商的设备在相同应用领域中的互操作性。

设备是由模板定义的，并以应用对象（Application Objects）的形式实现。每个应用对象通过一个端点连接到 ZigBee 堆栈的余下部分，它们都是器件中可寻址的组件。

从应用角度看，通信的本质就是端点到端点的连接（例如，一个带开关组件的设备与带一个或多个灯组件的远端设备进行通信，目的是将这些灯点亮），端点之间的通信是通过称之为串（也称簇，cluster）的数据结构实现的。这些串是应用对象之间共享信息所需的全部属性的容器，在特殊应用中使用的串在模板中有定义。

每个接口都能接收（用于输入）或发送（用于输出）串格式的数据。一共有两个特殊的端点，即端点 0 和端点 255。端点 0 用于整个 ZigBee 设备的配置和管理，应用程序可以通过端点 0 与 ZigBee 堆栈的其他层通信，从而实现对这些层的初始化和配置。附属在端点 0 的对象被称为 ZigBee 设备对象（ZDO），端点 255 用于向所有端点的广播，端点 241 到 254 是保留端点。

所有端点都使用应用支持子层（APS）提供的服务。APS 通过网络层和安全服务提供层与端点相接，并为数据传送、安全和绑定提供服务，因此能够适配不同但兼容的设备，比如带灯的开关。

APS 使用网络层（NWK）提供的服务。NWK 负责设备到设备的通信，并负责网络中设备初始化所包含的活动、消息路由和网络发现。应用层可以通过 ZigBee 设备对象（ZDO）对网络层参数进行配置和访问。

根据 ZigBee 堆栈规定的所有功能和支持，我们很容易推测 ZigBee 堆栈实现需要用到设备中的大量存储器资源。

不过 ZigBee 规范定义了三种类型的设备，每种都有自己的功能要求：

（1）ZigBee 协调器是启动和配置网络的一种设备，协调器可以保持间接寻址用的绑定表格，支持关联，同时还能设计信任中心和执行其他活动。协调器负责网络正常工作以及保持同网络其他设备的通信。一个 ZigBee 网络只允许有一个 ZigBee 协调器。

（2）ZigBee 路由器是一种支持关联的设备，能够将消息转发到其他设备。ZigBee 网格或树型网络可以有多个 ZigBee 路由器。ZigBee 星形网络不支持 ZigBee 路由器。

（3）ZigBee 终端设备可以执行它的相关功能，并使用 ZigBee 网络到达其他需要与其通信的设备。它的存储器容量要求最少。

上述的三种设备根据功能完整性可分为全功能（FFD）和半功能（RFD）设备。其中全功能设备可作为协调器、路由器和终端设备，而半功能设备只能用于终端设备。一个全功能设备可与多个 RFD 设备或多个其他 FFD 设备通信，而一个半功能设备只能与一个 FFD 通信。

然而需要特别注意的是，网络的特定架构会戏剧性地影响设备所需的资源。NWK 支持的网络拓扑有星型、树（串）型和网格型。在这几种网络拓扑中，星型网络对资源的要求最低。

5.1 网络层概况

网络层（NWK）提供的功能是保证 IEEE802.15.4/ZigBee 的 MAC 子层的正确操作，并为应用层提供一个合适的服务接口。要和应用层通信，网络层的概念包括两个服务实体，提供必要的功能，如图 5-1 所示，这些服务实体是数据服务和管理服务。NWK 层数据实体（NLDE）通过其相关的 SAP、NLDE-SAP，提供了数据传输服务，而 NLME-SAP 提供了管理服务。NIME 使用 NLDE 来获得它的一些管理任务，且它还维护一个管理对象的数据库，叫做网络信息库（NIB）。

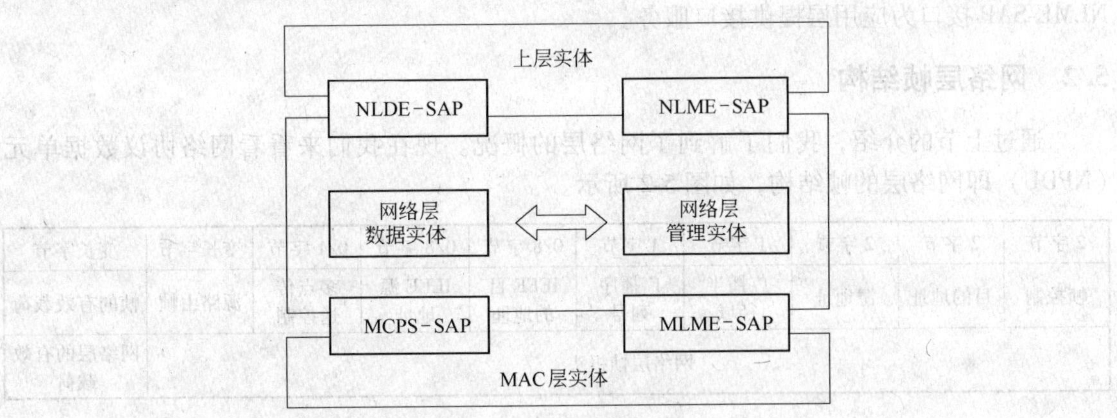

图 5 1　网络层参考模型

网络层数据实体（NLDE）应提供一个数据服务，以允许一个应用程序在两个或多个设备之间传输应用协议数据单元（APDU）。设备本身必须位于同一个网络。NLDE 将提供以下服务：

（1）生成网络级别的 PDU（NPDU），NLDE 应该可以通过增加一个合适的协议头，从一个应用支持子层的 PDU，生成一个 NPDU；

（2）拓扑指定的路由，NLDE 应该可以传输一个 NPDU 给一个合适的设备，它是通信的最终目的地或是通信链中朝向最终目的地的下一步；

（3）安全，确保通信的真实性和机密性。

网络层管理实体（NLME）应提供一个管理服务，以允许一个应用程序与协议栈相互作用。NLME 应提供以下服务：

（1）配置一个新设备，为所需的操作充分配置协议栈的功能。配置选项包括开始一个作为一个 ZigBee 协调器的操作，或加入一个已存在的网络；

（2）开始一个网络，建立一个新的网络的功能；

（3）加入、重新加入和离开一个网络，加入、重新加入或离开一个网络的功能，以及为一个 ZigBee 协调器或 ZigBee 路由器请求一个设备离开网络的功能；

（4）寻址，ZigBee 协调器和路由器给新加入网络的设备分配地址的能力；

（5）邻居发现，发现、记录和报告信息关于设备的单跳邻居的能力；

（6）路由发现，发现并记录通过网络的路径的功能，即信息可以有效地传送；

（7）接收控制，一个设备控制何时接收者是激活的，以及激活多长时间，从而使 MAC 子层同步或直接接收；

（8）路由，这是使用不同路由机制的能力，例如单播、广播、多播或者多对一，在网络中高效交换数据。

网络层数据实体通过网络层数据实体服务接入点（NLDE-SAP）提供数据传输服务；网络管理层实体通过网络层管理实体服务接入点（NLME-SAP）提供网络管理服务。网络层管理实体利用网络层数据实体完成一些网络的管理工作，并且网络层管理实体完成对网络信息库（NIB）的维护和管理。

网络层通过 MCPS-SAP 和 MLME-SAP 接口为 MAC 层提供接口；通过 NLDE-SAP 与 NLME-SAP 接口为应用层提供接口服务。

5.2 网络层帧结构

通过上节的介绍，我们了解到了网络层的概况。现在我们来看看网络协议数据单元（NPDU）即网络层的帧结构，如图 5-2 所示。

2 字节	2 字节	2 字节	1 字节	1 字节	0/8 字节	0/8 字节	0/1 字节	变长字节	变长字节
帧控制	目的地址	源地址	广播半径域	广播序列号	IEEE 目的地址	IEEE 源地址	多点传送控制	源路由帧	帧的有效载荷
网络层帧报头									网络层的有效载荷

图 5-2 网络层数据包（帧）格式

网络协议数据单元（NPDU）结构（帧结构）基本组成部分：网络层帧报头，包含帧控制、地址和序列信息；网络层帧的可变长有效载荷，包含帧类型所指定的信息。

图 5-2 表示的是网络层的通用帧结构，不是所有的帧都包含地址和序列域，但网络层的帧的报头域，还是按照固定的顺序出现。然而，仅仅只有多播标志值是 1 时才存在多播（多点传送）控制域。

有 ZigBee 网络协议中，定义了两种类型的网络层帧，它们分别是数据帧和网络层命令帧。下面逐个介绍帧结构中的组成部分。

5.2.1 分别简单讲解一下通用帧内各子域

5.2.1.1 帧控制域

帧控制域格式如图 5-3 所示，为 16 位。可以看到帧控制域包括帧类型、协议版本、发现路由、源路由、广播、地址、安全和保留位。

0~1位	2~5位	6~7位	8位	9位	10位	11位	12位	13~15位
帧类型	协议版本	发现路由	广播标记	安全	源路由	IEEE 目的地址	IEEE 源地址	保留

图5-3 帧控制域结构

(1) 帧类型有数据、网络层命令和保留位;

(2) 协议版本为 ZigBee 网络层协议标准的版本号;

(3) 发现路由见网络层命令帧中的路由发现的介绍,包括抑制路由发现、使能路由发现、强制路由发现、保留;

(4) 广(多)播标志域为1位,如果是单播或者广播帧,值为0,如果为多播帧值为1;

(5) 安全域为该帧是否具有网络层安全操作能力,如果该帧的安全由另一层来完成或者完成被禁止,则该值是0;

(6) 源路由子域值为1时,源路由子帧才在网络报头中存在;如果源路由子帧不存在则源路由子域值为0;

(7) IEEE 目的地址是1时,网络帧报头包含整个 IEEE 目的地址;

(8) IEEE 源地址是1时,网络帧报头包含整个 IEEE 源地址。

5.2.1.2 目的地址

在网络层帧中必须有目的地址域,其长度是2字节。如果帧控制域的多播标志子域值是0,那么目的地址域值是16位的目的设备网络地址或者为广播地址;如果多播标志子域值是1,目的地址域是16位目的多播组的 Group ID。值得注意的是设备的网络地址与IEEE802.15.4—2003 协议中的 MAC 层16位短地址相同。

5.2.1.3 源地址

在网络层帧中必须有源地址域,其长度是2字节,其值是源设备的网络地址。值得注意的是设备的网络地址与在 IEEE802.15.4—2003 协议中的 MAC 层16位短地址相同。

5.2.1.4 广播半径域

广播域仅当目的地址为广播地址(0xFFFF)时,广播半径和广播序号存在。广播半径的长度为1字节,每个设备接收到一次该帧,则广播半径减1。广播半径限定了传输半径范围。

5.2.1.5 广播序列号域

在每个帧中都包含序列号域,其长度是1字节。每发送一个新的帧序列号值加1。帧的源地址和序列号子域是一对,在限定了序列号1字节的长度内是唯一的标识符。

5.2.1.6 IEEE 目的地址

如果存在 IEEE 目的地址域,则包含与包含在网络层地址头中的目的地址域的16位网络地址相对应的64位IEEE地址。如果该16位网络地址是广播或者多播地址那么IEEE目的地址不存在。

5.2.1.7 IEEE源地址

如果存在IEEE源地址域，则包含与包含在网络层地址头中的源地址域的16位网络地址相对应的64位IEEE地址。

5.2.1.8 多点传送控制

多播控制域是1字节长度且只有多播标志子域值是1时存在。它分成3个子域：多播模式（第0、1位，共2位）、非成员半径（第2~4位，共3位）、最大非成员半径（第5~7位，共3位）。

多播模式（子域）表明无论是使用成员或非成员模式都传输该帧。成员模式在目的组成员设备中使用传送多播帧。非成员模式是从不是多播组成员设备到是多播组成员设备换算多播帧。

当不是目的组成员设备转播时，非成员半径域表明成员模式多播范围。接收设备是目的组成员将设置该子域值是最大非成员半径（MaxNonmemberRadius）域的值。如果NonmemberRadius field的值是0，接收设备不是目的组成员时将丢弃该帧，且如果Nonmember-Radius域的值是在0x01到0x06范围内，那么将耗尽此域。如果NonmemberRadius域值是0x07表明无限的范围且不能被耗尽。

5.2.1.9 源路由帧

如果帧控制域的源路由子域的值是1，才存在源路由子帧域。它分成三个子域：应答计数器（1个字节）、应答索引（1个字节）、应答列表（可变长）。

应答计数器子域表明包含在源路由子帧转发列表里的应答的数值。

应答索引子域表明传输的数据包的应答列表子域的下一转发的索引，这个域被数据包的发送设备初始化为0，且每转发一次就加1。

应答列表子域是节点的2字节短地址的列表，这个域用来为源路由数据包的目的转发。地址是最无意义字节格式且在源路由中有顺序的出现。

5.2.1.10 帧有效载荷

帧有效载荷的长度是可变的，包含了各种帧类型的具体信息。

5.2.2 数据帧

数据帧与网络层的通用帧结构相同。帧的有效载荷为网络层上层要求网络层传送的数据。在帧控制域中，帧类型子域应为表示数据帧的值。根据数据帧的用途，对其他所有的子域进行设置。

数据帧包括网络层报头和数据有效载荷域。

数据帧的网络层报头域有控制域和根据需要适当组合而得到的路由域组成。

数据帧的数据有效载荷域包含字节的序列，该序列为网络层上层要求网络层传送的数据。

5.2.3 网络层命令帧

网络层命令帧结构如图5-4所示，网络层帧结构与通用网络层帧结构基本相同。

2字节	参见图5-2	1字节	可变字节
帧控制	路由域	网络层命令标识符	网络层命令载荷
网络层帧报头		网络层载荷	

图5-4 网络层命令帧结构

网络层命令帧中的网络层帧报头域由帧控制域和根据需要适当组合得到的路由域组成。在帧控制域中，帧类型子域应表示网络层命令帧的值。根据网络层命令帧的用途，对其他所有的子域进行设置。

根据帧控制域中的设置，路由为地址域和广播域经过适当组合得到的。

网络层命令标识符域表明所使用的网络层命令，其值为表5-1所示。网络层命令载荷包含网络层命令本身。

表5-1 网络层命令帧标识符

命令帧标识符	命令名称	命令帧标识符	命令名称
0x01	路由请求	0x07	重新加入响应
0x02	路由应答	0x08	连接状态
0x03	路由错误	0x09	网络报告
0x04	断开	0x0A	网络更新
0x05	路由记录	0x0B～0xFF	保留
0x06	重新连接请求		

下面来介绍一下网络层管理实体如何构造所要传送的路由请求、路由应答、路由错误命令、断开、路由记录、重新连接请求、重新加入响应、连接状态、网络报告、网络更新。

5.2.3.1 路由请求

使用路由请求来请求在其无线通信范围内的其他设备发现在达目的设备的路由，以便在网络中建立一条稳定的，使信息更快更经济地到达目的设备的路由。

路由请求命令的载荷结构如图5-5所示，其中命令选择中的前7位为保留，最后1位是路由维护，它为了维护网络拓扑结构的路由而生成路由请求命令帧其值设置为1。路由开销用来累积路由请求命令帧在网络中传送的开销信息。

1字节	1字节	1字节	2字节	1字节
命令帧标识符	命令选择	路由请求标识符	目的地址	路由开销
网络层载荷				

图5-5 路由请求命令帧格式

因为任何来自于网络层的可靠帧都使用网络层的安全协议，帧控制域将禁止 MAC 层对 MAC 层数据帧使用安全功能。为了传送路由请求命令帧，网络层帧报头的源地址域设置为源设备的地址。网络层帧报头的目的地址设置为广播地址。

A MAC 数据服务请求

为了利用 MAC 层数据服务（在 IEEE802.15.4—2003）来传输这个命令（路由请求），在 MAC 层帧报头包含如下信息：

（1）目的 PAN 标识符设置为发送路由请求命令设备的 PAN 标识符；

（2）目的地址必须为广播地址 0xffff；

（3）源 MAC 地址和 PAN 标识符设置为发送路由请求命令设备的地址和 PAN 标识符，该设备不一定是命令源发送设备；

（4）因为任何来自于网络层的可靠帧都使用网络层的安全协议，帧控制域将禁止 MAC 层对 MAC 层数据帧使用安全功能。由于该帧为广播帧，因此不需要确认。地址模式以及内部 PAN 标记设置为支持在这里所描述的地址域。

B 网络层帧报头域

为了传送路由请求命令帧到它的目的设备，且为了路由发现过程正确完成，应提供如下信息：

（1）网络层帧头的源地址域设置成发送设备的地址；

（2）网络层帧头的目的地址域设置成设备的广播地址，macRxOnWhenIdle 的值等于 TRUE；

（3）网络层帧头的发现路由子域设置成抑制路由发现。

作为一个网络层命令帧，帧控制域的源 IEEE 地址子域设置成 1，且网络层帧头的源 IEEE 地址域存在且包含帧发送此帧设备的 64 位 IEEE 地址。如果试图发现的设备的 64 位 IEEE 地址已经知道，那么帧控制域的目的 IEEE 地址子域的值是 1，且网络层帧头的目的 IEEE 地址域存在且包含设备的 64 位 IEEE 地址。

C 网络层帧的载荷

包含命令标识符域、命令选择域、路由请求标识符域、目的地址和最新的路由总开销域。

（1）命令帧标识符应包含表明路由请求命令帧的值。

（2）8 位的命令选择域包括多播（第 6 位）、保留（第 0 ~ 5、7 位）。多播子域是 1 位。只有命令帧请求多播组路由时，它的值是 1，在这个情况下，目的地址域包含期望组的 Group ID。

（3）路由请求标识符为一个 8 位的路由请求序列号，在特定设备的网络层每发送一次路由请求，该标识符增加 1。

（4）目的地址长 2 字节，标识路由请求命令帧的目的地址。

（5）路由开销域长度为 8bit，常常用来积累路由请求命令帧在网络中传送的开销信息。

5.2.3.2 路由应答

路由请求命令的目的设备使用路由应答来通知路由请求的源设备已接收到请求命令。

ZigBee 路由请求所经路途的路由建立一种能使帧更快捷地从源地址路由到目的地址的状态。

路由应答命令的载荷结构如图 5-6 所示，其中命令选择如路由请求一样分为两部分，路由维护只有路由请求命令帧作为网络拓扑结构的网络的路由维护操作的一部分时，该位为 1；目的地址包含发现路由设备的 16 位的网络地址；路由开销用来收集当路由命令帧穿梭于网络链路的成本。

1 字节	1 字节	1 字节	2 字节	2 字节	1 字节
命令帧标识符	命令选择	路由请求标识符	源地址	目的地址	路由开销
网络层载荷					

图 5-6 路由应答命令帧格式

同路由请求命令一样，因为任何来自于网络层的可靠帧都使用网络层的安全协议，帧控制域将禁止 MAC 层对 MAC 层数据帧使用安全功能。

A MAC 数据服务请求

根据 802.15.4 协议标准，为了利用 MAC 层数据服务来传输该命令（路由应答），在 MAC 层帧报头中应包含以下信息。

(1) 目的 MAC 层地址和 PAN 标识符分别设置为路由请求命令帧的发起端路由中第一跳的网络地址和 PAN 标识符。目的 PAN 标识符必须与命令起始端的 PAN 标识符相同。

(2) 源 MAC 地址和 PAN 标识符设置为发送路由应答命令的设备的地址和 PAN 标识符，该设备不一定为源命令发送的设备。

(3) 帧控制域设置为禁止 MAC 数据帧使用 MAC 层安全功能，因此任何来自于网络层的可靠的帧都使用网络层的安全协议。传输选择应设置为请求命令确认。地址模式以及内部 PAN 标记设置为支持这里所描述的地址域。

B 网络层帧报头域

(1) 为了传送路由应答到目的地，并且使路由发现进程正确无误，必须提供下列信息：网络层帧控制域中的帧类型子域应设置为表明此帧为网络层命令帧。

(2) 在网络层帧报头中的目的地址域应设置为回到相应路由请求的发起端路由的第一跳的网络地址。

(3) 网络层帧报头中的源地址应设置为传送此帧设备的网络层的 16 位网络地址。

(4) 网络层帧报头中的发现路由子域设置成抑制路由发现。

(5) 作为一个网络层命令帧，帧控制域的源 IEEE 地址子域设置成 1，且网络层帧头的源 IEEE 地址域存在且包含帧发送此帧设备的 64 位 IEEE 地址。如果试图发现的设备的 64 位 IEEE 地址已经知道，那么帧控制域的目的 IEEE 地址子域的值是 1，且网络层帧头的目的 IEEE 地址域存在且包含所应答的路由请求命令帧的发送端的 64 位 IEEE 地址。

C 网络层有效载荷域

包含命令标识符、命令选择域、路由请求标识符域、源地址和应答地址和最新的路由开销总和。

（1）命令标识符域包含表明路由应答命令帧的值。

（2）8bit（位）的命令选择域包括保留（第 0 ~ 5、7 位）、多播域（第 6 位）。多播子域是 1 位。只有命令帧应答多播组路由时，它的值是 1，在这个情况下，响应者地址域包含期望组的 Group ID。

（3）路由请求标识符应长度是 8 位的所应答的路由请求帧序列号。

（4）源地址长度为 2 字节，包含所应答的路由请求命令帧发起端的 16 位的网络地址。

（5）响应地址长度为 2 字节，且与相应的路由请求命令帧的目的地址域的值相同。

（6）路由成本用来收集当路由应答命令帧穿梭于网络时链路成本。

5.2.3.3 路由错误命令

为了传送路由应答到目的地，并且使路由发现进程正确无误，必须提供下列信息：网络层帧控制中的帧类型设置为网络层命令帧、网络层帧报头中目的地址为回到相应路由请求的发起端路由的第一跳的网络地址、网络层帧报头中源地址应设置为传送帧设备的网络层的 16 位网络地址。

当设备无法向前传送数据帧时，就要使用路由错误命令。该命令通知发送数据帧源设备，在传送数据帧时出现错误。路由错误命令的载荷格式如图 5-7 所示，其中错误代码如表 5-2 所示；目的地址包含出现传送错误数据帧的目的地址。

1 字节	1 字节	2 字节
命令帧标识符	错误代码	目的地址
网络层载荷		

图 5-7 路由错误命令帧格式

表 5-2 路由错误命令帧的错误代码

值	错误代码	值	错误代码
0x00	无有效路由	0x09	父设备链路失败
0x01	树状态链路失败	0x0a	有效路由
0x02	非树状态链路失败	0x0b	源路由失败
0x03	低电池电压	0x0c	多对一路由失败
0x04	无路由能力	0x0d	地址冲突
0x05	无间接能力	0x0e	校验地址
0x06	间接传送终止	0x0f	PAN 标识符更新
0x07	目的设备没有获得	0x10 ~ 0xff	保　留
0x08	目的地址没有获得		

为了传送路由错误命令帧，网络层帧报头中的目的地址域就为与出现传送错误数据的帧的发送端地址相同。网络层帧报头中的源地址应设置为发送路由错误命令的设备地址。

A MAC 数据服务请求

为了利用 MAC 层数据服务来传输该命令（路由错误），根据 802.15.4 协议标准，应提供下列信息：

目的MAC层地址和PAN标识符应分别设置为出现传送故障的数据帧的发起端所经路由中第一跳的地址和PAN标识符。

源MAC层地址和PAN标识符应设置为发送路由错误命令的设备地址和PAN标识符。帧控制域应设为使MAC数据帧禁止使用MAC安全功能，因此任何来自于网络层的可靠的帧都使用网络层的安全协议。是否执行发送该路由错误命令须取决于是否需要确认。

地址模式和内部PAN标记应设置为这里所描述的支持地址域。

B 网络层帧报头域

为了传送路由错误命令帧，网络层帧报头中的地址域应为与出现传送错误数据帧的发起端地址相同。

网络层帧报头中的源地址应设置为发送路由错误命令的设备地址。

网络层帧报头中的发现路由子域应设置为抑制路由发现。

C 网络层有效载荷域

路由错误命令帧的网络层帧载荷域包含如下描述的命令标识符域、错误代码域和目的地址域。命令帧标识符域设置是为了描述路由错误代码命令帧。

错误代码为表5-2所示的非保留值。

这些错误代码是表示错误代码命令帧的错误代码域的值和NLME-ROUTEERROR. indication原语的状态参数值。简单的解释如下：

无有效路由：路由发现和/或已经尝试修复和到目的地址没有发现路由。

树状态链路失败：帧沿树进行路由失败时，路由失败发生。

非树状态链路失败：尝试沿树路由的结果没有失败。

低电池电压：因为应答设备工作在低电压状态下，所以帧没有应答。

无路由能力：因为应答设备没有路由能力所以失败发生。

无间接能力：休眠终端子设备缓存该帧和应答设备没有足够的缓冲能力，所以失败发生。

间接传送终止：该帧代表休眠子设备time-out的结果缓存。

目的设备没有获得：响应设备的终端子设备由于一些原因没有获得。

目的地址没有获得：该帧是响应设备的终端子设备不存在的地址。

父设备链路失败：RF链路到设备的父设备失败。

有效路由：在目的地址域中多播路由标识符有效。

源路由失败：源路由失败可能表明源路由链路中的一个链路失败。

多对一路由失败：多对一的路由请求失败。

地址冲突：目的地址域的地址被两个或者更多设备使用。

校验地址：源地址在源IEEE地址域里有IEEE地址，且如果目的IEEE地址域存在，它包含的目的的期望的IEEE地址。

PAN标识符更新：设备的操作网络PAN标识符已经更新。

目的地址长度为2字节，包含出现传送错误数据帧的目的地址。

5.2.3.4 断开命令

网络层管理实体用断开命令通知网络中的其他设备正在离开网络或者请求一个设备离

开网络。断开命令帧的载荷包括：命令帧标识符（1 个字节）、命令选择（1 个字节）。

A　MAC 数据服务请求

为了利用 MAC 层数据服务来传输该命令（断开），根据 802.15.4 协议标准，应提供下列信息。

（1）目的 MAC 层地址和 PAN 标识符应分别设置为该帧要发送到的邻居设备的地址和 PAN 标识符。

（2）源 MAC 层地址和 PAN 标识符应设置为发送断开命令的设备地址和 PAN 标识符。

（3）帧控制域应设为使 MAC 数据帧禁止使用 MAC 安全功能，因此任何来自于网络层的可靠的帧都使用网络层的安全协议。请求被应答。

（4）地址模式和内部 PAN 标记应设置为这里所描述的支持地址域。

B　网络层帧报头域

为了发送网络层断开命令帧，如果请求子域设置成 1，那么在网络层帧头中的目的地址子域设置成请求断开子设备的网络地址，帧控制域中的目的 IEEE 地址设置成请求离开的设备的 IEEE 地址。如果请求子域设置成 0，那么网络层帧报头中的目的地址域设置成 0xfffd 以表明被带有 macRxOnWhenIdle 的值等于 TRUE 的所有设备接收，帧控制域的源 IEEE 地址子域设置成 1，且源 IEEE 地址应设置为断开网络设备的 IEEE 地址。网络层帧头的半径域设置成 1。

网络层帧报头中的发现路由子域应设置为抑制路由发现。

C　网络层有效载荷域

断开命令帧的网络载荷域包含一个命令帧标识符和一个命令选择域。

8 位的命令选择域的格式包括：保留（第 0 ~ 4 位）、重新连接（第 5 位）、请求（第 6 位）、断开子设备（第 7 位）。

重新连接子域是 1bit 在比特 5 的位置上。如果这个子域的值是 1，同它目前父设备断开的设备重新连接到网络。如果该子域值是 0，设备将不重新连接网络。

请求子域长度是 1bit 在 6bit 位置上。如果该子域的值是 1，那么断开命令帧请求另一个设备离开网络。如果该子域值是 0，那么断开命令帧表明发送设备准备断开网络。

断开子设备子域是 1bit 长度在 7bit 的位置。如果该子域的值是 1，那么断开设备的子设备也断开网络。

5.2.3.5　路由记录命令

允许穿梭于网络中的单播数据包在命令载荷中记录路由，且传送到目的地址。

路由记录命令的载荷格式包括命令帧标识符（1 个字节）、应答计数器（1 个字节）、应答列表（可变长）。

A　MAC 数据服务请求

为了利用 MAC 层数据服务来传输该命令，根据 802.15.4 协议标准，应提供下列信息：

（1）目的 MAC 层地址和 PAN 标识符应分别设置为该帧要发送到的邻居设备的地址和 PAN 标识符。

（2）源 MAC 层地址和 PAN 标识符应设置为发送路由记录命令的设备地址和 PAN 标

识符。

(3) 帧控制域应设为使MAC数据帧禁止使用MAC安全功能，因此任何来自于网络层的可靠的帧都使用网络层的安全协议。请求被应答。

(4) 地址模式和内部PAN标记应设置为这里所描述的支持地址域。

B 网络层帧报头域

网络层帧控制域的帧类型子域应社这为表示该帧是网络层命令帧。网络层帧头的源地址域和目的地址域分别设置成发起设备和目的设备的地址。帧控制域源路由子域应设置为0。

网络层帧头的发现路由子域应设置为抑制路由发现。

C 网络层有效载荷域

网络层帧载荷包含命令标识符、应答计数器域和应答列表域。命令帧标识符域包含的值表明路由记录命令帧。

这是个长度1字节的域，包含路由记录命令的应答列表域的应答数。发起设备把它初始化为0，且每接收一个应答加1。

应答列表域是应答数据包的节点的2字节的短地址的列表。地址是最少的有意义的格式。在发送一个数据包之前接收节点附加它们的短地址给列表。

5.2.3.6 重新连接请求

命令允许设备重新连接它的网络。通常是响应通信失败才这么做，例如当终端设备不能同它的发起父设备通信。

重新请求命令帧包括：命令帧标识符（1个字节）、能力信息（1个字节）。

A MAC数据服务请求

为了利用MAC层数据服务来传输该命令，根据802.15.4协议标准，应提供下列信息。

(1) 目的MAC层地址和PAN标识符应分别设置为预期的父设备的地址和PAN标识符。

(2) 源MAC层地址和PAN标识符应设置为先前的短地址和传送重新请求命令帧的PAN标识符。

(3) 传送选择应设置为请求确认。

(4) 地址模式和内部PAN标记应设置为这里所描述的支持地址域。

B 网络层帧报头域

当发送一个重新连接请求命令帧，网络层管理实体将设置网络层帧头的源地址域是先前的传送帧的设备的短地址，帧控制域的源IEEE地址子域将设置为1，且源IEEE地址域将设置为发送请求设备的IEEE地址。半径域设置为1。

网络层帧报头中的发现路由子域应设置为抑制路由发现。

C 网络层有效载荷域

网络层载荷域包含一个命令标识符域和一个能力信息域。命令帧标识符包含表明重新连接请求命令帧的值。

能力信息域是一个1字节的域，这个域包含在连接请求命令中的能力信息域的格式。

5.2.3.7 重新连接响应命令

设备发送重新连接响应命令来通知它的短地址的子设备和重新连接状态。重新连接响应。命令帧包括命令帧标识符（1 个字节）、短地址（2 个字节）、重新连接状态（1 个字节）。

A MAC 数据服务请求

为了利用 MAC 层数据服务来传输该命令，根据 802.15.4 协议标准，应提供下列信息。

（1）目的 MAC 层地址和 PAN 标识符应分别设置为请求重新连接网络的设备的地址和 PAN 标识符。

（2）源 MAC 层地址和 PAN 标识符应设置为接收和处理重新请求命令帧的网络地址和 PAN 标识符。

（3）请求确认。

（4）地址模式和内部 PAN 标记应设置为这里所描述的支持地址域。如果包含在重新请求命令的“Capability Information”字节的“Receiver on when idle”位的值等于 0x00，那么 TX 操作将请求“间接传送”。反之使用“direct transmission”。

B 网络层帧报头域

当发送一个重新连接响应命令帧，网络层管理实体将设置网络层帧头的目的地址域是先前的连接设备的短地址，帧控制域的源 IEEE 地址子域将设置为 1，且网络层帧头的源 IEEE 地址域存在且包含发送响应的父设备的 64 位 IEEE 地址。帧控制域的目的 IEEE 地址这也是 1，且网络层帧头的目的地址子域存在且包含响应重新连接请求命令帧的源的子设备的 64 位 IEEE 地址。

网络层帧报头中的发现路由子域应设置为抑制路由发现。

C 网络层有效载荷域

当发送一个重新连接响应命令帧，网络层管理实体将设置网络层帧头的目的地址域是先前的重新连接设备的短地址。

如果重新连接成功，那么这个 2 字节域包含一个新的被指定的重新连接设备的短地址；如果重新连接没成功，这个域包含广播地址（0xffff）。

重新连接状态域，这是 1 字节的域。

5.2.3.8 连接状态命令

连接状态命令帧允许附近的路由器之间通信，连接状态帧通过单跳广播传输，没有重试。链路状态命令载荷包括命令帧标识符（1 个字节）、命令选择（1 个字节）、链路状态列表（可变长）。

8bit（位）的命令选择域包括：入口计数器（第 0 ~ 4 位）、第一帧（第 5 位）、最后帧（第 6 位）、保留（第 7 位）。

在链路状态列表中的一个入口包括邻居设备网络层地址（2 个字节）、链路状态（1 个字节）。链路状态入口的链路状态域包括输入成本（第 0 ~ 2 位）、保留（第 3、7 位）、输出成本（第 4 ~ 6 位）。

A MAC 数据服务请求

为了利用 MAC 层数据服务来传输该命令，根据 802.15.4 协议标准，应提供下列信息：

（1）目的 MAC 层地址和 PAN 标识符应分别设置为发送链路状态命令设备的地址和 PAN 标识符。

（2）目的地址必须设置成广播地址 0xffff。

（3）源 MAC 层地址和 PAN 标识符应设置为发送状态命令设备的地址和 PAN 标识符。

（4）帧控制域应设为使 MAC 数据帧禁止使用 MAC 安全功能，因此任何来自于网络层的可靠的帧都使用网络层的安全协议。

（5）地址模式和内部 PAN 标记应设置为这里所描述的支持地址域。

B 网络层帧报头域

为了发送一个链路状态命令帧，网络层帧头的源地址域应设置为发送设备的地址。

网络层帧报头的目的地址设置成仅仅是路由器的广播地址。

网络层帧报头中的发现路由子域应设置为抑制路由发现。

C 网络层有效载荷域

每一个链路状态入口含路由器邻居设备的网络地址，最没有意义字节在链路状态字节之后。输入成本域包含设备为邻居设备估计的链路成本，其值在 1 到 7 之间。输出链路成本域包含邻居表的输出成本域的值。

链路状态入口按网络地址的上升顺序存储。如果所有的路由器邻居设备不适合一个单帧，多帧发送。当发送多帧时，对于帧 N 的链路状态表中最后网络地址等于帧 N+1 的链路状态表的第一个网络地址。

命令选择域的入口计数器子域表明链路状态表中的目前链路状态入口的值。如果是发送者的链路状态的第一帧，那么第一帧子域值设置为 1；如果是发送者的链路状态的最后帧，那么最后帧子域值设置为 1；如果发送这状态适合单帧，第一帧和最后帧位都设置为 1。

链路状态帧作为一个没有重发的单跳广播传输。

5.2.3.9 网络层报告命令

允许设备报告网络事件给协调器。可以报告的事件是无线电通信信道条件和 PAN ID 冲突。网络层报告命令载荷包括命令帧标识符（1 个字节）、命令选择（1 个字节）、EPID（8 个字节）、记录信息（可变长）。

A MAC 数据服务请求

为了利用 MAC 层数据服务来传输该命令，根据 802.15.4 协议标准，应提供下列信息：

（1）目的 MAC 层地址和 PAN 标识符应分别设置为发送网络记录命令设备的地址和 PAN 标识符。

（2）目的地址必须设置成 NIB 中的 nwkManagerAddr。

（3）源 MAC 层地址和 PAN 标识符应设置为发送网络记录命令设备的地址和 PAN 标

识符，这个设备不一定是发出命令的设备。

(4) 帧控制域应设为使 MAC 数据帧禁止使用 MAC 安全功能，因此任何来自于网络层的可靠的帧都使用网络层的安全协议。传送选择需要设置请求确认。

B　网络层帧报头域

为了使网络记录命令到达包含 NIB 中 nwkManagerAddr 参数的地址指定的设备，必须提供下列信息。

网络层帧控制域的帧类型子域设置成表明这个帧是网络层命令帧。

网络层帧报头域的目的地址域应设置成包含 NIB 中 nwkManagerAddr 参数的 16 位网络地址。

网络层帧报头域的源地址域应设置成发送此帧的设备的 16 位网络地址。

网络层帧报头中的发现路由子域应设置为抑制路由发现。

C　网络层有效载荷域

网络层帧载荷包含一个命令标识符域、一个命令选择域、一个 EPID 和一个记录信息载荷。

命令标识符域包含表明一个网络记录命令帧的值。

8bit (位) 命令选择域包括记录信息计数器 (第 0 ~ 4 位)、记录命令标识符 (第 5 ~ 7 位)。

记录命令标识符子域包含一个目标表明记录信息命令的类型。其中 0x00 为 PAN 标识符、0x01 为本地冲突记录、0x02 ~ 0x07 为保留。

EPID 域包含 64 位 EPID，定义一个网络，记录设备是这个网络中的一个成员。

记录信息域根据记录命令标识符子域的值提供正在记录的信息，域的格式。

如果记录命令标识符子域的值表示一个 PAN 标识符冲突记录，那么记录信息域由一个 16 位 PAN 标识符列表组成，这个标识符是在记录设备的邻居运行的。记录信息计数器将设置等于包含在记录信息域中的 PAN 标识符的数。

如果记录命令标识符子域的值表示一个本地信息记录那么记录信息域是有能量扫描值列表 (每个信道 1 字节) 和所有邻居设备的 Tx 失败总和 (2 字节) 组成。记录信息计数器包含正在记录的信道的数。

5.2.3.10　网络更新命令

允许由 NIB 中的 nwkManagerAddr 参数确定的设备广播配置信息的改变到网络中的所有设备。例如广播网络将改变短 PAN 标识符。

网络更新命令帧的载荷包括命令帧标识符 (1 个字节)、命令选择 (1 个字节)、EPID (8 个字节)、更新信息 (可变长)。

A　MAC 数据服务请求

为了利用 MAC 层数据服务来传输该命令，根据 802.15.4 协议标准，MAC 层帧报头包含如下信息。

为了使命令帧能到达没有接收到更新命令的网络设备，目的 PAN 标识符将设置成 ZigBee 协调器的老 PAN 标识符。目的地址必须设置成广播地址 0xffff。

源 MAC 地址和 PAN 标识符设置成发送网络记录命令设备的网络地址和老的 PAN 标识

符，这个设备不一定是发送这个命令的设备。

帧控制域应设为使 MAC 数据帧禁止使用 MAC 安全功能，因此任何来自于网络层的可靠的帧都使用网络层的安全协议。传送选择需要设置请求确认。

B 网络层帧报头域

为了发送一个网络更新命令帧，网络层帧头的源地址域应设置为发送设备的地址。

网络层帧报头的目的地址设置成广播地址 0xFFFF。

网络层帧报头中的发现路由子域应设置为抑制路由发现。

C 网络层有效载荷域

网络层帧载荷包含一个命令标识符域、一个命令选择域、一个 EPID 和一个更新命令可变域。

命令标识符域包含表明一个网络更新命令帧的值。

8bit（位）命令选择域包括更新信息计数器（第 0 ~ 4 位）、更新命令标识符（第 5 ~ 7 位）。

更新信息计数器子域包含一个整数表明包含在更新信息域里的记录数。记录的大小根据更新命令标识符的值。

更新命令标识符子域包含一个整数表明更新信息命令的类型。其中 0x00 为 PAN 标识符更新，0x01 为网络更新，0x02 ~ 0x07 为保留。

EPID 包含 64 位 EPID 确定网络在更新。

更新信息域根据更新命令标识符子域的值提供正在更新的信息，域的格式。

如果更新命令标识符子域的值表示一个 PAN 标识符更新，那么更新信息域由一个单独的 16 位 PAN 标识符组成，这个标识符是网络正在使用的新的标识符。更新信息计数器将设置等于 1，仅仅只有一个单独的 PAN 标识符包含在更新信息域中的。

如果更新命令标识符子域的值表示一个网络更新，那么更新信息由潜在的网络使用的有效信道的 32 位 bitmask，使用的信道的 32 位 bitmask 和 nwkManagerAddr 组成。

5.3 网络层功能介绍

我们在网络层相关管理服务前，先来看看在 ZigBee 中的原语概念。

ZigBee 设备在工作时，各种不同的任务在不同的层次上执行，通过层的服务，完成所要执行的任务。每一层的服务主要完成两种功能：根据它的下层服务要求，为上层提供相应的服务；另一种是根据上层的服务要求，对它的下层提供相应的服务。各项服务通过服务原语来实现。每个事件由服务原语组成，它将在一个用户的某一层，通过该层的服务接入点（SAP）与建立对等连接的用户的相同层之间传送。服务原语通过提供一种特定的服务来传输必需的信息。这些服务原语是一个抽象的概念，它们仅仅指出提供的服务内容，而没有指出由谁来提供这些服务。它的定义与其他任何接口的实现无关。

由代表其特点的服务原语和参数的描述来指定一种服务。一种服务可能有一个或多个相关的原语，这些原语构成了与具体服务相关的执行命令。每种服务原语提供服务时，根据具体的服务类型，可能不带有传输信息，也可能带有多个传输必需的信息参数。

原语通常分为如下 4 种类型（如下原语环境设置为一个具有 I 个用户的网络中，两个对等用户及其与 J 层或子层对等协议实体建立连接的服务原语）：

（1）Request：请求原语是从第 I1 用户发送到它的第 J 层，请求服务开始。

（2）Indication：指示原语是从第 I1 用户的第 J 层向第 I2 用户发送，指出对于第 I2 用户有重要意义的内部 J 层的事件。该事件可能与一个遥远的服务请求有关，或者可能是由一个 J 层的内部事件引起。

（3）Response：响应原语是从第 I2 用户向它的第 J 层发送，用来表示用户执行上一条原语调用过程的响应。

（4）Confirm：确认原语是由第 J 层向第 I1 用户发送，用来传递一个或多个前面服务请求原语的执行结果。

网络层确认原语通常都包括一个参数，这个参数记录回答请求原语的状态。网络层状态参数值如表 5-3 所示。

表 5-3 网络层状态参数值

名 称	值	描 述
SUCCESS	0x00	请求执行成功
INVALID_PARAMETER	0xc1	从高层发出的原语无效或者超出范围
INVALID_REQUEST	0xc2	考虑到网络层目前的状态，高层发送的请求原语无效或者不能执行
NOT_PERMITTED	0xc3	NLME-JOIN. request 原语不被接受
STARTUP_FAILURE	0xc4	NLME-NETWORK-FORMATION. request 原语启动网络失败
ALREADY_PRESENT	0xc5	产生 NLMEDIRECT-JOIN. request 原语的设备的邻居表中已经存在有地址设备提供的 NLMEDIRECT-JOIN. request 原语
SYNC_FAILURE	0xc6	用来表明在 MAC 层 NLME-SYNC. request 原语失败
NEIGHBOR_TABLE_FULL	0xc7	NLME-JOIN-DIRECTLY. reques 失败，因为邻居表没有更多的空间
UNKNOWN_DEVICE	0xc8	NLME-LEAVE. request 原语失败，因为产生原语的设备地址不在邻居表中的参数列表中
UNSUPPORTED_ATTRIBUTE	0xc9	NLME-GET. requestor NLME-SET. request 原语产生带有未知的属性标识符
NO_NETWORKS	0xca	没有检测到网络环境产生 NLME-JOIN. request 原语
LEAVE_UNCONFIRMED	0xcb	设备确认从网络出发失败
MAX_FRM_CNTR	0xcc	因为帧计数器达到最大值，所以输出帧安全处理失败
NO_KEY	0xcd	输出帧尝试安全处理且失败，因为对于处理没有有效的钥匙
BAD_CCM_OUTPUT	0xce	输出帧尝试安全处理且失败，因为安全设计产生一个错误的输出
NO_ROUTINGCAPACITY	0xcf	由于缺少路由表或者发现路由表能力，尝试发现路由失败
ROUTE_DISCOVERY_FAILED	0xd0	尝试发现路由失败，由于缺少路由能力
ROUTE_ERROR	0xd1	由于发送设备的路由失败，NLDE-DATA. request 原语失败
BT_TABLE_FULL	0xd2	由于没有足够的空间在 BTT，尝试发送一个广播帧或成员模式多点传送失败
FRAME_NOT_BUFFERED	0xd3	一个非成员多点传送帧丢弃未决路由发现

网络层管理实体服务接入点为其上层和网络层管理实体之传送管理命令提供接口，如图5-1所示。NLME所支持的NLME-SAP接口原语，这些原语包括网络发现、网络形成、允许设备连接、路由器初始化、设备同网络的连接等。

所有的ZigBee设备必须提供以下功能：

（1）加入一个网络；

（2）离开一个网络；

（3）重新加入一个网络。

ZigBee协调器和路由器必须提供以下另外的功能：

（1）允许设备使用以下方法加入网络：

1）来自于MAC的连接指示；

2）来自于应用层的明确的加入请求；

3）重新加入请求。

（2）允许设备使用以下方法离开网络：

1）网络离开命令帧；

2）来自于应用程序的明确的离开请求。

（3）参与分配逻辑网络地址。

（4）维护一个相邻设备的列表。

ZigBee协调器必须提供建立一个新网络的功能，ZigBee路由器和终端设备在一个网络中应提供便携支持。

下面我们开始了解网络层的各功能。网络层的功能包括网络维护、网络层数据的发送与接收、路由的选择以及广播通信。

5.3.1 建立新网络

在一个网络中，ZigBee协调器具有建立一个网络、维护邻居设备表、对逻辑网络地址进行分配、允许设备MAC层/应用层的连接或断开网络的功能；路由器具有维护邻居设备表、对逻辑网络地址进行分配、允许设备MAC层/应用层的连接或断开网络的功能；所有ZigBee设备都具有连接或断开网络的功能。

下面我们来了解一下一个协调器是如何建立一个新的网络的。

协调器通过NIME-NETWORK-FORMATION. request原语来启动一个新的网络的建立过程。

那我们先来了解一下NIME-NETWORK-FORMATION. request原语。

```
NLME-NETWORK-FORMATION. request(
                        Scanchannels,
                        ScanDuration,
                        BeaconOrder,
                        SuperframeOrder,
                        BatteryLifeExtension
                        )
```

其中Scanchannels为扫描信道，共32位。最高5位保留，低27表示27个有效信道，

1 表示扫描，0 表示不扫描；ScanDuration 为 16 位整型，表示扫描每个信道的时间长度；BeaconOrder 为 16 位整型，表示上层所希望形成的网络信标帧序号；SuperframeOrder 为 16 位整型，表示上层所希望形成的网络超帧序号；BatteryLifeExtension 为布尔型，如果 NLME 请求协调器支持延长电池寿命的模式初始化，则设置为 TRUE，否则为 FALSE。

此原语由 ZigBee 协调器设备的应用层生成，发送给它的网络层管理实体，请求初始化设备，使之成为一个新网络的协调器。

仅仅当具有协调器能力，并且当前还没有与网络连接的设备才可以尝试着去建立一个新的网络。如果该过程由其他的设备开始，则网络层管理实体将终止此过程，并向上层发出非法请求的报告。此步骤通过发出状态参数为 INVALID-REQUEST 的 NIME-NETWORK-FORMATION. confirm 原语来完成。

NIME-NETWORK-FORMATION. confirm 原语如下：

```
NIME-NETWORK-FORMATION. confirm (
                                        Status
                                    )
```

其中 Status 为初始化一个 ZigBee 协调器的结果。

当建网过程开始后，网络层将首先请示 MAC 层对协议所规定的信道，或物理层所默认的有效信道进行能量检测扫描，以检测可能的干扰。为实现能量检测扫描，设备网络层通过发送扫描类型参数设置为能量检测扫描的 MLME-SCAN. request 原语到 MAC 层进行信道能量检测扫描，扫描结果通过 MLME-SCAN. confirm 原语返回。

MLME-SCAN. request 原语以及 MLME-SCAN. confirm 原语如下：

```
MLME-SCAN. request (
                ScanType,            //执行的扫描类型
                ScanChannels,        //被扫描的信道
                ScanDuration         //计算在能量检测扫描、主动扫描和被动扫描上的时间
                )
MLME-SCAN. confirm(
                Status,                      //扫描请求结果
                ScanType,
                UnscannedChannels,   //信道是否扫描
                ResultListSize,          //扫描执行结果
                EnergyDetectList,      //能量测量列表
                PANDescriptoerList   //PAN 描述符值列表
                )
```

当网络层管理实体收到成功的能量检测扫描结果后，将以递增的方式对所测量的能量值进行信道排序，并且抛弃那些能量值超出了可允许能量水平的信道，选择可允许能量水平的信道有待进一步处理。此后，网络层管理实体将通过发送 MLME-SCAN. request 原语执行主动扫描，其中该原语的 ScanType 参数设置为主动扫描，ChannelList 参数设置为可允许信道的列表，搜索其他的 ZigBee 设备。为了决定用于建立一个新网络的最佳通道，网络层管理实体将检查 PAN 描述符，并且所查找的第一个信道为网络的最小编号。

如果网络层管理实体找不到适合的通道，就将终止建网过程，并且向应用层发出启动失败信息，即通过发送参数状态为 STARTUP-FAILURE 的 NIME-NETWORK-FORMATION. confirm 原语向其上层通告。

如果网络层管理实体找到了适合的通道，则将个新网络选择一个 PAN 标识符。为了选择一个 PAN 标识符，需要检查 PANId 参数是否在 NIME-NETWORK-FORMATION. request 原语中所指定。如果选定的 PANId 值与存在的 PANId 值不产生冲突，则这个 ID 值将成为新网络的 PANId，否则，设备将选择一个随机的 PAN 标识符，只要使得它不为广播 PAN 标识符（oxFFFF），并且在所选择信道中所存在的网络中是唯一的。一旦网络层管理实体做出了选择，则它就将通过发出 MLME-SET. request 原语将这个值写为 MAC 层的 macPANId 属性。

MLME-SET. request 原语如下：

```
MLME-SET. request (
            PIBAttribute,       //要写入的 MACPIB 属性的标识符
            PIBAttributeValue   //要写入的 MACPIB 属性的值
            )
```

如果选择不出唯一的 PAN 标识符，网络层管理实体将终止程序，并且通过发出状态参数为 STARTUP-FAILURE 的 NIME-NETWORK-FORMATION. confirm 原语向其上层通告。

网络层管理实体一旦选择了一个 PAN 标识符，将选择一个等于 0x0000 的 16 位网络地址，并且设置 MAC 层的 macShorAddressPIB 属性一，使其等于所选择的网络地址。当网络层管理实体选择网络地址后，将通过向 MAC 层发出 MLME-START. request 原语开始运行新的个域网。而 MLME-START. request 原语的参数将根据 NIME-NETWORK-FORMATION. confirm 原语来设置，即根据信道扫描的结果和所选择的 PAN 标识符来设置。个域网的启动状态通过 MLME-START. confirm 原语返回网络层。

MLME-START. request 原语和 MLME-START. confirm 原语如下：

```
MLME-START. request (
            PANId,                  //信标所用的 PAN 标识符
            LogicalChannel,         //开始传输信标的逻辑信道
            StartTime,              //发送设备发送信标帧的起始时间
            BeaconOrder,            //传送信标
            SuperframeOrder,        //包含信标帧中超帧的有效长度
            PANCoordinator,         //判断设备是否为一个新 PAN 协调器
            BatteryLifeExtension,   //判断是否接收信标
            CoordRealignment,       //判断协调重新分配命令传送是否先于更改超帧配置
            SecurityEnable          //信标是否安全传输
            )
MLME-START. confirm(
            Status                  //请求使用更新的超帧配置结果
            )
```

当网络层管理实体收到个域网启动状态后，将向启动 ZigBee 协调器请求状态的上层报

告，即通过发出 NIME-NETWORK-FORMATION. confirm 原语来向上层报告，其原语的状态参数为从 MAC 层的 MLME-START. confirm 原语所返回的值，图 5-8 描述了建立一个新网络过程。

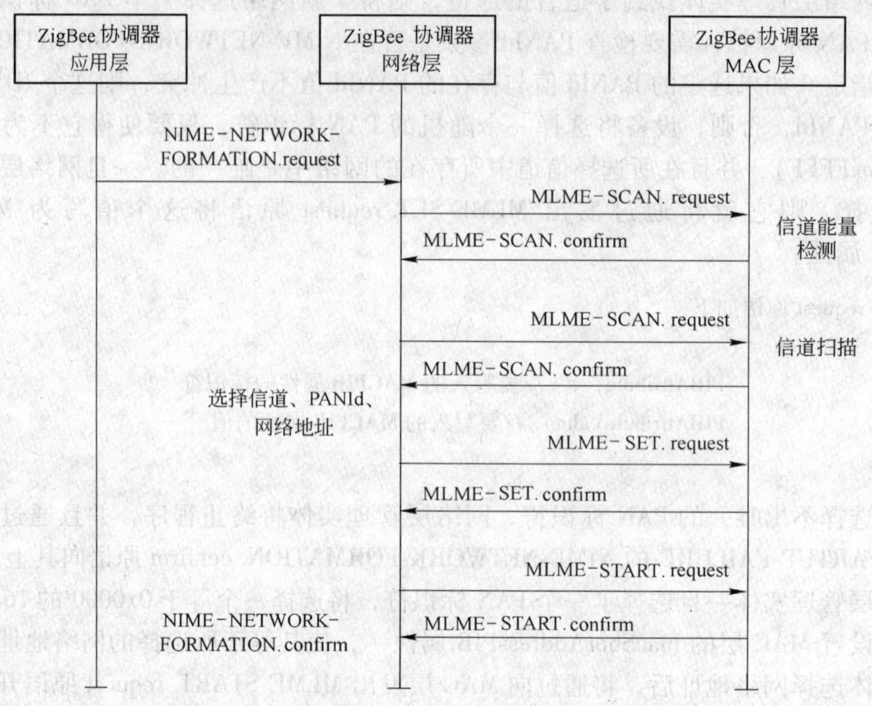

图 5-8　建立一个新网络过程

5. 3. 2　加入网络

当一个网络建立成功之后，我们需要考虑的是如何加入一个现有的网络中去。通过 NLME-PERMIT-JOINING. request 原语来允许设备与网络连接。仅仅只有设备为 ZigBee 协调器或者路由器时，才能企图允许设备与网络连接。

此原语允许 ZigBee 协调器或路由器的上层设定其 MAC 层连接许可标志，在一定期间内，允许其他设备同网络连接。

NLME-PERMIT-JOINING. request 原语如下：

```
NLME-PERMIT-JOINING. request(
                    PermitDuration
                    )
NLME-PERMIT-JOINING. confirm(
                    Status
                    )
```

PermitDuration 有效范围是 0x00 ~ 0xFF，表示 ZigBee 协调器允许连接的时间，以秒为单位，0x00 和 0xFF 表示许可是否有效，没有确定的时间限制。

当 ZigBee 协调器或路由器上层希望其他设备加入其网络时，将产生该原语，并传送给网络管理实体。仅允许 ZigBee 协调器或路由器的上层发送该原语。如果 ZigBee 终端设备的网络层管理实体收到该原语，则将返回状态为 INVALID-REQUEST 的 NLME-PERMIT-JOINING. confirm 原语。

在一个网络中具有从属关系的设备允许一个新设备连接时，它就与新连接的设备形成了一对父子关系。新的设备为子设备，而第一个设备为父设备。一个设备加入网络有如下几种方式：

（1）联合方式加入网络，任何设备只要它具有必要的实际性能和具有有效的网络地址空间，才可以接收一个新设备同其连接的请求命令。通常仅仅只有 ZigBee 协调器或路由器具有实际能力，才能接受连接请求命令，而一个终端设备不具备这个能力。联合方式分为两步来实现，分别是子设备加入以及父设备加入。

（2）直接方式加入网络，子设备通过预先分配的父设备（ZigBee 协调器或路由器）直接同网络连接。在这种情况下，父设备将为子设备预先分配一个 64 位地址，当流程开始后，父设备的网络层管理实体将首先确定所指定的设备是否已经存在于网络中。为了完成这个过程，网络层管理实体将搜索它的邻居表，以确定是否有一个相匹配的 64 位扩展地址。如果存在一个相匹配 64 位地址，则网络层管理实体将终止该流程，并向其上层报告该设备已经存在于网络设备列表中；如果不存在一个相匹配的 64 位地址，如果可能，网络层管理实体将为这个新设备分配一个 16 位的网络地址，且该 16 位地址在网络中是唯一的。ZigBee 协调器决定分配给每一个潜在的父设备地址空间的大小。

（3）孤点加入或重新加入网络，一个已经直接同网络连接的设备或一个以前已经同网络连接的设备，但目前该设备与同它的父设备失去联系，它将通过孤点方式重新入网络。一个已经同网络连接的设备为了完成建立它与其父设备的关系，应开始执行孤点流程。设备的应用层将决定是否开始该流程，如果开始，则应用层将通过网络层打开电源。如果一个以前已经连接网络的设备，其网络层管理实体不断地收到来自于 MAC 层发送的通信失败通知，则它将开始执行孤点流程。

5.3.3　离开网络

当设备上层请求自身或其他设备离开网络时采用 NLME-LEAVE. request 原语，在设备成功地同网络断开连接后，通过 NLME-LEAVE. confirm 原语返回结果。

ZigBee 协调器或者路由器的网络层接收到 NLME-LEAVE. request 原语之后，其 DeviceAddress 参数等于 NULL（表明设备自己断开网络），设备将使用 MCPS-DATA. request 原语发送断开命令帧，其 DstAddr 参数设置 0xffff 表明是 MAC 广播。断开命令帧的命令选择域的请求子域设置为 0。断开命令帧的命令选择域的断开子设备子域的值应反应 NLME-LEAVE. request 原语的 RemoveChildren 参数值，且断开命令的重连接子域的值反应 NLME-LEAVE. request 原语的 Rejoin 参数值。在传送断开命令帧之后，它将发送一个 NLME-LEAVE. confirm 原语给上层，其 DeviceAddress 参数设置是 NULL。如果断开命令帧传送成功，那么状态参数设置为 SUCCESS。反之，NLME-LEAVE. confirm 原语的状态参数值与 MCPS-DATA. confirm 原语返回的状态参数值相同。

如果接收到 NLME-LEAVE. request 原语的设备是 ZigBee 终端设备，那么设备将使用

MCPSDATA. request 原语发送一个断开命令帧，其原语 DstAddr 参数设置为它父设备的16位网络地址，表明是 MAC 单播。断开命令帧的命令选择域的请求和断开子设备子域应设置为0。断开命令帧传送之后，它将发送 NWK-LEAVE. confirm 原语给高层，其 DeviceAddress 参数设置等于 NULL。如果断开命令帧传送成功，那么状态参数设置 SUCCESS；反之，NLME-LEAVE. confirm 原语的状态参数与 MCPS-DATA. confirm 原语返回的状态参数相同。

NLME-LEAVE. request 原语、NLME-LEAVE. confirm 原语和 NLME-LEAVE. indication 原语如下：

```
NLME-LEAVE. request(
                DeviceAddress,  //64 位设备地址,如果为 NULL 表示已同网络断开连接
                RemoveChildren,  //离开网络并删除其子设备
                Rejoin  //要求重新加入网络
        )
NLME-LEAVE. confirm(
                DeviceAddress,
                Status          //相应请求的状态值
        )
NLME-LEAVE. indication(
                DeviceAddress,
                Rejoin
        )
```

基于 MAC 层的断开网络流程，将子设备与网络断开连接的方法有两种，即子设备向父设备发出断开请求和父设备向子设备发出断开请求的方法。

下面我们重点来介绍一下子设备请求断开网络的方法。这个方法分两部分来实现，分别是子设备流程和父设备流程。

(1) 子设备将其同网络断开的流程是这样完成的。同网络连接的子设备发送 DeviceAddress 参数为 NULL 的 NLME-LEAVE. request 原语。如果其他子设备执行该流程，则设备的网络层管理实体将会终止该流程，并且将向其上层通告其请求断开原语为非法请求。

当执行该流程后，网络管理实体首先请求 MAC 层尝试执行断开连接任务，MAC 层将向上层返回请求的执行状态，即将其执行断开连接的状态返回上层。

网络层管理实体接收到断开连接的状态后，将立即停止断开流程，并向上层报告断开连接的状态，即通过发出 NLME-LEAVE. confirm 原语向上层返回执行状态。

(2) 父设备将其同网络断开的流程。当 ZigBee 协调器或路由器收到子设备断开连接请求后，其 MAC 层将向网络层发送报告，开始执行父设备的断开连接流程。仅仅只有 ZigBee 协调器或者路由器才可以执行该流程。如果其他设备执行流程，则设备的网络层管理实体将终止该流程的执行。

当开始执行该流程后，父设备的网络层管理实体将首先确定在网络中是否存在这个设备，即搜索它的邻居表，确定是否存在相匹配的64位扩展地址。如果搜索不到相匹配的

64 位扩展地址，则将终止该流程执行。如果搜索到相匹配的 64 位扩展地址，网络层管理实体将从它的邻居表中删除该对应入口，并且向应用层发 NLME-LEAVE. indication 原语，表示设备断开连接。

5.3.4 数据收发

仅仅只有已经与网络连接的设备才可从网络层发送数据帧。如果未连接设备收到传输帧的请求命令，将丢弃该帧，并向其上层发送状态为 INVALID-REQUEST 的 NLDE-DATA. confirm 原语，通报其错误状态。

网络层帧传输用 NLDE-DATA. request 原语来发出传输请求，并用 NLDE-DATA. confirm 原语返回请求结果。

NLDE-DATA. request 原语和 NLDE-DATA. confirm 原语如下：

```
NLDE-DATA. request(
                DstAddrMode             //目的地址模式
                DstAddr,                //NSDU 目的网络地址
                NsduLength,             //发送的 NSDU 字节数
                Nsdu,                   //要发送的 NSDU
                NsduHandle,             //NSDU 相关的句柄
                Radius,                 //发送半径
                Nonmember Radius,          //允许多播帧在网络中传输的距离,以跳数为单位
                DisoverRoute,           //是否允许路由发现
                SecurityEnable          //是否允许进行网络层安全处理
                )
NLDE-DATA. confirm(
                NsduHandle,
                Status,        //相应请求状态
                TxTime         //数据包发送时间
                )
```

在网络层传送的数据帧，都是根据图 5-2 所示的通用帧结构进行构造，并采用 MAC 层数据服务进行发送。

另外源地址域和目的地址域，所有网络层传输帧都包含一个半径域和序列号域。对于高层数据帧的初始化，使用 NLDE-DATA. request 原语的 Radius 参数值提供的半径域的值。如果没有该值，那么网络层头的半径域将设置成 NIB 中的 nwkMaxDepth 参数值的两倍。每个设备的网络层都保持一个序列号，这个序列号是随机值。每一次网络层构建一个新的网络层帧，和从高层传输一个新的网络帧的求情结果，或者是当它需要一个新的网络层命令帧时，序列号加 1，增加完之后，序列号的值将插入到帧的头的序列号域。

当构造好网络协议数据单元后，如果对该帧需要进行安全处理，则将根据安全方案对它进行安全处理。如果 NLDE-DATA. request 的安全允许参数 SecurityEnable 等于 FALSE，则不需要安全处理。如果网络层安全级别参数 nwkSecurityLevel 等于 0，或者如果在高层帧经过初始化且 nwkSecureAllFramesNIB 属性设置为 0x00，那么帧控制域的安全子域总是设置成 0。

当安全处理成功后，将返回该帧，并由网络层进行传输。经处理的帧将附加一个校验帧头。如果帧的安全处理失败，并且此帧为数据帧，则将通过 NLDE-DATA. confirm 原语的状态向上层进行通报；如果帧的安全处理失败，且此帧为网络命令帧帧，则将丢弃该帧，不进行进一步处理。

当构造好一个帧，并且已准备好传输该帧时，通过向 MAC 层发送 MCPSD-DATA. request 原语请求发送网络层协议数据单元，将该帧传送到 MAC 数据服务单元，其传送的结果将通过 MCPS-DATA. confirm 原语返回。

为了接收数据，设备必须打开其接收机。上层使用 NLME-SYNC. request 原语初始化设备，打开其接收机。在信标网络中，通过网络层向 MAC 层发送 NLME-SYNC. request 原语，这样使得设备与它的父设备的下一个信标同步，并跟踪其信标。在一个非信标网络中，NLME-SYNC. request 原语将会引起网络使用 NLME-POLL. request 原语对其父设备进行轮询。

NLME-SYNC. request 原语如下：

```
NLME-SYNC. request(
                    Track   //是否为后续的信标而保持同步
                    )
```

ZigBee 协调器或者路由器的网络层必须在最大程度上保证无论什么时候接收机总是处于接收状态。

一旦接收机处于接收状态，网络层将通过 MAC 数据服务来接收数据帧。每一帧在接收之后，网络层头的半径域减 1，如果值减到 0，任何情况下，该帧都不能转发。然而，它可能传输到高层或者作为协议列出的其他地方的网络层处理。使用 NLDE-DATA. indication 原语把如下叙述的数据帧传送到高层：

（1）有广播地址的帧，此广播地址匹配一个广播组，设备是这个广播组的成员；

（2）目的地址匹配网络地址的单播数据帧和源地址数据帧；

（3）多播数据帧，它的组 ID 是在 nwkGroupIDTable 列出来的。

如果接收机是 ZigBee 协调器或者是正在操作的路由器，也就是，路由器已经调用 NLME-START-ROUTER. request 原语，它将按如下步骤处理数据帧：

（1）列出的过程来转播广播和多播数据帧；

（2）有目的地址的单播数据帧，目的地址和设备的网络地址不匹配（在任何其他情况下，单播数据帧应立刻丢弃）；

（3）有目的地址的源路由数据帧，目的地址和设备的网络地址不匹配；

（4）处理路由请求命令帧的过程，处理目的地址与设备网络地址匹配的路由转发命令帧；

（5）目的地址与设备网络地址不匹配的路由转发命令帧被丢弃，路由错误命令帧和数据帧的处理方法相同。

网络层将使用 NLDE-DATA. indication 原语向其高层表明所接收到的数据帧。

一旦接收到帧信息，网络层数据实体将会检查帧控制域中的安全子域的值。如果该值不为 0，则网络层数据实体将把该帧传送到安全服务提供单元，并根据所指定的安全标准对其进行安全处理；如果安全子域设置为 0，那么 NIB 中的 nwkSecurityLevel 属性不为 0，且输入帧是网络层命令帧，则网络层数据实体丢弃该帧；如果安全子域设置为 0，那么 NIB 中的 nwkSecurityLevel 属性不为 0，且输入帧是网络层数据帧，网络层数据实体将检查 nwkSecureAllFrames NIB 属性值，如果属性值设置为 0x01，网络层数据实体将只接收帧（即认为它是发给自己的而不需要转发给其他设备）。

5.3.5　路由选择

ZigBee 协调器和路由器必须提供以下功能：

（1）代表更高层中继数据帧；

（2）代表其他 ZigBee 路由器中继数据帧；

（3）参与路由发现，为随后的数据帧建立路由；

（4）代表终端设备参与路由发现；

（5）参与路由修复；

（6）使用路由发现指明的 ZigBee 路径消耗指标。

ZigBee 协调器或路由器可以提供以下功能：

（1）维护路由表以记住可用的最佳路由；

（2）代表更高层启动路由发现；

（3）代表其他 ZigBee 路由器启动路由发现；

（4）启动路由修复；

（5）实施邻居路由。

5.3.5.1　路由成本

在路由选择和路由维护时，ZigBee 的路由算法使用了路由成本的度量方法来比较路由的好坏。成本，即众所周知的链路成本，与路由中的每一个链路相关，组成路由的链路成本之和为路由成本。

假定一个长度为 L 的路由 P，由一系列设备 $[D_1, D_2, \cdots, D_L]$ 组成，每一个链路长度为 2 的子路由 $[D_i, D_{i+1}]$ 组成，则路由 P 的成本为

$$C\{P\} = \sum_{i=1}^{L-1} C\{[D_i, D_{i+1}]\}$$

其中，$C\{[D_i, D_{i+1}]\}$ 为链路成本。链路成本 { [1]} 为链路 1 的函数，且其值为集合 [0, …, 7]，函数的表达式为

$$C\{1\} = \begin{cases} 7 \\ \min\left[7, \mathrm{round}\left(\frac{1}{p_l^4}\right)\right] \end{cases}$$

其中，p_l 为链路 l 中发送数据包的概率。

因而，链路成本为常数 7，或者与链路接受概率 p_l 相关的值，即为接受概率 p_l 的倒数，该数为每次使用该链路预期从该链路得到数据包的请求次数。设备利用网络层信息库

的 nwkReportConstantCost 属性设置为 TRUE 的方法，强迫设备报告链路成本。

然而，主要问题是怎样测量或估计 p_l。p_l 可通过实际计算收到的信标和数据帧来进行估计，即通过观察帧的相应序列号来检测丢失的帧，这就通常被认为最准确地测量接受概率的方法。但是，对于所有的方法来说，最直接和最有效的方法就是基于 IEEE802. 15. 4 的 MAC 层和 PHY 层所提供的每一帧的 LQI 通过平均所计算的值。即使使用其他的方法，最初的成本估计值也是基于平均的 LQI 值。常常使用驱动函数表来映射平均 LQI 值与 $C\{1\}$ 值的关系。

在实际应用中，应注意实际的硬件对驱动函数表的影响，不准确的成本对 ZigBee 的路由算法将造成影响。

5. 3. 5. 2　路由表

ZigBee 路由和协调器需要对路由表进行维护，路由如表 5-4 所示。旧的和退休的路由表入口想要在命令操作中重新收回表空间入口的操作不在协议的规定范围内。

表 5-4　路由表

域　名	大　小	描　述
Destination address	2 字节	路由的 16 位网络地址
Status	3 位	路由的状态（见表 5-5）
Memory Constrained	1 位	内存受限设备
Many-to-one	1 位	多对一路由请求
Route record required	1 位	路由记录
GroupID flag	1 位	目的地址为 Group ID
Next-hop address	2 字节	到目的地址路由中下一跳的 16 位网络地址

表 5-5　路由状态

数字值	状　态	数字值	状　态
0x00	ACTIVE	0x03	INACTIVE
0x01	DISCOVERY-UNDERWAY	0x04 ~ 0x07	Reserved
0x02	DISCOVERY-FAILED		

ZigBee 路由和协调器也可保存一定数量的入口，仅仅在路由维护时使用这些入口，或者在耗尽所有其他的路由容量的情况下使用这些入口。

如果满足以下条件，则设备具有路由表能力：

（1）为 ZigBee 路由和协调器；

（2）具有路由表维护能力；

（3）具有一个空闲的路由表入口，或者已具有一个到目的地的路由表入口；

（4）该设备可进行路由修复，并且为了这个目的保留了一些路由表入口。

5. 3. 5. 3　路由选择

路由选择是在网络中的设备相互合作条件下选择，并建立路由的一个流程，该流程通常与特定的源地址和目的地址相对应。路由选择包括如下的一个流程。

A 路由搜索的初始化

在网络层收到其上层发送来的 NLDE-DATA. request 原语，并且该原语的 DiscoverRoute 参数为 TRUE 时，网络层开始对路由进行搜索。

如果设备具有路由选择能力，则建立一个路由选择表入口和路由搜索表入口，接着就按图 5-5 所示来创建一个载有有效载荷的路由请求命令帧，在完成构造所广播的路由搜索命令帧后，网络层使用 MCPS-DATA. request 原语将其传送到 MAC 层，在路由搜索的开始阶段，广播一个路由命令请求帧。

B 接收路由请求命令帧

在接收到路由请求命令帧后，设备将判断其是否具有路由选择能力。

如果设备没有路由选择能力，则将判断所接收的帧是否来自有效的路由。如果路由请求命令帧不是来自于有效路由，则将丢弃该帧；如果路由请求命令帧来自于有效路由，将检查设备是否为预期的目的设备。如果路由请求命令帧的目的地址为设备本身或为设备的一个子设备，则它将用一个路由请求应答命令帧进行应答；如果设备不是路由请求命令帧的目的地址，则计算从前一个设备到本设备传送该帧的链路成本，向目的地址单播该路由请求命令帧。

如果设备具有路由选择能力，则对路由请求帧应答。如果没有入口表，需要创建入口表。然后将检查设备是否为预期的目的设备。如果路由请求命令帧的目的地址为设备本身或为设备的一个子设备，则它将用一个路由请求应答命令帧进行应答；如果设备不是路由请求命令帧的目的地址，则计算从前一个设备到本设备传送该帧的链路成本，向目的地址单播该路由请求命令帧，同时更新路由表。

C 接收路由应答命令帧

在接收到路由应答命令帧后，设备将判断其是否具有路由选择能力。

如果设备没有路由选择能力，如果路由应答命令帧的目的地址为设备本身或为设备的一个子设备，则它丢弃该路由应答帧。如果设备不是路由应答命令帧的目的地址，则计算从前一个设备到本设备传送该帧的链路成本，向目的地址单播该路由请求应答帧。

如果设备具有路由选择能力，如果路由应答命令帧的目的地址为设备本身或为设备的一个子设备，如果存在入口表，则设置入口为活动状态更新表。如果设备不是路由应答命令帧的目的地址，如果存在入口表，计算路由成本并更新入口表；如果不存在入口表，则丢弃路由应答帧。

每一个设备的网络层为每一个邻居设备维护一个失效计数器，该邻居设备具有一条输出链路，即要求发送一个数据帧。路由维护包括以下两种维护，网格拓扑结构的路由修复和树（串）状网络拓扑的路由修复。

5.3.5.4 接收到数据帧

网络层接收到数据后，不管是从 MAC 层或者是从高层接收到的，将按下列的流程发送该数据帧。

如果接收设备为 ZigBee 协调器或者路由器，并且帧的目的地址为该设备的终端子设备，则发送 MSDE-DATA. request 原语。将该数据帧直接发送到目的地址设备，并且将下一跳的目的地址设置为最终目的地址。否则，如果他是一个路由器或协调器，则定义设备的路由地址为它的短地址，或者终端设备父节点的短地址，定义一个帧的路由地址为网络层定义的帧的路由地址。注意，ZigBee 地址的分配使得设备可以从自己的地址中得好路由地址。

ZigBee 路由器或协调器可以通过邻居表检测帧的路由目的地址的响应入口。如果有相对应的入口，设备就可以通过 MCPS-DATA. request 原语直接按照路由发送该帧。

具有路由能力的设备首先检查与目的地址相对应的路由表入口。如果存在该入口，并且如果该入口路由状态域的值为 ACTIVE 或 VALIDATION_UNDERWAY，设备将使用 MCPS-DATA. request 原语转发该帧；如果路由状态域仍没有值则将其设为 ACTIVE。

如果路由表入口的路由记录请求域设置为真，或者目的地没有被记录，或者被中继的帧是由本地生成的，或者是由终端子设备产生的，那么设备可以向目的地址初始化一个路由记录命令帧。

当转发一个数据帧时，MCPS-DATA. request 原语的 SrcAddrMode 和 DstAddrMode 参数都要设置为 0x02，表明使用 16 位地址。SrcPANId 和 DstPANId 参数都应设置为转发设备的 MAC PIB 中的 macPANId 属性。参数 SrcAddr 设置为转发设备 MAC PIB 的 macShortAddress，并且 DstAddr 参数应设置为路由表入口中相对于路由目的地址的下一跳地址。TxOptions 参数应设置为与 0x01 按位与为非零的值，表明确认传输。如果设备有一个与帧的路由目的地址相对应的路由表入口，但是入口的路由状态值为 DISCOVERY_UNDERWAY，该帧应该按照路由发现进行初始化。那么，该帧应该放到路由未决缓冲器，如果 NIB 属性中的 nwkUseTreeRouting 参数为真，则按照树型分级路由。如果帧沿树型路由，那么网络层帧头控制域中的路由发现域应设置为 0x00。

如果设备对应于路由目的地址有一个相对应的路由表入口，但是入口的路由状态域的值为 DISCOVERY_FAILED 或 INACTIVE，如果 NIB 属性的 nwkUseTreeRouting 值为真，那么设备将沿着树使用等级路由，如果设备没有与路由目的地址相对应的值为 ACTIVE 的路由表入口，并且帧是从上层接收到的，它将与路由目的地址相对应的源路由表入口，如果存在这样的入口，设备将使用源路由传送该帧。如果设备没有对应于路由目的地址的路由表入口，并且帧不是使用源路由产生，它将检测网络层帧头的控制域的路由发现子域，如果路由发现子域的值为 0x01，设备将初始路由发现。如果路由发现子域的值为 0，NIB 属性的 nwkUseTreeRouting 值为真，那么设备沿树使用分级路由。如果路由发现子域的值为 0，NIB 属性的 nwkUseTreeRouting 值为假，没有与路由目的地址向对应的路由表入口，则帧将被丢弃，NLDE 将发送状态为 ROUTE_ERROR 的 NLDE-DATA. confirm 原语。

没有路由能力的设备，如果它的 NIB 属性中的 nwkUseTreeRouting 为真，那么人它将沿树使用分级路由。

对应分级路由，如果目的地是该设备的子设备，设备直接将帧给适合的子设备；如果目的地是子设备，并且还是终端设备，那么可能由于子设备的 macRxOnWhenIdle 状态使得传送失败。如果子设备的 macRxOnWhenIdle 值为假，则使用 IEEE802. 15. 4—2003 中多描述的方法间接传送；如果目的地址不是子节点，设备将按照父节点进行路由。

网络中的其他设备都是 ZigBee 协调器的子设备，在网络中不存在 ZigBee 终端设备的子设备。对于一个地址为 A，深度为 d 的 ZigBee 路由器，如果下述表达式成立，则具有地址为 D 的目的地址设备为子设备。

$$A < D < A + \mathrm{Cskip}(d-1)$$

假定父设备拥有子设备数量的最大值为 nwkMaxChildren （C_m），网络的最大深度为 nwkMaxDepth （L_m），父设备将路由器视为它的子设备的最大数为 nwkMaxRouters （R_m），则可计算函数 Cskip(d)，该函数为在给定网络深度 d 和路由器以及子设备个数的条件下，父设备所能分配子区段地址数为：

$$\mathrm{Cskip}(d) = \begin{cases} 1 + C_m(L_m - d - 1), \text{if } R_m = 1 \\ \dfrac{1 + C_m - R_m - C_m \times R_m^{L_m-d-1}}{1 - R_m} \end{cases}$$

如果确定目的地址为接收设备的子设备，则下一跳设备的地址 N 为

$$N = D$$

对于 ZigBee 终端设备来说，$D > A + R_m \cdot \mathrm{Cskip}(d)$，否则

$$N = A + 1 + \left[\frac{D-(A+1)}{\mathrm{Cskip}(d)}\right] \times \mathrm{Cskip}(d)$$

如果 ZigBee 路由器或 ZigBee 协调器的网络层发送单播或多播数据帧因为某种原因失败后，路由器或协调器要发送失败信息，可以以两种形式报告。如果转发失败是因为上层请求失败，则网络层向上层发送 NLME-ROUTEERROR. indication 原语。其中原语的 16 位短地址参数应为帧的目的地址。如果帧是利用另一个设备转发，那么转发设备应该发送 NLME-ROUTE-ERROR. indication 原语，并且发送路由错误帧给数据帧的源地址。路由错误命令帧的目的地址域应为发送失败数据帧的目的地址。

5.3.5.5 链路状态信息

无线的连接可以是不对称的，也就是说，它们在一个方向可能工作良好，但向另一个方向却不然。因此，在路由请求中的链路发现返回应答时会发生错误。

对于多对一路由和双向的路由发现（nwkSymLink = TRUE），要求双向的路由发现都是可靠的。为达到这个目的，路由器要周期性的和它们的邻居进行单跳广播传输用来传输链路状态帧以交换计算的链路成本。然后在路由发现中用得到的链路成本来确保路由发现在双向中都使用高的链路质量。

当一个 ZigBee 路由器或协调器加入到网络中后，它将周期性的每隔 wkLinkStatusPeriod 秒发送一个单跳的广播帧，用来发送链路状态。如果要求的话可以更频繁的发送，可以加入随机抖动值来避免与其他节点同步。终端设备不发送链路状态命令帧。

ZigBee 路由器或协调器接收到链路状态命令帧后，对应于传输设备的邻居表入口的 age 域将被置为 0，帧所覆盖的地址范围由链路状态表中的首地址和末地址和命令选项域的首帧和末帧决定。如果接收设备的网络地址超出了帧覆盖的范围，那么该帧将被丢弃，该过程终止；如果接收设备的网络地址在帧覆盖的范围内，那么搜索链路状态表。如果找到了接收设备的地址，邻居表中对应于发送设备的输出成本域设置为链路状态入口的输入成本值；如果没有找到接收设备的地址，输出成本域设为 0。

终端设备不处理链路状态命令帧。

邻居表中的 age 域每隔时间 nwkLinkStatusPeriod 增加一次。如果该值超出了参数值 nwkRouterAgeLimit，邻居表入口的输出成本域置为 0。也就是说，如果设备从邻居路由器连续接收 nwkRouterAgeLimit 链路状态消息失败，旧的输出链路成本将被丢弃。在这种情况下，邻居表入口将被认为是陈旧的，如果有新的邻居，则该入口将被重新使用。

5.3.5.6 路由发现

路由发现是在网络中的设备互相合作条件下选择，并建立路由的一个流程，该流程通常与特定的源地址和目的地址相对应。多点传送路由是执行关于一个特殊的源设备和多点传送组的路由。多对一路由发现是一个源设备与所有的 ZigBee 路由器和协调器在 radius 范围内与自身建立路由的过程。目的地址可以是 16 位的广播地址，或是一个设备的 16 位网络地址，或作为多点传送组 ID 的 16 位多点传送地址。如果一个路由请求命令的目的地址是一个特殊设备的路由地址，它的路由请求选项域没有设置多点传送域，则请求为一个单播路由请求。一个路由请求命令，它的路由请求选项域有多点传送位，则设置为多点传送路由请求。多点传送路由请求的目的地址域应设置为多点传送组的 ID。一个目的地址域为广播地址（见表）的路由请求命令的载荷应为多对一路由请求。多对一路由请求的路由请求选项的多点传送位应置为 0。

5.3.5.7 结束路由发现入口

当建立一个路由发现表入口，它的终止时间应设置为 nwkcRouteDiscoveryTime 毫秒。对于 GroupId 标志为 TRUE 的入口，当接收到的路由回复引起下一跳改变，则响应的路由发现表入口的终止时间域也发生改变。如果设备是路由回复的目的地址，则将终止时间域设置为 nwkcWaitBeforeValidation 毫秒，否则设置为 nwkcRouteDiscoveryTime 毫秒。当时间终了，设备将从路由发现表中删除路由请求入口；如果设备是路由请求的始发设备，对应于目的地址的路由表入口的状态域值为 VALIDATION_UNDERWAY，那么设备将通过一个有效的路由传输消息。该消息或者为缓冲的未决路由发现，或者为路由错误命令，其错误代码为 0x0a（有效路由）。如果对应于目的地址的路由表入口的状态值不是 ACTIVE，并且在路由发现表中没有相同目的地址的入口，则路由表入口也将被删除。

5.3.5.8 路由维护

每一个设备的网络层为每一个邻居设备维护一个失效计数器，该邻居设备具有一条输出链路，即要求发送一个数据帧。如果输出链路失效计数器的值超过了 nwkcRepaitThreshold，则设备根据如下所述方法，开始路由维护。可选择一个简单的失效计数方案来生成这个失效计数器值，或者使用一个更加准确的时间窗口方案。需要注意的是，由于修复操作涉及到整个网络，可能导致其他通信中断，因此，不可能经常对路由进行修复。退休的链路和终止查找失败的程序超出了该协议的范围。

5.3.6 广播通信

在一个 ZigBee 网络内，一个广播传输是如何完成的，这个机制用于广播所有的网络层数据帧。一个网络中的任何设备可以发起一个广播传输，到同一个网络中的其他一些设备。一个广播传输由本地 APS 子层实体通过设置 DstAddr 参数为表 5-6 所示的广播地址，使用 NLDE-DATA. request 原语发起，或由 NWK 层通过使用同样的这些广播地址构造一个输出的 NWK 头发起。

表 5-6 广播地址

广播地址	目的地组	广播地址	目的地组
0xffff	个域网中所有设备	0xfffc	所有路由器和协调器
0xfffe	保 留	0xfffb	仅对低功耗路由器
0xfffd	macRxOnWhenIdle = TRUE	0xfff8 ~ 0xfffa	保 留

为了传输一个广播 MSDU，一个 ZigBee 路由器或 ZigBee 协调器的 NWK 层给 MAC 子层发出一个 MCPS-DATA. request 原语，DstAddrMode 参数设置为 0x02（16 位网络地址），且 DstAddr 参数设置为 0xffff。对于一个 ZigBee 终端设备，广播帧的 MAC 目标地址必须等于终端设备父节点的 16 位网络地址，PANId 参数必须设置为 ZigBee 网络的 PANId。本规范不支持多个网络间的广播。广播传输不能使用 MAC 子层确认，而是使用一个消极确认机制。消极确认意味着每个 ZigBee 路由器和 ZigBee 协调器保持跟踪它的相邻设备是否成功中继了广播信息。通过设置 TxOptions 参数的确认传输标志为 FALSE 来禁用 MAC 子层确认。TxOptions 参数的所有其他标志必须根据网络配置来设置。

ZigBee 协调器、每个 ZigBee 路由器和那些 macRxOnWhenIdle 等于 TRUE 的 ZigBee 终端设备必须保持任何新广播事务的一个记录，新广播可以从本地发起或从一个相邻设备收到。这个记录叫做广播事务记录（BTR）并必须至少包含广播帧的序列号和源地址。广播事务记录存储在表 5-7 所示的 nwkBroadcastTransactionTable（BTT）中。

表 5-7 广播事务记录

域名称	大 小	描 述
Source Address	2 字节	广播发起者的 16 位网络地址
Sequence Number	1 字节	发起者的广播信息的 NWK 层序列号
Expiration Time	1 字节	倒计数的定时器，表示多少秒后这个条目过期：起始值是 nwkNetworkBroadcastDeliveryTime

当一个设备从一个相邻设备收到一个广播帧，它必须比较帧的目标地址和它的设备类型。如果目标地址不对应于表 5-6 所列的接收者设备类型，帧必须被丢弃；如果目标地址对应接收者的设备类型，设备将比较广播帧的序列号和源地址和它的 BTT 中的记录。

如果设备在它的 BTT 中有这个广播帧的一个 BTR，它可以更新 BTR，把相邻设备标记为已经中继了广播帧。然后它必须丢掉该帧。如果没有找到这样的记录，它必须在它的 BTT 中创建一个新的 BTR，并可以把相邻设备标记为已经中继了广播。然后 NWK 层必须使用 NLDE-DATA. indication 指示上层，一个新的广播帧已经被接收。如果半径域值大于 0 或如果设备不是一个 ZigBee 终端设备，它必须转发该帧；否则，它必须丢弃该帧。在转发之前，它必须等待一个随机的时间段，叫做广播抖动。这个时间段必须由 nwkcMaxBroadcastJitter 属性的值界定。macRxOnWhenIdle 等于 FALSE 的 ZigBee 终端设备不能参与中继广播帧，也不需要为它们发出的广播帧维护一个 BTT。

如果在接收一个广播帧时，NWK 层发现 BTT 满了，且不包含过期条目，那么帧应被忽略。在这种情况下，帧不能被转发，也不能传给上层。

一个 ZigBee 协调器或 ZigBee 路由器，运行在一个非信标 ZigBee 网络上，一个之前的广播帧最多只能重传 nwkMaxBroadcastRetries 次。如果设备不支持消极确认，那么它必须把该帧转发 nwkMaxBroadcastRetries 次。如果设备支持消极确认，且它的任何相邻设备没有在 nwkPassiveAckTimeout 秒内中继广播帧，那么它必须继续转发该帧，最多可达 nwk-MaxBroadcastRetries 次。

一个设备应在信息已创建，nwkNetworkBroadcastDeliveryTime 秒过去后修改一个 BTT 条目的状态。该条目应把状态修改为过期，因此如果一个收到新的广播需要空间时，可以重写该条目。

当 macRxOnWhenIdleMAC PIB 属性设置为 FALSE 的一个 ZigBee 路由器，收到一个广播传输，它必须使用一个不同于以上所述的程序来转发。它必须使用一个 MAC 层单播，毫不迟疑地分别转发给它的每一个邻居，即 MCPS-DATA. request 原语的 DstAddr 参数设置为接收设备的地址，而不是广播地址。同样，macRxOnWhenIdleMAC PIB 属性设置为 TRUE 的一个路由器或协调器，且它有 macRxOnWhenIdleMAC PIB 属性设置为 FALSE 的一个或多个邻居，在目标地址为 0xffff 表示广播给所有设备的情况下，除了执行之前章节说明的更常用的广播程序外，依次地像 MAC 层单播一样把广播帧转发给这些邻居的每一个。间接传输，如 IEEE802. 15. 4 所述，可以用于保证这些单播到达它们的目的地。

每个 ZigBee 路由器必须有能力在 NWK 层缓冲至少 1 个帧，以便于转发广播帧。

5. 3. 7　多播通信

本小节指明了一个 ZigBee 网络内多播传输是如何完成的。多播寻址使用 16 位多播组 ID 完成。多播组是所有已登记在同一个多播组 ID 下的节点的集合，物理上它们由不超过一个给定半径内的一跳的距离区分开，这个半径叫做 MaxNonMemberRadius。一个多播信息发送给一个特定的目标组，由它们的多播表中该组的 ID 所列的所有设备接收。只有数据帧是多播的——没有多播的 NWK 命令帧。

多播帧既可以由目标多播组的成员在网络中传播，也可以由非目标多播组成员在网络中传播。一个数据包可以用两种方式之一发送，这由数据包的一个模式标志指明，确定中继到下一跳的方式。如果原始信息由组的成员创建，就被视为处于“成员模式”，按广播方式中继；如果原始信息由非组成员的设备创建，就被视为处于“非成员模式”，按单播给一个组成员的方式中继。一旦一个非成员信息到达目标组的任何成员，就立即转换为成员模式类型，不管下一个由谁中继数据包。

多播帧可以由终端设备发起，但是不发送给 macRxOnWhenIdle 等于 FALSE 的设备。

设备的 NWK 层可以维护一个组 ID 表，nwkGroupIDTable，可作为表 5-9 所示的 NIB 属性。如果 nwkGroupIDTableNIB 属性出现，那么应含有一组 16 位组标识符，其中设备是这个组的一个成员。

注意可选的 nwkGroupIDTableNIB 属性的功能和强制的 APS 组表有一定的重叠。如果这两个表设备都维护了，那么要使用 NWK 层多播作为接收组寻址帧的方法，必须保证 APS 组表中出现的每个 16 位组标识符也出现在 NWK 组表中。

还要注意从执行角度来看，跨越层复制组标识符列表是很浪费的，假定执行者将找到一种方法，结合 APS 和 NWK 组表，以避免浪费。

如果 NWK 层从其上层收到一个 NLDE-DATA. request，且多播控制域是 0x01，NWK 层必须确定 nwkGroupIDTable 中是否存在一个条目，其中组标识符域匹配帧的目标地址。如果找到一个匹配条目，NWK 层必须根据所述的程序多播该帧；如果没有找到一个匹配条目，该帧必须使用所述的程序，发起一个非成员模式多播。

NWK 层必须设置多播控制域的多播模式子域为 0x01（成员模式）。如果 BTT 表满了，且不包含过期条目，信息将不被发送，NLDE 必须发出状态值为 BT_TABLE_FULL 的 NLDEDATA. confirm 原语。如果 BTT 不满，或包含一个过期的 BTR，必须创建一个新的 BTR，其中本地节点作为源，且含有多播帧的序列号，然后信息将根据所述的程序进行传输。

NWK 层必须设置多播控制域的多播模式子域为 0x00（非成员模式）。然后，NWK 层必须检查其路由表，寻找对应帧的目标 Group ID 的一个条目。如果有这样一个条目，NWK 层必须检查条目的状态域。如果状态是 ACTIVE，那么设备必须（重新）传输该帧。如果状态是 VALIDATION_UNDERWAY，那么状态必须改为 ACTIVE，设备必须根据所述的程序传输该帧，且 NLDE 必须发出 NLDE-DATA. confirm 原语，状态值为从 MCPSDATA. confirm 原语收到的状态值。

如果没有对应帧的目标 GroupID 的一个条目，且 DiscoverRoute 参数的值为 0x00（抑制路由发现），帧必须被丢弃，NLDE 发出状态值为 ROUTE_DISCOVERY_FAILED 的 NLDE-DATA. confirm 原语。如果 DiscoverRoute 参数的值为 0x01（启用路由发现），且没有路由表条目对应帧的目标 Group ID，那么设备必须立即发起路由发现。帧可以有选择地缓冲等待路由发现。如果它没有被缓冲，帧必须被丢弃，NLDE 必须发出状态值为 FRAME_NOT_BUFFERED 的 NLDEDATA. confirm 原语。

当一个设备从一个相邻设备接收一个成员模式多播帧时，它必须比较多播帧的序列号和源地址和它 BTT 中的记录。如果设备的 BTT 中有这个多播帧的 BTR，它必须丢弃这个帧。

如果没有找到记录，且 BTT 满了，并不包含过期的条目，它必须丢弃这个帧。如果没有找到记录，且 BTT 不满或包含一个过期的 BTR，它必须创建一个新的 BTR，并按以下段落所述继续处理信息。

当从一个邻居收到一个成员模式多播帧，并增加到了 BTT，然后 NWK 层必须确定 nwkGroupIDTable 中是否存在一个条目，其中组标识符域匹配帧的目标组 ID。如果找到一个匹配条目，信息将被传递给上层，多播控制域必须设置为 0x01（成员模式），NonmemberRadius 子域的值将设置为多播控制域的 MaxNonmemberRadius 子域的值，信息将按以下段落所述的进行传输。

如果没有找到一个匹配条目，NWK 层必须检查帧的多播 NonmemberRadius 域。如果多播 NonmemberRadius 域的值为 0，信息以及新增加的 BTR 将被丢弃。否则 NonmemberRadius 子域将减少，如果它小于 0x07，帧将按以下段落所述传输。

每个成员模式多播信息必须传输 nwkMaxBroadcastRetries 次。对于不是在本地设备上发出的成员模式多播帧，最初的传输必须以一个随机的时间延迟，由 nwkcMaxBroadcastJitter 属性的值界定。一个设备必须在某个成员模式多播信息重新转发期间，延迟 nwkPassiveAckTimeout 秒的时间。不像广播信息，多播信息没有消极确认。ZigBee 终端设备不能参与多播帧的中继。

要传输一个成员模式多播 MSDU，NWK 层给 MAC 子层发出一个 MCPS-DATA. request 原语，DstAddrMode 参数设置为 0x02（16 位网络地址），DstAddr 参数设置为 0xffff，这是广播的网络地址。PANId 参数必须设置为 ZigBee 网络的 PANId。成员模式多播传输不能使用 MAC 子层确认，或广播使用的消极确认。通过设置 TxOptions 参数的确认传输标志为 FALSE 来禁用 MAC 子层确认。TxOptions 参数的所有其他标志必须根据网络配置来设置。

当一个设备从一个相邻设备收到一个非成员模式多播帧时，那么 NWK 层必须确定 nwkGroupIDTable 中是否存在一个条目，它的组 ID 域匹配帧的目标组 ID。如果找到一个匹配条目，多播控制域必须设置为 0x01（成员模式），信息按照它作为一个成员模式多播接收的方式处理。如果没有找到匹配的 nwkGroupIDTable 条目，设备必须检查它的路由表，寻找对应帧的 Group ID 的一个条目。如果没有这样的路由表条目，信息必须被丢弃。如果有这样一个条目，NWK 层必须确定条目的状态域。如果状态是 ACTIVE，那么设备必须（重新）传输该帧。

如果状态是 VALIDATION_UNDERWAY，那么状态必须改为 ACTIVE，且设备必须（重新）传输该帧。要传输一个非成员模式多播 MSDU，NWK 层给 MAC 子层发出一个 MCPSDATA. request 原语，DstAddrMode 参数设置为 0x02（16 位网络地址），且 DstAddr 参数设置为匹配路由表条目确定的下一跳。PANId 参数必须设置为 ZigBee 网络的 PANId。必须通过设置 TxOptions 参数的确认传输标志为 TRUE 来启用 MAC 子层确认。TxOptions 参数的所有其他标志必须根据网络配置来设置。

5.3.8　调度信标传输

信标调度在一个多跳拓扑中是必需的，以防止一个设备的信标帧和它相邻设备的信标帧或数据传输相冲突。当执行一个树拓扑时信标调度是必需的，但执行一个网状网络拓扑时不是必需的，因为在 ZigBee 网状网络中信标是不允许的。

ZigBee 协调器必须为网络中每个设备确定信标顺序和超帧顺序。因为多跳信标网络的目的之一是允许路由节点有机会休眠，以节省电力，信标顺序必须设置为远远大于超帧顺序。以这种方式设置属性可以在任何近邻调度每个设备超帧的活动部分，以便它们不会在一定时间重叠。换句话说，时间分成大约（macBeaconInterval/macSuperframeDuration）的非重叠时间槽，网络中每个设备超帧的活动部分必须占据这些非重叠时间槽之一。对于一个信标设备，图 5-9 展示了由此产生的帧结构的一个例子。

一个设备的信标帧必须在它的非重叠时间槽启动的时候传输，传输时间是根据相应的

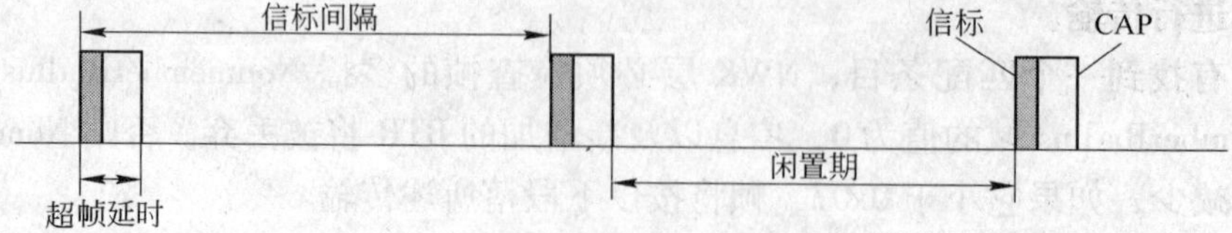

图 5-9　信标设备的典型的帧结构

父节点设备的信标传输时间来衡量的。这个时间偏移值必须包含在一个多跳信标网络每个设备的信标负载中。因此收到一个信标帧的一个设备必须知道相邻设备和相邻设备父节点的信标传输时间，因为父节点的传输时间可以通过从信标帧的时间戳中减去时间偏移值来计算。接收设备必须在其相邻表中存储信标帧的本地时间戳，以及信标负载所含的偏移值。让一个设备知道何时它的父节点是活动的，其目的是通过减轻隐藏的节点问题，维护父子通信链路的完整性。换句话说，一个设备将从不在同一时间作为它的邻居的父节点传输。

在一个树网络中的通信必须使用父子链路沿着树寻找路由来完成。因为每个子节点跟踪它的父节点的信标，从一个父节点到其子节点的传输必须使用间接传输机制来完成。从一个子节点到其父节点的传输必须在父节点的CAP期间完成。

一个希望加入网络的新设备必须遵守加入网络的程序。在加入网络的步骤中，新设备必须根据在MAC扫描程序期间收集的信息，建立它的邻居表。使用这个信息，新设备必须为它的信标传输选择一个合适的时间和CAP（它的超帧结构的活动部分），这样它的超帧结构的活动部分不会和任何邻居或任何邻居父节点的超帧活动部分重叠。如果在邻近区域没有可用的非重叠时间槽，设备不能传输信标，就不能作为一个终端设备在网络上运行。如果有一个可用的非重叠信标，必须选择父节点和新设备信标帧之间的一个时间偏移值，且包含在新设备的信标负载中，选择信标传输时间，以避免在它的邻居和其父节点的超帧活动部分期间进行信标传输的任何算法都可以使用，只要其保证互操作性。

为了消除漂移，新设备必须跟踪它的父节点的信标，并调整它自己的信标传输时间，这样使得时间偏移值在两个不变的常量之间。因此网络中每个设备的信标帧基本上与ZigBee协调器的信标帧是同步的。图5-10说明了一个父节点和其子节点的活动超帧部分之间的关系。

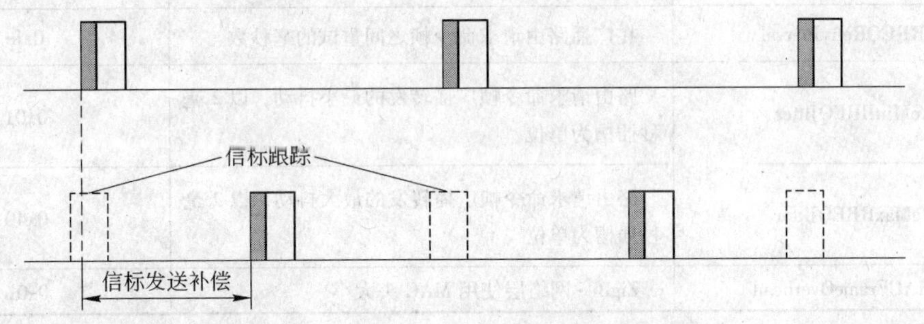

图5-10 父子节点超帧定位关系

网络可支持的设备密度是和信标顺序的超帧顺序成反比的。每个设备较小的比例，较长的不活动时期，可以使更多的设备可以在同一邻近区域传输信标帧。建议一个树网络使用一个为0的超帧顺序，即当运行在2.4GHz带宽时，超帧持续时间为15.36ms，信标顺序在6和10之间，即当在2.4GHz带宽时，信标间隔在0.98304～15.72864s之间。使用这些超帧和信标顺序值，网络中的设备典型的工作周期为0.1%～2%之间，不考虑频带。

5.4　网络层常量与参数

5.4.1　常量

定义 NWK 层特点的常量列在表 5-8 中。

表 5-8　网络层常量

常　量	描　述	值
nwkcCoordmarorCapable	一个布尔标志，表明该设备是否能成为 ZigBee 的协调器：0x00 代表不能成为协调器，0x01 代表设备能成为协调器	独立于配置
nwkcDefaultSecurityLevel	使用默认安全级别	定义在栈 profile 中
nwkcDiscoveryRetryLimit	路由发现重试的最大次数	0x03
nwkcMinHeaderOverhead	通过网络层到 NSDU 添加的最小字节数	0x08
nwkcProtocolVersion	设备上的 ZigBee 网络协议的版本	0x02
nwkcWaitBeforeValidation	在接收路由回复和发送有效路由信息之间，多播路由请求发送者持续时间（单位：毫秒）	0x500
nwkcRouteDiscoveryTime	路由发现到期之前持续的时间，以毫秒为单位	0x2710
nwkcMaxBroadcastJitter	以毫秒为单位的最大的广播抖动测量时间	0x40
nwkcInitialRREQRetries	首次广播传输的路由请求命令帧重试的次数	0x03
nwkcRREQRetries	广播传输路由请求命令帧通过中间的 ZigBee 路由器或者 ZigBee 协调器中继重传的次数	0x02
nwkcRREQRetryInerval	在广播路由请求命令帧之间重试的毫秒数	0xfe
nwkcMinRREQJitter	路由请求命令帧广播转发的最小抖动，以 2 毫秒插槽为单位	0x01
nwkcMaxRREQJitter	路由请求命令帧广播转发的最大抖动，以 2 毫秒插槽为单位	0x40
nwkcMACFrameOverhead	ZigBee 网络层使用 MAC 头大小	0x0b

5.4.2　属性

NWK 信息库（NIB）包括管理一个设备 NWK 层所需的属性。这些属性的每一个都可以分别使用 NLME-GET. request 和 NLME-SET. request 原语读或写，在只读栏包含一个值为 Yes 的属性除外。在此情况下，属性值可以使用 NLME-GET. request 原语读，但不能使用 NLMESET. request 原语设置。一般来说，这些只读属性通过其他机制设置。例如，对 nwkSequenceNumber 属性进行设置，网络层每次发送一个帧，nwkSequenceNumber 就增加 1。NIB 的属性列在表 5-9 中。

表 5-9 NIB 属性

属 性	ID	类型	只读	范围	描 述	默 认
nwkSequenceNumber	0x81	Integer	Yes	0x00 ~ 0xff	一个序列号用于标识离开帧	范围内的随机值
nwkPassiveAck Timeout	0x82	Integer	No	0x0000 ~ 0x2710	父设备和所有子设备转发广播信息允许的最大时间延时以秒为单位（被动确认超时）	定义在栈 profile 中
nwkMaxBroadcast Retries	0x83	Integer	No	0x00 ~ 0x5	广播传输失败后允许重传的最大数	0x03
nwkMaxChildren	0x84	Integer	No	0x00 ~ 0xff	设备在它的当前网络允许拥有的子节点数。注意当 nwkAddrAlloc 值为 0x02 时，表示随即分配地址，这个属性的值是独立于执行程序的	定义在栈 profile 中
nwkMaxDepth	0x85	Integer	Yes	0x00 ~ 0xff	设备可以有的深度	定义在栈 profile 中
nwkMaxRouters	0x86	Integer	No	0x01 ~ 0xff	允许任何一个设备有几个路由器作为子节点：ZigBee 协调器确定网络中所有设备的这个值。如果 nwkAddrAlloc 是 0x02，不使用这个值	定义在栈 profile 中
nwkNeighborTable	0x87	Set	No	可变的	设备上邻居表目录的当前设置	空集
nwkNetworkBroadcast DeliveryTime	0x88	Integer	No	0 ~ 0xff	需要围绕整个网络的广播信息的延时，以秒为单位，这个值是根据其他 NIB 属性计算的	NA
nwkReportConstant Cost	0x89	Integer	No	0x00 ~ 0x01	如果设为 0，网络层应使用 MAC 层报告的 LQI 值计算来自所有邻居节点的链路消耗：否则，它应报告一个恒定的值	0x00
nwkRouteDiscovery RetriesPermitted	0x8a	Integer	No	0x00 ~ x03	在失败路由请求之后允许重试的最大次数	nwkcDiscovery RetryLimit
nwkRouteTable	0x8b	Set	No	可变的	设备路由表目录的当前设置	空集
nwkSymLink	0x8e	Boolean	No	TRUE 或 FALSE	目前路由对称设置：TRUE 意思是路由被看作由对称链路组成。路由发现期间创建了向前和向后的路由，它们是相同的。FALSE 意思是路由不被看作由对称链路组成。路由发现期间只存储向前的链路	FALSE
nwkCapability Information	0x8f	Bitvector	Yes		包含网络连接期间建立的设备能力信息	0x00

续表 5-9

属 性	ID	类型	只读	范围	描 述	默 认
nwkAddrAlloc	0x90	Integer	No	0x00 ~ 0x02	一个值，决定分配地址使用的方法： 0x00 = 使用分布式地址分配 0x01 = 保留 0x02 = 使用随机地址分配	0x00
nwkUseTree Routing	0x91	Boolean	No	TRUE 或 FALSE	一个标志，决定网络层是否应该承担使用分层路由的能力： TRUE = 承担分层路由的能力 FALSE = 绝不使用分层路由	TRUE
nwkManager Addr	0x92	Integer	No	0x0000 ~ 0xfff7	指定网络信道管理器功能地址	0x0000
nwkMaxSource Route	0x93	Integer	No	0x00 ~ 0xff	源路由跳的最大数	0x0c
nwkUpdateId	0x94	Integer	No	0x00 ~ 0xFF	值指示操作节点网络设置的快照	0x00
nwkTransaction PersistenceTime	0x95	Integer	No	0x0000 ~ 0xffff	通过协调器存储并且通过它的信标指示的最大时间（在超帧周期里）。该属性反映了 MAC PIB 属性 macTransaction-PersistenceTime 的值（见［B1］）和更高层所做的任何修改也将反映在 MAC PIB 属性里	0x01f4
nwkNetwork Address	0x96	Integer	No	0x0000 ~ 0xfff7	设备用于和个域网通信的 16 位地址该属性反映了 MAC PIB 属性 macShort-Address 的值和更高层所做的任何修改也将反映在 MAC PIB 属性里。	0xffff
nwkStack Profile	0x97	Integer	No	0x00 ~ 0x0f	该设备使用的 ZigBee 栈 profile 标识符	
nwkBroadcast TransactionTable	0x98	Set	Yes	—	设备中广播事务表的当前设置	空集
nwkGroupIDTable	0x99	Set	No	Variable	组标识符的集合，范围 0x0000-0xffff，本设备是该组一个成员	空集
nwkExtended PANID	0x9a	64-bit extende daddress	No	0x00000 0000000 0000 ~ 0xffffffff fffffffe	设备所在的个域网的扩展个域网标识符。0x0000000000000000 意思为扩展个域网标识符是未知的	0x0000000 00000000
nwkUseMulticast	0x9b	Boolean	No	TRUE 或 FALSE	一个标志，决定多播信息发生的层。 TRUE = 多播发生在网络层 FALSE = 多播发生在 APS 层并使用 APS 头	TRUE

续表 5-9

属 性	ID	类型	只读	范围	描 述	默 认
nwkRouteRecordTable	0x9c	Set	No	Variable	路由记录表	空集
nwkConcentrator	0x9d	Boolean	No	TRUE 或 FALSE	一个标志，决定设备是否是集中器 TRUE = 设备是集中器 FALSE = 设备不是集中器	FALSE
nwkConcentrator Radius	0x9e	Integer	No	0x00 ~ 0xff	集中器路由发现的跳计数半径	0x0000
nwkConcentrator DiscoveryTime	0x9f	Integer	No	0x00 ~ 0xff	在集中器路由发现之间的时间，以秒为单位。如果设置为 0x0000，在启动时发现，只能由上层使用	0x0000
nwkSecurityLevel	0xa0		No		第 4 章定义的安全属性	
nwkSecurity MaterialSet	0xa1		No		第 4 章定义的安全属性	
nwkActiveKer SeqNumber	0xa2		No		第 4 章定义的安全属性	
nwkAllFresh	0xa3		No		第 4 章定义的安全属性	
nwkSecareAllFrames	0xa5		No		第 4 章定义的安全属性	
nwkLinkStatus Period	0xa6	Integer	No	0x00 ~ 0xff	链路状态命令帧之间的时间，以秒为单位	0x0f
nwkRouter AgeLimit	0xa7	Integer	No	0x00 ~ 0xff	复位链路消耗为零之前错过的链路状态命令帧数	3
nwkUuique Addr	0xa8	Boolean	No	TRUE 或 FALSE	一个标志，决定网络层是否应该检测和校正冲突的地址。 TRUE = 假定地址是唯一的 FALSE = 地址可能不唯一	TRUE
nwkAddress Map	0xa9	Set	No	可变的	64 位 IEEE 到 16 位网络地址映射图的当前集合	空集
nwkTimeStamp	0x8Cb	Boolean	No	TRUE 或 FALSE	一个标志，决定在输入和输出数据包中是否提供时间戳指示 TRUE = 提供时间指示 FALSE = 不提供时间指示	FALSE
nwkPANId	0x80c	16-bit PAN ID	No	0x0000 ~ 0xffff	这个 NIB 属性应该一直和 macPANId 有一样的值	0xffff
nwkTxTotal	0x8Dd	Integer	No	0x0000 ~ 0xffff	这个设备上 NWK 层单播传输的次数。每次 NWK 层通过调用 MAC 子层 MCPS-DATArequest 原语传送一个单播帧，它应增加此计数器，如果对此属性执行一个 NLME-SETrequest 原语，或如果属性 nwkTxTotal 回到 0xffff，NWK 层都应把包含在邻居表中的每个传输失败域复位为 0x00	0

5.4.3 永久性数据

在某个区域运行的设备可以手动或由维修人员编程复位，或可以由于某些原因意外复位，包括局部或网络范围停电、正常维护期间的电池更换、碰撞等等。以下信息应当在复位期间保存，以维持一个网络的运行：

（1）设备的PANId和扩展PANId；

（2）设备的16位网络地址；

（3）个相关设备的64位IEEE地址和16位网络地址，如果nwkAddrAlloc等于0，还有每个相关的路由器子节点；

（4）对于终端设备，父节点设备的16位网络地址；

（5）使用的栈profile；

（6）设备的深度。

5.4.4 低功耗路由器（LPR）

低功耗路由器定义为通过定期对其无线设备断电，靠电池运行多年的路由器。通过在加入阶段查看以下功能信息位域，LPR应被视为高功率路由器（HPR）：

（1）设备类型设置为1；

（2）空闲时接收器开启设置为FALSE。

LPR设备能够接收在网络中广播的网络命令帧。这可以通过为所有路由器和协调器，设置NWK头的目标地址来为广播地址实现。

5.4.5 状态参数

网络（NWK）层配置原语通常包括一个报告请求状态的参数，该请求使用了确认。NWK层状态参数的值在表5-10中。

表5-10 网络层状态值

名称	值	描述
SUCCESS	0x00	已经执行成功的一个请求
INVALID_PARAMETER	0xc1	从高层发出的原语无效或者超出范围
INVALID_REQUEST	0xc2	考虑到网络层目前的状态,高层发送的请求原语无效或者不能执行
NOT_PERMITTED	0xc3	NLME-JOIN. request不被接受
STARTUP_FAILURE	0xc4	NLME-NETWORK-FORMATION. request启动网络失败
ALREADY_PRESENT	0xc5	产生NLME-DIRECT-JOIN. request原语的设备的邻居表中已经存在有地址设备提供的NLME-DIRECT-JOIN. request原语
SYNC_FAILURE	0xc6	使用表明NLME-SYNC. request在MAC层中已经失败
NEIGHBOR_TABLE_FULL	0xc7	NLME-JOIN-DIRECTLY. request已经失败,因为在邻居表中没有更多的空间
UNKNOWN_DEVICE	0xc8	NLME-LEAVE. request已经失败,因为产生原语的设备地址不在邻居表中的参数列表中

续表 5-10

名 称	值	描 述
UNSUPPORTED_ATTRIBUTE	0xc9	NLME-GET. request 或者 NLME-SET. request 以未知属性标识符的形式已发出
NO_NETWORKS	0xca	NLME-JOIN. request 已发送到没有网络探测的环境中
Reserved	0xcb	
MAX_FRM_CNTR	0xcc	因为帧计数器达到最大值,所以输出帧安全处理失败
NO_KEY	0xcd	输出帧尝试安全处理且失败,因为对于处理没有有效的钥匙
BAD_CCM_OUTPUT	0xce	输出帧尝试安全处理且失败,因为安全设计产生一个错误的输出
NO_ROUTING CAPACITY	0xcf	由于缺少路由表或者发现路由表能力,尝试发现路由失败
ROUTE_DISCOVERY_FAILED	0xd0	试图发现一个路由失败,由于缺乏路由能力
ROUTE_ERROR	0xd1	由于发送设备路由失败 NLDE-DATA. request 原语失败
BT_TABLE_FULL	0xd2	由于在 BTT 中没有足够的空间,尝试发送一个广播帧或成员模式多点传送失败
FRAME_NOT_BUFFERED	0xd3	由于没有足够的缓存,一个 NLDE-DATA,request 失败。非会员模式组播帧被丢弃之前路由发现

第 6 章　ZigBee 应用层详解

从图 3-1 可以看到 ZigBee 应用层 APL 框架包括应用支持层（APS）、ZigBee 设备对象（ZDO）和制造商所定义的应用对象。

应用支持层的功能包括：维持绑定表、在绑定的设备之间传送消息。所谓绑定就是基于两台设备的服务和需求将它们匹配地连接起来。

ZigBee 设备对象的功能包括：定义设备在网络中的角色（如 ZigBee 协调器和终端设备），发起和响应绑定请求，在网络设备之间建立安全机制。ZigBee 设备对象还负责发现网络中的设备，并且决定向它们提供何种应用服务。

ZigBee 应用层除了提供一些必要函数以及为网络层提供合适的服务接口外，一个重要的功能就是应用者可在这层定义自己的应用对象。

6.1　ZigBee 应用

下面我们来看看 ZigBee 的技术应用。IEEE802.15.4 和 ZigBee 从一开始就被设计用来构建包括恒温装置、安全装置和煤气读数表等设备的无线网络。这是由其主要技术优势决定的：

（1）数据传输速率低，只有 10kb/s 到 250kb/s，专注于低传输应用；

（2）功耗低，在低耗电待机模式下，两节普通 5 号干电池可使用六个月到两年，免去了充电或者频繁更换电池的麻烦，这也是 ZigBee 的支持者所一直引以为豪的独特优势；

（3）成本低，ZigBee 数据传输速率低，协议简单，所以大大降低了成本。且免收专利费；

（4）网络容量大，每个 ZigBee 路由器最多可支持 255 个设备；

（5）时延短，通常时延都在 15～30ms 之间；

（6）安全，ZigBee 提供了数据完整性检查和鉴权功能，采用 AES-128 加密算法；

（7）有效范围小，有效覆盖范围 10～75m 之间，具体依据实际发射功率的大小和各种不同的应用模式而定，基本上能够覆盖普通的家庭或办公室环境；

（8）工作频段灵活，使用频段为 2.4GHz、868MHz（欧洲）及 915MHz（美国）均为免执照频段。

与之相反，蓝牙技术基本上只是设计作为有线的替代品，经常是为手机和附近的耳机或 PDA 联网用的。它可以在不充电的情况下工作几周，但无法工作几个月，更不用说几年了。

一般情况下，蓝牙设备需要人手配置和维护网络连接；它可以用来有效地处理 8 个设备（一个主设备和 7 个从设备），如果更多的话，通信速率则显著下降。

而 802.11 也被称作 Wi-Fi 也有类似的问题，虽然它是将笔记本和桌面电脑接入有线网络的很好的解决方案，但它的功耗却非常高。

ZigBee 的出发点是希望能发展一种易布建的低成本无线网络，同时其低耗电性将使产品的电池能维持 6 个月到数年的时间。在产品发展的初期，将以工业或企业市场的感应式网路为主，提供感应辨识、灯光与安全控制等功能，再逐渐将目前市场拓展至家庭中的应用。通常符合以下条件之一的应用，就可以考虑采用 ZigBee 技术：

(1) 设备成本很低，传输的数据量很小；

(2) 设备体积很小，不便放置较大的充电电池或者电源模块；

(3) 没有充足的电力支持，只能使用一次性电池；

(4) 频繁地更换电池或者反复地充电无法做到或者很困难；

(5) 需要较大范围的通信覆盖，网络中的设备非常多，但仅仅用于监测或控制。

根据 ZigBeeAlliance 的观点，一般家庭可将 ZigBee 应用于以下装置：

(1) 家庭自动控制，楼宇自动化；

(2) 健康医疗；

(3) 工业控制；

(4) 无线传感器；

(5) 智慧型标签。

随着 ZigBee 规范的进一步完善，许多公司均在着手开发基于 ZigBee 的产品。采用 ZigBee 技术的无线网络应用领域有家庭自动化、家庭安全、工业与环境控制与医疗护理、检测环境、监测、监察保鲜食品的运输过程及保质情况等等。下面我们来看看两个典型应用领域。

6.1.1 数字家庭领域

可以应用于家庭的照明、温度、安全、控制等。ZigBee 模块可安装在电视、灯泡、遥控器、儿童玩具、游戏机、门禁系统、空调系统和其他家电产品等，例如在灯泡中装置 ZigBee 模块，则人们要开灯就不需要走到墙壁开关处，直接通过遥控便可开灯；当你打开电视机时，灯光会自动减弱；当电话铃响起时或你拿起话机准备打电话时，电视机会自动静音。通过 ZigBee 终端设备可以收集家庭各种信息，传送到中央控制设备，或是通过遥控达到远程控制的目的，提供家居生活自动化、网络化与智能化。韩国第二大移动手持设备制造商 Curitel Communications 公司已经开始研制世界上第一款 ZigBee 手机，该手机将可通过无线的方式将家中或是办公室内的个人电脑、家用设备和电动开关连接起来。这种手机融入了“ZigBee”技术，能够使手机用户在短距离内操纵电动开关和控制其他电子设备。

6.1.2 工业领域

通过 ZigBee 网络自动收集各种信息，并将信息回馈到系统进行数据处理与分析，以利工厂整体信息之掌握，例如火警的感测和通知、照明系统之感测、生产机台之流程控制等，都可由 ZigBee 网络提供相关信息，以达到工业与环境控制的目的。韩国的 NURI Telecom在基于 Atmel 和 Ember 的平台上成功研发出基于 ZigBee 技术的自动抄表系统，该系统无需手动读取电表、天然气表及水表，从而为公用事业企业节省数百万美元，此项技术正在进行前期测试，很快将在美国市场上推出。

6.2　应用层概述

ZigBee 栈体系包含一系列的层元件，包含 IEEE802.15.4—2003 标准 MAC 层和 PHY 层，当然也包括 ZigBee 的 NWK 层。每个层的元件提供相关的服务功能。

本节描述了 ZigBee 栈的主要应用层 APL（Application Layer Specification）。

APS 提供了这样的接口：在 NWK 层和 APL 层之间，从 ZDO 到供应商的应用对象的通用服务集。这服务由两个实体实现：APS 数据实体（APSDE）和 APS 管理实体（APSME）。

（1）APSDE 通过 APSDE 服务接入点（APSDE-SAP）；

（2）APSME 通过 APSME 服务接入点（APSME-SAP）。

APSDE 提供在同一个网络中的两个或者更多的应用实体之间的数据通信。

APSME 提供多种服务给应用对象，这些服务包含安全服务和绑定设备，并维护管理对象的数据库，也就是我们常说的 AIB。

ZigBee 中的应用框架是为驻扎在 ZigBee 设备中的应用对象提供活动的环境。

最多可以定义 240 个相对独立的应用程序对象，任何一个对象的端点编号从 1 到 240。还有两个附加的终端节点为 APSDE-SAP 的使用：端点 0 固定用于 ZDO 数据接口；另外一个端点 255 固定用于所有应用对象广播数据的数据接口功能。端点 241 ~ 254 保留（给为了扩展使用）。

应用模式（也称剖面，profiles）是一组统一的消息，消息格式和处理方法，允许开发者建立一个可以共同使用的、分布式应用程序，这些应用是使用驻扎在独立设备中的应用实体。这些应用 profiles 允许应用程序发送命令、请求数据和处理命令和请求。

串（也称簇，cluster）标识符可用来区分不同的串，串标识符联系着数据从设备流出，和向设备流入。在特殊的应用模式范围内，串（也称簇，cluster）标识符是唯一的。

ZigBee 设备对象（ZDO）描述了一个基本的功能函数，这个功能在应用对象、设备模式（也称剖面 profiles）和 APS 之间的提供了一个接口。ZDO 位于应用框架和应用支持子层之间。它满足所有在 ZigBee 协议栈中应用操作的一般需要。ZDO 还有以下作用：

（1）初始化应用支持子层（APS）、网络层（NWK）、安全服务规范（SSS）；

（2）从终端应用中集合配置信息来确定和执行发现、安全管理、网络管理以及绑定管理。

ZDO 描述了应用框架层的应用对象的公用接口以控制设备和应用对象的网络功能。在终端节点 0，ZDO 提供了与协议栈中低一层相接的接口，如果是数据是通过 APSDE-SAP，如果是控制信息则通过 APSME-SAP。在 ZigBee 协议栈的应用框架中，ZDO 公用接口提供设备、发现、绑定以及安全等功能的地址管理。

设备发现是 ZigBee 设备为什么能发现其他设备的过程。这有两种形式的设备发现请求：IEEE 地址请求和网络地址请求。IEEE 地址请求是单播到一个特殊的设备且假定网络地址已经知道；网络地址请求是广播且携带一个已知的 IEEE 地址作为负载。

服务发现是一个已给设备被其他设备发现的过程。服务发现通过在一个已给设备的每一个端点发送询问或通过使用一个匹配服务性质（广播或者单播）。服务发现可以定义和使用各种描述符来概述一个设备的能力。

在发现操作发生时，设备提供的某种服务可能无法访问，在这种情况下设备发现信息也可以在网络中缓存。

6.3 ZigBee 应用支持子层

这一小节将描述应用层 APL 部分提供的服务规范和生产商定义的应用对象与 ZigBee 设备对象之间的接口。规范定义了允许应用对象传输数据的数据服务和提供绑定机制的管理服务。另外，它还定义了应用支持子层的帧格式和帧类型。

这小节的目的是定义 ZigBee 应用支持子层 APS 的功能。该功能建立在两个基础之上，一是正确运行 ZigBee 网络层的驱动功能，二是制造商定义的应用对象所需要的功能。

应用支持子层给网络层和应用层通过 ZigBee 设备对象和制造商定义的应用对象使用的一组服务提供了接口，该接口是通过数据服务和管理服务两个实体提供这些服务。APS 数据实体（APSDE）通过与之连接的 SAP，即 APSDE-SAP 提供数据传输服务；APS 管理实体（APSME）通过与之连接的 SAP，即 APSME-SAP 提供管理服务，并且维护一个管理实体数据库，即 APS 信息库（NIB）。

应用支持子层的数据实体（APSDE），向网络层提供数据服务，并且为 ZDO 和应用对象提供服务，完成两个或多个设备之间传输应用层 PDU。这些设备本身必须在同一个网络。

APSDE 将提供如下服务：

（1）生成应用层的协议数据单元（APDU），APSDE 将应用层协议数据单元（PDU）加上适当的协议帧头生成应用子层的协议数据单元（PDU）；

（2）绑定，两个设备服务和需求相匹配的能力，一旦两个设备绑定了，APSDE 将可以把从一个绑定设备接收到的信息传送给另一个设备；

（3）集团地址过滤，提供了基于终点组成员的过滤集团地址信息的能力；

（4）可靠传输，比从网络层仅仅通过端对端的传输增加了可靠性；

（5）拒绝重复，提供传送的信息不会被重复接收；

（6）支持大批量的传输，提供两个设备间顺序传输大批量的数据的能力；

（7）碎片，当消息的长度大于单个网络层帧时，可以分割并重组消息；

（8）流控制，APS 提供避免传输消息淹没接收者的措施；

（9）阻塞控制，APS 层使用“尽力”原则，提供措施避免传输消息淹没中间网络。

应用支持子层的管理实体（APSME），应提供管理服务支持应用程序符合堆栈。

APSME 应具有基于两个设备的服务和需求匹配的能力，该服务称为绑定服务，APSME 应具有能力来构建和维护绑定表来存储这些信息。

另外，APSME 应提供如下服务：

（1）应用层信息库管理，读取设置设备应用层信息库属性的能力；

（2）安全，与其他设备通过使用安全密钥建立可信关系的能力。

应用支持子层为上层实体（NHLE）与网络层提供了一个接口。APS 层管理实体（APSME）通过调用子层的管理函数来提供服务接口；APSME 还负责维护一个关于 APS 子层管理实体的数据库。这个数据库是关于 APS 子层信息库（AIB）。图 6-1 描述了 APS 子

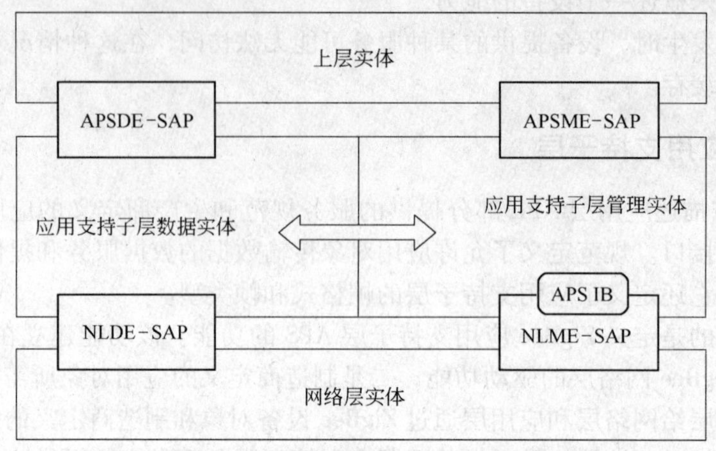

图 6-1 APS 子层的构成和接口

层的构成和接口。

APS 子层通过两个服务指针（SAPs）提供两种服务。APS 数据服务通过 APS 子层数据实体服务指针 SAP（APSDE-SAP），APS 管理服务通过 APS 则层管理实体服务指针 SAP（APSME-SAP），这两个服务通过 NLDE-SAP 和 NLME-SAP 接口提供了 NHLE 和网络层之间的接口。网络层和 APS 子层之间的 NLME-SAP 接口只支持 NLME-GET 和 NLME-SET 原语，其他的 NLME-SAP 原语只可以通过 ZDO 实现。除了这些外部接口以外，在 APSME 和 APSDE 之间还有一个内部的接口，支持 APSME 使用 APS 数据服务。

6.3.1 APS 帧格式

APS 层的帧格式（APDU），每一个 APS 帧包含如下的基本组成：

（1）APS 头，由帧控制和地址信息组成；

（2）APS 有效载荷，包含帧类型指定的信息，其大小为长度可变。

APS 层的帧作为有序域按照指定的顺序进行描述。这小节的所有帧格式都按照网络层的传输顺序进行描述，从左至右，最左的位最先传输。每个域中的长度为 k 位都从 0（最左、最低）至 $k-1$（最右、最高）排号。域中长度小于一个字节的值都按照从最低位至最高位的顺序向网络层传输。

通用的 APS 帧格式如图 6-2 所示。

1 字节	0/1 字节	0/2 字节	0/2 字节	0/2 字节	0/1 字节	1 字节	可变字节	可变字节
帧控制	目的地址	集团地址	串标志	模式标志	源地址	APS 计数	扩展报头	帧有效载荷
	地址域							
应用层帧报头								应用层有效载荷

图 6-2 APS 帧格式

帧控制域 8 位长，包含定义的帧类型、地址域和其他控制标志信息。

目的地址 8 位长，指定帧的最终接收端点。如果帧控制域中的传输模式子域为 0b00

(标准单播发送)，那么帧中包含该域。

目的地址值为 0x00，该帧的目的地址为每个设备的 ZOD。当目的地址值为 0x01 ~ 0xf0，帧目的地址为操作的端点；目的地址值为 0xff，帧目的地址为除了端点 0x00 的所有活跃的端点。端点（0xf1 ~ 0xfe）保留。

集团地址域 16 位长，只有当帧控制中的传输模式子域为 0b11 时存在该域。在这种情况下，目的端点不存在。如果帧中的 APS 头包含集团地址域，帧将被发送到设备组表中由集团地址域确定的所有端点。

设备的 nwkUseMukticast 设置为 TRUE，输出帧不设置集团地址域。

串标志符 16 位长，指定由请求中 SrcAddr 所指示的用于设备绑定操作的串标志符。帧控制域的帧类型子域指定串标志符域是否存在。该域只用于数据帧，不用于命令帧。

模式（Profile）标识符 2 字节长，指定在传输帧的过程中，用于设备过滤消息和帧的模式标识符。该域之用于数据帧和确认帧。

源地址域 8 位长，指定发起者帧的端点。源地址值为 0x00，表明从每个设备的 ZDO 发起。源地址值为 0x01 ~ 0xf0，表明帧从应用操作的端点发起。其他的端点（0xf1 ~ 0xfe）保留。

APS 计数域 8 位长，用于防止接收重复帧。每重新传输一次该值加一。

可扩展报头域包含深层子域。

帧有效载荷域为变长，包含各个帧类型指定的信息。

APS 数据帧格式采用的是通用的 APS 帧格式。

APS 命令帧如图 6-3 所示。

1 字节	0/2 字节	1 字节	1 字节	可变字节
帧控制	集团地址	APS 计数	APS 命令标志符	帧有效载荷
帧报头			应用层有效载荷	

图 6-3　APS 命令帧

APS 命令标志符域表明正在使用 APS 命令。APS 命令帧的 APS 命令有效载荷域应包含 APS 命令本身。

确认帧格式如图 6-4 所示。如果帧控制域的 ack 格式域没有设置，目标端点、cluster 标识符、profile 标识符和源端点应该存在。这对于数据帧确认不设置。源和目标端点域都应该包括在确认帧中。扩展头域应根据帧控制域的扩展头存在子域的值，包含在一个数据帧中。在帧控制域中，帧类型子域应该包括指明一个确认帧的值。扩展头存在子域包含和确认帧同样的值。所有其他子域应该根据确认帧的预定用途设置合适的值。

1 字节	0/1 字节	2 字节	2 字节	0/1 字节	1 字节	可变字节
帧控制	目的地址	串标志	模式标志	源地址	APS 计数	扩展报头
APS 报头						

图 6-4　确认帧格式

如果帧控制域的 ack 格式域设置了，帧就是一个 APS 命令帧，且不能设置目标端点、

cluster 标识符、profile 标识符和源端点域 3。或者，如果一个 APS 数据帧被确认，源端点域应该映射被确认的帧目标端点域的值。同样，目标端点域应该映射被确认的帧源端点域的值。APS 计数器域应该包含和该帧同样的值，而该帧是原来帧的一个确认帧。

如果扩展头存在，扩展帧控制域的分段子域应包含和确认帧同样的值。如果这个帧使用分段，那么块数和 ack bitfield 域应存在。存在的情况下，如果这是一个分段传输的第一个帧，块数域应包含零值，否则应包含和确认帧同样的值。

数据帧应按图 6-5 所示的格式编排。数据帧的 APS 头域包含帧控制、cluster 标识符、Profile 标识符、源端点和 APS 计数器域。根据帧控制域传送模式和扩展头存在子域的值，目标端点、组地址和扩展头域应包含在一个数据帧中。在帧控制域中，帧类型子域应包含指明一个数据帧的值。所有其他子域应根据数据帧的预定用途合适的设置。对于一个输出的数据帧，数据负载域应该包含部分或所有上层请求 APS 数据服务传输的八位字节序列。对于一个输入的数据帧，数据负载域应该包含所有或部分 APS 数据服务已经接收的，以及要被传送到上层的八位字节序列。

<table>
<tr><td>1 字节</td><td>0/1 字节</td><td>0/2 字节</td><td>2 字节</td><td>2 字节</td><td>1 字节</td><td>1 字节</td><td>0/可变字节</td><td>可变字节</td></tr>
<tr><td rowspan="2">帧控制</td><td>目标端点</td><td>组地址</td><td>Cluster 标识符</td><td>Profile 标识符</td><td>源端点</td><td rowspan="2">APS 计数器</td><td rowspan="2">扩展头</td><td rowspan="2">帧负栈</td></tr>
<tr><td colspan="5">寻址域</td></tr>
<tr><td colspan="8">APS 头</td><td>APS 负载</td></tr>
</table>

图 6-5　数据帧格式

帧控制域长度为 8 位，包括定义帧类型的信息，寻址域和其他控制标志。帧控制域应该如图 6-6 所示的格式编排。

位 0 ~ 1	位 2 ~ 3	位 4	位 5	位 6	位 7
帧类型	传送模式	Ack 格式	安全	Ack 请求	扩展头存在

图 6-6　帧控制域的格式

所有的 APS 层命令帧除明文规定都通过加密发送。

6.3.2　绑定

要求 APS 在永久存储器中维护尽量少的数据。这组数据应该能经受住断电、设备复位或其他处理事件。下面的数据应该保存在 APS 永久存储器中：

（1）apsBindingTable（如果设备支持）；

（2）apsDesignatedCoordinator（如果设备支持）；

（3）ApsChannelMask；

（4）apsUseExtendedPANID；

（5）apsUseInsecureJoin；

（6）apsGroupTable（如果设备支持）；

（7）绑定表缓存（如果设备被指定为一个主要或备份绑定表缓存）；

（8）发现缓存（如果设备被指定为一个主要发现缓存）；

(9) 设备上每个活动端点的节点描述符、电源描述符以及简单描述符;

(10) 网络管理地址。

APS 可以维护一个绑定表，它允许 ZigBee 设备为来自给定源端点并带有一个给定 cluster ID 的帧，建立一个指定的目的地。每个指定的目标代表具体设备上的一个具体端点，或一个组地址。

指定为包含绑定表的一个设备必须能够支持一个执行相关的具体长度的绑定表。绑定表应该执行以下映射:

$$(a_s, e_s, c_s) = \{(a_{d1}, e_{d1}), (a_{d2}, e_{d2}), \cdots, (a_{dn}, e_{dn})\}$$

式中 a_s——作为绑定连接源的设备地址;

e_s——作为绑定连接源的设备的端点标识符;

c_s——Cluster 标识符用于绑定连接;

a_{di}——与绑定连接有关的第 i 个目的地址或者目的组地址;

e_{di}——与绑定连接有关的第 i 个可选目的端点标识符（注意当 a_{di} 是一个设备地址时，e_{di} 才能存在）。

APSME-BIND. request 或 APSME-UNBIND. request 原语启动创建或移除一个绑定连接的程序。只有一个支持绑定表缓存的设备，或一个希望存储源绑定的设备，可以启动该程序。如果这个程序由其他类型的设备发起，那么 APSME 发出状态参数设置为 ILLEGAL_REQUEST 的 APSME-BIND. confirm 或 APSME-UNBIND. confirm 原语。

当启动该程序，APSME 应该首先为源和目的地取出绑定连接的地址和端点。如果 DstAddrMode 参数值为 0x01，表示组寻址，那么只有源地址按照上面描述的处理。16 位组地址直接用作一个目标地址，且在这种情况下，不存在目标端点。有了这个信息，APSME 应该根据绑定或取消绑定程序是否分别启动，创建一个新的条目或从其绑定表中移除相应的条目。

如果请求一个绑定操作，APSME 应该在绑定表中创建一个新的条目。如果有空间的话，设备应该只在绑定表中创建一个新的条目；如果绑定表没有空间，APSME 就发出 Status 参数设置为 TABLE_FULL 的 APSME-BIND. confirm 原语。

如果请求一个取消绑定操作，APSME 应该查询其绑定表，寻找匹配发起请求所含信息的一个现有绑定。如果找不到一个条目，APSME 应该终止程序，并通知 NHLE 该无效绑定。这通过发出 Status 参数设置为 INVALID_BINDING 的 APSME-UNBIND. confirm 原语完成。如果找到了一个条目，APSME 应该在绑定表中移除该条目。

如果绑定连接成功创建或移除，APSME 应该通知 NHLE 直接绑定尝试的结果，以及程序的成功。这通过发出 APSME-BIND. confirm 或 APSME-UNBIND. confirm 原语完成，分别带有绑定结果，且状态参数设置为 SUCCESS。一个成功的直接绑定程序在图 6-7 所示的 MSC 中说明。

6.3.3 组寻址

APS 子层应该维护一个组表，它允许端点与组联系在一起，允许组寻址的帧有选择地传输到那些在表中与特定一个组相联系的端点。APS 子层组表的组地址列表必须和 NWK

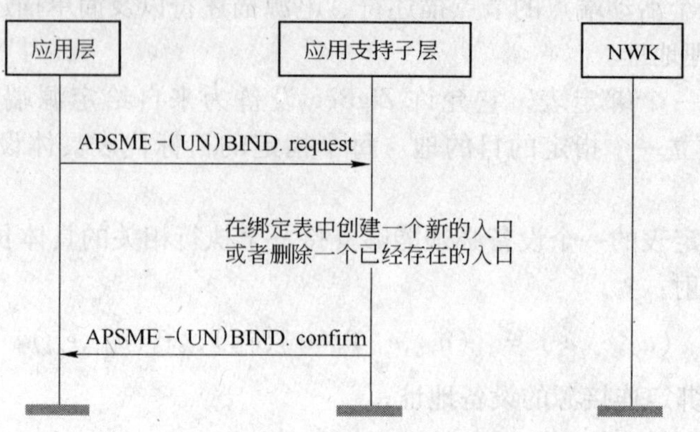

图 6-7 支持绑定表设备上的绑定

层组表的组 ID 列表（存储在 nwkGroupIDTable 属中）一致。

为了本次讨论，组表应该被看作组和端点之间的一组联系，如下：

$$\{(g_1 - ep_{11}, ep_{12}, \cdots, ep_{1n}), (g_2 - ep_{21}, ep_{22}, \cdots, ep_{2m}), \cdots, (g_i - ep_{i1}, ep_{i2}, \cdots, ep_{ik})\}$$

式中 g_i——表中列出的第 i 组；

ep_{ij}——与第 i 组相关的第 j 个端点。

只要能够表示上面描述的联系，本规范的执行者可以自由地以任何方便高效的方式执行组表。

6.3.4 传输、接收和确认

只有是当前网络一部分的那些设备可以从 APS 子层发送帧。任何其他设备接收到一个传输帧的请求时都应该丢弃该帧，并向发起层通知这个错误。状态为 CHANNEL_ACCESS_FAILURE 的 APSDEDATA. confirm 原语表示传输帧的尝试因为信道忙而失败。

APS 子层处理或生成的所有帧应该根据 APS 规定的通用帧格式构造，使用 NWK 层数据服务传输。

使用传送模式 0b00（正常单播）和 0b10（广播）的传输必须包含源端点和目标端点域。传送模式子域值为 0b11 的组寻址传输，应该包含一个源端点域和组地址域，但是没有目标端点域。注意源设备的其他端点是合法的组成员，组地址帧可能的目的地。

对于绑定表存储在源设备的所有设备，源设备的 APSDE 确定绑定表条目是否包含一个单播目标设备地址或一个目标组地址。在绑定表条目包含一个单播目标设备地址，且这个目标设备地址是源设备本身的情况下，APSDE 给上层发出一个 APSDE-DATA. indication 原语，且不传输一个帧。否则，APSDE 把该帧传输给对应于绑定表条目指明的目标地址的 16 位 NWK 地址，且帧控制域的传送模式子域设置为 0b00。在绑定表条目包含一个目标组地址，且 nwkUseMulticast 是 FALSE 的情况下，帧控制域的传送模式子域值必须为 0b11，目标组地址必须放在 APS 头中，且目标端点被忽略。

然后使用 NLDED-ATA. request 原语广播该帧，并使用广播地址 0xfffd。在绑定表条目包含一个目标组地址，且 nwkUseMulticast 是 TRUE 的情况下，帧控制域的传送模式子域值必须为0b10，且目标端点值必须为0xff。然后使用NLDED-ATA. request原语单播该帧，并使用绑定表条目提供的组地址。如果要求安全，该帧应该按照APS层安全的进行处理。

如果要求分段，且这个帧允许，那么该帧应该按照分段的传输的进行处理。

当构造了帧并准备传输，它应该被传递给带有一个合适目标和源地址的NWK数据服务。另外，APS层应该保证网络层的路由发现功能开启。通过给NWK层发出NLDE-DATA. request原语发起APDU传输，传输的结果通过NLDE-DATA. confirm原语返回。

APS子层应该可以通过NWK层数据服务过滤到达的帧，且只列出NHLE感兴趣的那些帧。

如果APSDE接收到一个加密的帧，它应该按照APS安全描述对帧进行处理，来移除安全。如果APSDE收到一个包含目标端点域的帧，那么APSDE应该把它直接传递给目标端点提供的NHLE，除非它是一个不完整的分段传输的一部分，或它被确定为先前传递帧的重复。经过了同一个不完整的分段传输和重复帧的检测，如果目标端点设置为广播端点（0xff），且收到的NLDEDATA. indication原语的DstAddrMode参数不是0x01，那么APSDE把帧送NHLE所支持的全无保留的端点。

如果设备的APSDE收到一个传输，其帧控制域的传送模式子域设置为0b11，表示组寻址，它应该把该帧发给设备组表中与APS头的组地址域所含的16位组地址相联系的每个端点。同样，如果设备的APSDE收到一个NLDE-DATA. request原语，且DstAddrMode参数值为0x01，也表示组寻址，它应该把该帧发给设备在组表中与DstAddress参数值给定的16位组地址相联系的每个端点。在这两种情况下，都为与给定组地址相联系的每个端点查询组表，并给上层发出APSDE-DATA. indication原语，且DstEndpoint参数值等于关联端点数。所有发出的原语中，APSDE-DATA. indication原语的所有其他参数应该保持不变。

APSDE应该保持一个重复拒绝表，至少包含源地址、APS计数器和时间信息，这样根据本规范传输和多次接收的帧被确定为重复，只传输给NHLE一次。该表的大小应该至少是apscMinDuplicateRejectionTableSize。

一个数据或APS命令帧发送时，应该为该帧设置合适的确认请求子域。一个确认帧发送时，应该总是把确认请求子域设置为0。同样，任何广播或多播的帧发送时应该把确认请求子域设置为0。

一个帧被其预定接收者接收时，其确认请求（AR）子域设置为0，就不应该有确认。发出设备应该假定帧的传输成功。图6-8展示了从发出者到接收者传输一个没有要求确认的数据帧的情景。在这种情况下，发出者传输AR子域等于0的数据帧。

一个帧被其预定接收者接收时，其确认请求（AR）子域设置为1，应该返回确认。如

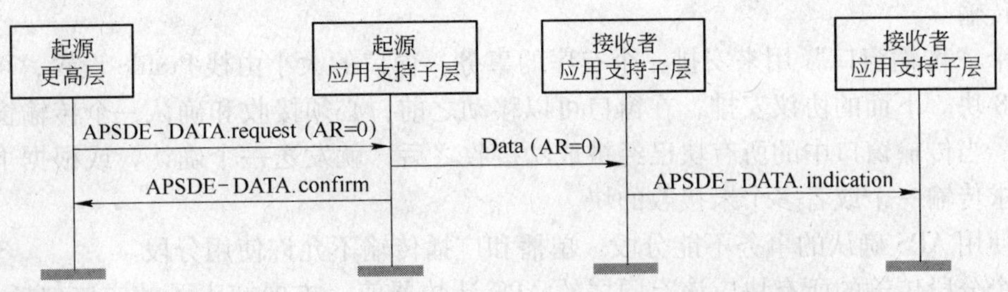

图6-8 无确认的成功的数据传输

果预定接收者正确接收该帧，它应该生成并发送一个确认帧给待确认帧的发出者。

当 APS 子层确定帧是有效的，确认帧的传输就应该开始了。图 6-9 展示了从发出者到接收者传输一个带有确认的数据帧的情景。在这种情况下，发出者通过传输 AR 子域设置为 1 的数据帧，指示接收者它需要一个确认。

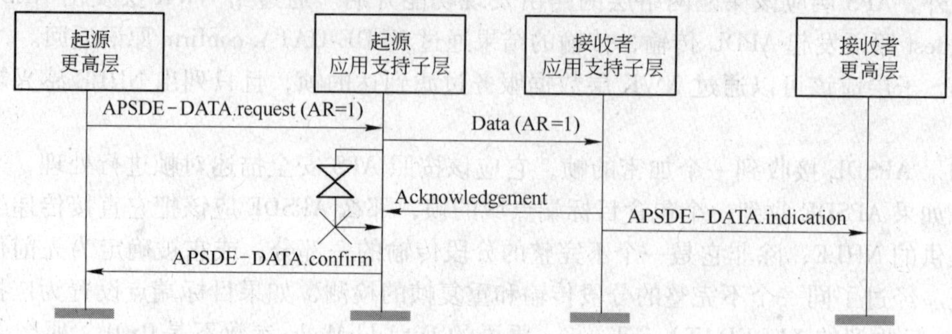

图 6-9　带确认的成功的数据传输

一个设备发送确认请求子域设置为 0 的帧，应该假定传输成功接收，并应该因此不再执行重传程序。

一个设备发送确认请求子域设置为 1 的帧，为了接收相应的确认帧，应该等待最多 apscAckWaitDuration 秒。

如果在 apscAckWaitDuration 秒内收到一个确认帧，它包含和原始帧相同的 cluster 标识符和 APS 计数器，且源端点等于原始帧要传输到的目标端点，传输应该视为成功，设备不再采取进一步行动。

如果在 apscAckWaitDuration 秒内没有收到一个确认，或在 apscAckWaitDuration 秒内收到了确认，但是包含一个意外的 cluster 标识符或 APS 计数器，或源端点不等于原始帧要传输到的目标端点，设备应该断定一次传输尝试失败。

如果一次传输尝试失败，设备应该重复传输帧的程序，等待确认，直到 apscMax-FrameRetries 次数的最大值。如果在 apscMaxFrameRetries 次重传后仍没有收到一个确认，APS 子层应该假定传输失败并且通知上层失败。

加密帧的重传应该使用和原始帧相同的帧计数器。

当一个 ASDU 太大而不能用一个 MAC 数据帧传输，请求一个有确认的单播，且该帧允许分段，ASDU 将被分成许多小字节的字符串，这里将其称为"块"。每个块分别在一个帧里传输。

一个"传输窗口"用来安排一个有序的事务。窗口的大小由栈 Profile 设置，可以设置为高达 8 块。下面的协议安排，在窗口可以移动之前，必须接收和确认一个传输窗口中的所有块。当传输窗口中的所有块已经被成功接收之后，就发送一个确认，或根据下面的协议，请求传输一个或者多个未接收的块。

不使用 APS 确认的事务不能分段。单播和广播传输不允许使用分段。

一个分段传输的所有块应该有同样的 APS 计数器值。扩展帧头子帧应该包括在帧中。扩展帧控制域的分段子域的第一个块必须设置为 0b01，一个分段传输的所有随后的块设置为0b10。块数域应该指示第一块传输的总块数，第二个块取值0x01，此后每个块都应该增加。应该维护一个传输窗口，最初覆盖块0到（apscMaxWindowSize-1），或者如果比这个更少就是总块数。

如果需要安全，那么每个帧都应该独立地处理。传输每个块后，APS应该启动一个计时器。如果在当前传输窗口中有更多未确认块要发送，那么在apsInterframeDelay毫秒延误之后，下一个块将会被传送到NWK数据服务。否则计时器将设置为apscAckWaitDuration秒。

应该维护一个retryCounter参数，并在每个新事务中设置为零。如果apscAckWaitDuration计时器到期，那么具有最少未确认块数的块将被重新传送到NWK数据服务，且retryCounter参数将被增加。

如果retryCounte参数达到值apscMaxFrameRetries，事务视为失败，给NHLE返回一个APSDEDATA. confirm原语，状态值为NO_ACK。在收到一个确认帧，且APS计数器、块数和寻址域具有匹配的值，输出块就按照下节所述被确认。

如果至少有一个之前未确认的块被确认，那么计时器应该停止，retryCounter参数将复位。如果当前传输窗口中所有的块都被确认，那么传输窗口应该增加apscMaxWindowSize个。如果所有的块都已经被传输和确认，那么事务完成，并给NHLE返回一个APSDE-DATA. confirm原语，状态值为SUCCESS。

否则，具有最少未确认块数的块将被传送到NWK数据服务。

如果分段使能传输所需的域不存在，该帧将会被拒绝。而且，所有参数超出本协议范围的帧也将会被拒绝。如果一个输入分段事务已经在处理过程中，但是寻址和APS计数器域不匹配收到的帧，那么收到的帧可以选择被拒绝，或者作为一个进一步事务独立地处理。

如果没有事务正在处理，且接收到了一个分段的帧，那么就应该尝试重组。最初的接收窗口将从0到（apscMaxWindowSize-1）。如果一个事务发起时APS计数器和源地址域的值匹配之前收到的一个事务，那么新事务将作为重复被拒绝。

如果接收窗口在（apscAckWaitDuration + apscAckWaitDuration * apscMaxFrameRetries）的时间内没有向前移动，事务就被视为失败。接收者会发送一个确认给发送者，带有错过的块。

如果当前接收窗口的所有块已经被接收，且收到的一个块的块数大于当前接收窗口，那么当前接收窗口将会增加apsMaxWindowSize块。

如果接收到最后一个块，或者如果收到的一个块的块数值等于或高于窗口中之前未确认块数的最大值，那么就产生一个确认。

一旦事务中所有块都已经被接收，APS会发出一个APSDE-DATA. indication原语，包括重组的信息，此事务应该视为完成。为了方便最终确认的任一重传，建议持续apscAckWaitDuration秒的时间。块数域应该包括当前接收窗口中最小块数的值，使用数值0作为第一个块的值。

当产生后，确认根据6.3.1小节指明的确认帧格式编排。APS计数器域应该反映被确认帧的对应域的值。如果当前接收窗口中的第一个分段已经被正确接收，ackbitfield的第一位应该设置为1，否则设置为0。类似地，随后的位应该设置为对应当前接收窗口中随后的分段的值。如果 apsMaxWindowSize 小于 8，那么余下的位设置为 1。

这个过程在图 6-10 中说明。在图 6-10 中网络中丢失了多个帧，包括窗口中含有最大块数的那个帧。在这种情况下需要稍多的传输量，但是源后退给了系统一个恢复的机会，ASDU 被成功地传输。（这些例子假定 apscMaxWindowSize 取值为 3）。

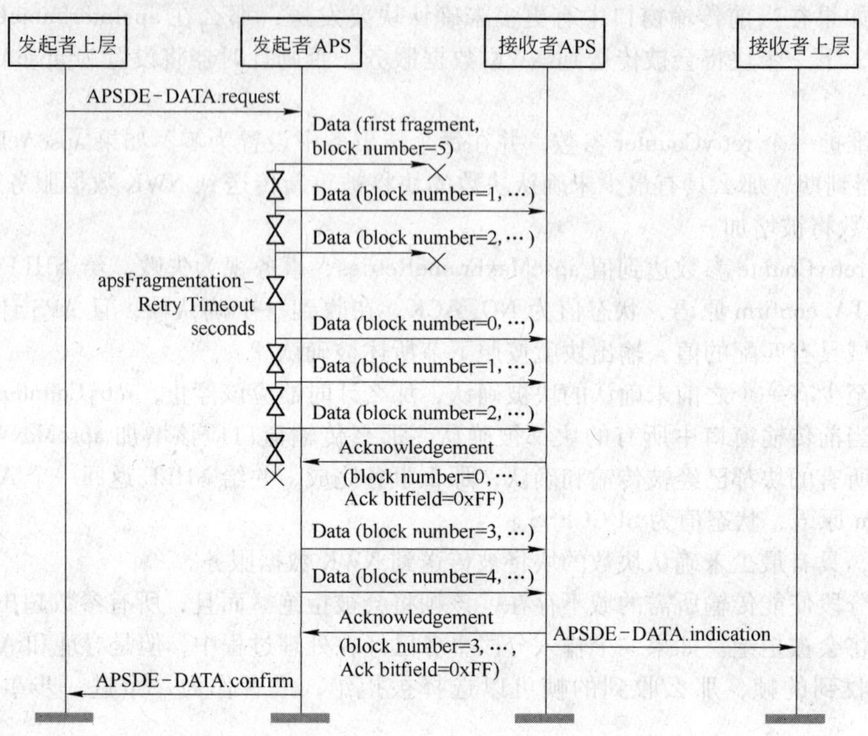

图 6-10 多次重传的分段数据传输

6.3.5 常量和属性

定义 APS 子层特征的常量列在表 6-1 中。

表 6-1 APS 子层常量

常 量	描 述	值
apscMaxDescriptorSize	一个非复杂的描述符包含的字节的最大数	64
apscMaxFrameRetries	传输失败后允许重传的最大次数	3
apscAckWaitDuration	等待确认传输一帧的最大秒数	0.05 *（2 * nwkcMaxDepth）+（安全加密/解密延时），其中（安全加密/解密延时）=0.1（采取每个加密或解密周期为 0.05）
apscMinDuplicate RejectionTableSize	APS 重复拒绝表所需的最小值	1
apscMaxWindowSize	分段参数-可以一次激活的未确认帧的最大数	由栈 Profile 设定（支持 1 ~ 8）
apscInterframeDelay	分段参数-发送一个分段传输的两个块之间的标准延迟	由栈 Profile 设定
apscMinHeaderOverhead	APS 子层到 ASDU 增加的最小字节数	0x0C

APS 信息库包含管理设备的 APS 层所要求的属性。APS IB 的属性列在表 6-2 中。

表 6-2 APS IB 属性

属 性	标识符	类 型	值 域	描 述	默认值
apsBindingTable	0xc1	Set	可变的	设备绑定表目录的当前集合	空 集
apsDesignared Coord inator	0xc2	Boole an	TRUE 或 FALSE	如果在启动时设备成为 ZigBee 协调器，为 TRUE，否则为 FALSE	FALSE
apsChannel Mask	0xc3	IEEE80 2.15.4 信道掩码	对于 PHY 的任何有效掩码	用于这个设备网络操作的允许信道的掩码	所有信道
apsUseExtended PA NID	0xc4	64 位扩展地址	0x00000 00000000 000 to 0xffffffff ffffffe	形成或加入网络的 64 位地址	0x00000000 00000000
apsGroupTable	0x0c5	Set	可变的	组表目录的当前集合	空 集
apsNonmember Radius	0xc6	Integer	0x00-0x07	当使用 NWK 层多播时 NonmemberRadi-us 参数使用的值	2
apsPermissions Conf iguration	0xc7		可变的	允许配置项目的当前集合	空 集
apsUseInsecureJoin	0xc8	Boole an	TRUE 或 FALSE	控制在启动时不安全加入的一个标志	TRUE
apsInterframeDelay	0xc9	Integer	0x00 ~ 0xff（可由栈 Profile 限制）	分段参数-以微秒为单位，发送一个分段传输的两个块之间的标准延迟	由栈 Profile 设置
apsLastChannel Energy	0xca	Integer	0x00 ~ 0xff	信道改变之前，在先前的信道上执行的信道能量扫描的能量测量	空 集
apsLastChannel FailureRate	xcb	Integer	0 ~ 100（十进制）	信道改变之前，之前信道传输网络传输失败的最新百分比（传输失败对总传输尝试次数的百分比）	空 集
apsChannelTimer	0xcc	Integer	1 ~ 24（十进制）	一个倒计时计时器（以小时记）指示下一个允许的频率捷变信道改变的时间。NULL 值指示频道以前未被改变。	空 集

6.4 ZigBee Profile

ZigBee 应用层规范描述了常用的 ZigBee 设备功能，比如绑定、设备发现和服务发现是如何在 ZigBee 设备对象内部实现的。ZigBee 设备模式（Profile）通过定义串（cluster）能够像任何的 ZigBee 模式（Profile）一样运行。不像应用程序特定的模式（Profile），ZigBee 设备模式（Profile）内的串（cluster）定义了所有 ZigBee 设备支持的功能，和任何模式（Profile）文件一样，叙述了强制和可选的串（cluster）。

6.4.1 模式 Profile 概述

在 ZigBee 网络中两个设备之间通信的关键是统一一个 profile（模式也称剖面）。

模式（Profile）的一个例子就是智能家居。这个 ZigBee 模式（Profile）允许用一系列设备类型交换控制消息来构造一个无线智能家居应用。这些设备通过被设计成很好的交换已知信息来实现这些控制，如控制灯的开和关、发送一个亮度传感器测量值给一个照明设备控制器、已有的传感器一旦检测到移动就发送一个警告信息。

模式（Profile）另一个类型的例子是在相连的 ZigBee 设备间定义普通行为。举例说明，无线网络在网络中依靠自制设备的能力来同网络连接和发现其他设备及在设备上的服务。设备和服务发现是在设备的 profile 中支持的特性。

ZigBee 有两个分开的等级定义 Profile，这两个等级是：私人的和公开的。这些等级的精确定义和标准是在 ZigBee 联盟和在这个文件范围之外的一个管理问题。为了符合这个技术规范 Profile 标识符标准是唯一的。最后，对一个 Profile 标识符的应用程序，每一个 Profile 必须以向 ZigBee 联盟提出一个请求开始。一旦获得 Profile 标识符，Profile 标识符允许 Profile 设计者有如小定义：

(1) 设备描述；

(2) 串(簇)标识符。

Profile 标识符的市场应用空间对从 ZigBee 联盟发行 Profile 标识符是一个关键的指标。Profile 需要覆盖一个足够宽的设备范围来允许在没有过度范围设备之间的互动性，但会有可能导致用来描述它们接口的一个串(簇)标识符的不足。相反的，Profile 不能被定义得太狭窄而导致很多个人 Profile 标识符造成寻址空间的浪费，且在描述设备如何接口时产生互操作性。在 ZigBee 联盟里的政策组将就如何定义 Profile 建立标准，帮助请求者制作它们的 Profile 标识符请求。

Profile 标识符在 ZigBee 协议中是主要的枚举量。每一个唯一的 Profile 标识符定义了设备描述和串(簇)标识符的一个联合的枚举量。例如，对 Profile 标识符"1"，存在一些被 16 位值描述的设备描述（就是说在每一个 Profile 中可能有 65536 个设备描述）和一些被 16 位值描述的串(簇)标识符（就是说在每一个 Profile 中可能有 65536 个标识符）。每一个串(簇)标识符也支持一些被 16 位值描述的属性。例如，每一个 Profile 标识符最多有 65536 格串(簇)标识符，且每一个这样的标识符最多又可以包含 65536 格属性。

Profile 开发者的责任就是定义和分配设备描述，串(簇)标识符和在它们已分配的 Profile 标识符里的属性。注意设备描述、串(簇)标识符和属性标识符的定义必须很小心地采用以保证简单描述的有效建立和当交换消息时单一化处理。

设备描述和串(簇)标识符必须通过将被处理的已知的 profile 标识符来完成。在任何消息被定向到一个设备之前，ZigBee 协议采用已经使用服务发现确定 profile 在设备和端点的支持。同样的，绑定处理采用相似的服务发现，且 profile 发生，由于作为结果的匹配提取到源地址、源端点、串(簇)标识符、目的地址和目的端点。

在一个单独的 ZigBee 设备也许包含许多的 profile 的维持，这些 profile 是由在这些 profile 定义的各种串(簇)标识符的子集提供的，且维持多样的设备描述。在设备里使用一个分层寻址定义的能力如下：

（1）设备，设备是由有唯一的 IEEE 和网络地址的单个无线电来维持的；

（2）端点，这是一个 8 位的域，描述了不同的应用程序，这些应用都是由单个无线电来维持的。端点 0x00 用来寻址设备 profile，设备 profile 是每个 ZigBee 设备必须使用的；端点 0xff 用来寻址所有活动的端点（广播端点），且端点 0xf1 ~ 0xfe 保留。结果，一个单独的物理 ZigBee 无线电能维持最多 240 个应用程序在端点 0x01 ~ 0xf0.

应用程序决定关于如何造设备端点配置应用程序和哪个端点用来广播。唯一的要求是每个端点都建立简单的描述符，且这些描述符对于服务发现是有效的。

一旦设备被建立维护特殊的 profile 且同串(簇)描述符使用一致，串(簇)描述符使用是为在这些 profile 中的设备描述，那么应用程序能被配置。为了达到这一点，每一个应用程序被分配给个别的端点，且每一个都使用简单描述符来描述。通过简单描述和在 ZigBee 设备被 profile 中描述的其他服务发现机制、激活服务发现，设备的绑定被维持和在补充的设备间应用程序的通知。

重要的一点是服务发现是以 profile 标识符、输入串(簇)标识符列表和输出串(簇)标识符列表（设备描述很明显地丢失了）为基础构成的。设备描述是在表示 profile 的类型的设备里规定必选的和可选的串(簇)标识符维持的一个简单的协定。另外，期望设备描述枚举在 PDA 里使用或者其他辅助的绑定设备提供设备能力的额外描述。

举例如下，ZigBee 设备能被建立带有一个为了一个标准而写的单独的端点应用程序，公开的 ZigBee profile 标识符“XX”。如果生产商想配置一个 ZigBee 设备支持的标准 profile “XX”，且提供给卖主特殊的扩展名，这些扩展名将被放在一个孤立的端点。维持标准的 profile 标识符“XX”，但在生产时没有卖主扩展名的设备将仅仅维持单独的 profile 标识符“XX”，且不能使用卖主扩展名响应或者建立消息。

在先前的例子中，使用一个标准建立一个设备，这个标准公布 ZigBee profile 标识符“XX”，它包含了标准的 profile 的最初版本。如果 ZigBee 联盟将更新这个标准 profile 来建立新的特性和加法，修订本将组合成一个新的标准 profile，这个新的标准 profile 有一个新的 profile 标识符（即“XY”）。有 profile 标识符“XX”的设备应域新设备兼容，这新的设备对于 profile 标识符“XX”和 profile 标识符“XY”有新设备维持。以这种方式，新设备使用 profile 标识符“XX”与旧设备通信，然而，也可以使用 profile 标识符“XY”与旧设备通信在相同的应用程序里。在 ZigBee 中的服务发现特性激活网络中的设备来确定维持级别。

在本书的第 8 章将为读者介绍如何使用 profile 应用。

6.4.2 设备描述符

ZigBee 设备使用描述符数据结构来描述它们自己，包含在这些描述符里的实际数据被定义在个人的设备描述符里。有五个描述符：节点、节点电源、简单的、复杂的和使用者，如表6-3所示。

表6-3 ZigBee设备描述符

描述符名称	状态	描 述	描述符名称	状态	描 述
Node	M	节点的类型和能力	Complex	O	设备描述的进一步信息
Node power	M	节点电源特性	User	O	定义的使用者的描述符
Simple	M	包含在节点里的设备描述			

节点、节点电源、简单的和使用者描述符按它们出现在各自的表中的顺序传送，也就是，在表头的域第一个传送，表底的域最后传送。

节点描述符包含ZigBee节点能力的信息，且对于每个节点都是必选的。在一个节点里仅仅有一个节点描述符。节点描述符的域如表6-4所示，是按照传送的顺序。

表6-4 节点描述符域

域 名	长度（bit）	域 名	长度（bit）
逻辑类型	3	MAC能力标志	8
有效复杂描述符	1	生产商代码	16
有效使用者描述符	1	最大缓冲值	8
保 留	3	最大转换值（Maximum transfer size）	16
APS标志	3	服务器MASK	16
频率组合（Frequency band）	5		

节点电源描述符是给节点的电源状态一个动态表示，且对每一个节点都是必须有的。在一个节点里就只有一个节点电源描述符。节点电源描述域如表6-5所示，按照传输的顺序。

表6-5 节点电源描述域

域 名	长度（bit）	域 名	长度（bit）
当前电源模式	4	当前的电源源	4
有效的电源源	4	当前电源源级别	4

简单描述符包含节点里的每一个端点的特定信息。简单描述符在节点里存在的每一个端点是必选的。简单描述符域如表6-6所示，是按照传输的顺序。这个描述符在整个空间进行传输，简单描述符的全部长度应小于等于maxCommandSize。

表6-6 简单描述符域

域 名	长度（bits）	域 名	长度（bits）
端 点	8	应用输入簇计数器	8
应用profile标识符	16	应用输入簇列表器	16 * i（i是应用输入簇计数器的值）
应用设备标识符	16	应用输出簇计数器	8
应用设备版本	4	应用输出簇列表器	16 * o（o是应用输出簇计器的值）
保 留	4		

复杂描述包含在节点里的每一个复杂描述符的扩展信息，复杂描述的使用是可选的。由于在这个描述符里扩展的和复杂的特性，它使用压缩的 XML 标志以 XML 格式存在。描述符的每个域如表 6-7 所示，可以以任何顺序传输。作为这个标识符需要在整个空间传输，复杂描述符的全部长度应小于等于 maxCommandSize。

表 6-7 复杂描述符域

域 名	XML 标志	复杂 XML 标志值 b3b2b1b0	数据类型
保 留	—	0000	—
语言和字符设置	<语言代码>	0001	—
生产商名称	<生产商名称>	0010	字符串
模型名称	<模型名称>	0011	字符串
连续数	<连续数>	0100	字符串
设备 URL	<设备 URL>	0101	字符串
图标（Icon）	<图标>	0110	字节串
图标 URL	<大纲>	0111	字符串
保 留	—	1000～1111	—

使用者标识符包含允许使用者使用 user-friendly 字符标识符来识别设备的信息，这些字符串如“Bedroom TV”或者“Stairs light”。使用者标识符的使用是可选的。这个标识符包括一个单独的域，使用 ASCII 字符设置，且包含一个 16 个字符的最大值。使用者标识符域如表 6-8 所示，按照它们传输的顺序。

表 6-8 使用者标识符域

域 名	长度（字节）
使用者标识符	16

应用程序框架能通过 APS 子层的数据服务来过滤所有到达的帧，且仅存在对在每个活动的端点上执行的应用有影响的帧。

应用程序框架通过 APSDEDATA. indication 原语从 APS 子层接收数据，且被标定为一个特殊的端点（DstEndpoint 参数）和一个特殊的 profile（Profile ID 参数）。

如果应用程序框架为一个不活动的端点接收一个帧，丢弃该帧。否则，应用程序框架应确定规定 profile 标识符是否与在规定的端点上执行的 profile 标识相匹配。如果 profile 标识符不匹配，那么应用程序框架拒绝该帧；反之，应用程序框架应传递接收到的帧的载荷到执行在规定端点的应用。

6.4.3 功能介绍

设备 Profile 支持 ZigBee 协议内部四种关键的中间设备通信功能。

（1）设备和设备发现概述；

（2）终端设备绑定概述；

（3）绑定和取消绑定概述；

（4）绑定表管理概述；

(5) 网络管理概述。

6.4.3.1　设备和服务发现

设备和服务发现是一个分布式的操作，即个别设备或指定的发现缓存设备响应发现请求。“重要设备地址”域使得响应可以来自于设备本身或一个发现缓存设备。在某些发现缓存设备和“重要设备地址”设备都响应的情况下，应该使用来自于“重要设备地址”的响应。

设备和服务发现存在以下功能：

A　设备发现

为一个设备提供确定 PAN 上其他设备身份的功能。64 位 IEEE 地址和 16 位网络地址都支持设备发现。设备发现信息可以用于以下两种方式之一。

(1) 广播寻址。网络中的所有设备应该根据逻辑设备类型和匹配标准做出响应。ZigBee 终端设备将刚好响应它们自身的地址，ZigBee 协调器和 ZigBee 路由器及其相关设备应该根据请求类型响应，以其地址作为第一个条目，然后是其相关设备的地址。响应设备应该使用单播响应的 APS 确认服务。

(2) 单播寻址。只有指定的设备响应，一个 ZigBee 终端设备应该只以其地址响应。ZigBee 终端设备仅响应它们自身的地址，一个 ZigBee 协调器或路由器应该以其自己的地址和每个相关子设备的地址回复。所含的相关子设备允许请求者确定指定设备的网络基本拓扑结构。

B　服务发现

为一个设备提供了确定 PAN 上其他设备所提供的服务的功能。服务发现信息可以用于以下两种方式之一。

(1) 广播寻址。由于可以返回的信息量，只有个别设备或主要发现缓存会在请求中建立的匹配标准响应。如果主要发现缓存为请求的 NWKAddrOfInterest 保持缓冲发现信息，只在这种情况下它会响应。响应设备也要使用单播响应的 APS 确认服务。

(2) 单播寻址。只有指定设备会响应。在一个 ZigBee 协调器或 ZigBee 路由器的情况下，这些设备会为睡眠的相关设备缓存服务发现信息，并代表它们响应。

以下查询类型支持服务发现：

1) 活动端点，该命令允许一个查询设备确定活动的端点。一个活动端点是带有一个支持单个 profile 的应用程序的端点，由一个简单描述符描述。该命令必须是单播寻址。

2) 匹配简单描述符，该命令允许查询设备提供一个 Profile ID（以及可选的输入和/或输出 Cluster ID)，并请求返回匹配所提供标准的目标设备的一个端点的身份。该命令可以广播给所有 RxOnWhenIdle = TRUE 的设备，或单播寻址。对于广播寻址请求，响应设备应该使用单播响应的 APS 确认服务。

3) 简单描述符，该命令允许一个查询设备为所提供的端点返回简单描述符。该命令必须是单播寻址。

4) 节点描述符，该命令允许一个查询设备从指定设备返回节点描述符。该命令必须是单播寻址。

5) 电源描述符，该命令允许一个查询设备从指定设备返回电源描述符。该命令必须是单播寻址。

6）复杂描述符，该可选命令允许一个查询设备从指定设备返回复杂描述符。该命令必须是单播寻址。

7）用户描述符，该可选命令允许一个查询设备从指定设备返回用户描述符。该命令必须是单播寻址。

6.4.3.2 终端设备绑定

当使用了用户干预来确定命令/控制设备对，就为一个应用程序提供了支持一个绑定的简化方法的功能。典型用法是为了安装的目的，要求一个用户在两个设备上按下按钮；第二次使用此机制允许用户移除绑定表条目。

6.4.3.3 绑定和取消绑定概述

直接设定绑定表条目存在以下功能：

(1) 绑定，提供了创建一个绑定表条目的功能，其中绑定表可以把控制信息映射到其预定目的地；

(2) 取消绑定，提供了移除绑定表条目的功能。

6.4.3.4 绑定表管理概述

绑定表管理存在以下功能。

(1) 登记执行源绑定的设备：为一个源设备提供了用其主要绑定表缓存来保持自己的绑定表的功能。

(2) 以另一个设备代替本设备，无论在绑定表中任何地方都可以：提供了以另一个设备代替本设备的功能，通过在所有情况下替换其绑定表中的地址。

(3) 备份一个绑定表条目：为一个主要绑定表缓存提供了给备份绑定表缓存发送一个新创建条目的详细信息的功能（在接收到一个绑定请求之后）。

(4) 移除一个备份绑定表条目：为一个主要绑定表缓存提供了请求从备份绑定表缓存中移除某个条目的功能（在接收到一个取消绑定请求之后）。

(5) 备份整个绑定表：为一个主要绑定表缓存提供了请求备份其整个绑定表的功能，使用备份绑定表缓存。

(6) 恢复整个绑定表：为一个主要绑定表缓存提供了请求恢复其整个绑定表的功能，使用备份绑定表缓存。

(7) 备份主要绑定表缓存：为一个主要绑定表缓存提供了请求备份其整个源设备地址表的功能（包含任何含有其自身绑定表的源设备的地址）。

(8) 恢复主要绑定表缓存：主要绑定表缓存提供了请求恢复其整个源设备地址表的功能（包含任何含有其自身绑定表的源设备的地址）。

6.4.3.5 网络管理概述

网络管理存在以下功能。

(1) 提供了从设备中检索管理信息的功能，包括：

1）网络发现结果；
2）到相邻节点的链路质量；
3）路由表内容；
4）绑定表内容；
5）发现缓存内容；
6）能量探测扫描结果。

（2）提供了设置管理信息控制的功能，包括：
1）网络离开；
2）网络直接加入；
3）允许加入；
4）网络更新和错误通知。

ZigBee 设备 Profile 使用了一个 ZigBee 设备描述。每个指定为强制的 cluster 会在所有 ZigBee 设备中存在。对于一些信息的响应行为根据逻辑设备类型而异。对于可选 cluster 的支持不依赖于逻辑设备类型。

设备 Profile 假定了一个客户端/服务器拓扑。一个发出设备发现、服务发现、绑定或网络管理请求的设备，通过一个客户端角色完成；一个服务于这些请求和响应的设备，通过一个服务器角色完成。

在可以同时提供客户端和服务器角色的给定设备中，客户端和服务器角色是不排斥的。因为许多客户端请求和服务器响应是公共的，且应用对象可以使用，而不是 ZigBee 设备对象，应用构架层的头的传输序列号应该在客户端请求及其相关服务器响应中是相同的。

设备 Profile 以两种配置之一描述了设备。

（1）客户端。一个客户端通过设备 Profile 信息给服务器发出请求。

设备 Profilc 客户端服务支持从客户端到服务器传输设备之间服务发现请求、终端设备绑定请求、绑定请求、取消绑定请求以及网络管理请求。另外，客户端服务支持从服务器接收这些请求的响应。

（2）服务器。一个服务器发出响应给发起设备 Profile 信息的客户端。

设备 Profile 服务器服务支持设备和服务发现请求、终端设备绑定请求、绑定请求，取消绑定请求和网络管理请求的程序。另外，服务器服务支持传输这些响应返回到请求设备。

对于发给服务器的所有的广播地址请求（任意一种广播地址类型），如果不支持该命令，服务器应丢掉该数据包。对于任何广播寻址的客户端请求，错误状态不应单播返回给本地设备，包括但不限于服务器不支持的请求。

对于发给服务器的所有的单播地址请求，如果不支持该命令，服务器应制定一个只包含响应 Cluster ID 和状态域的响应数据包。响应 Cluster ID 应通过取请求的 Cluster ID，以及设置高阶位来创建。状态域应设置为 NOT_SUPPORTED。由此产生的响应应该单播给请求的客户端。

6.5　ZigBee 设备对象

ZigBee 设备对象 ZDO 是一个应用程序，使用了网络和应用支持子层原语来执行 Zig-

Bee 终端设备、ZigBee 路由器和 ZigBee 协调器。

ZigBee 设备对象 Profile 使用了 Cluster 来描述其原语。ZigBee 设备 PorileClusters 不使用属性，类似于一个信息传输协议中的信息。在 ZigBee 设备 Profile 内使用 Cluster 标识符来枚举 ZigBee 设备对象内使用的信息。

ZigBee 设备对象还使用了配置属性，这些属性不是任何 Cluster 的元素。ZigBee 设备对象内的配置属性是由应用程序或协议栈 profile 设置的配置参数。配置属性也不与 ZigBee 设备 profile 有关，尽管配置属性和 ZigBee 设备 profile 都被 ZigBee 设备对象使用。

6.5.1 ZDO 概述

本小节介绍在 ZigBee 应用支持子层和网络层顶端执行 ZigBee 设备对象应用需要的概念、结构和原语。

ZigBee 设备对象（ZDO）是使用网络和应用支持层原语执行 ZigBee 终端设备、路由器和协调器的一个应用。

ZDO 使用串(簇)来描述它的原语。ZigBee 设备 Profile 串(簇)不使用属性，且同在消息传输协议里的消息类似。在 ZigBee 设备中使用串(簇)标识符来列举在 ZDO 中使用的消息。

ZDO 也使用配置属性，这些属性不是任何簇的元素。在 ZDO 中的配置属性是由应用或者是栈 Profile 设置的配置参数。虽然配置属性和 ZigBee 设备 Profile 都由 ZDO 来使用，但是配置属性和 ZigBee 设备 Profile 无关。

ZDO 是应用解决方案，驻扎在 ZigBee 协议栈中的 APL 层和 APS 层之上。ZDO 有以下功能：

(1) 初始化应用支持子层（APS）、网络层（NWK）、安全服务提供（SSP）和任何其他 ZigBee 设备层而不是驻扎在端点 1~240 的终端应用。

(2) 从终端应用中集合配置信息来确定和执行下节描述的功能。

主要发现缓存设备通过设备的配置和在节点描述符中的宣布来指定。主要发现缓存设备作为一个状态机器运行，和希望使用主要发现缓存的服务的客户端有关。应被主要发现缓存设备支持。

(1) 未发现。客户端使用找到节点缓存请求，广播给所有的 macRxOnWhenIdle = TRUE 的设备，以确定是否有一个本地设备的已有的发现缓存条目。如果一个发现缓存设备响应了请求，本地设备可以更新发现信息，转换到已注册状态。

客户端使用范围有限的信息 System Server Discovery 请求，广播给所有 macRxOnWhenIdle = TRUE 的设备，在请求给定的半径内寻找一个主要发现缓存设备。

(2) 发现。客户端使用单播的发现缓存请求，发给发现缓存设备，包含它希望存储的发现缓存信息的大小。发现缓存设备将响应一个 SUCCESS、INSUFFICIENT_SPACE 或 NOT_SUPPORTED。

(3) 注册。当客户端从发现缓存设备、或从之前的一个发现缓存请求收到一个 SUCCESS 状态，或找到节点缓存请求找到一个预先存在的发现缓存条目，就达到该状态。客户端现在必须使用节点描述符存储请求、电源描述符存储请求、活动终端存储请求和简单描述符存储请求装载其发现信息，以使主要发现缓存设备在其代表上完全响应。

（4）未登记。客户端（或任何其他设备）可以请求取消登记。删除节点缓存请求将从主要发现缓存设备中删除该设备。主要缓存设备为所有其支持的已登记客户端响应设备和服务发现请求。找到节点缓存请求被想要为一个给定的兴趣设备找到设备和服务发现位置的客户端使用。注意如果发现信息由设备本身持有，设备也必须响应，以确定自己是存放发现信息的设备。

6.5.2　设备和服务发现

在一个单独的 PAN 里，ZigBee ZDO 将支持设备和服务发现。另外，对于 ZigBee 协调器、ZigBee 路由器和 ZigBee 终端设备类型，设备和服务发现将做如下处理：

（1）在每一使用休眠的 ZigBee 终端设备、ZigBee 路由器（或 ZigBee 协调器）的网络，必须被设计作为如它们的节点描述符描述的主要发现缓存设备。这些主要缓存设备是它们自己可发现的，且提供服务器服务来上载和存储代表休眠的 ZigBee 终端设备的发现信息。另外主要缓存设备响应代表休眠 ZigBee 终端设备的发现请求。每一个主要发现缓存设备是 ZigBee 路由器或者 ZigBee 协调器。

（2）对于被 Config_Node_Power 设备和服务发现指示想要休眠的 ZigBee 终端设备将管理被 ZigBee 终端设备选择的主要缓存设备上的网络地址、IEEE 地址、活动节点、简单描述符、节点描述符和电源描述符的上载和存储来允许在这些休眠设备上的设备和服务发现操作。

（3）对于被设计作为主要发现缓存设备的 ZigBee 协调器和 ZigBee 路由器，这个功能将代表休眠 ZigBee 终端设备响应发现请求，这些终端设备已经注册和上载了它们的发现信息。

（4）对于所有的 ZigBee 设备、设备和服务发现将支持设备和从其他设备过来的服务发现请求，且允许从其他本地的应用对象过来的请求的产生。注意设备和服务发现服务是由主要缓存设备代表其他 ZigBee 终端设备提供的。万一主要发现缓存设备是请求的目标，那么 NWKAddrOfInterest 或者 Interest 域的设备将被请求和/或响应填满来区分从设备来的请求的目标，这个设备是发现的目标。

将支持如下的发现特性：

（1）设备发现：

1）以 ZigBee 协调器或者路由器 IEEE 地址的一个单播询问为基础，被请求设备的 IEEE 地址、随机的所有联合设备的网络地址将被返回；

2）以 ZigBee 终端设备的 IEEE 地址的一个单播询问为基础，被请求的设备的 IEEE 地址被返回；

3）以 ZigBee 协调器或者带有一个已经提供的 IEEE 地址的路由器网络地址的一个多播询问（任何广播地址类型）为基础，被请求的设备的网络地址、随机的所有联合设备的网络地址将被返回；

4）以带有已经提供的 IEEE 地址的 ZigBee 终端设备的网络地址的广播查询（任何广播地址类型）为基础，被请求设备的网络地址被返回。响应的设备将使用 APS 层为单播响应已知的服务来广播查询。

（2）服务发现：以如下的输入为基础，相应的响应被提供。

1）网络层地址加上 plus 活动的端点查询类型，指定设备将返回在那个设备里的所有应用的端点数。

2）网络层地址或广播地址（任何广播地址类型）加上服务匹配，这些匹配包括 Profile ID 和随意的，输入和输出簇由指定的设备匹配带有所有活动的端点的 Profile ID 来确定一个匹配。如果没有输入或者输出簇被规定，匹配请求的端点被返回；如果那些匹配的输入和/或输出簇在请求里被提供，且任何匹配在带有提供匹配的设备上的端点列表的响应里被提供。响应的设备应该使用 APS 层已知的服务，这服务是为了单播响应到广播查询的。

万一应用 profiles 想列举输入簇和它们的带有相同簇标识符的响应输出簇，应用 profile 将仅仅在为服务发现目的的简单标识符里列出输入簇。在这些情况下它将被采用，应用 profile 提供关于输入和响应输出的簇标识符的使用的细节。

3）网络层地址加上节点标识符或标识符查询类型，指定的地址将为设备返回联合端点的简单标识符。

4）随意的，网络层地址加上复杂或者使用者标识符查询类型，如果支持，指定的地址将为设备返回复杂或者使用者标识符。

6.5.3 安全管理

这个功能确定是否使能安全，如果使能，将做如下处理：

（1）建立钥匙；

（2）传输钥匙；

（3）请求钥匙；

（4）更新设备；

（5）移动设备；

（6）转换钥匙。

安全管理功能按安全服务规范执行。安全管理由 ZDO 发出 APSME 原语来执行，步骤如下：

由信托中心通信（假定是 ZigBee 协调器）来获得 Master Key，在设备和信托中心之间（如果设备是 ZigBee 协调器或者信托中心的 Master Key 被重新分配这一步忽略），这一步使用传输钥匙原语。

与信托中心建立一个 Link Key，这一步使用 APSMEEstablish-Key 原语。

从信托中心获得网络钥匙使用安全的通信与信托中心。这一步使用 APSME-TRANSPORT-KEY 原语。

作为必需的，建立 Link Key 和 Master Key 与在网络中被确定为消息目的的指定的设备。这步使用 APSMEESTABLISH-KEY 和/或 APSME-REQUEST-KEY 原语。

使用 APSMEDEVICE-UPDATE 通知任何一个设备的信托中心连接网络，这个功能只有设备是 ZigBee 路由器时才执行。

允许设备使用 APSMEREQUEST-KEY 原语从信托中心获得钥匙。

允许信托中心从网络中移动设备使用 APSME-REMOVE-DEVICE 原语。

允许信托中心转换活跃的网络钥匙，使用 APSMESWITCH-KEY 原语。

6.5.4 网络管理

网络管理功能将通过程序应用或者在安装期间执行 ZigBee 协调器、ZigBee 路由器或者 ZigBee 终端设备逻辑设备类型根据已确定的配置设置。如果设备类型是一个 ZigBee 协调器或者 Zigbee 终端设备，这个功能将提供选择一个存在的 PAN 来加入和如果网络通信断开执行允许设备重新加入的程序的能力。如果设备类型是 ZigBee 协调器或者是 ZigBee 路由器，这个功能将提供为一个新的 PAN 建立选择一个未用的信道。注意在没有一个设备是预先指定为协调器的情况下，配置一个网络是可能的，这时，第一个全功能设备（FFD）被确定为 ZigBee 协调器的角色。网络管理做如下处理：

（1）允许为网络信道列表的规定扫描程序，缺省值是规定在已选择的操作联合的所有信道的使用；

（2）管理网络扫描程序来确定邻居网络和它们协调器和路由器的一致性；

（3）允许一个信道的选择来启动一个 PAN（ZigBee 协调器）或者一个存在的 PAN 的选择来连接（ZigBee 路由器或者 ZigBee 终端设备）；

（4）支持孤点和扩展的程序来重新连接网络，包括支持可携带的内部 PAN；

（5）可以支持直接加入和通过网络层提供的代理功能加入。对于 ZigBee 协调器和路由器，可以支持直接加入的一个本地版本，以使得设备通过孤程序或重新加入程序来加入。

6.5.5 绑定管理

绑定管理执行下列任务：

（1）为绑定表建立一个资源值，这个资源值是通过程序应用或通过一个在装期间定义的配置参数确定的；

（2）从 APS 绑定表增加或者减少实体处理绑定请求；

（3）从外部应用支持绑定和解绑定命令，如那些是主机在一个 PDA 上来支持协助绑定。绑定和解绑定命令将通过 ZigBee 设备 Profile 被支持；

（4）对于 ZigBee 协调器，支持终端设备绑定，这绑定允许以按钮按压或其他手动菜单为基础的绑定。

6.5.6 节点管理

对于 Zigbee 协调器和路由器，节点管理功能执行以下步骤：

（1）允许遥控操作命令来执行网络发现；

（2）提供遥控操作命令来重新获得路由表；

（3）提供遥控操作命令来重新获得绑定表；

（4）提供一个遥控操作命令来使一个设备离开网络或者是命令另一个设备离开网络；

（5）提供一个遥控操作命令来重新获得 LQI，是为这个遥远的设备的邻居获得的；

（6）允许源设备用一个初始化绑定表高速缓冲寄存器登记的能力来保持他们自己绑定表；

（7）允许配置工具把一个设备换成另一个设备，这个设备是在所有的绑定表入口中，这个入口涉及它；

（8）允许初始化绑定表高速缓冲寄存器备份和恢复个人绑定入口或者入口绑定表或者保持他们自己绑定表的源设备的表；

（9）提供一个遥控操作命令来允许或者禁止连接一个特殊的路由器；或者通常允许或者禁止通过信托中心连接。

不像对于应用居住的上述的端点 1 ~240 的其他设备描述，ZigBee 设备对象（ZDO）接口除了 APSDE-SAP 之外，通过 APSME-SAP 到 APS，通过 NLME-SAP 到 NWK。ZDO 在端点 0 上通信像所有其他应用一样通过 Profiles 使用 APSDE-SAP。ZDO 使用的 Profile 是 ZigBee 设备 Profile。

ZigBee 设备对象包括五个对象：设备和服务发现、网络管理、绑定管理、安全管理、节点管理。表 6-9 描述了这些 ZigBee 设备对象。

表 6-9 ZigBee 设备对象

名 称	状态	对 象 描 述
:Device_and_Service_Discovery	M	处理设备和安全发现
:Network_Manager	M	处理网络行为，如网络发现，断开/加入网络，重新设置一个网络连接和建立一个网络
:Binding_Manager	O	处理终端设备绑定，绑定和解绑行为
:Security_Manager	O	处理安全服务，如钥匙装载，钥匙建立，钥匙传输和认证
:Node_Manager	O	处理操作功能

作为强制列出的对象将在所有 ZigBee 设备中存在。然而，对于确定的 ZigBee 逻辑类型、对于所有 ZigBee 设备作为可选列出的对象、对于特殊的逻辑设备类型也许是强制的。例如，在网络管理对象中的 NLMENETWORK-FORMATION. request 原语是强制对象且是可选属性，尽管对于 ZigBee 协调器逻辑设备类型属性是必需的。每一个设备类型部分的介绍将详细说明逻辑设备类型的对象和属性支持的必要条件。

ZigBee 设备对象也许为了由 ZigBee 设备 Profile 原语建立的数据包使用安全。这些在端点使用 APSDE 的应用数据包将使用网络钥匙，不使用个人连接钥匙。

能够到达设备的任何端点应用的方法叫做公共方法。私人方法是仅仅可以到达端点 0 的设备应用，且不是到达终端设备（运行在端点 1 到 240）。

第7章 ZigBee安全加密

在无线传感器网络（WSN）ZigBee网络中，最小的资源消耗和最大的安全性能之间的矛盾是WSN/ZigBee安全性的首要问题。通常两者之间的平衡需要考虑到有限的能量、有限的存储空间、有限的计算能力、有限的通信带宽和通信距离这五个方面的问题。

WSN/ZigBee在空间上的开放性，使得攻击者可以很容易地窃听、拦截、篡改、重播数据包；网络中的节点能量有限，使得WSN/ZigBee易受到资源消耗型攻击；而且由于节点部署区域的特殊性，攻击者有可能捕获节点并对节点本身进行破坏或破解。

另外WSN/ZigBee是以数据通信为中心的，将相邻节点采集到的相同或相近的数据发送至基站前要进行数据融合，中间节点要能访问数据包的内容，因此不适合使用传统端到端的安全机制。

7.1 攻击及防御

由于WSN/ZigBee自身的一些特性，使其在各个协议层都容易遭受到各种形式的攻击。下面着重分析对网络传输底层的攻击形式。

物理层中安全的主要问题就是如何建立有效的数据加密机制，由于传感器节点的限制，其有限计算能力和存储空间使基于公钥的密码体制难以应用于无线传感网中。为了节省传感器网络的能量开销和提供整体性能，也尽量要采用轻量级的对称加密算法。

对称加密算法在无线传感网中的负载，在多种嵌入式平台构架上分别测试了RC4、RC5和IDEA等5种常用的对称加密算法的计算开销。测试表明在无线传感器平台上性能最优的对称加密算法是RC4，而不是目前传感器网络中所使用的RC5。

由于对称加密算法的局限性，不能方便地进行数字签名和身份认证，给无线传感网安全机制的设计带来了极大的困难。因此高效公钥算法是无线传感网安全亟待解决的问题。

数据链路层或介质访问控制层为邻居节点提供可靠的通信通道，在MAC协议中，节点通过监测邻居节点是否发送数据来确定自身是否能访问通信信道。这种载波监听方式特别容易遭到拒绝服务攻击也就是DOS。在某些MAC层协议中使用载波监听的方法来与相邻节点协调使用信道。

当发生信道冲突时，节点使用二进制值指数倒退算法来确定重新发送数据的时机，攻击者只需要产生一个字节的冲突就可以破坏整个数据包发送。因为只要部分数据的冲突就会导致接收者对数据包校验和不匹配。导致接收者会发送数据冲突的应答控制信息ACK使发送节点根据二进制指数倒退算法重新选择发送时机。这样经过反复冲突，使节点不断倒退，从而导致信道阻塞。恶意节点有计划地重复占用信道比长期阻塞信道要花更少的能量，而且相对于节点载波监听开销，攻击者所消耗能量非常的小，对于能量有限节点，这种攻击能很快耗尽节点有限能量。所以，载波冲突是一种有效的DOS攻击方法。

虽然纠错码提供了消息容错的机制，但是纠错码只能处理信道偶然错误，而一个恶意节点可以破坏比纠错码所能恢复的错误更多的信息。纠错码本身也导致了额外的处理和通信开销。目前来看，这种利用载波冲突对DOS的攻击还没有有效的防范方法。

解决的方法就是对MAC的准入控制进行限速，网络自动忽略过多的请求，从而不必对于每个请求都应答，节省了通信的开销。但是采用时分多路算法的MAC协议通常系统开销比较大，不利于传感器节点节省能量。

通常，在无线传感网中，大量的传感器节点密集地分布在一个区域里，消息可能需要经过若干节点才能到达目的地，而且由于传感器网络动态性，因此没有固定的基础结构，所以每个节点都需要具有路由的功能。由于每个节点都是潜在的路由节点，因此更易于受到攻击。无线传感网的主要攻击种类较多，简单介绍如下。

(1) 虚假路由信息。通过欺骗、更改和重发路由信息，攻击者可以创建路由环，吸引或者拒绝网络信息流通量，延长或者缩短路由路径，形成虚假的错误消息，分割网络，增加端到端的时延。

(2) 选择性的转发。节点收到数据包后，有选择地转发或者根本不转发收到的数据包，导致数据包不能到达目的地。

(3) 污水池（sinkhole）攻击。攻击者通过声称自己电源充足、性能可靠而且高效，通过使泄密节点在路由算法上对周围节点具有特别的吸引力吸引周围的节点选择它作为路由路径中的点。引诱该区域的几乎所有的数据流通过该泄密节点。

(4) Sybil攻击。在这种攻击中，单个节点以多个身份出现在网络中的其他节点面前，使之具有更高概率被其他节点选作路由路径中的节点，然后和其他攻击方法结合使用，达到攻击的目的。它降低具有容错功能的路由方案的容错效果，并对地理路由协议产生重大威胁。

(5) 蠕虫洞（wormholes）攻击。攻击者通过低延时链路将某个网络分区中的消息发往网络的另一分区重放。常见的形式是两个恶意节点相互串通，合谋进行攻击。

(6) Hello洪泛攻击。很多路由协议需要传感器节点定时地发送Hello包，以声明自己是其他节点的邻居节点，而收到该Hello报文的节点则会假定自身处于发送者正常无线传输范围内。而事实上，该节点离恶意节点距离较远，以普通的发射功率传输的数据包根本到不了目的地。网络层路由协议为整个无线传感网提供了关键的路由服务。如受到攻击后果非常严重。

传输层用于建立WSN与Internet或者其他外部网络的端到端的连接。目前在WSN大多数应用中，都没有对传输层的需求，传输层协议一般采用传统网络协议。

应用层提供了WSN的各种实际应用，因此也面临各种安全问题。密钥管理和安全组播为整个WSN的安全机制提供了安全支撑。

WSN中采用对称加密算法、低能耗的认证机制和hash函数。目前普遍认为可行的密钥分配方案是预分配，即在节点部署之前，将密钥预先配置在节点中，实现方法有多种。

(1) 基于密钥池的预配置方案。每个节点在部署前，从事先生成的密钥池中随机选取一定数目的密钥子集，节点部署到指定区域后，只与具有相同密钥的节点通信。

(2) 基于多项式的预配置方案。由C. Blundo等人提出，能有效地抵御节点被捕获，扩展性强，但计算开销大，也不支持邻居节点的身份认证。

（3）利用节点部署信息的预配置方案。节点按照地理位置关系分组给处于相同组或是相邻组的节点之间分配共享密钥，使节点的分组模式和查询更符合节点广播特征，提高密钥利用率，减少了密钥分配和维护代价。

作为一种新的信息获取和处理技术，WSN 在某些领域有着传统技术不可比拟的优势，但由于传感器网络和节点自身的一些限制，给它的安全性设计带来新的挑战。高效加密算法、安全的 MAC 协议和路由协议以及密钥管理和安全组播等都是值得深入研究的领域。

7.2 加密算法

无线传感网加密算法有 6 个：RC5、RC6、Rijndael、MISTY1、KASUMI 和 Camellia。这 6 个加密算法均有较好的安全件，目前没有对其有效的攻击，如表 7-1 所示。

表 7-1 加密算法比较

加密算法	密钥长度	轮	加密段长度
RC5-32	128	18	64
RC6-32	128	20	128
Rijndael	128	10	128
MISTY1	128	8	64
KASUMI	128	8	64
Camellia	128	18	128

除了 RC5，每种加密算法的加密轮数都采用标准轮数。根据相关技术报告中分析的安全问题，对 RC5 采用 18 轮加密代替原来的 16 轮。RC5 和 RC6 支持不同的加密段长度，但在没有相关理论支持的情况下，如果用 16 位的字长加密，就不知道 RC5、RC6 到底加密多少轮才算是安全的，所以对 RC5、RC6 采用标准 32 位加密字长。

把长的明文分成多个段，然后分别加密方法叫做电子密码本模式，但这种模式可以通过对原始密文进行随机排序、重复和删除等操作得到有效密文，不建议采用。其他更安全的加密模式，在增加安全性同时也会增加能耗，同时还要考虑加密模式的容错能力。表 7-2列出了几种加密模式，CBC（Cipher Block Chaining）模式允许包丢失而不必重传，但研究表明，根据生日悖论，CBC 模式很容易造成信息泄漏。CFB（Cipher Feedback）和 OFB（Output Feedback）模式使用和分组一样大的反馈包。

表 7-2 模式比较

模 式	对密文的错误	对同步错误
CBC	一个错误位影响整个当前块和下一块相应位	受影响的区块需要重新转交下一块解密
CFB	一个错误位影响当前块相应位和下一块	受影响的区块需要重新转交下一块解密
OFB	一个错误位影响当前块相应位	受影响的区块并不需要重新转交
CTR	同 OFB	同 OFB

各种加密算法比较如下所述：

（1）RC5-32。在体积最优化和速度最优化的时候代码大小截然不同，在 OFB 模式下表现最突出。体积最优和速度最优的代码大小之比是 1∶1.5 。对于密钥初始化模式，在参考实现中用体积优化，在 OpenSSL 中用速度优化，两种实现的代码大小之比是 1∶1.2，运行速度之比是 1∶2，节省了代码存储但速度降低很多。

（2）RC6-32。RC6 的密钥初始化十分耗费时间，花费的 CPU 周期是加密阶段的 4 倍。体积最优化和速度最优化消耗的 CPU 周期没有大的差别。

（3）Rijndael。有 1 个大的 s 盒，所以代码存储超过 10KB。在 6 个加密算法中，是唯一解密要初始化密钥的，这个阶段耗费的时间是加密阶段初始化的 4 倍。虽然初始化密钥的代码大小是 RC6 的 2~3 倍，但运行速度是 RC6 的 50~70 倍。

（4）MISTY1。代码大小在 RC5、RC6 之间；在运行速度方面，也在 RC5、RC6 和 Rijndael之间。它的速度优化模式实际上比体积优化模式要差（除了初始化密钥阶段 1）。

（5）KASUMI。初始化密钥是线性过程，但花费时间是 MISTY1 的 2 倍，代码大小比 MISTY1 大 40% ~50%，加密运行速度比 MISTY1 好。和 MISTY1 一样，体积优化模式也比速度优化模式运行速度快。

（6）Camellia。代码体积在所选算法中最大，速度优化比体积优化的代码体积大了 50%，但运行速度几乎快了 1 倍。如表 7-3 所示，在初始化密钥阶段，MISTY1 消耗最少的内存占有、CPU 周期和最大的代码存储。Rijndael 也在内存占用和速度方面有很好的排名，虽然 RC5、RC6 代码段比较小，但它们在内存占用和速度方面表现很差。

Camellia 在代码存储上排名靠后，在运行速度上排名中间。KASUMI 在各方面都表现平均。在加解密阶段：Rijndael 运行速度最快，但同时要求很大的代码存储和内存占用，仅比 Camellia 稍好；MISTY1 在各个方面表现都不错；KASUMI 在各方面表现也很平均；RC5-32 和 Rijndael 表现相反，速度降下去了，但代码大小和内存占用少；RC6-32 的唯一优点是代码体积小；Camellia 速度优化时运行速度比 Rijndael 慢，但代码体积约是 RC5-32 的 10 倍。总体而言，RC6-32 可以说是能耗最多的加密算法，如表 7-3 所示。

表 7-3 比较

比较内容	顺序	存储优化			速度优化		
		代码量	数据量	速度	代码量	数据量	速度
密钥建立	1	RC5-32	MISIYI	MISIYI	RC6-32	MISIYI	MISIYI
	2	KASUMI	Rijndael	Rijndael	KASUMI	Rijndael	Rijndael
	3	RC6-32	KASUMI	KASUMI	RC5-32	KASUMI	KASUMI
	4	MISIYI	RC6-32	Camellia	MISIYI	RC6-32	Camellia
	5	Rijndael	RC5-32	RC5-32	Rijndael	Camellia	RC5-32
	6	Camellia	Camellia	RC6-32	Camellia	RC5-32	RC6-32
加 密	1	RC5-32	RC5-32	Rijndael	RC6-32	RC5-32	Rijndael
	2	RC6-32	MISIYI	MISIYI	RC5-32	MISIYI	Camellia
	3	MISIYI	KASUMI	KASUMI	MISIYI	KASUMI	MISIYI
	4	KASUMI	RC6-32	Camellia	KASUMI	RC6-32	RC5-32
	5	Rijndael	Rijndael	RC6-32	Rijndael	Rijndael	KASUMI
	6	Camellia	Camellia	RC5-32	Camellia	Camellia	RC6-32

Camellia 加密时需较高的能效，即使进行体积优化后，它的代码仍相当大；RC6-32 和

RC5-32 密钥更新能力都较差，能耗较高；KASUMI 相对 MISTY1 的优点是初始化密钥时的代码体积小。能耗最佳的算法，推荐使用 Rijndael；硬件受限的情况下，推荐使用 MISTY1。尽管 MISTY1 在初始化密钥时比 Rijndael 慢，但它比 Rijndael 消耗的存储量和 CPU 周期少；而且，加密时占用的内存小，代码大小只有 Rijndael 的一半。

MISTY1 唯一瑕疵是安全性比 Rijndael 低，且只提供单线加密，可应用于对安全级别要求不高的情况。

OFB 模式不但存储量少，能耗低，而且有良好的容错特性，即密文误差只影响当前组的相应比特的明文。因此，在容易出错的环境，如无线网络中，OFB 尤为有用。但是，在密文丢失时的同步，CTR 模式比 OFB 模式更容易重新同步，因为 CTR 是并行的。在能源效率上，CTR 仅次于 OFB，虽然 CTR 模式占有内存最大，但在同步纠正上有可能节省大量的内存，推荐使用 CTR 模式。

7.3 网络密匙和信任中心

由于传感器网络具有许多鲜明特点，因而对于安全方案的设计也提出了一系列挑战。一种比较完善的无线传感网安全解决方案应当具备如下基本特征：（1）机密性；（2）真实性；（3）完整性；（4）新鲜性；（5）扩展性；（6）可用性。

在传感器网络中，一个完整的会话密钥建立过程通常包括三个阶段，即密钥预分发、单跳密钥发现和多跳密钥建立。

（1）基站产生 n 个密钥及其对应的标识符（），这些密钥和标识符形成一个密钥池 P，即其中 ki 为基站生成的密钥，IDi 为密钥 ki 对应的标识符。

（2）基站从 n 个密钥中随机选出 r 个密钥，组成某个传感器节点 A 的密钥环 RA，并将密钥环加载到 A 的存储器中，即：其中 IDAi 为密钥 kAi 对应的标识符。基站保存每个传感器节点的密钥环（包括 r 个密钥及其对应的标识符）。

（3）传感器节点 A 计算与基站共享的密钥 KBA 并将其加载到存储器中。其中，IDB 表示基站的身份标识。至此密钥预分发阶段结束，该阶段保证了簇内任意两个节点能够以某一概率在各自的密钥环上找到双方共享的会话密钥。

（4）传感器网络配置时，节点 A 被随机或者特定地散布在指定的感知区域内。在簇形成过程结束后，它广播一个信息：表示节点 A 所在簇内的任意节点，LA 表示节点 A 的位置信息。

（5）收到该信息的所有节点将确信它在节点 A 的传输范围内，即二者在同一个簇中，并通过遍历其密钥环，检查是否存在与 A 广播的密钥标识符集相交的元素。假定节点 C 在其密钥环上发现存在与 A 标识符集相交的元素 IDAc，则证明节点 c 与 A 共享有与 IDAc 对应的会话密钥 KAc。

（6）A 使用共享会话密钥 KAc 对响应消息进行解密，确信其密钥环与节点 c 有交集。单跳密钥发现过程使得节点能够通过广播消息的方式，找到簇内与其共享有密钥环上某个会话密钥的节点。在单跳密钥发现过程结束后，节点 A 保存已找到共享实体的密钥，并将密钥环上其余密钥删除。

（7）对于簇内尚未与 A 建立共享密钥的节点来说，可以通过如下过程生成会话密钥。假定节点 D 在单跳密钥发现过程结束后，仍未与节点 A 建立共享密钥，但它找到与节点 c

共享的会话密钥 KDc，且节点 A 与节点 c 也共享有密钥 KAc。此时，A 发送一个挑战信息给节点 c 在对其进行身份认证后，该信息包含 A 和 D 共享的密钥 KAD 及 A 的位置信息 LA。

（8）节点 c 解密消息，并将其使用密钥 KDc 对消息再次加密后转发给节点 D。

（9）节点 D 验证挑战消息的合法性，并发送一个响应信息给节点 A：其中，n0nce 是一个随机数，LJ 是节点 D 的位置信息。

（10）节点 A 使用共享密钥 KAD 对响应消息进行解密，确信与 D 共享的密钥已经建立。

在多跳密钥建立过程结束后，簇内任意两个节点之间都共享有一个会话密钥。传感器网络中的会话密钥建立后，任意两个节点之间即可遵循消息加密协议进行安全通信。

（1）假定节点 A 需要与节点 c 进行通信，首先计算加密密钥 Ke 和认证密钥 Km。

（2）节点 A 使用加密密钥、认证密钥和计数器 C 对消息 M 进行加密并将其发送给节点 c。

（3）节点 c 收到 A 发送来的消息后，重新根据共享密钥 KAG 来计算 Ke 和 Km，并验证消息的合法性。

节点 A 和 c 在会话过程中，使用了共享密钥 KAc 对消息进行了加密，节点 C 和 D、D 和 A 在会话密钥建立时也采取了相应的共享密钥加密的方法，使得攻击者无法获知传输消息的内容，因而机密性得到了保证。由于通信双方共享唯一的会话密钥，该会话密钥具有与数字签名相似的身份认证功能，接收者可以通过数据源认证确信消息是从正确的节点处发送过来的，从而确保了消息的真实性。消息认证码要求将共享密钥和待检验的消息连接在一起进行散列运算，根据散列函数的强无碰撞特性，对数据的任何细微改动都会对消息认证码的值产生较大影响，从而能够有效地防止攻击者对截获的信息进行篡改，保证了消息的完整性。

共享密钥加密确保了攻击者无法获知和篡改计数器的信息，计数器的内容又能使接收者确信收到的数据是在最近时间内生成的最新数据，即消息是新鲜的。

会话过程不需要基站的参与，认证密钥和加密密钥可由通信双方根据共享的会话密钥自主地计算，从而有效地降低了基站的工作负荷，避免基站成为网络通信的瓶颈，这使得方案具有很好的可扩展性。由于引入了认证密钥、加密密钥和计数器，本方案具备了身份验证、消息保密和内容保鲜等诸多功能，并能够有效防止各种攻击（如重放攻击），从而使得其可用性大大提高。

在构建传感器网络加密方案时，我们充分考虑到节点计算速度、电源能量、通信能力和存储空间非常有限的特点，会话密钥建立协议和消息加密协议都设计得比较简单，参与各方在通信过程中需要传输的内容尽可能地少，并采取科学的分簇方法，合理确定簇的规模，确保通信的质量，减少因节点通信能力有限造成会话失败的概率。同时，本方案避开了代价昂贵的公钥运算，通过引入对称密钥、散列算法和计数器，来达到公钥基础设施的类似功能，并通过减少会话步骤、简化计算方法来降低节点的工作负荷，从而使得整个方案的计算、存储和通信开销都非常小，大大提高了方案的执行效率。

7.4 ZigBee 安全概述

ZigBee 应用程序使用 IEEE802. 15. 4 无线标准通信，本标准规定了两层物理层和 MAC 层。ZigBee 在这些层面上建立了 NWK 层和 APL 层。物理层提供了物理频段的基本通信能力。MAC 层保证了设备之间可靠的单跳通信连接。

ZigBeeNWK 层提供了创建不同网络拓扑结构所需的路由和多跳函数，例如星型、树状和网状结构。APL 层包括 APS 子层和 ZDO 和应用程序。ZDO 负责整体设备管理，APS 层提供了服务 ZDO 和 ZigBee 应用的基础。该架构包括在协议栈三个层次的安全机制，MAC 层、NWK 层和 APS 层负责安全运输各自的帧。此外，APS 子层提供建立和维护安全关系的服务。ZDO 管理设备的安全策略和安全配置。

ZigBee 安全服务包括密钥建立、密钥传输、帧的保护和设备管理，这些安全服务形成了 ZigBee 设备内实施安全策略的结构单元。

ZigBee 安全架构提供的安全级别取决于对称密钥的保管，采用的保护机制、密钥机制和相关安全策略的合适执行。对安全架构的信任最终简化为对设定安全初值、安装密钥信息的信任和密钥信息的安全处理和储存的信任。在间接选址的案例中，假定信任绑定的管理程序。

安全协议的执行，例如密钥的建立，假定执行完整的协议，不遗漏任何步骤；随机数发生器假定如期运作；还有，假定设备外不安全方式不可能获得密钥，也就是说，除非密钥受到保护，例如在密钥传输中，一个设备不会有意地或者无意地传送密钥信息给其他设备。假定的一个例外情况发生在当一个没有预先配置的设备接入网络中，在此情况下，单个密钥会未受保护地发送，会引发对网络简短的攻击。

由于成本限制，ZigBee 假定不同的应用，可以使用逻辑不分开的相同无线设备，比如使用防火墙。再者，从特定设备的角度看，甚至不可能去证实另一个设备不同应用之间的密钥分离（除非认证），或者此协议栈的不同网络层之间有没有被合适地执行。因此必须假定使用相同频段的各自应用互相信任。这也就是说，没有密钥任务分离。另外，低一些的网络层（比如 APS 层、MAC 层或者 NWK 层）是任何应用都能完全可用的。这些假定形成设备的一个开放式信任模式。协议栈的不同网络层和单个设备的所有应用互相信任。

7.4.1 安全设计选择

设备上开放式信任模式有深远影响。它可以重复使用同一设备不同网络层上相同的密钥信息，它允许在设备到设备的基础上实现端到端的安全而不是两个通信设备中两个特定层之间（或者两个应用程序之间）。

另一个考虑是关注恶意网络设备通过网络允许可运输协议帧的能力。

通过这些意见，可以得出以下架构设计选择：

（1）首先，建立这样一个原则“最初产生帧的那一层负责对其进行加密”，例如，如果一个 MAC 层分离帧需要保护，MAC 层的安全服务应当被使用；同样，如果 NWK 层命令帧需要保护，NWK 层安全应当被使用；

（2）如果需要保护安全服务不被盗窃（网络恶意设备），NWK 层安全会被为所有帧使用，除了那些通过路由器和一个新加入的设备使用（直到新加入的设备接受网络密钥），因此，设备只有加入了网络和顺利地接受了网络密钥才能将它的消息在网络上多个跃点之间传达；

(3) 由于有开放式信任模式，安全服务可以基于重复使用每个网络层密钥，例如，激活的网络密钥可以用于获得 APS 层广播帧、NWK 网络层帧或者 MAC 网络层指令，密钥的重复使用有助于减少存储成本；

(4) 端对端安全被激活，仅使源设备可以存取共享密钥，这样可以使信任要求被限制到信息不安全的设备上；另外，可以确保设备间路由信息实现独立于信任因素（因此注意力分离了）；

(5) 为了简化设备的互用性，一个特定网络里所有设备和一个设备里所有网络层的安全级别应该相同，尤其是 PIB 和 NIB 中显示出来的安全级别应该一样，如果一个应用因为该网络的净负荷超过额定载荷需要更多安全服务，该应用应该形成它自己更高安全级别的独立网络；

(6) 有一些策略，任何真正执行的策略都必须正确选址，应用概况应包括的策略；

(7) 处理由获得和未获得数据包引起的误差状况，有些误差状况可能显示安全资料的不同步或者不断攻击；

(8) 检测和处理计数器同步和计数器溢出损失；

(9) 检测和处理密钥同步损失；

(10) 如有需要，终止或周期性升级密钥。

7.4.2 安全密钥

ZigBee 设备间安全是基于一个连接密钥和一个网络密钥。APL 同等实体之间单播通信是由 128 比特两设备间的连接密钥获得的，广播通信是由 128 比特网络上所有设备间共享的网络密钥实现的。指定的接受者一直了解准确的安全安排，也就是说，接受者知道网络帧是由连接密钥还是网络密钥来保护的。

一个设备可以通过密钥传输、密钥建立或者预安装（比如在工厂安装期间）来获得连接密钥；一个设备可以通过密钥传输，或者预安装来获得网络密钥。通过密钥建立技巧来获得连接密钥基于一个控制密钥；一个设备可以通过密钥传输，或者预安装来获得控制密钥（为了建立相应的连接密钥）。最终，设备之间的安全取决这些密钥的初始化设置。

在一个安全的网络中可以找到一系列的网络服务。注意，在不同的安全服务要避免重复使用密钥，由于不需要的相互作用可能会导致安全漏洞。因此，这些不同的服务使用的一个关键来自单向函数使用链接密钥。使用无关密钥保证了不同安全协议执行的逻辑分离。密钥载入保护了传输的控制密钥，传输密钥保护了传输的其他密钥。

网络密钥归 ZigBee 的 MAC、NWK 和 APL 层使用。如此，每层应该有同样的网络密钥和相关的输出的和输入的帧计数器。连接密钥和控制密钥应该只在 APL 层找到。

7.4.3 信任中心作用

为了安全起见，ZigBee 定义了信任中心的作用。信任中心是设备网络内值得信赖的装置，分发密钥、网络端到端应用的配置管理。该网络所有成员应承认一个信任中心，并且每一个安全的网络只能有一个信任中心存在。

在高安全级别商用的应用中，一个设备可以预先装载信任中心和初始控制密钥（例如通过未特别指出机制），如果应用可以忍受一小会攻击，控制密钥可以通过频带内未加密密钥传输。如果没有预先装载，设备的信任中心默认是 ZigBee 的协调器或协调器指定的设备。

在低安全级别中，如家居应用，一个设备使用网络密钥和信任中心通信，可以通过预先安装或者通过频带内不加密密钥传输。

信任中心的功能可分为三个：信任管理器、网络管理器和配置管理器。装置信任管理器，以确定设备作为网络和配置管理器的功能；一位网络管理器负责网络和销售，维护网络的网络密钥；配置管理器负责绑定两个应用程序，使设备之间端对端管理安全（例如，通过分配控制密钥或链接密钥）。为了简化信任管理，这三个作用载在一个单一的设备中-信任中心。

为了信任管理，设备应该接受源自其信任中心初步控制密钥或者网络密钥，通过不加密的密钥传输。为了网络管理，为了建立两个设备间端到端的安全只有从信任中心（也就是其配置管理器）设备只能从信任中心（也就是它的网络管理器）接受初步网络密钥和最新的网络密钥。最初的控制密钥或额外的链接密钥、网络密钥应只接受来自设备的信任中心的密钥。

7.5 安全步骤

本节将介绍 ZigBee 网络中如何使用安全服务的详细描述，包括 ZigBee 协调器安全初始化责任描述、信任中心应用的简介和详细的安全步骤。

7.5.1 ZigBee 协调器

ZigBee 协调器应该通过设置 NIB 中的 NwkSecurityLevel 属性来配置网络的安全等级。如果 NwkSecurityLevel 属性设置为 0，网络将不被加密，否则网络将被加密。

ZigBee 协调器应该通过设置 AIB 属性 apsTrustCenterAddress 来配置信任中心的地址。该地址的默认值是 ZigBee 协调器自己的地址，否则，ZigBee 协调器会指定另外一个备用的信任中心。

7.5.2 信任中心应用程序

信任中心应用程序在 ZigBee 网络设备中被设备信任的一个设备上运行，为了网络和端到端应用配置管理来分发密钥。信任中心应配置为标准或高级别安全模式运行，通过直接发送连接密钥（即密钥代管能力），或发送主密钥，可以用来帮助建立端到端应用程序密钥。这些密钥应该随机产生。

信任中心的高级别安全模式是专为高安全性的商业应用设计的。在这种模式下，信任中心应保持一份设备、主密钥、连接密钥和网络密钥的清单，它需要在控制和执行网络密钥更新和网络准入策略中使用。在此模式下，信任中心的网络中设备数量增多，所需的内存也增多，并且 NIB 中的 nwkAllFresh 属性应设置为 TRUE。它还使用 SKKE 和实体认证执行密钥建立。

信任中心的标准级别安全模式是专为低安全性的住宅应用设计的。在这种模式下，信任中心应保持一份网络中所有设备、主密钥、连接密钥和网络密钥的清单；但是它应该维护一个标准的网络密钥，和网络准入的控制策略。在本模式下，信任中心的网络设备数量增多，所需的内存不增多，并且 NIB 中的 nwkAllFresh 属性应设置为 FAlSE。

7.5.3　安全步骤

这一小节介绍加入一个安全的网络，认证新加入的设备，更新网络密钥，恢复网络密钥，建立端到端的应用程序密钥，离开一个安全的网络的信息序列图。

7.5.3.1　加入一个安全网络

图 7-1 展示了当加入一个安全的网络时，加入设备和路由器设备通信的信息序列图实例。

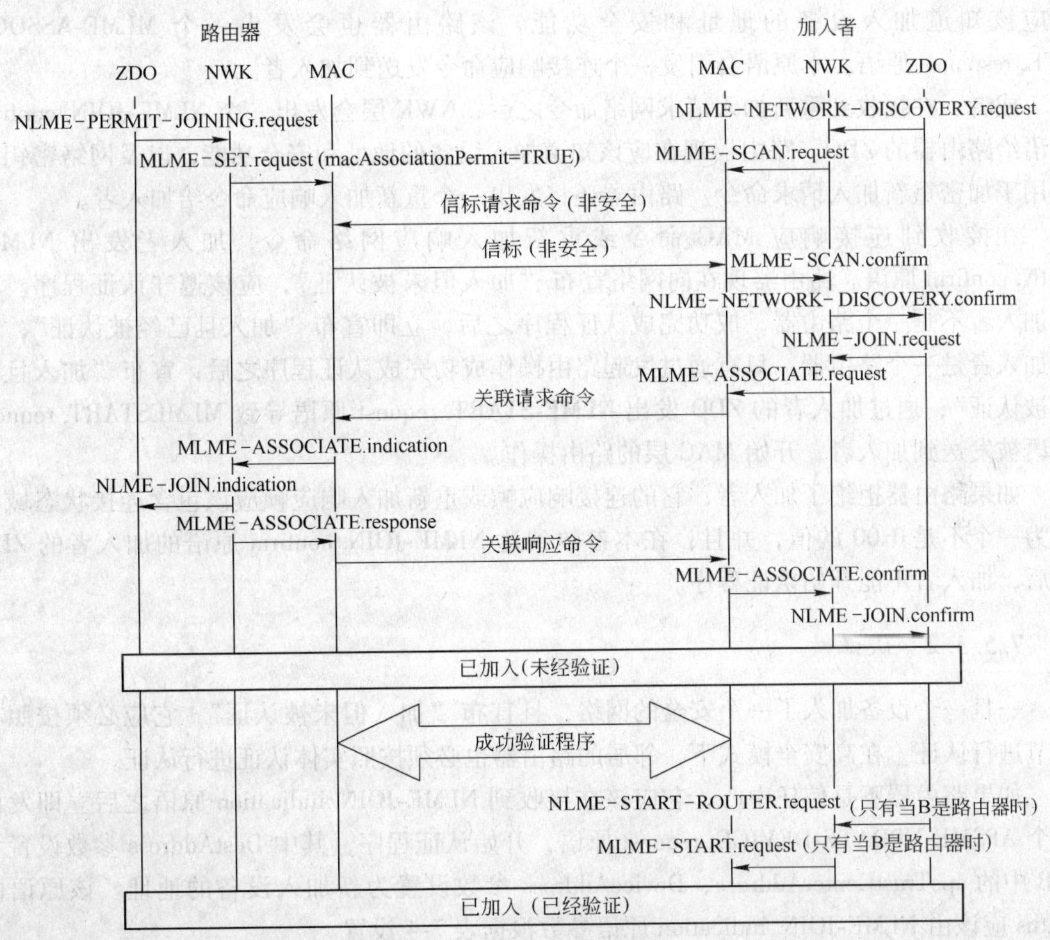

图 7-1　加入安全网络的例子

运行在一个网络中的设备如果错过了一个密钥更新，也可以使用这些步骤来接收最新的网络密钥。

加入设备会通过发出一个 NLME-NETWORK-DISCOVERY. request 原语开始加入的程序，这个原语的引用会导致传输未加密的信标请求帧的一个 MLME-SCAN. request 原语（取决于这次扫描是主动扫描还是被动扫描）。

加入设备从附近的路由器接收信标，NWK 层会发出一个 NLME-NETWORKDISCOVERY. confirm 原语。本原语的 NetworkList 参数会指明所有附近的 PAN。在图 7-1 当中，显示的路由器设备已经处于信标“连接允许”子域设置为“1”的状态。

加入设备应该决定加入哪个 PAN 网络，应该发出 NLME-JOIN. request 原语去加入那个 PAN 网络。如果加入者已经有该 PAN 网络的网络密钥，NLME-JOIN. request 原语的 SecurityEnable 参数应该设置为 TRUE；否则，应该设置为 FALSE。如图 7-1 所示，NLME-JOIN. request 原语导致连接请求或重新加入请求命令被发送到路由器。

在接收到连接请求 MAC 命令，路由器应该发出一个 MLME-ASSOCIATE. indication 原语。下一步，NWK 层会发出一个 NLME-JOIN. indication 原语到路由器的 ZDO。路由器现在应该知道加入设备的地址和安全功能。该路由器也会发出一个 MLME-ASSOCIATE. response 原语。本原语会引发一个连接响应命令发送到加入者。

或者，在接收到重新加入请求网络命令之后，NWK 层会发出一个 NLME-JOIN. confirm 原语给路由器的 ZDO。路由器现在应该知道加入设备的地址和安全功能，以及网络密钥是否用于加密重新加入请求命令。路由器还将发出一个重新加入响应命令给加入者。

在接收到连接响应 MAC 命令或重新加入响应网络命令，加入者发出 NLME-JOIN. confirm 原语。路由器现在向网络宣布“加入但未被认证”，应该遵守认证程序。如果加入者不是一个路由器，成功完成认证程序之后，立即宣布“加入且已经被认证”；如果加入者是一个路由器，只有通过发起路由操作成功完成认证程序之后，宣布“加入且已经被认证”；通过加入者的 ZDO 发出 NLME-START. request 原语导致 MLMESTART. request 原语被发送到加入者，开始 MAC 层的路由操作。

如果路由器拒绝了加入者，它的连接响应帧或重新加入响应帧应该包含连接状态域设置为一个不是 0x00 的值，并且，在本参数到达 NLME-JOIN. confirm 原语的加入者的 ZDO 之后，加入者不能开始认证程序。

7.5.3.2 认证

一旦一个设备加入了一个安全的网络，且宣布“加入但未被认证”，它应必须按照本小节进行认证。在高安全模式下，邻居的路由器也必须按照实体认证进行认证。

如果路由器不是信任中心，它应该在接收到 NLME-JOIN. indication 原语之后立即发出一个 APSME-UPDATE-DEVICE. request 原语，开始认证程序，其中 DestAddress 参数设置为 AIB 中的 apsTrustCenterAddress，DeviceAddress 参数设置为新加入设备的地址。该原语的 Status 应该由 NLME-JOIN. indication 原语参数根据表 7-4 设置。

如果路由器是信任中心，它应该简单得像一个信任中心运行以开始认证程序。

如果由加入设备发起，路由器通过使用 APSME-AUTHENTICATION. request 响应加入设备发起的一个实体认证来完成认证程序，其中 PartnerAddress 参数设置为加入设备的地址，Action 参数设置为响应，且 RandomChallenge 参数设置为一个新的随机值。

表 7-4 NLME-JOIN. indication 参数到更新设备状态映射

NLME-JOIN. indication 参数			更新设备状态	
能力信息位 6	RejoinNetwork	SecuredJoin	状态	描 述
0	TRUE	FALSE	0x00	标准安全设备加密加入
0	FALSE	FALSE	0x01	标准安全设备未加密加入
0	TRUE	TRUE	0x03	标准安全设备未加密重新加入
1	TRUE	FALSE	0x04	高安全设备未加密重新加入
1	FALSE	FALSE	0x05	高安全设备未加密加入
1	TRUE	TRUE	0x07	高安全设备未加密重新加入

当相应的 NIB 中 nwkNeighborTable 关系域条目的值是 0x05（未经验证的子节点），路由器不能转发信息到一个子节点设备，或代表该子节点响应 ZDO 请求或 NWK 命令请求。

信任中心在验证程序中的作用，在收到输入的更新设备命令后激活，或收到 NLME-JOIN. indication 原语之后立即激活（如果路由器是信任中心）。信任中心的行为不同取决于至少 6 个因素：

（1）信任中心是否决定允许新设备加入网络（例如，信任中心处于允许新设备加入的模式）；

（2）信任中心是否运行在住宅或商业模式；

（3）如果在标准安全模式，设备是无加密还是加密加入，以及加入设备的安全功能，正如更新设备命令的 Status 子域所指示；

（4）如果在高安全模式，设备是无加密还是加密加入，加入设备的安全功能，正如更新设备命令的 Status 子域所指示，信任中心是否有一个主密钥对应新加入设备；

（5）NIB 中 nwkSecureAllFrames 属性；

（6）当前网络密钥的类型。

如果在验证程序的任何时候，信任中心决定不允许新的设备加入网络（例如，一个决策或一个失败的密钥建立协议），它应采取行动，移除该设备出网络。如果信任中心不是新加入设备的路由器，它应该通过发出 APSME-REMOVE-DEVICE. request 原语，从网络中移除该设备，ParentAddress 参数设置为产生更新设备命令的路由器地址，ChildAddress 参数设置为已经加入（但未认证）的设备地址。

A 标准安全模式

在认证程序激活后，信任中心通过发出 APSME-TRANSPORT-KEY. request 原语将活动网络密钥发送到设备，DestAddress 参数设置为新加入的设备的地址，KeyType 参数设置为 0x01（即标准网络密钥）。

如果加入设备已经有网络密钥（即更新设备命令的 Status 子域是 0x00），TransportKey-Data 应该做如下设置：KeySeqNumber 子参数应该设置为 0，NetworkKey 子参数应该设置为全 0，UseParent 参数应该设置为 FALSE。

否则，KeySeqNumber 子参数应设置为这个活动网络密钥的顺序计数值，NetworkKey 子参数应设置为活动网络密钥。如果信任中心是路由器，UseParent 子参数应设置为 FALSE；否则，UseParent 子参数应设置为 TRUE，ParentAddress 子参数应设置为产生更新设备命的路由器的地址。

如果加入的设备并未预先配置一个活动网络密钥，本传输密钥原语的发出会导致活动网络密钥无加密地从路由器发送到新加入设备——这里假定安全通过非加密方式存在，例如，只发送此密钥一次，在低功耗、外部输入到路由器和加入者后立即发送，可以保证保密性和真实性。如果在 apsSecurityTimeOutPeriod 之内加入设备没有收到密钥，它应该复位，可以选择重新启动加入程序。

B　高安全模式

在认证程序激活后，信任中心运行在商业模式取决于设备加入网络是否预先配置有信任中心主密钥或连接密钥。

如果信任中心还没有和新加入设备共享一个主密钥或连接密钥，它应该通过发出 APSME-TRANSPORT-KEY. request 原语发给设备一个主密钥或连接密钥，DestAddress 参数设置为新加入设备的地址，KeyType 参数 0x00 或 0x04（即信任中心主密钥或连接密钥）。该 TransportKeyData 子参数应设置如下：Key 子参数应设置为合适的信任中心主密钥或连接密钥，如果信任中心是路由器，ParentAddress 子参数应设置为本地设备地址；否则，ParentAddress 子参数应设置为产生更新设备命令的路由器的地址。本传输密钥原语的发出会导致网络密钥无加密从路由器发送到新加入设备——这里假定安全通过非加密方式存在，例如，只发送此密钥一次，在低功耗，外部输入到路由器和加入者后立即发送，等等。

如果发送的是一个主密钥，信任中心将会通过发出 APSME-ESTABLISH-KEY. request 原语建立一个连接密钥，ResponderAddress 参数设置为新加入设备的地址，KeyEstablishmentMethod 设置为 0x00（即 SKKE）。另外，如果 NIB 中 nwkSecureAllFrames 属性是 FALSE 或者信任中心是路由器，UseParent 参数应该设置为 FALSE。否则，UseParent 参数应设置为 TRUE，ResponderParentAddress 参数应设置为产生更新设备命令的路由器的地址。

在接收到相应的 APSME-ESTABLISH-KEY. confirm 原语之后，且 Status 等于 0x00（即成功），信任中心会发送活动网络密钥到新设备，通过发出 APSME-TRANSPORT-KEY. request 原语，DestAddress 参数设置为新加入设备的地址，KeyType 参数 0x06（即高安全网络密钥传输）。TransportKeyData 子参数应设置为如下：

（1）KeySeqNumber 子参数应设置为这个活动网络密钥的顺序计数值；

（2）NetworkKey 子参数应设置为活动网络密钥；

（3）该 UseParent 子参数应设置为 FALSE。

C　加入设备操作

在成功地加入或重新加入一个安全的网络之后，加入设备应该参加本节中指明的认证程序。成功完成认证程序之后，加入设备应设置 AIB 中 nwkSecurityLevel 和 nwkSecureAllFrames 属性为路由器中信标所表明的值。

在一个安全的网络中一个已经加入和验证、且 nwkSecureAllFrames 等于 TRUE 的设备，将必须永远应用 NWK 层安全到输出（输入）帧，除非该帧是要到达（或源自）一个新加入的但是未被认证的子设备。如果 nwkSecureAllFrames 等于 FALSE，没有这种限制。加入设备参加认证程序取决于设备的状态，有至少 4 种可能的初始状态要考虑：

（1）预先配置有活动网络密钥（即标准安全模式）；

(2) 预先配置有信任中心连接密钥和地址(即标准安全模式);

(3) 预先配置有信任中心主密钥和地址(即高安全模式);

(4) 没有预先配置(即不确定的模式——标准模式或者高安全模式)。

在一个安全的网络中,如果设备在预先配置的时间内没有通过认证,它应该离开网络。

如果加入设备只预先配置有活动网络密钥(且如果加入成功),它应该设置该密钥的输出帧计数器为零,清空该密钥的输入帧计数器设置,然后等待从信任中心接收一个虚网络密钥(全零)。在收到 APSMETRANSPORT-KEY. indication 原语,且 KeyType 参数设置为 0x01(即标准网络密钥)之后,加入的设备应该设置它的 AIB 中 apsTrustCenterAddress 属性为 APSMETRANSPORTKEY. Indication 原语的 SrcAddress 参数。现在新加入的设备被视为通过了认证,应该进入标准安全模式的正常操作状态。

如果加入的设备只预先配置有信任中心连接密钥和地址(即 AIB 中 apsTrustCenterAddress 属性),它应等待从信任中心接收一个活动网络密钥。在收到 KeyType 参数设置为 0x01(即标准网络密钥)的 APSME-ESTABLISH-KEY. indication 原语之后,加入设备就设置它的 AIB 属性 apsTrustCenterAddress 为 APSME-TRANSPORT-KEY. indication 原语的 SrcAddress参数。现在加入设备被视为经过验证,应进入标准安全模式的正常操作状态。

如果加入设备预先配置有信任中心主密钥和地址(即 AIB 中 apsTrustCenterAddress 属性),它应等待建立一个连接密钥,并从信任中心接收一个活动网络密钥。因此,在接收到 InitiatorAddress 参数设置为信任中心地址,且 KeyEstablishmentMethod 参数设置为 SKKE 的 APSME-ESTABLISH-KEY. indication 原语时,加入设备应响应 APSME-ESTABLISH-KEY. response 原语,其中 InitiatorAddress 参数设置为信任中心的地址,Accept 参数设置为 TRUE。收到 Address 参数设置为信任中心地址,状态参数设置为 0x00(即成功)的 APSMEESTABLISH-KEY. confirm 原语之后,加入设备应期望收到该活动网络密钥。如果加入设备在 apsSecurityTimeOutPeriod 内没有收到 InitiatorAddress 参数设置为信任中心地址,且 KeyEstablishmentMethod 参数设置为 SKKE 的 APSME-ESTABLISH-KEY. indication 原语,它应复位,可以选择再次启动加入程序。

如果加入设备有一个信任中心连接密钥,收到 SourceAddress 参数设置为信任中心地址且 KeyType 参数设置为 0x05(即高安全网络密钥)的 APSME-TRANSPORT-KEY. indication 原语时,设备使用 TransportKeyData 参数中的数据来配置活动网络密钥。

认证程序应由加入设备发起一个实体认证完成,即路由器使用 APSMEAUTHENTICATION. request,PartnerAddress 参数设置为路由器地址,Action 参数设置为发起,且 RandomChallenge 参数设置为一个新的随机值。然后路由器将响应一个 APSMEAUTHENTICATION. request,PartnerAddress 参数设置为加入设备地址,Action 参数设置为响应,且 RandomChallenge 参数设置为一个新的随机值。

现在加入设备被视为已经认证,进入高安全模式的正常操作状态。

如果加入设备没有预先配置活动网络密钥,也没有一个信任中心主密钥或连接密钥和地址(即 AIB 中 apsTrustCenterAddress 属性),它应该等待接收一个无加密信任中心主密钥或活动网络密钥。实施者应注意,传输一个无加密密钥代表了安全风险,如果安全是一个问题,应预先配置密钥——最好通过保证保密性和真实性的带外机制。如果加入设备在

apsSecurityTimeOutPeriod 时间内没有收到任何密钥，它应复位，可以再次选择开始加入程序。

在收到 APSME-TRANSPORT-KEY. indication 原语之后，且 KeyType 参数设置为 0x01（即标准网络密钥），加入的设备应使 TransportKeyData 参数中的数据作为它的活动网络密钥，应设置它的 AIB 中 apsTrustCenterAddress 属性为 APSME-TRANSPORT-KEY. indication 原语的 SrcAddress 参数。现在加入的设备被认为通过验证，并应进入标准安全模式的正常操作状态。

在收到 APSME-TRANSPORT-KEY. indication 原语之后，且 KeyType 参数设置为 0x04（即信任中心连接密钥），加入的设备应使 TransportKeyData 参数中的数据作为它的信任中心连接密钥，应设置它的 AIB 中 apsTrustCenterAddress 属性为 SrcAddress 参数。如果 APS-METRANSPORT-KEY. indication 原语的 SourceAddress 参数设置为信任中心的地址，且 Key-Type 参数设置为 0x01（即标准网络密钥），加入的设备应使用 TransportKeyData 参数中的数据来配置活动网络密钥。活动网络密钥的所有输入帧计数器和输出帧计数器都应设置为0。现在加入的设备被认为通过验证，并应进入标准安全模式的正常操作状态。

在收到 APSME-TRANSPORT-KEY. indication 原语之后，且 KeyType 参数设置为 0x00（即信任中心主密钥），加入的设备应使 TransportKeyData 参数中的数据作为它的信任中心主密钥，设置它的 AIB 中 apsTrustCenterAddress 属性为 SrcAddress 参数。

下一步，在收到 APSME-ESTABLISH-KEY. indication 原语之后，且 InitiatorAddress 参数设置为信任中心地址，KeyEstablishmentMethod 参数设置为 SKKE，加入的设备应该响应 APSME-ESTABLISH-KEY. response 原语，InitiatorAddress 参数设置为信任中心地址，Accept 参数设置为 TRUE。在收到 APSME-ESTABLISH-KEY. confirm 原语之后，且 Address 参数设置为信任中心地址，Status 参数设置为 0x00（即成功），加入的设备应该期望接收到活动网络密钥。如果 APSME-TRANSPORT-KEY. indication 原语的 SourceAddress 参数设置为信任中心地址，且 KeyType 参数设置为 0x05（即高安全网络密钥），加入的设备应使用 TransportKeyData 参数中的数据去配置活动网络密钥。

认证程序通过使用 APSME-AUTHENTICATION. request 由加入设备发起一个和路由器的实体认证完成，其中 PartnerAddress 参数设置为路由器地址，Action 参数设置为发起，RandomChallenge 参数设置为一个新的随机值。然后路由器响应一个 APSME-AUTHENTICATION. request，PartnerAddress 参数设置为加入设备地址，Action 参数设置为响应，RandomChallenge 参数设置为一个新的随机值。现在加入的设备被认为通过验证，并应进入商业模式的正常操作状态。

如果一个邻居设备尝试通信，邻居设备未知，且设备处于高安全模式，帧计数器检查正在进行，因为帧计数器没有启动，通信会被拒绝。邻居设备通过使用 APSMEAUTHENTICATION. request 发起一个实体认证，PartnerAddress 参数设置为邻居设备地址，Action 参数设置为发起，RandomChallenge 参数设置为一个新的随机值。APSMEAUTHENTICATION. request 发送时带有一个随机抖动。

然后邻居设备会用 APSME-AUTHENTICATION. request 响应，PartnerAddress 参数设置为设备地址，Action 参数设置为响应，RandomChallenge 参数设置为一个新的随机值。邻居设备现在被认为通过认证。

图 7-2 和图 7-3 给出了当路由器和信任中心是分别运行在标准模式或高安全模式下的不同设备，认证步骤的实例信息序列图表。

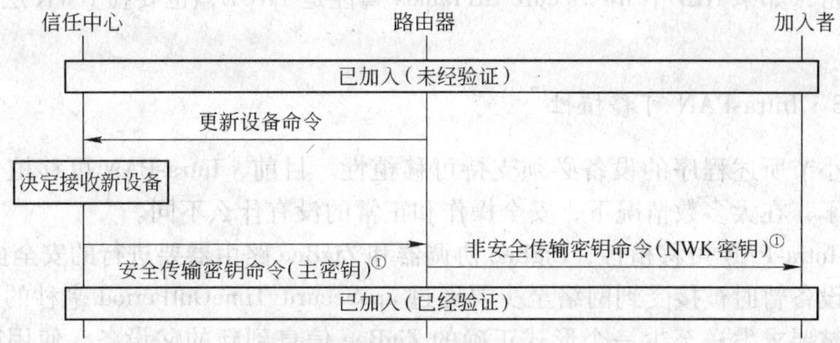

图 7-2 标准安全模式验证过程的例子

①如果加入者使用一个预先定义的网络密钥加入网络，信任中心就会发送一个虚拟全 0 的网络密钥

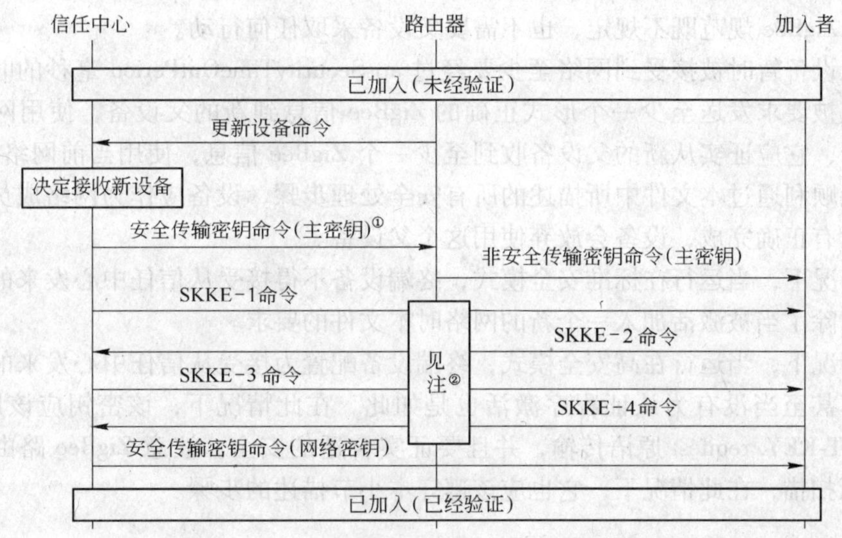

图 7-3 高安全模式认证过程例子

①如果信任中心已经和加入设备分享一个密钥的话，它就不能发送主密钥（例如：在预配置情况下）

②当 nwkSecureAllFrame. NIB 属性为 TRUE 时 SKKE 命令作为联络使用路由器发送（例如：这些命令在网络层中的信任中心和路由器之间是安全的，但是在路由器和加入者之间是非安全的）

在图 7-2 中，更新设备和传输密钥命令在信任中心和路由器之间的通信，应该在 APS 层根据活动网络密钥加密。从路由器发送到加入者的传输密钥命令无需加密。

在图 7-3 中，更新设备和传输密钥命令在信任中心和路由器之间的通信，应该在 APS 层根据信任中心连接密钥进行加密。如果 NIB 中 nwkSecureAllFrames 属性是 TRUE，它也应该在 NWK 层用活动网络密钥加密。从路由器发送到加入者的传输密钥命令无需加密。

SKKE 命令在发送时，使用路由器作为一个联结，当 NIB 中 nwkSecureAllFrames 属性是 TRUE，这样 SKKE 命令在信任中心和路由器之间的通信应该在 NWK 层用活动网络密钥加密，在路由器和加入者之间的命令无需加密。否则，信任中心和加入者之间的 SKKE 命令无需加密。最终的传输密钥在信任中心到加入者之间的通信需要在 APS 层根据信任中心连接密钥加密，如果 NIB 中 nwkSecureAllFrames 属性是 TRUE，也要在 NWK 层用活动网络密钥加密。

7.5.3.3 Intra-PAN 可移植性

遵守本小节所述程序的设备必须支持可移植性。目前，Intra-PAN 可移植性的安全支持被最小化了，在大多数情况下，安全操作和正常的没有什么不同。

为支持 Intra-PAN 可移植性，ZigBee 协调器和 ZigBee 路由器要进行的安全操作。

一个孤设备暂时被接受到网络至少要经过 apsSecurityTimeOutPeriod 毫秒的时间。在此期间，它应被要求发送至少一个形式正确的 ZigBee 信息到新的父设备，使用网络密钥加密。如果这信息顺利通过本文件中所描述的所有安全处理步骤，它应被接纳为网络的一个成员。

如果来自一个孤设备的一个信息未能通过以上在 7.5.3 小节介绍中任何地方所规定的安全处理，ZigBee 规范既不规定，也不需要父设备采取任何行动。

一个孤设备暂时被接受到网络至少要经过 apsSecurityTimeOutPeriod 毫秒的时间。在此期间，它应被要求发送至少一个形式正确的 ZigBee 信息到新的父设备，使用网络密钥加密。进一步，它应证实从新的父设备收到至少一个 ZigBee 信息，使用当前网络密钥加密。如果这信息顺利通过本文件中所描述的所有安全处理步骤，设备应作为网络成员操作。如果该协议没有正确完成，设备会放弃使用这个父设备。

一般情况下，当运行在标准安全模式，终端设备不得接受从信任中心发来的未加密的网络密钥，除了当被激活加入一个新的网络时本文件的要求。

一般情况下，当运行在高安全模式，终端设备配置为接受从信任中心发来的更新后的网络密钥，甚至当没有为认证程序激活也是如此。在此情况下，该密钥应该用 APSME-TRANSPORT-KEY. request 原语传输，并且要证实合适的安全。注意 ZigBee 路由器也可以执行一个孤扫描，在此情况下，它也应该遵守本小节描述的步骤。

7.5.3.4 网络密钥更新

信任中心和网络设备更新时活动网络密钥应该遵守本小节的步骤。

当用同样类型的新密钥更新一个标准的网络密钥，信任中心会通过发出 APSME-TRANSPORT-KEY. request 原语，广播这个新密钥到所有的设备，DestAddress 参数设置为广播地址，KeyType 参数设置为 0x01（即标准网络密钥）。TransportKeyData 子参数应该做如下设置：

（1）KeySeqNumber 子参数应该设置为新的网络密钥的序列计数值；

（2）NetworkKey 子参数应该设置为新的网络密钥；

（3）UseParent 子参数应该设置为 FALSE。

如果前面分发在网络中的密钥顺序计数以 N 表示，那么这个新网络密钥的顺序计数应是（N + 1）mod256。信任中心会通过发出 APSEM-ESWITCH-KEY. request 更换新密钥，DestAddress 参数设置为广播地址，KeySeqNumber 参数应该设置为更新后的网络密钥的序列计数值。

当运行在标准安全模式，信任中心会保持一个网络中所有设备的清单；在高安全模式下，也会保持一个这样的清单。为了使这个清单更新活动网络密钥，信任中心先会发送新的网络密钥到清单上每个设备，然后让每个设备更换成新的密钥。新的网络密钥应该发送到清单上每一个设备，通过发出 APSME-TRANSPORT-KEY. request 原语，DestAddress 参数设置为清单上设备地址，KeyType 参数设置为 0x05（即高安全网络密钥）。TransportKeyData 子参数应该做如下设置：

（1）KeySeqNumber 子参数应该设置为新的网络密钥的序列计数值；

（2）NetworkKey 子参数应该设置为新的网络密钥；

（3）UseParent 子参数应该设置为 FALSE。

如果前面分发在网络中的密钥顺序计数以 N 表示，那么这个新网络密钥的顺序计数应是（N+1）mod256。信任中心会通过发出 APSEME-SWITCH-KEY. request 要求每一个设备更换成这个新密钥，DestAddress 参数设置为设备地址，KeySeqNumber 参数应该设置为更新后的网络密钥的序列计数值。

当在正常操作状态下，在接收到 APSME-TRANSPORT-KEY. Indication 原语之后，KeyType 参数设置为 0x01 或 0x05（即网络密钥），只有在 SrcAddress 参数等于信任中心地址（见 AIB 中 apsTrustCenterAddress 属性）时，设备才接受 TransportKeyData 参数作为网络密钥。如果接受，且设备可以存储一个备用网络密钥，TransportKeyData 参数中包含的密钥和序列号数据将会取代备用网络密钥。否则，TransportKeyData 参数中包含的密钥和序列号数据将会取代活动网络密钥。在这两种情况下，合适的网络密钥的所有输入和输出帧计数器都应该设置为 0。

当在正常操作状态下，在接收到 APSME-SWITCH-KEY. Indication 原语之后，仅当 SrcAddress参数和信任中心地址（存储在 AIB apsTrustCenterAddress 属性）相同时，设备应该更换它的活动网络密钥成为 KeySeqNumber 参数指定的密钥。

图 7-4 展示了两个设备成功执行网络密钥更新程序的一个例子。在这个例子中，信任中心传送网络密钥到设备 1 和 2，序列数为 N。设备 1 是一个 FFD，可存储两个网络密钥，

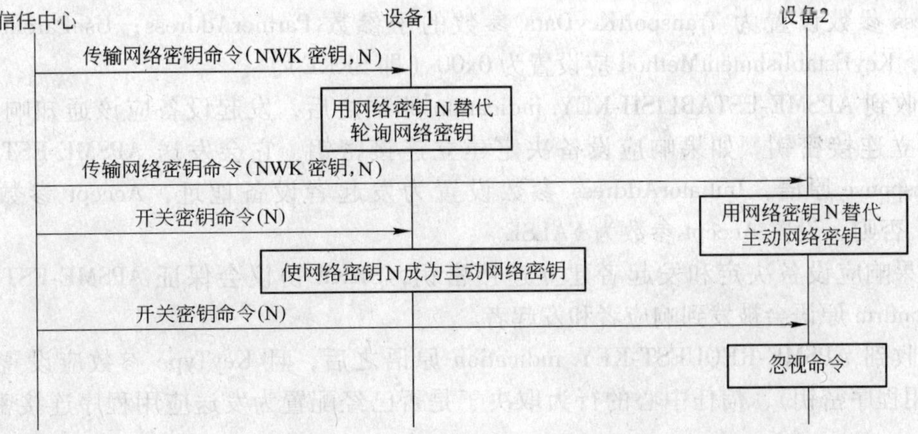

图 7-4 网络密钥更新过程例子

活动的和备用的；设备 2 是一个 RFD，只能存储一个网络密钥。在收到传输密钥命令后，设备 1 用新的网络密钥取代其备用网络密钥；然而设备 2 必须用新的密钥取代其活动的网络密钥。下一步，在收到更换密钥命令后，设备 1 使新的网络密钥成为其活动的网络密钥；但是设备 2 只有一个活动的网络密钥，因此它会忽略这命令。

7.5.3.5 端对端应用密钥建立

为了发起者和响应者之间的端对端应用程序的安全，必须建立一个连接密钥时，一个发起设备、一个信任中心和一个响应设备应该遵守本小节的步骤。

发起设备应发出 APSME-REQUEST-KEY. request 原语和响应设备建立一个连接密钥开始程序。DstDevice 参数应设置为其信任中心地址，KeyType 参数应设置为 0x02（即应用程序密钥），PartnerAddress 参数应设置为响应设备的地址。

在接收 APSME-TRANSPORT-KEY. indication 原语之后，且 KeyType 参数设置为 0x03（即应用程序连接密钥），只有 PartnerAddress 参数等于 AIB 中 apsTrustCenterAddress 属性，设备才可以接受 TransportKeyData 参数作为一个连接密钥连接 PartnerAddress 指定的设备。如果接受，AIB 表中 DeviceKeyPairSet 属性应该被更新。为 PartnerAddress 参数指定的设备在 AIB 中创建一个密钥对描述符（或如果存在就更新），DeviceAddress 元素设置为 PartnerAddress 参数，LinkKey 元素设置为 TransportKeyData 参数中的连接密钥，OutgoingFrameCounter 和 IncomingFrameCounter 元素设置为 0。

在接收到 APSME-TRANSPORT-KEY. indication 原语之后，且 KeyType 参数设置为 0x02（即应用程序主密钥），只有 SrcAddress 参数等于 AIB 中 apsTrustCenterAddress 属性，设备才可以接受 TransportKeyData 参数作为一个主密钥连接 PartnerAddress 子参数指定的设备。如果接受，AIB 中 DeviceKeyPairSet 属性应该被更新。为 PartnerAddress 参数指定的设备在 AIB 中创建一个密钥对描述符（或如果存在就更新），DeviceAddress 元素设置为 PartnerAddress 参数，MasterKey 元素设置为 TransportKeyData 参数中的主密钥，OutgoingFrameCounter 和 IncomingFrameCounter 元素设置为 0。

下一步，如果 APSME-TRANSPORT-KEY. indication 原语 TransportKeyData 参数的子参数 Initiator 属性是 TRUE，设备会发出 APSME-ESTABLISH-KEY. request 原语。ResponderAddress 参数设置为 TransportKeyData 参数的子参数 PartnerAddress；UseParent 设置为 FALSE，KeyEstablishmentMethod 应设置为 0x00（即 SKKE）。

在收到 APSME-ESTABLISH-KEY. indication 原语之后，发起设备应该通知响应设备，愿意建立连接密钥。如果响应设备决定建立连接密钥，它会发送 APSME-ESTABLISH-KEY. response 原语，InitiatorAddress 参数设置为发起者设备地址，Accept 参数设置为 TRUE。否则，设置 Accept 参数为 FALSE。

如果响应设备决定和发起者建立连接密钥，SKKE 协议会保证 APSME-ESTABLISH-KEY. confirm 原语会被发到响应者和发起者。

在收到 APSME-REQUEST-KEY. indication 原语之后，且 KeyType 参数应设置为 0x02（即应用程序密钥），信任中心的行为取决于是否已经配置为发送应用程序连接密钥和主密钥。

信任中心会发出两个 APSME-TRANSPORT-KEY. request 原语。如果配置为发送应用程序连接密钥，KeyType 参数应设置为 0x03（即应用程序连接密钥）；否则，KeyType 参数应设置为 0x02（即应用程序主密钥）。第一个原语应该设置 DestAddress 参数为请求密钥的设备地址。TransportKeyData 子参数应该做如下设置：

（1）PartnerAddress 子参数应该设置为 APSME-REQUEST-KEY. indication 原语 TransportKeyData 参数的 PartnerAddress 子参数；

（2）Initiator 子参数应该设置为 TRUE；

（3）Key 子参数应该设置为一个新密钥 K（主密钥或者连接密钥）。

该密钥是随机产生。第二个原语 DestAddress 参数设置为 APSME-REQUEST-KEY. indication 原语 TransportKeyData 参数的 PartnerAddress 子参数。TransportKeyData 子参数应该做如下设置：

（1）PartnerAddress 子参数应该设置为请求密钥的设备地址。

（2）Initiator 子参数设置为 FALSE。

（3）Key 子参数应该设置为 K。

图 7-5 展示了端对端应用程序密钥建立的信息序列图的一个例子。程序开始于从发起者到信任中心传输请求密钥命令。下一步，信任中心启动一个超时计时器，在这个计时器时间内（即直到它到期），信任中心会为设备对丢弃任何新的请求密钥命令，除非它们来自发起者。

信任中心现在发送传输密钥命令（包括应用程序连接密钥或者主密钥）到发起者和响应设备。只有发起者的传输密钥命令将 Initiator 设置为 1（即 TRUE），因此，如果主密钥

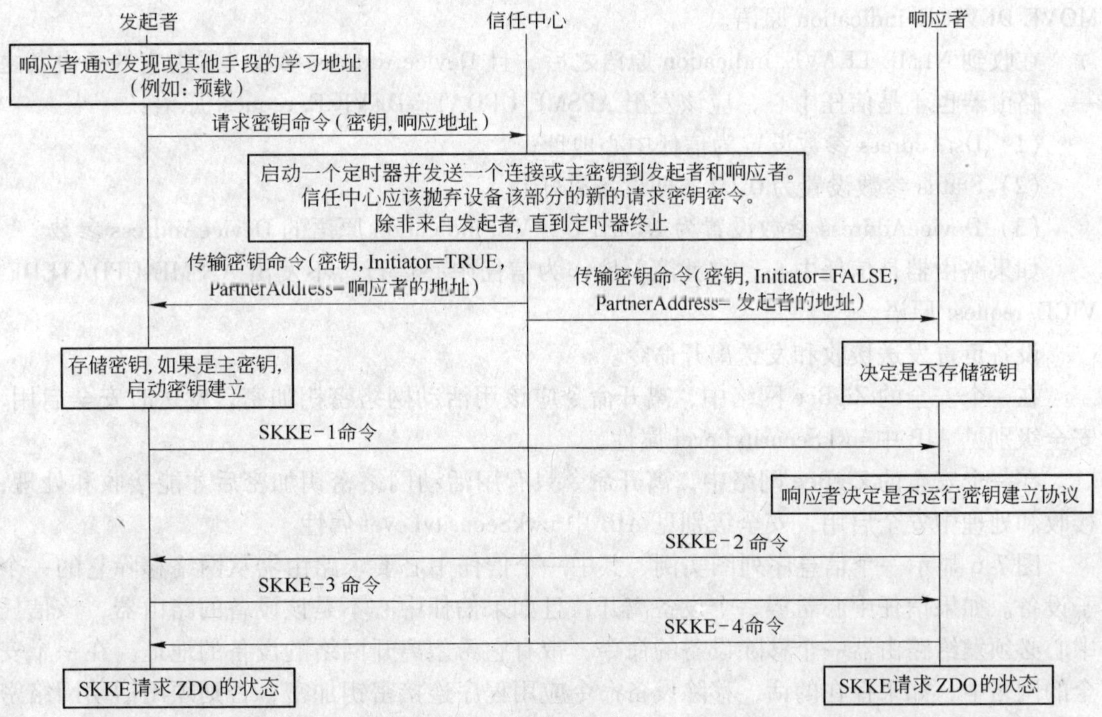

图 7-5　端到端应用程序密钥建立过程例子

被发送，只有发起设备通过发送 SKKE-1 命令开始建立密钥协议。如果响应者决定接受和发起者建立一个密钥，SKKE 协议通过交换 SKKE-2、SKKE-3 和 SKKE-4 命令继续进行。协议完成后（或超时），协议的状态报告给发起者和应答设备的 ZDO。如果成功的话，发起者和响应者现在共用一个连接密钥，且安全通信将成为可能。

7.5.3.6 网络离开

当一个设备离开网络，设备、它的路由器和信任中心将遵守本小节的步骤。

如果信任中心想要一个设备离开，且如果信任中心不是该设备的路由器，信任中心会发出 APSME-REMOVE-DEVICE. request 原语，ParentAddress 参数设置为路由器地址，ChildAddress 设置为希望离开设备的地址。

信任中心还会被通知设备离开网络。在收到 APSME-UPDATE-DEVICE. indication 原语之后，且 Status 参数设置为 0x02（即设备离开），DeviceAddress 参数应该表示离开网络的设备的地址，SrcAddress 参数应该指示该设备的父设备地址。如果运行在高安全模式，信任中心会从它的网络设备清单中移除离开设备。

路由器负责接收移除设备命令并发送更新设备命令。

在收到 APSME-REMOVE-DEVICE. indication 原语之后，如果 SrcAddress 参数等于 AIB 中 apsTrustCenterAddress 属性，且对应于 DeviceAddress 邻居表条目表示它有一个网络密钥，路由器应发出 NLME-LEAVE. request 原语，DeviceAddress 参数等于 APSMEREMOVEDEVICE. indication 原语的 DeviceAddress 参数，rejoin 参数设置为 0。其他域在栈 profile 中定义。路由器忽略 SrcAddress 参数不等于 AIB 中 apsTrustCenterAddress 属性的 APSME-REMOVE-DEVICE. indication 原语。

在收到 NLME-LEAVE. indication 原语之后，且 DeviceAddress 参数设置为它的子设备之一，路由器也不是信任中心，应该发出 APSME-UPDATE-DEVICE. request 原语：

（1）DstAddress 参数设置为信任中心地址；

（2）Status 参数设置为 0x02（即设备离开）；

（3）DeviceAddress 参数设置为 NLME-LEAVE. indication 原语的 DeviceAddress 参数。

如果路由器是信任中心，它就简单地作为信任中心运行，不发出 APSME-UPDATEDEVICE. request 原语。

设备负责发送接收和发送离开命令。

在一个安全的 ZigBee 网络中，离开命令应该用活动网络密钥加密，发送时安全启用，安全级别见 AIB 中 nwkSecurityLevel 属性。

在一个安全的 ZigBee 网络中，离开命令只有用活动网络密钥加密后才能接收和处理，接收和处理中安全启用，安全级别见 AIB 中 nwkSecurityLevel 属性。

图 7-6 显示一个信息序列图实例，其中一个信任中心要求路由器从网络移除它的一个子设备。如果信任中心希望一个设备离开，且如果信任中心不是该设备的路由器，该信任中心必须发给路由器一个移除设备的命令，带有它希望离开网络的设备的地址。在一个安全的网络中，如果存在的话，移除设备命令应用程序连接密钥加密；否则须用活动网络密钥加密。在收到移除设备的命令之后，路由器应发送一个离开命令到设备，通知其离开网络。

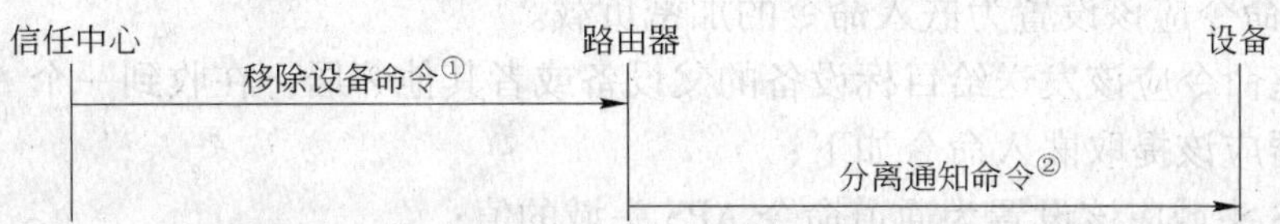

图 7-6 移除设备过程例子

①如果信任中想让一个设备离开并且信任中心不是那个设备的路由器，信任中心应该发送给路由器一个带有设备想离开网络的地址的移除设备命令；

②路由器应该发送一个离开命令让它的一个孩子离开网路。

图 7-7 展示了一个信息序列图实例，其中一个设备通知其路由器，设备正在离开网络。

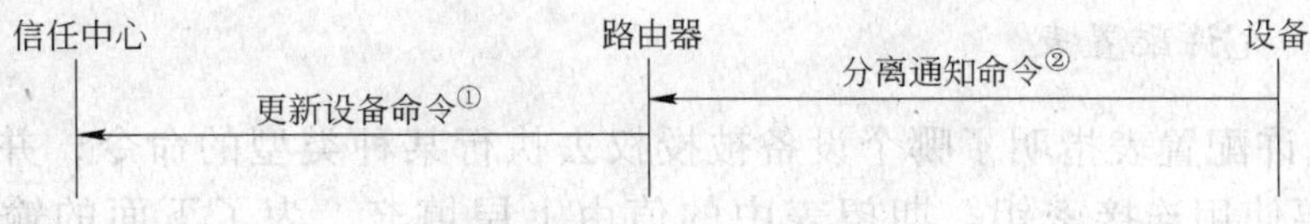

图 7-7 设备离开过程例子

①设备离开网络应该发送一个离开命令到它的路由器；

②在收到也有效的离开命令的时候，路由器会发送一个更新设备命令到信任中心去通知它一个设备已经离开了网络。

在本实例中，设备发送一个离开命令（用活动网络密钥加密）到它的路由器。然后路由器发送一个设备更新命令到信任中心。在一个安全的网络中，如果存在的话，更新设备命令必须用连接密钥加密，或用活动网络密钥加密。

在本规范中，其他路由设备上的信任中心没有特殊的额外的作用。

正常情况下，当运行在标准的安全模式下，信任中心不能发出或重发一个未加密的网络密钥给孤设备，除非是为了认证程序激活。

正常情况下，当运行在高安全模式下，没有为认证程序激活时，信任中心可以有选择地发出或重发当前的或更新后的网络密钥给孤设备。在这种情况下，密钥应使用 APSME-TRANSPORT-KEY. request 原语传输，并应适当地加密。发起这样一个更新超过了本规范的范围。

7.5.3.7 命令通道

设备应该遵守本小节所述的程序，允许信任中心和没有当前网络密钥的远程设备进行加密通信。

为了嵌入命令到通道命令，信任中心应该首先使用输出帧的安全处理的安全保护，然后如果安全处理成功，加密的命令帧会嵌入到通道命令帧，如下：

（1）APS 头域应该设置为要嵌入的命令的 APS 头域的值；

（2）目标地址域应该设置为目标设备的 64 位扩展地址；

（3）通道辅助帧域应该设置为已加密命令的辅助帧，作如下改变：

1）扩展临时子域应该设置为 1；

2）源地址域应该设置为信任中心的 64 位扩展地址；

3）通道命令应该设置为嵌入命令的加密负载。

然后通道命令应该发送给目标设备的父设备或者其他邻居。在收到一个 APS 通道命令之后，路由器应该提取嵌入命令如下：

（1）APS 头域应该设置为通道命令 APS 头域的值；

（2）辅助帧域应该设置为通道命令的通道辅助帧域的值；

（3）APS 负载域应设置为通道命令的通道命令域。

提取的命令应该发送到目标地址域指明的目的地址，通过发出 NLDE-DATA. request 原语，安全功能禁用。

在收到 APS 层加密的信息，且在 APS 辅助帧里有扩展临时，信息应该按通常处理，除非信息不能在 APS 重复拒绝表中查阅，或增加到 APS 重复拒绝表。

7. 5. 3. 8　允许配置表

表 7-5 允许配置表指明了哪个设备被授权去执行某种类型的命令，并决定每种情况下是否需要使用连接密钥。期望表中的值由上层填充，为了下面的输入命令被检查。如果一个输入命令不被允许，那么它就不能实施，应该给源设备发送一个错误信息。

表 7-5　允许配置表的元素

名　称	类　型	范　围	描　述	默　认
ModifyPermissions ConfigurationTable	允许描述符，见表 7-6	—	允许修改本表	—
NetworkSettings	允许描述符，见表 7-6	—	允许配置网络启动和参加参数，包括直接参加，允许参加，离开，网络维护和复位	—
ApplicationSettings	允许描述符，见表 7-6	—	允许配置应用程序设置，包括绑定和组，以及其他的应用配置命令	—
SecuritySettings	允许描述符，见表 7-6	—	允许配置安全设置	—
ApplicationCommands	允许描述符，见表 7-6	—	允许发出应用层命令	—
保　留	允许描述符，见表 7-6	—	保　留	—
保　留	允许描述符，见表 7-6	—	保　留	—
SKKE WithMasterKey	允许描述符，见表 7-6	任何有效的 64 位地址或者 0xFFFFFFFFFFFFFF	允许使用 SKKE 产生一个新的信任中心连接密钥	—

表 7-6 允许描述符元素

名 称	类 型	范 围	描 述	默 认
AuthorizedDeviceList	设备地址表	—	每个被允许设备的有效 64 位地址列表，或一个条目 0xFFFFFFFFFFFFFFFF 表示允许所有设备	0xFFFFFFFFFFFFFFFF
LinkKeyRequired	Boolean	TRUE FALSE	指示在接受命令时是否需要连接密钥	FALSE

允许配置表中的这组服务详细描述如下：

（1）ModifyPermissionsConfigurationTable 条目对上层可用，来决定是否允许改变这个表格。

（2）NetworkSettings 条目应该被 ZDO 使用，由上层选择性使用，决定是否允许某些网络相关的配置命令。适用于本表的 ZDO 命令是 Mgmt_Direct_Join_req，Mgmt_Permit_Join_req 和 Mgmt_Leave_req 命令。

（3）ApplicationSettings 条目应该被 ZDO 使用，由上层选择性使用，决定是否允许某些应用相关的配置命令。适用于本表的 ZDO 命令是 Bind_req 和 Unbind_req 命令。

（4）SecuritySettings 条目对于上层可用，决定是否允许某些安全相关的配置命令。

（5）ApplicationCommands 条目对于上层可用，决定是否允许具体的应用命令。

（6）SKKEWithMasterKey 条目可选用于限制哪个设备被允许启动一个 SKKE 事务，使用信任中心主密钥，以产生一个新的信任中心连接密钥。这一表条目在没有执行 SKKE 时对设备没有影响。

输入命令应该调用一个规定的允许检查，如果失败，输入命令不能执行。允许检查失败发送的任何错误信息在相关命令的规范中定义。

每个条目的 AuthorizedDevicesList 应该包含授权设备的 IEEE 地址列表，或者只包含值 0xFFFFFFFFFFFFFFFF，指示如果适当加密的话，所有设备被允许去执行相应的命令。如上规定，除了本规范内委托的任何检查，表格的条目可以由上层检查。上层检查和任何相关错误信息的细节在本规范之外。

假定用信任中心连接密钥加密的输入命令来自信任中心，被免除这里所述的所有检查的命令也是这样，如果适当加密的话，总是被允许的。这一免除对没有信任中心连接密钥的设备没有影响。

本表格是可选的，如果支持的话，ModifyPermissionsConfigurationTable 和 SKKEWithMasterKey 条目应包括一个空集，表示这些设备不能被使用，所有其他条目应该使允许描述符的 AuthorizedDeviceList 条目设置为一个值 0xFFFFFFFFFFFFFFFF，表示没有限制设备。

7.6 MAC 层安全

MAC 层负责用必要的步骤来处理安全传输的问题，即将输出的 MAC 帧和安全地接收输入的 MAC 帧。上层控制安全加工业务，通过建立适当的密钥和帧计数器，并建立使用安全级别。

7.6.1 输出帧安全处理

如果 MAC 层有一个帧需要安全保护，即由一个头 MacHeader 和有效载荷的有效载荷组成，它应适用于安全情况如下：

（1）获取安全信息，包括密钥、输出的帧计数器 FrameCount、密钥序列计数 SeqCount 和安全级别标识符（见表 7-7）通过 MAC PIB 使用下面的程序。如果输出的帧计数器，其值的 4 位代表数 $2^{32}-1$ 或任何此类安全信息待定，此时安全处理应失败，也就没有进一步的安全处理应在此帧内进行。

1）必须设法检索安全信息和安全级别别标识符与输出帧目标地址 MAC PIB 中 macACLEntryDescriptorSet 属性。

2）如果第一次尝试失败了，那么安全的信息应通过使用 MAC PIB 中 macDefaultSecurityMaterial attribute 属性获得，安全级别标识符应该从 MAC PIB 中 MacDefaultSecuritySuite 属性获得。

表 7-7 对 MAC，NWK，APS 层可用的安全级别

安全级别标识	安全级别子域	安全属性	数据加密	帧完整性（MIC 长度 M＝字节数）
0x00	‘000’	None	OFF	NO（M＝0）
0x01	‘001’	MIC-32	OFF	YES（M＝4）
0x02	‘010’	MIC-64	OFF	YES（M＝8）
0x03	‘011’	MIC-128	OFF	YES（M＝16）
0x04	‘100’	ENC	ON	NO（M＝0）
0x05	‘101’	ENC-MIC-32	ON	YES（M＝4）
0x06	‘110’	ENC-MIC-64	ON	YES（M＝8）
0x07	‘111’	ENC-MIC-128	ON	YES（M＝16）

（2）安全控制域 SecField 是 1-octet 域格式，它有如下设置：

1）安全级别子域应该设定为步骤一中获得的安全级别；

2）密钥识别符子域应该设定为 2 比特‘00’；

3）扩展的临时子域应该设定为 1 比特‘0’；

4）保存的子域应该设定为 2 比特‘00’。

（3）执行的 CCM* 模式加密和认证业务的规定，以下是实例：

1）参数 M 从表 7-6 对应于第 1 步的相应的安全级别；

2）该位字符串的密钥，应从第 1 步获得；

3）该临时 N 应是 13 字节字符串构成使用的是本地设备的 64 位扩展地址（物理地址），SecField 第 1 步，并 FrameCount 第 1 步；

4）如果安全级别需要加密，八位字符串 a 应是字符串 MacHeader 和八位字符串 m 应是字符串 Payload。否则，八字节字符串是字符串 MacHeader ‖ Payload，八位字符串 m 应是长度为零的一个字符串。请注意，ZigBee 的解释 IEEE802. 15. 4 意味着帧计数器是真的。

（4）如果步骤三中引用的 CCM* 模式输出“无效”，安全处理会失败，本帧不能进一步进行安全处理。

(5) 让 c 成为步骤四的输出，如果安全级别需要加密，加密的输出帧应该为 MacHeader ‖ FrameCount ‖ SeqCount ‖ c，否则加密的输出帧应该为 MacHeader ‖ FrameCount ‖ SeqCount ‖ Payload ‖ c。

(6) 如果加密的输出帧大小比 aMaxPHYPacketSize 大［B1］，安全处理会失败，本帧不能进一步进行安全处理。

(7) 从步骤 1 输出的帧计数器应该增加一个并且储存在安全信息获得的地方（macDefaultSecurityMaterial 属性或者 MacDefaultSecuritySuite 属性）。

7.6.2 输入帧安全处理

如果 MAC 层获得一个加密的帧（包括帧头 MacHeader、帧个数 ReceivedFrameCount、序列号 ReceivedSeqCount 和负载 SecuredPayload）它应该执行如下安全处理。

(1) 如果 ReceivedFrameCount 有整数$2^{32}-1$四字节标识，安全处理会失败，本帧不能进一步进行安全处理。

(2) 获得安全信息包括 MAC PIB 中密钥，可选的外帧计数器 FrameCount，可选的密钥系列计数 SeqCount 和安全级别标示符（见表 7-6），如果安全信息无法获得，或者 SeqCount 无法匹配 ReceivedSeqCount，安全处理会失败，本帧不能进一步进行安全处理。

1) 第一，必须设法检索安全信息和安全级别别标识符与输出帧目标地址 MAC PIB 中 macACLEntryDescriptorSet 属性。

2) 如果第一次尝试失败了，那么安全的信息应通过使用 MAC PIB 中 macDefaultSecurityMaterial attribute 属性获得，安全级别标识符应该从 MAC PIB 中 MacDefaultSecuritySuite 属性获得。

(3) 如果 FrameCount 存在，并且 ReceivedFrameCount 小于 FrameCount 安全处理会失败，本帧不能进一步进行安全处理。

(4) 安全控制域 SecField 是一个 1 字节格式，它有如下设置：

1) 安全级别子域应该设定为步骤一中获得的安全级别；

2) 密钥识别符子域应该设定为 2 位‘00’；

3) 扩展的临时子域应该设定为 1 位‘0’；

4) 保存的子域应该设定为 2 位‘00’。

(5) 执行 CCM* 模式加密和认证检查操作，有如下实例：

1) 参数 M 从表 7-6 对应于第 1 步的相应的安全级别；

2) 该位字符串的密钥，应从第 2 步获得；

3) 该临时 N 应是 13 字节字符串构成使用的是本地设备的 64 位扩展地址，SecField 第 1 步，并 FrameCount 第 1 步；临时 N 应该根据本规范惯例（在八位载有编号的最低位的八位第一含有较高数位）；

4) 解析 8 位字符串 SecuredPayload 作为 Payload1 ‖ Payload2，Payload2 是一个 Moctet 字符串，如果此操作失败，安全处理会失败，本帧不能进一步进行安全处理；

5) 如果安全级别需要加密，8 位字符串 a 应是字符串 MacHeader ‖ ReceivedFrameCount ‖ ReceivedSeqCount 和 8 位字符串 c 应是字符串 SecuredPayload；否则，8 字节字符串 a 是字符串 MacHeader ‖ ReceivedFrameCount ‖ ReceivedSeqCount ‖ Payload1，8 位字符串 c

应是 Payload2。

(6) 返回 CCM* 操作的结果:

1) 如果步骤 5 引用的 CCM* 模式输出"无效",安全处理会失败,本帧不能进一步进行安全处理。

2) 让 m 成为步骤 5 的输出结果,如果安全级别需要加密,设定 8 位字符串 UnsecuredMacFrame 为 MACHeader ‖ m,否则,设定 UnsecuredMacFrame 为 MACHeader ‖ Payload1。

(7) 如果可选的 FrameCount (在步骤 2 中获得),设定为 ReceivedFrameCount;更新 MAC PIB,UnsecuredMacFrame 代表了接收到的 MAC 层帧。

7.6.3 MAC 层安全案例

当 MAC 层产生的帧需要保护,ZigBee 应该用 802.15.4 规定的 MAC 层安全服务。一个安全的勘误建议发展了 MAC 层规范,包含了 ZigBee 中的安全因素。

仔细地说,至少其中一个安全因素是需要保护基于 CCM* 安全级别输入和输出的网络帧。CCM* 包含 CCM 的所有特征,并且附加仅编密码和仅集成能力。这些附加的能力消除了 CTR、CBC-MAC 模式的需要,简化了安全程序。另外,与其他每个安全级别都需要一个不同密钥的 MAC 层安全模式不同,CCM* 的使用使每个安全级别都使用一个安全密钥,CCM* 的使用使整个 ZigBee 协议栈中 MAC 层、NWK 层和 APS 层都可以重复使用一个密钥。

MAC 层负责它自身安全程序处理,上层应该决定使用哪个安全级别,对于 ZigBee 来说,MAC 层帧要求从 MAC 的 PIB 属性 macDefaultSecurityMaterial 或 macACLEntryDescriptorSet 中获取安全资料。上一层(比如 APL)应该设定 macDefaultSecurityMaterial 属性值和活动的 NWK 层网络密钥和计数器一致,也应该设定 macACLEntryDescriptorSet 属性和邻设备 APL 层的连接密钥,例如父与子。安全套装应该使用 CCM*,上一层应该设定安全级别和 NIB 中 nwkSecurityLevel 属性一致。对于 ZigBee 来说,应该使用 MAC 层连接密钥,将使用默认密钥(macDefaultSecurityMaterial)。图 7-8 展示了包含在 MAC 层输出帧安全域的一个案例。

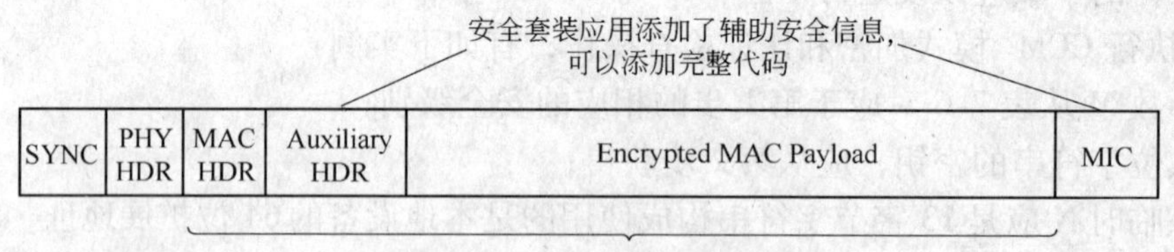

图 7-8 MAC 输出帧安全域

MacPIB 中 macDefaultSecurityMaterial 属性,上层应制定对称密钥,即将输出的帧计数器和可选的外部密钥序列反等于相应内容的网络安全信息描述器在 NIB 中 nwkSecurityMaterialSet 所参照 nwkActiveKeySeqNumber 属性添加。可选的外部帧计数器不得使用和可选的外部密钥系列计数器对应的网络密钥的序列号。

Mac PIB 中 macACLEntryDescriptorSet 属性，上层应制定对称密钥和即将输出的帧计数器等于相应内容的网络密钥 AIB 的 apsDeviceKeyPairSet 属性。可选的外部帧计数器应定为输入的帧计数器，计数器的密钥序列应设置为 0x00，并可选的外部密钥序列计数器，不得使用。

7.7 NWK 层安全

当 NWK 层产生的帧 nwkSecurityLevel >0，或者上层的 NIB 中 nwkSecureAllFrames 属性为 TRUE. ZigBee 应该使用帧保护机制。除非 SecurityEnable 参数 NLDEDATA. request 原语是 FALSE，明显显示了安全。像 MAC 层一样，NWK 层帧保护机制应该使用（AES），并且使用 CCM*。适用 NWK 层的安全级别在 NIB 中 nwkSecurityLevel 属性中给出。更上一层通过建立活动的和轮换的网络密钥来管理 NWK 层安全和决定使用哪个安全级别。

NWK 层的一个任务就是给信息在多跳连接中路由。作为本任务的一部分，NWK 层会广播路由要求信息并且处理接收到的路由回复信息。路由要求信息被同步广播到邻近的设备并且传递临近的设备回复的信息。如果可以利用合适的连接密钥，NWK 层会使用连接密钥去获得输出 NWK 帧，如果不能利用合适的连接密钥，为了不受外界干扰获得信息，NWK 层应该使用网络密钥去获得输出的 NWK 帧。

在本纲要中，帧格式明了地显示了保护帧的密钥，因此，设定的接受者可以推论出为处理输入帧该使用那个密钥，也决定了信息在所有网络设备中可读而不是仅仅自己可读。图 7-9 展示了 NWK 层包含的安全域的一个案例。

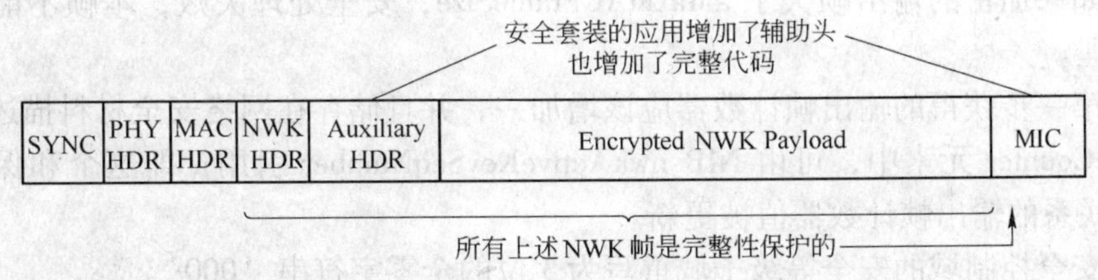

图 7-9 NWK 安全域

NWK 层负责安全地传输输出帧和安全接收输入帧所需的处理步骤。上层通过建立适当的密钥和帧计数器控制安全处理操作，并建立使用哪种安全级别。

7.7.1 NWK 输出帧处理

如果 NWK 层有一个帧，包括一个头 NwkHeader 和负载 payload，需要安全保护并且 nwkSecurityLevel >0，如果是一个 NWK 数据帧，NLDE-DATA. request 的 SecurityEnabled 参数值为 TRUE，应按照如下步骤实施安全：

（1）从 NIB 属性 nwkSecurityMaterialSet 中获得 nwkActiveKeySeqNumber，使用它去检索活动网络密钥 key、输出帧计数器 OutgoingFrameCounter 和密钥序列号 KeySeqNumber。从 nwkSecurityLevel 获得安全等级。如果输出帧计数器值为 4 字节表示的整数 $2^{32}-1$，或如果密钥不能获得，安全处理失败，不能对本帧进行进一步安全处理。

（2）建立辅助头 AuxiliaryHeader：

1）安全控制域应该如下设置：

安全等级子域应该设置为步骤 1 中获得的安全等级；

密钥标识符子域应该设置为‘01’（即活动网络密钥）；

扩展的临时子域应该设置为 1；

2）设置源地址域为本地设备的 64 位扩展地址；

3）帧计数器域设置为步骤 1 中的输出帧计数器读数；

4）密钥序列号域应该设置为步骤 1 获得的序列号。

（3）执行 CCM* 模式加密和认证操作，有如下实例：

1）参数 M 从表 7-6 对应于第 1 步的安全级别中获得；

2）位字符串 Key 应从第 1 步获得；

3）该临时 N 应是 13 字节字符串，使用第 a 步安全控制域、第 d 步获得的帧计数器域、第 c 步获得的源地址域构成；

4）如果安全等级需要加密，字节字符串 a 应该是字符串 NwkHeader ‖ AuxiliaryHeader，字节字符串 m 应该是字符串 Payload。否则，8 字节字符串 a 是字符串 NwkHeader ‖ AuxiliaryHeader ‖ Payload，字节字符串 m 应该是长度为零的字符串。

（4）如果步骤 3 调用的 CCM* 模式输出“无效”，安全处理失败，本帧不能进一步进行安全处理。

（5）让 c 成为步骤 3 的输出结果。如果安全等级需要加密，加密的输出帧为 NwkHeader ‖ AuxiliaryHeader ‖ c，否则，加密的输出帧为 NwkHeader ‖ AuxiliaryHeader ‖ Payload ‖ c。

（6）如果加密的输出帧大于 aMaxMACFrameSize，安全处理失败，本帧不能进一步进行安全处理。

（7）第一步获得的输出帧计数器应该增加一，并且储存在网络安全材料描述符的 OutgoingFrameCounter 元素中，可由 NIB nwkActiveKeySeqNumber 引用；即这个和保护帧使用的密钥相联系的输出帧计数器值被更新。

（8）安全控制域的安全等级子域重写为 3 位的全零字符串‘000’。

7.7.2　NWK 输入帧处理

如果 NWK 层收到一个加密帧（由头 NwkHeader、辅助头 AuxiliaryHeader 和负载 SecuredPayload 组成），如 NWK 头帧控制域的安全子域指明，应该进行如下安全处理：

（1）从 NIB nwkSecurityLevel 属性中决定安全等级，重写 3 位的 AuxillaryHeader 的安全控制域的安全等级子域字符串为这个值；从辅助头 AuxiliaryHeader 中决定序列号 SequenceNumber、发送地址 SenderAddress 和接收帧计数器 ReceivedFrameCount。如果 ReceivedFrameCount 值为 4 字节表示的整数 $2^{32}-1$，安全处理会给上层一个状态为“坏帧计数器”的失败 30，本帧不能进一步进行安全处理。

（2）通过匹配 nwkSecurityMaterialSet 和 NIB 属性 nwkSecurityMaterialSet 中的任何密钥的序列号，获取合适的安全材料（包括密钥和其他属性）。如果对应于 SenderAddress 的邻居表节的关系域值为 0x01（子节点），该域必须设置为 0x05（未经验证的子节点）。如果不能获得安全材料，安全处理会指示上层一个状态为“帧安全失败”的失败 31，本帧不能进一步进行安全处理。

（3）如果有一个输入帧计数 FrameCount 对应于步骤 2 获得的安全材料的 SenderAddress，且如果 ReceivedFrameCount 小于 FrameCount，安全处理会指示上层一个状态为“坏帧计数器”的失败，本帧不能进一步进行安全处理。

（4）执行 CCM* 模式加密和认证检查操作，有如下实例：

1）参数 M 应从表 7-6 对应于第 1 步的安全级别获得；

2）位字符串 Key 应从第 2 步获得；

3）临时 N 应是 13 字节字符串，由从 AuxiliaryHeader 中获得的安全控制域、帧计数器域和源地址域（见 4.5.2.2 小节）构成。注意安全控制域的安全等级子域已经在步骤 1 中被重写，现在包含了从 NIB nwkSecurityLevel 属性中确定的值。

4）解析字节字符串 SecuredPayload 为 Payload1 ‖ Payload2，最右边的字符串 Payload2 是一个 M 字节的字符串。如果此操作失败，安全处理会指示上层一个状态为“帧安全失败”的失败，本帧不能进一步进行安全处理。

5）如果安全级别需要加密，8 位字节字符串 a 应是字符串 NwkHeader ‖ AuxiliaryHeader，8 位字节字符串 c 应是字符串 SecuredPayload。否则，8 位字节字符串 a 是字符串 NwkHeader ‖ AuxiliaryHeader ‖ Payload1，8 位字符串 c 应是 Payload。

（5）返回 CCM* 操作的结果：

1）如果步骤 4 调用的 CCM* 模式输出“无效”，安全处理会指示上层一个状态为“帧安全失败”的失败，本帧不能进一步进行安全处理；

2）让 m 成为步骤 4 输出结果，如果安全等级需要加密，设置字节字符串 UnsecuredNwkFrame 为字符串 NwkHeader ‖ m，否则，设置字节字符串 UnsecuredNwkFrame 为 NwkHeader ‖ Payload1。

（6）设置 FrameCount 为（ReceivedFrameCount + 1），在 NIB 中保存 FrameCount 和 SenderAddress。UnsecuredNwkFrame 现在表示未加密的收到的网络帧，安全处理成功。为了不会导致存储帧计数和地址信息超过可用内存，为 NWK 层安全所需的输入帧计数器分配的内存用 M*N 来限制，其中 M 和 N 分别表示 nwkSecurityMaterialSet 和 nwkNeighborTable。

（7）如果收到的帧的序列号属于 nwkSecurityMaterialSet 中的一个新条目，那么 nwkActiveKeySeqNumber 应该设置为收到的序列号。

（8）如果在 NIB 中 nwkNeighborTable 有一个条目，它的扩展地址和 SenderAddress 匹配，关系域值为 0x05（未经认证的子节点），那么设置该条目的关系域值为 0x01（子节点）。

7.7.3 加密 NPDU 帧

NWK 层帧格式（见 5.2 小节）包括一个 NWK 头和 NWK 负载域，NWK 头包括帧控制和路由域。当安全适用于一个 NPDU 帧，在 NWK 帧控制域安全位应设置为 1，表示辅助帧头存在。辅助帧头的格式在 7.9 小节有详细讲解，加密的 NWK 层帧格式在图 7-10 有显示。辅助帧头位于 NWK 头和负载域之间。

<table>
<tr><td>字节数：可变的</td><td>14</td><td colspan="2">可变的</td></tr>
<tr><td rowspan="2">原始的 NWK 头</td><td rowspan="2">辅助帧头</td><td>加密负载</td><td>加密信息完整性代码（MIC）</td></tr>
<tr><td colspan="2">完全帧负载＝CCM* 的输出</td></tr>
<tr><td colspan="2">完整的 NWK 头</td><td colspan="2">加密的网络负载</td></tr>
</table>

图 7-10 加密的网络层帧格式

NWK PIB 包含了管理 NWK 层安全所需的属性，分别使用 NLME-GET. Request 和 NLMESET. request 原语，每个属性可以读写。网络安全材料描述符的元素如表 7-8 所示。

表 7-8 网络安全材料描述符的元素

名 称	类 型	范 围	描 述	默 认
KeySeqNumber	Octet	0x00 ~ 0xFF	通过信任中心分配给网络密钥的序列号并且用于区分网络用于网络密钥更新目的的密钥，和传入帧安全操作	00
OutgoingFrame Counter	4 字节的有序集合	0x00000000-0xFFFFFFFF	用于发送帧的原始帧计数器	0x0000 0000
IncomingFrame CounterSet	见表 7-9 中接收帧计数器描述符的值的设置	可变的	接收帧计数器的值和当前设备地址的设置	空集
Key	16 字节的有序集合	—	密钥的实际值	—
KeyType	Octet	0x00 ~ 0xff	密钥的类型 0x01 = 标准 0x05 = 高级所有其他值保留	0x01

表 7-9 输入帧计数器描述符的元素

名 称	类 型	范 围	描 述	默 认
SenderAddress	设备地址	任何有效的 64 位地址	扩展设备地址	设备具体
IncomingFrameCounter	4 字节的有序集	0x00000000 ~ 0xFFFFFFFF	输入帧的计数器，用于输入的帧	0x00000000

7.8 APL 层安全

当 APL 层产生的网络帧需要保护时，APS 子层应该处理安全问题。APS 层安全负责安全传输输出帧、输入帧，建立和管理密钥所需步骤的安全，上层通过发出原语到 aps 层控制密钥管理。APS 层允许帧安全基于连接密钥或者网络密钥。图 7-11 展示了 APL 层包含的安全域的一个案例。APS 层的另外一个安全责任就是提供应用和带有密钥建立、密钥传输和设备管理服务的 ZDO。

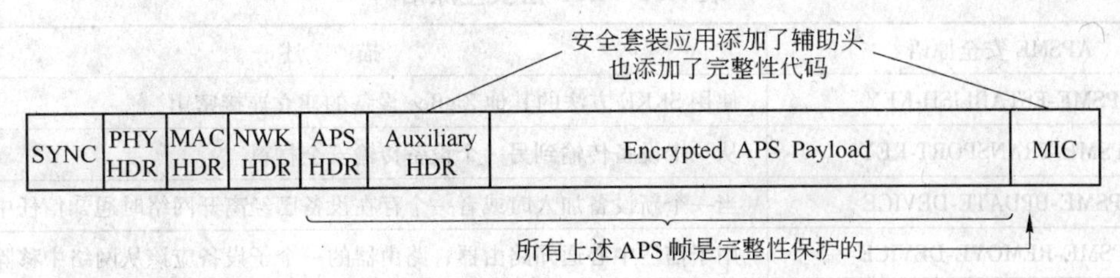

图 7-11 APL 安全域

APS 子层的密钥建立服务提供了 ZigBee 设备得到和其他 ZigBee 设备共享的连接密钥的机制。密钥建立涉及两个实体，一个发出设备和一个响应设备，必须先通过信任认证步骤。

信任信息比如控制密钥提供了建立连接密钥的起点可以在频带内或者频带外供使用，一旦使用了信任信息，一个密钥建立协议包括三个步骤：

(1) 交换短暂数据；

(2) 适应短暂数据去获得连接密钥；

(3) 确认连接密钥被正确地计算。

在 SKKE 协议中，一个发出装置建立一个带有使用控制密钥的响应设备。这个控制密钥可能会在制造过程中预装，也可能在信任中心安装（例如，发出设备、响应设备或者第三方设备作为一个信任中心）；或者基于一个用户输入的数据（例如 PIN 码），控制密钥的秘密性和权威性应该得到支持来获得信任基础。

密钥运输服务提供担保和无担保手段运送一密钥到另一设备或其他设备。担保密钥运输命令提供了一种手段来运输控制密钥、链接密钥、或网络密钥由一个密钥源（例如，信任中心）到其他设备。无担保密钥运输命令提供了一种手段加载装置初始密钥，这个命令不加密保护正在加载的密钥。在这种情况下，密钥运输的安全，可用非加密手段实现。例如，通过频带外频道传递保证秘密性和真实性。

更新设备的服务为设备提供了一种安全手段（例如，路由器）通知第二装置（例如，一个信任中心），第三个设备已经改变了地位，必须更新（例如，该器件加入或离开了网络）。这一机制的信任中心设有一个准确的名单，列出活跃的网络设备。

移除设备服务提供一个安全的手段，设备（例如，一个信任中心）可能会通知其他设备（例如路由器）的它的一个子设备应从网络去掉。例如，这可能用于从网络移除那些没有满足信任中心网络设备安全要求的设备。

请求密钥服务提供了一种安全的从另一装置（例如，其信任中心）设备请求当前的网络密钥手段，或端到端应用控制密钥。

转换密钥服务提供一个安全的手段，设备（例如，一个信任中心）通知其他设备它应该转换到不同的活动的网络密钥。

APS 层负责安全地转发输出帧，安全地接收输入帧，以及安全地建立并管理对称密钥所需的处理步骤。上层通过发出原语给 APS 层控制对称密钥的管理。表 7-10 列出了密钥管理和维护可用的原语。上层也确定保护输出帧时使用哪种安全级别。

表 7-10　APS 层安全原语

APSME 安全原语	描　述
APSME-ESTABLISH-KEY	使用 SKKE 方法的其他 ZigBee 设备的建立连接密钥
APSME-TRANSPORT-KEY	从一个设备传输到另一个设备传输安全材料
APSME-UPDATE-DEVICE	当一个新设备加入时或者一个存在设备已经离开网络时通知信任中心
APSME-REMOVE-DEVICE	用于信任中心通知路由器，路由器的一个子设备应该从网络中移除
APSME-REQUEST-KEY	用于通过设备请求信任中心发送一个应用程序主密钥或者当前网络密钥
APSME-SWITCH-KEY	用于通过信任中心告诉设备切换到一个新的网络密钥
APSME-AUTHENTICATE	由两个设备使用，互相验证对方

7.8.1　APL 输出帧处理

如果 APS 层有一个帧，由头 ApsHeader 和负载 Payload 组成，需要安全保护，且 nwkSecurityLevel >0，应该适用如下安全步骤：

（1）使用如下步骤获得安全材料和密钥标识符 KeyIdentifier，如果安全材料和密钥标识符不能决定，那么安全处理失败，本帧不能进一步进行安全处理。

1）如果该帧是一个 APSDE-DATA. request 原语的结果：

如果 TxOptions 参数规定活动 NWK 密钥需要用于加密数据帧，那么应该从 NIB 用 nwkActiveKeySeqNumber 获得安全材料，以从 NIB 属性 nwkSecurityMaterialSet 中检索活动网络密钥、输出帧计数器和序列号。KeyIdentifier 应该设置为‘01’（即活动网络密钥）；否则，和输出帧目标地址相关的安全材料应该从 AIB apsDeviceKeyPairSet 属性中获得，KeyIdentifier 应该设置为‘00’(即一个数据密钥)。

2）如果该帧是一个需要加密的 APS 命令的结果：

第一，尝试从 AIB apsDeviceKeyPairSet 属性中检索和输出帧目标地址相关的安全材料，除了传输密钥命令，KeyIdentifier 都应该设置为‘00’（即一个数据密钥）。如果是传输密钥命令，当传输的是一个网络密钥，KeyIdentifier 应该设置为‘02’（即密钥传输密钥），当传输一个应用连接密钥、应用主密钥，或者信任中心主密钥，应该设置为‘03’（即密钥装载密钥）。密钥传输和密钥装载密钥见 7.9 小节描述。如果第一个尝试失败，那么安全材料应该使用 nwkActiveKeySeqNumber 属性从 NIB 中获得，来检索活动网络密钥、输出帧计数器，且序列号从 nwkSecurityMaterialSet 属性中获得。KeyIdentifier 应该设置为‘01’(即活动网络密钥)。

（2）如果 KeyIdentifier 等于01（即活动网络密钥），APS 层应该先证实 NWK 层是否也申请安全。如果 NWK 层也申请安全，那么 APS 层就不能申请任何安全。APS 层可以通过证实 NIB nwkSecureAllFrames 属性值为 TRUE，以及 nwkSecurityLevel 属性值为非零，来确定 NWK 层也在申请安全。

（3）提取从步骤 1 获得的安全材料的输出的帧计数器（且如果 KeyIdentifier 等于 01，密钥序列号）。如果输出帧计数器值为 4 字节代表的整数$2^{32}-1$，或者如果密钥无法获得，安全处理失败，本帧不能进一步进行安全处理。

（4）从 NIB 的 nwkSecurityLevel 属性中获得安全等级。

（5）建立辅助头 AuxiliaryHeader，安全控制域应该如下设置：

1）安全等级子域应该设置为步骤 4 中获得的安全等级，密钥标识符子域应该设置为 KeyIdentifier，扩展的临时子域应该设置为 0；

2）帧计数器域应该设置为步骤 3 中的帧计数器；

3）如果 KeyIdentifier 是 01，密钥序列号域应该存在，且设置为步骤 3 获得的密钥序列号。否则密钥序列号域不存在。

（6）执行 CCM*模式加密和认证检查操作，有如下实例：

1）参数 M 应从对应于第 3 步的安全级别的表 7-6 获得；

2）位字符串 Key 从第 1 步获得；

3）该临时 N 应是 13 字节字符串，使用第 5 步获得的安全控制域和帧计数器域，以及本地设备中获得的 64 位扩展地址构成；

4）如果安全等级需要加密，字节字符串 a 应该是字符串 ApsHeader ‖ AuxiliaryHeader，字节字符串 M 应该是 Payload；否则，8 位字节字符串 a 是字符串 ApsHeader ‖ AuxiliaryHeader ‖ Payload，字节字符串 M 应该是长度为零的字符串。

（7）如果步骤 6 引用的 CCM*模式输出“无效”，安全处理失败，本帧不能进一步进行安全处理。

（8）让 c 成为步骤 6 的输出结果。如果安全等级需要加密，加密的输出帧为 ApsHeader ‖ AuxiliaryHeader ‖ c，否则，加密的输出帧为 ApsHeader ‖ AuxiliaryHeader ‖ Payload ‖ c。

（9）如果 MSDU 中加密的输出帧比 aMaxMACFrameSize 大，安全处理会失败，本帧不能进一步进行安全处理。

（10）第 3 步的输出帧计数器应该增加，并且储存在 NIB、AIB 和 MAC PIB 的合适位置，和用来保护输出帧的密钥对应。

（11）重写安全控制域的安全等级子域为 3 位的全零字符串‘000’。

7.8.2 APL 输入帧处理

如果 APS 层收到一个加密的帧（由一个头 ApsHeader、辅助头 AuxiliaryHeader 和负载 SecurcdPayload 组成），如 APS 头帧控制域的安全子域所指示，它应按照如下步骤执行安全处理：

（1）设置序列号 SequenceNumber，密钥标识符 KeyIdentifier 和来自辅助头 AuxiliaryHeader 的帧计数器值 ReceivedFrameCounter。如果 ReceivedFrameCounter 是 4 字节表示的整数$2^{32}-1$，安全处理会失败，本帧不能进一步进行安全处理。

（2）从 NIB 地址映射表中确定源地址 SourceAddress，使用 APS 帧的源地址作为索引。如果源地址是不完整的或者不可用的，安全处理会失败，本帧不能进一步进行安全处理。

（3）通过以下方式获得合适的安全材料。如果安全材料不能获得，安全处理会失败，本帧不能进一步进行安全处理。

1）如果 KeyIdentifier 是‘00’（即一个数据密钥），和输入帧 SourceAddress 相关的安全材料应该从 AIB apsDeviceKeyPairSet 属性中获得。

2）如果 KeyIdentifier 是‘01’（即一个网络密钥），安全材料应该通过匹配 SequenceNumber 和 NIB 中 nwkSecurityMaterialSet 属性的任一密钥的序列号获得。

3）如果KeyIdentifier是‘02’（即一个密钥传输密钥），和输入帧SourceAddress相关的安全材料应该从AIB apsDeviceKeyPairSet属性获得；这个操作的密钥应该从7.9小节关于密钥装载密钥描述的安全材料中获得。

4）如果KeyIdentifier是‘03’（即一个密钥装载密钥），和输入帧SourceAddress相关的安全材料应该从AIB apsDeviceKeyPairSet属性获得。这个操作的密钥应该从7.9小节关于密钥装载密钥描述的安全材料中获得。

（4）如果有一个输入的帧计数FrameCount和从第3步中获得的安全材料SourceAddress相关，并且如果ReceivedFrameCount小于FrameCount，安全处理会失败，本帧不能进一步进行安全处理。

（5）设置安全等级SecLevel如下。如果ApsHeader帧控制域的帧类型子域指示了一个APS数据帧，那么SecLevel应该设置为NIB的nwkSecurityLevel属性；否则，SecLevel应该设置为7（ENC-MIC-128）。AuxillaryHeader中的安全控制域的安全等级子域值为SecLevel。

（6）执行CCM*模式加密和认证检查操作，有如下实例：

1）参数M应从对应于第5步的安全级别的表7-6中获得；

2）位字符串Key从第3步获得；

3）该临时N应是13字节字符串，使用AuxiliaryHeader获得的安全控制域，帧计数器域，和第2步获得的SourceAddress构成；

4）解析字节字符串SecuredPayload为Payload1 ‖ Payload2，最右边字符串Payload2是一个M字节的字符串，如果此操作失败，安全处理会失败，本帧不能进一步进行安全处理；

5）如果安全等级需要加密，字节字符串a应该是ApsHeader ‖ AuxiliaryHeader，字节字符串c应该是SecuredPayload；否则，8位字节字符串a是字符串ApsHeader ‖ AuxiliaryHeader ‖ Payload1，字节字符串c应该是字符串Payload2。

（7）返回CCM*操作的结果：

1）如果步骤6调用的CCM*模式输出“无效”，安全处理会失败，本帧不能进一步进行安全处理；

2）让M成为步骤6的输出结果。如果安全等级需要加密，设置字节字符串UnsecuredApsFrame为ApsHeader ‖ m。否则，设置字节字符串UnsecuredApsFrame为ApsHeader ‖ Payload。

（8）设置FrameCount为（ReceivedFrameCount + 1），在第3步获得的合适安全材料中保存FrameCount和SourceAddress。如果存储帧计数和地址信息超过这类信息分配的内存存储量，且NIB中nwkAllFresh属性设置为TRUE，那么安全处理会失败，本帧不能进一步进行安全处理。否则安全处理成功。

（9）如果收到的帧的序列号是nwkSecurityMaterialSet中的一个新条目，那么nwkActiveKeySeqNumber应该设置为收到的序列号。

7.8.3 密钥建立

APSME（应用支持子层管理实体）提供允许两个设备之间可以手动建立一个连接密钥的服务。初始信任信息（例如，一个主密钥）必须在运行密钥建立协议之前安装在每个设备上。

APSME-ESTABLISH-KEY. request 原语用来启动一个密钥建立协议，当需要安全地和另外一个设备通信时需要使用这个原语。

一个设备作为一个发起设备，另外一个设备将会作为一个响应设备。发起设备将会启动密钥建立协议通过发出：

（1）APSME-ESTABLISH-KEY. request，参数表明响应设备的地址；

（2）表明应该使用哪个密钥建立协议（目前是 SKKE）。

```
APSME-ESTABLISH-KEY. request{
    ResponderAddress,
    UseParent,
    ResponderParentAddress,
    KeyEstablishmentMethod
}
```

表 7-11 指明了 APSME-ESTABLISH-KEY. request 原语的参数。

表 7-11　APSME-ESTABLISH-KEY. request 参数

参数名称	类　型	有效范围	描　述
Responder-Address	DevriceAddress	任何有效的64 位地址	响应设备的扩展 64 位地址
UseParent	Boolean	TRUE FALSE	此参数代表响应设备的父节点是否应该用于转发发起者和响应设备之间的信息： TRUE：使用父节点 FALSE：不使用父节点
Responder-Parent Address	DeviceAddress	任何有效的64 位地址	如果 UseParent 是 TRUE，那么 ResponderParentAddress 参数应该包含响应设备的父设备的扩展 64 位地址；否则，该参数不能用并且不需要设置
KeyEstablishment-Method	Integer	0x00 ~ 0x03	请求密钥建立的方法应是以下之一： 0x00 = SKKE 方法 0x01 ~ 0x03 = 保留

当发起设备请求和一个响应设备建立一个连接密钥，它的上层产生本原语。如果发起设备希望使用父响应设备联络（为了 NWK 安全），应该设置 UseParent 参数为 TRUE，并设置 ResponderParentAddress 参数为父响应设备的 64 位扩展地址。

接收到 APSME-ESTABLISH_KEY. request 原语之后，KeyEstablishmentMethod 参数等于 SKKE，引起 APSME 执行 SKKE 协议。本地的 APSME 应该作为本协议的发起设备，ResponderAddress 参数指明的 APSME 应该作为本协议的响应设备，UseParent 参数将会控制信息是否通过 ResponderParentAddress 给出的父响应设备间接发送。

APSME-ESTABLISH-KEY. confirm 原语是在密钥建立协议成功或者失败后发给 ZDO 的。

```
APSME-ESTABLISH-KEY. confirm{
    Address,
```

```
Status
}
```

表 7-12 指明了 APSME-ESTABLISH-KEY. confirm 参数的原语。除了这些代码，如果发送一个协议信息，发出的 NLDEDATA. confirm 原语 Status 参数设为一个不是 SUCCESS 的值，APSME-ESTABLISHKEY. confirm 原语的 Status 参数应该设置为从 NWK 层收到的值。

表 7-12 APSME-ESTABLISH-KEY. confirm 参数

名 称	类 型	有效范围	描 述
Address	DeviceAddress	任何有效的 64 位地址	执行密钥建立协议设备的扩展 64 位地址
Status	Enumeration	通过表 7-16 给出的值或者从 NLDE-DATA. confirm 原语返回的任何状态值	该参数代表密钥建立协议的最终状态

在密钥建立协议完成之后，响应设备和发起设备的 APSME 都应该发出这个原语给 ZDO。如果密钥建立成功，发起设备和响应设备的 AIB 应该用最新的连接密钥更新，发起者应该能和响应者加密通信。如果密钥建立不成功，那么 AIB 不能改变。

当响应者从发起者接收到一个原始的密钥建立信息（例如一个 SKKE-1 帧），它的 APSME 应该发出 APSME-ESTABLISH-KEY. indication 这个原语给它的 ZDO。

```
APSME-ESTABLISH-KEY. indication{
    InitiatorAddress,
    KeyEstablishmentMethod
}
```

表 7-13 指明了 APSME-ESTABLISH-KEY. indication 原语的参数。

表 7-13 APSME-ESTABLISH-KEY. indication 参数

名 称	类 型	有效范围	描 述
InitiatorAddress	DeviceAddress	任何有效的 64 位地址	发起设备的扩展 64 位地址
KeyEstablishmentMethod	Integer	0x00 ~ 0x03	密钥建立协议请求方法应该是下列之一： 0x00 = SKKE 方法 0x01 ~ 0x03 = 保留

当从一个发起设备收到一个开始密钥建立协议（例如一个 SKKE-1 帧）的请求，且和发起者相关的一个主密钥存在于 AIB 中，响应设备的 APSME 应该发出这个原语给 ZDO。

在收到 APSME-ESTABLISH-KEY. indication 原语之后，ZDO 会使用 KeyEstablishment-Method 和 InitiatorAddress 参数去确定是否和发起者建立密钥。ZDO 会使用 APSME-ESTAB-LISH-KEY. response 原语响应。

响应设备的 ZDO 会使用 APSME-ESTABLISH-KEY. Response 原语去响应 APSMEESTAB-

LISH-KEY. indication 原语。ZDO 决定是否继续密钥建立或者终止。这个决定在 APSME-ESTABLISH-KEY. indication 原语 Accept 参数中指明。

```
APSME-ESTABLISH-KEY. response{
    InitiatorAddress,
    Accept
}
```

表 7-14 指明了 APSME-ESTABLISH-KEY. response 原语的参数。

表 7-14 APSME-ESTABLISH-KEY. response 参数

名 称	类 型	有效范围	描 述
InitiatorAddress	DeviceAddress	有效的 64 位地址	初始化密钥建立设备的扩展 64 位地址
Accept	Boolean	TRUE FALSE	该参数代表响应到初始化者的请求执行一个密钥建立协议。响应应该为： TRUE = 接收 FALSE = 拒绝

在发起者启动一个密钥建立协议（即收到 APSME-ESTABLISH-KEY. indication 之后）之后，APSME-ESTABLISH-KEY. response 原语应该由 ZDO 产生并且提供给 APSME。这个原语提供给响应者的 ZDO 一个机会来决定接受还是拒绝和给定的发起者建立密钥的请求。

如果 Accpt 参数是 TRUE，那么响应者的 APSME 会尝试按照 KeyEstablishmentMethod 参数指明的去执行密钥建立协议。如果 KeyEstablishmentMethod 等于 SKKE，APSME 会执行 SKKE 协议。本地的 APSME 会作为本协议的响应者，InitiatorAddress 参数指明的 APSME 会作为本协议的发起者。如果 Accept 参数是 FALSE，本地的 APSME 会终止并且清除有关未定的密钥建立协议的中间数据。

如果 TransportKeyData 参数的 UseParent 子参数以及 nwkSecureAllFrameNIB 属性都是 TRUE，命令帧必须嵌入到一个通道命令帧中。通道命令代替传输密钥命令被发送。

图 7-12 为两个设备之间成功建立密钥的原语序列。

发起者和响应者的 APSME 执行对称密钥密钥协议方案。共享密钥应该是主密钥，在发起设备和响应设备之间共享，从 AIB 中 apsDeviceKeyPairSet 属性里合适的主密钥元素中

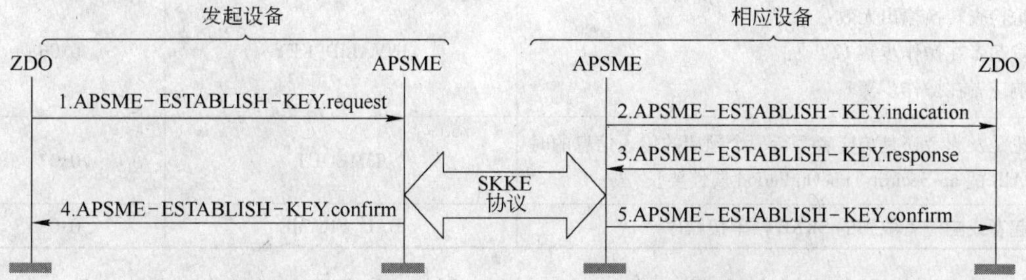

图 7-12 成功 APSME-ESTABLISH-KEY 原语序列图

获得。方案执行期间发送的信息应该指定为表 7-15 里的帧名称。发起设备负责发送 SKKE-1 帧和 SKKE-3 帧，响应设备负责发送 SKKE-2 帧和 SKKE-4 帧。另外，如果 APSME-ESTABLISH-KEY. request 原语的 UseParent 参数是 TRUE，父响应者（见 APSMEESTABLISH-KEY. request 原语的 ResponderParentAddress 参数指明）应该作为一个连接并且在发起设备和响应设备之间发送信息。

表 7-15 映射帧的名字到对称密钥协商方案的密钥信息

帧名称	描 述	帧名称	描 述
SKKE-1	通过发起者发送在操作步骤 1	SKKE-3	通过发起者发送在操作步骤 8
SKKE-2	通过响应者发送在操作步骤 2	SKKE-4	通过响应者发送在操作步骤 9

在密钥建立方案期间，如果发起者或响应者设备检测到表 7-15 列出的任何错误条件，该方案将会中止，本地的 APSME 将会发出 APSME-ESTABLISH-KEY. confirm 原语，Status 参数设置为表 7-16 所指示。如果没有错误发生（即密钥协议方案输出“有效”），那么发起者和响应者将得到的密钥（即 KeyData）作为它们最新的共享密钥。发起者或响应者都会更新或者添加这一连接密钥到它们的 AIB 中，设置相应的输入和输出帧计数为零，发出 APSMEESTABLISH-KEY. confirm 原语，设置 Status 参数为 SUCCESS。

表 7-16 对称密钥密钥协定错误条件的状态代码映射

状 态 描 述	状态代码	值
没有错误发生	SUCCESS	0x00
输入到密钥建立原语其中之一的一个无效参数	INVALID_PARAMETER	0x01
没有主密钥是可用的	NO_MASTER_KEY	0x02
质疑是无效的： 发起者在操作步骤 3 响应者在操作步骤 3	INVALID_CHALLENGE	0x03
SKG 输出无效： 发起者在操作步骤 4 响应者在操作步骤 3	INVALID_SKG	0x04
MAC 转换输出无效： 发起者在操作步骤 8 响应者在操作步骤 10	INVALID_MAC	0x05
标记检查转换输出无效： 发起者在操作步骤 12 响应者在操作步骤 8	INVALID_KEY	0x06
无论是发起者还是响应者等待一个预期的传入信息的时比等 AIB 的 apsSecurityTimeOutPeriod 属性要长	TIMEOUT	0x07
发起者或响应者收到的 SKKE 帧不按顺序	BAD_FRAME	0x08

SKKE 协议从发起设备发送一个 SKKE-1 帧开始。如果 APSME-ESTABLISH-KEY. request 原语的 UseParent 参数是 FALSE，发起设备通过发送一个 SKKE-1 帧到响应设备开始

协议（见 APSME-ESTABLISH-KEY. request 原语的 ResponderAddress 参数指明）。否则，发起设备会发送这个 SKKE-1 帧到父响应者设备开始协议（见 APSME-ESTABLISH-KEY. request 原语的 ResponderParentAddress 参数指明）。SKKE-1 帧在发送中使用 NLDE-DATA. request 原语，NWK 层安全设置为默认的 NWK 层安全等级。

如果 SKKE-1 帧的响应者地址域不等于本地设备地址，APSME 将会执行如下步骤：

（1）如果响应者地址域给定的设备不是本地设备的子设备，SKKE-1 帧应该被丢弃。

（2）否则，本地设备的 APSME 将会使用 NLDE-DATA. request 原语发送 SKKE-1 帧到响应设备：

1）DestAddr 参数设置为 16 位地址，和 SKKE-1 帧的响应者地址域的 64 位地址对应；

2）DiscoverRoute 参数设置为 0x01；

3）SecurityEnable 参数设置为 FALSE。

否则，APSME 应该执行如下步骤：如果设备没有一个主密钥对应发起者地址域：

（1）SKKE-1 帧应该被丢弃，且 APSME-ESTABLISH-KEY. confirm 原语发送时 Status 参数设置为 NO_MASTER_KEY，APSME 应该停止处理这个 SKKE 协议；

（2）否则，APSME 会发出一个原语 APSME-ESTABLISH-KEY. Indication，InitiatorAddress 参数设置为 SKKE-1 帧的发起者地址域，KeyEstablishmentMethod 参数设置为 0（即 SKKE 协议）；

（3）在 APSME-ESTABLISH-KEY. indication 原语发出之后，在接收到相应的原语 APSME-ESTABLISH-KEY. response 时，APSME 应该评估接收的 APSMEESTABLISH-KEY. response 原语的 InitiatorAddress 和 Accept 参数；如果 InitiatorAddress 参数设置为 SKKE-1 帧的发起者地址，Accept 参数设置为 FALSE，APSME 将会停止 SKKE 协议并且丢弃 SKKE-1 帧。

这时设备应该构建一个 SKKE-2 帧。如果 SKKE-1 帧的源指示同样的设备作为 SKKE-1 帧的发起者地址域。设备将会直接发送 SKKE-2 帧到发起设备，使用 NLDE-DATA. request 原语，DestAddr 参数设置为 SKKE-1 帧的源，DiscoverRoute 参数设置为 0x01，SecurityEnable 参数设置为 TRUE。否则，设备会发送 SKKE-2 帧到父设备，使用 NLDE-DATA. request 原语，DiscovorRoute 参数设置为 0x01，SecurityEnable 参数设置为 FALSE。

如果 SKKE-2 帧的响应者地址并不等于本地设备地址，APSME 应执行下列步骤：

（1）如果响应者地址域给出的设备不是本地设备的子设备，SKKE-2 帧应该被丢弃；

（2）否则，设备会发送 SKKE-2 帧到发起设备，使用 NLDE-DATA. request 原语，NWK 层安全设置为默认等级。

否则，本设备应该构建一个 SKKE-3 帧。如果 SKKE-2 帧的源和 SKKE-2 帧的响应者地址域一样，该设备将此 SKKE-3 帧直接发送到响应设备。否则，该设备应向响应者父设备发出 SKKE-3 帧。发出 SKKE-3 帧使用 NLDE-DATA. request 原语，NWK 层安全设置为默认的 NWK 层安全等级。

如果 SKKE-3 帧的响应者地址并不等于本地设备地址，APSME 应执行下列步骤：

（1）如果 SKKE-3 帧的响应者地址域给出的设备不等于本地设备地址，APSME 执行以下步骤：

1）如果响应者地址域指定的设备不是本地设备的子节点，SKKE-3 帧被丢弃；

2）否则，设备会发送 SKKE-3 帧到响应设备，使用 NLDE-DATA. request 原语，NWK 层安全禁用；

3）否则，设备会处理 SKKE-3 数据域，如果协议不成功，设备应发出 APSMEESTABLISH-KEY. confirm 原语，地址参数设置为发起者地址，状态参数应该适当设置。

（2）如果从设备的角度来看协议是成功的，该设备应构建一个 SKKE-4 帧。如果 SKKE-3 帧的源和 SKKE-3 帧的发起者地址域一样，该设备应将此 SKKE-4 帧直接发送到发起设备，使用 NLDE-DATA. request 原语，NWK 层安全设置为默认级别。否则，该设备应发出 SKKE-4 帧给它的父设备，使用 NLDE-DATA. request 原语，NWK 层安全禁用。最后，该设备应发出 APSME-ESTABLISH-KEY. confirm 原语，地址参数设置为发起者地址，Status 参数设置为成功。

如果 SKKE-4 帧的发起者地址并不等于本地设备地址，APSME 应执行下列步骤：

（1）如果响应者地址域给出的设备不是本地设备的子设备，SKKE-4 帧应该被丢弃；

（2）否则，本地设备的 APSME 会发送 SKKE-4 帧到发起设备，使用 NLDE-DATA. request 原语，NWK 层安全设置为默认级别。

否则，APSME 会处理 SKKE-4 帧，设备应发出 APSME-ESTABLISH-KEY. confirm 原语，地址参数设置为响应者地址，状态参数适当地设置。

7.8.4 传输密钥

APSME（应用支持子层管理实体）提供允许发起者传输密钥材料到响应者的服务。

APSME-TRANSPORT-KEY. request 原语用来传输密钥到其他设备。

```
APSME-TRANSPORT-KEY. request{
    DestAddress,
    KeyType,
    TransportKeyData
}
```

表 7-17 指明了 APSME-TRANSPORT-KEY. request 原语的参数。

表 7-17 APSME-TRANSPORT-KEY. request 参数

参数名称	类 型	有效范围	描 述
DestAddress	Device address	任何有效的 64 位地址	目的设备的扩展 64 位地址
KeyType	Integer	0x00 ~ 0x06	标识应该被传输的密钥材料的类型；见表 7-18
TransportKeyData	Variable	可变的	密钥确认和使用的参数被传输。参数的类型取决于下面 KeyType 参数： KeyType = 0x00 KeyType = 0x01 KeyType = 0x02 KeyType = 0x03 KeyType = 0x04 KeyType = 0x05

表 7-18 Transport-Key 原语的 KeyType 参数

枚举	值	描述
Trust-center master key	0x00	代表密钥是用来建立信任中心和其他设备之间的连接的一个主密钥
Standard network key	0x01	表示密钥是一个网络密钥，用于标准安全模式，可以使用密钥传输分发，或表示密钥是一个标准的网络密钥
Application master key	0x02	代表密钥是用来建立两个设备间的连接的一个主密钥
Application link key	0x03	代表密钥是一个用于作为两个设备间基本安全的连接密钥
Trust-center link key	0x04	表示密钥是一个连接密钥，用作信任中心和其他设备之间的基本密钥
High-security network key	0x05	表示密钥是一个网络密钥，用在高级安全模式中，只能使用密钥传输分发

当发起设备需要传输密钥到响应设备时，它的 ZDO 应该产生这个原语。

APSME-TRANSPORT-KEY. request 原语的接收会导致 APSME 创建一个密钥传输命令数据包。

如果 KeyType 参数是 0x00 或 0x04（即信任中心主密钥或连接密钥），密钥传输命令的密钥描述域应设置如下：

（1）密钥子域应设置为 TransportKeyData 参数的 Key 子参数；

（2）目标地址子域应设置为 DestinationAddress 参数；

（3）源地址子域应设置为本地设备地址。

此命令帧应该按规定安全保护，然后，如果安全处理成功，通过发出 NLDE-DATA. request 原语发送到 TransportKeyData 参数的 ParentAddress 子参数指定的设备。

如果 DestinationAddress 参数是全零，加密后的命令帧就被单播给设备任何子节点以及所有的 rx-off-when-idle 的子节点。这些单播一直重复直到成功，或随后收到一个 KeyType 参数等于 0x01 或 0x05 的 APSME-TRANSPORT-KEY. request 原语，或经过的周期是建议最大轮询间隔的两倍。

如果 KeyType 参数是 0x01 或 0x05（即一个网络密钥），传输密钥命令的密钥描述域应设置如下：

（1）密钥子域应设置为 TransportKeyData 参数的 Key 子参数；

（2）序列号子域应设置为 TransportKeyData 参数的 KeySeqNumber 子参数；

（3）目标地址子域应设置为 DestinationAddress 参数；

（4）源地址子域应设置为本地设备地址。

该命令帧应该按规定安全保护，如果安全处理成功，那么通过发出 NLDE-DATA. request 原语发送到 TransportKeyData（如果 TransportKeyData 参数的 UseParent 子参数是 TRUE）参数或者 DestinationAddress 参数（如果 TransportKeyData 参数的 UseParent 子参数是 FALSE）的 ParentAddress 子参数指定的设备。

如果 TransportKeyData 参数的 UseParent 子参数为 FALSE，且 nwkNeighborTable 中有一个条目，它的扩展地址匹配 SenderAddress 参数，且关系域值为 0x05（未经验证的子节点），那么该节的关系域应设置为值0x01（子节点）。

如果KeyType参数是0x02或0x03（即应用程序主密钥或者连接密钥），传输密钥命令的密钥描述域应设置如下：

（1）密钥子域应设置为TransportKeyData参数的Key子参数；

（2）同伴地址子域应设置为TransportKeyData参数的PartnerAddress子参数；

（3）发起者子域应该设置为1（如果TransportKeyData参数的Initiator子参数是TRUE）或者0（如果TransportKeyData参数的Initiator子参数是FALSE）。

该命令帧应该按规定安全保护，如果安全处理成功，那么通过发出NLDE-DATA. request原语发送到DestinationAddress参数指定的设备。

APSME-TRANSPORT-KEY. indication原语用来通知ZDO接收到了密钥材料。

```
APSME-TRANSPORT-KEY. indication{
    SrcAddress,
    KeyType,
    TransportKeyData
}
```

表7-19指明了APSME-TRANSPORT-KEY. indication原语的参数。

表7-19 APSME-TRANSPORT-KEY. indication参数

名 称	类 型	有效范围	描 述
SrcAddress	Device Address	任何有效的64位地址	原始的传输密钥的设备的扩展64位地址
KeyType	Octet	0x00～0x06	代表传输密钥材料的类型，见表7-17
TransportKeyData	Variable	可变的	随着认证和使用参数传输的密钥，该参数取决于KeyType参数，如下： KeyType = 0x00 KeyType = 0x01 KeyType = 0x02 KeyType = 0x03 KeyType = 0x04 KeyType = 0x05

当APSME接收到一个传输密钥命令，它会产生这个原语。在收到这一原语之后，ZDO被通知收到密钥材料。

接收密钥传输命令时，APSME会按照安全控制域的规定执行安全处理，然后检查密钥类型子域。

收到一个加密的传输密钥命令时，APSME检查密钥类型子域。如果密钥类型子域设置为0x02、0x03、0x04或0x05（应用程序连接密钥或主密钥、信任中心连接密钥或高安全网络密钥），且命令不是使用一个信任中心连接密钥加密的，命令就被丢弃。如果密钥类型域设置为0x01（即标准网络密钥），且命令不是使用一个信任中心连接密钥或活动网络密钥加密的，命令就被丢弃。

如果密钥类型域设置为0x02或0x03（即应用程序连接密钥或主密钥），APSME就发出APSME-TRANSPORT-KEY. indication原语，SrcAddress参数设置为密钥传输命令的源

(由 NLDE-DATA. indication SrcAddress 参数指定), KeyType 参数设置为密钥类型域。

TransportKeyData 参数设置如下:

(1) Key 子参数应定为密钥域;

(2) PartnerAddress 子参数设置为同伴地址子域;

(3) 如果发起者域为 1, Initiator 参数设置为 TRUE。否则为 0。

如果密钥类型域是 0x00、0x01、0x04 或 0x05 (信任中心主密钥或者网络密钥), 目标地址域等于本地设备地址, 或如果密钥类型域设置为 0x01 (即标准网络密钥), 目标域是全零字符串, 且当前网络密钥类型等于密钥类型域的值, APSME 会发出 APSME-TRANSPORTKEY. indication 原语, SrcAddress 参数设置为密钥传输命令的源地址域, KeyType 参数设置为密钥类型域。TransportKeyData 参数设置如下: Key 子参数应定为密钥域, 如果是网络密钥 (即密钥类型域设置为 0x01 或 0x05), KeySeqNumber 子参数设置为序列号域。

如果密钥类型域是 0x00 或 0x01 (即信任中心主密钥或者连接密钥或标准网络密钥), 目标地址域不等于本地设备地址, APSME 会发送命令到目标地址域指示的地址, 发出 NLDEDATA. request 原语, 安全禁用。

如果密钥类型域设置为 0x01 (即标准网络密钥) 且 nwkNeighborTable 中的条目的扩展地址匹配目标地址域的值, 且关系域值为 0x05 (未经验证的子节点), 那么该条目的关系域应设置为值 0x01 (子节点)。

收到密钥类型域设置为 0x01 的一个加密传输密钥命令时, 如果目标域是全零, 且源地址域设置为 apsTrustCenterAddress 的值, 路由器就尝试单播这个传输密钥命令给任何子节点和所有 rx-off-when-idle 的子节点。路由器继续这样做直到成功, 或直到随后收到密钥类型域设置为 0x01 或 0x05 的一个传输密钥命令, 或直到经过两倍于建议的最大轮询间隔的周期。

在接收到未加密的密钥传输命令之后, APSME 会检查密钥类型子域, 如果密钥类型域设置为 0x00 (即信任中心主密钥), 目标地址域等于本地设备地址, 设备没有信任中心主密钥和地址 (即 AIB 中的 apsTrustCenterAddress), 那么 APSME 会发出 APSME-TRANSPORTKEY. indication 原语。

如果密钥类型域设置为 0x01 或 0x05 (即网络密钥), 目标地址域等于本地设备地址, 且设备没有网络密钥, 那么 APSME 会发出 APSME-TRANSPORTKEY. indication 原语。如果密钥类型域设置为 0x04 (即信任中心连接密钥), 目标地址域等于本地地址, 且设备没有信任中心连接密钥, 那么 APSME 发出 APSME-TRANSPORTKEY. indication 原语。如果发出了 APSME-TRANSPORT-KEY. indication 原语, SrcAddress 参数设置为密钥传输命令的源地址域, KeyType 参数设置为密钥类型域。TransportKeyData 参数设置如下: Key 子参数应设置为密钥域, 如果是网络密钥 (即密钥类型域设置 0x01 或 0x05), KeySeqNumber 子参数设置为序列号域。

7.8.5 请求密钥

APSME 提供服务允许设备从另一个设备 (例如它的信任中心) 请求活动网络密钥或者一个主密钥。

APSME-REQUEST-KEY. request 这个原语允许 ZDO 请求活动网络密钥或者一个新的端对端应用程序主密钥（主密钥或连接密钥）。

```
APSME-REQUEST-KEY. request{
    DestAddress,
    KeyType,
    PartnerAddress
}
```

表 7-20 指定了 APSME-REQUEST-KEY. request 的参数。

表 7-20　APSME-REQUEST-KEY. request 参数

参数名称	类　型	有效范围	描　述
DestAddress	DeviceAddress	任何有效的 64 位地址	请求密钥命令应该被发送到的设备的扩展 64 位地址
KeyType	Octet	0x00 ~ 0xFF	被请求的密钥类型： 0x01 = 网络密钥 0x02 = 应用程序密钥 0x00 和 0x03 ~ 0xFF = 保留
PartnerAddress	DeviceAddress	任何有效的 64 位地址	如果 KeyType 参数代表一个应用程序密钥，该参数应该代表接收到和设备请求的密钥一样的设备的扩展 64 位地址

当设备请求活动网络密钥或者一个新的端对端应用主密钥（主密钥或连接密钥），它的 ZDO 应该产生 APSME-REQUEST-KEY. request 原语。

在收到 APSME-REQUEST-KEY. request 原语之后，设备应该先创建一个请求密钥命令帧。这个命令帧的密钥类型子域应该设置为和 KeyType 参数相同的值。如果 KeyType 参数是 0x02（即一个应用程序密钥），那么该命令帧的同伴地址域应该为参数 PartnerAddress。否则，该命令帧的同伴地址域不能存在。

这个命令帧应该按照输出帧的安全处理的规定执行安全保护，然后，如果安全处理成功，通过发出 NLDE-DATA. request 原语发送到 DestAddress 参数指定的设备。

APSME 会发出 APSME-REQUEST-KEY. indication 这个原语去通知 ZDO 已经收到了请求密钥命令帧。

```
APSME-REQUEST-KEY. indication{
    SrcAddress,
    KeyType,
    PartnerAddress
}
```

表 7-21 指定了 APSME-REQUEST-KEY. indication 原语的参数。

表 7-21 APSME-REQUEST-KEY. indication 参数

参数名称	类 型	有效范围	描 述
SrcAddress	DeviceAddress	任何有效的 64 位地址	发送请求密钥设备的扩展 64 位地址
KeyType	Octet	0x00 ~ 0xFF	被请求的密钥类型: 0x01 = 网络密钥 0x02 = 应用程序密钥 0x00 和 0x03 ~ 0xFF = 保留
PartnerAddress	DeviceAddress	任何有效的 64 位地址	如果 KeyType 参数代表一个应用程序密钥，该参数应该代表接收到和设备请求一样的密钥的设备的 64 位地址

当 APSME 收到了一个成功加密认证过的请求密钥命令帧，它会产生这个原语。在收到 APSME-REQUEST-KEY. indication 原语之后，ZDO 应该被告知 SrcAddress 参数指明的设备正在请求一个密钥。被请求的密钥的类型应该由 KeyType 参数指示出来。如果 KeyType 参数是 0x02（即一个应用程序密钥），PartnerAddress 参数会指示收到同样密钥的同伴设备作为请求密钥的设备（即 SrcAddress 参数指明的设备）。

7.8.6 更换密钥

APSME 提供服务允许一个设备（例如信任中心）去通知其他设备应该更换到一个新的活动网络密钥。

APSME-SWITCH-KEY. request 这个原语允许一个设备（例如信任中心）去请求其他设备应该更换到一个新的活动网络密钥。

```
APSME-SWITCH-KEY. request{
    DestAddress,
    KeySeqNumber
}
```

表 7-22 指定了 APSME-SWITCH-KEY. request 原语的参数。

表 7-22 APSME-SWITCH-KEY. request 参数

参数名称	类 型	有效范围	描 述
DestAddress	DeviceAddress	任何有效的 64 位地址	更换密钥命令发送到设备的扩展 64 位地址
KeySeqNumber	Octet	0x00 ~ 0xFF	序列号码分配给网络主要由信任中心，用来区分网络密钥

当一个设备（例如信任中心）需要通知一个设备应该更换到一个新的活动网络密钥，它的 ZDO 应该产生 APSME-SWITCH-KEY. request 原语。

在接收到 APSME-SWITCH-KEY. request 原语之后，设备应该首先创建一个更换密钥命令帧。该命令帧的序列号域应该设置为和 KeySeqNumber 参数的同样值。这个命令帧应该按照输出帧的安全处理的规定执行安全保护，然后如果安全处理成功，通过发出 NLDE-

DATA. request 原语发送到 DestAddress 参数指定的设备。

APSME 会发出 APSME-SWITCH-KEY. indication 这个原语去通知 ZDO 已经收到了更换密钥命令帧。

```
APSME-SWITCH-KEY. indication{
    SrcAddress,
    KeySeqNumber
}
```

表 7-23 指定了 APSME-SWITCH-KEY. indication 原语的参数。

表 7-23 APSME-SWITCH-KEY. indication 参数

参数名称	类 型	有效范围	描 述
SrcAddress	DeviceAddress	任何有效的 64 位地址	发送更换密钥命令的设备的扩展 64 位地址
KeySeqNumber	Octet	0x00 ~ 0xFF	序列号码通过信任中心分配给网络密钥，用来区分网络密钥

当 APSME 收到了一个成功加密认证过的更换密钥命令帧，它会产生这个原语。在接收到 APSME-SWITCH-KEY. indication 原语之后，ZDO 应该被告知 SrcAddress 参数指明的设备正在请求 KeySeqNumber 参数指明的网络密钥成为一个新的活动网络密钥。

APS 层的帧格式包括 APS 头和 APS 负载域。APS 头包括帧控制和寻址域。当安全应用于一个应用协议数据单元帧，APS 帧控制域的安全位应设置为 1，表示存在辅助帧头。加密的 APS 帧格式如图 7-13 所示。辅助帧头位于 APS 头和 APS 负载域之间。

<table>
<tr><td>字节数：可变的</td><td>5 或者 6</td><td colspan="2">可 变 的</td></tr>
<tr><td rowspan="2">原始的 APS 头</td><td rowspan="2">辅助帧头</td><td>加密负载</td><td>加密信息完整性代码（MIC）</td></tr>
<tr><td colspan="2">安全的范围内有效负载 = CCM* 输出</td></tr>
<tr><td>完整的 APS 头</td><td></td><td colspan="2">安全的 APS 负载</td></tr>
</table>

图 7-13 加密的 APS 帧

7.8.7 实体认证

APSME 提供允许两个设备之间互相认证的服务。此过程使用一个随机质疑，它的响应基于一个预先共享的秘密来认证数据的发起者，在此情况下，秘密即密钥。它也允许可选的认证数据转换。

APSME-AUTHENTICATE. request 原语用来启动实体认证或者响应其他设备发起的实体认证。本原语可以在需要不使用帧安全而认证其他设备时使用。协议确认的真实性是基于两个设备共享一个预先共享的密钥。

```
APSME-AUTHENTICATE. request{
    PartnerAddress,
    Action,
```

RandomChallenge

}

表 7-24 指定了 APSME-AUTHENTICATE. request 原语的参数。

表 7-24 APSME-AUTHENTICATE. request 参数

参数名称	类 型	有效范围	描 述
PartnerAddress	DevAddress	任何有效的 64 位地址	扩展的，发起设备的 64 位 IEEE 地址
Action	枚 举	INITLATE. RESPOND_ACCEPT. RESPOND_REJECT	表明要采取的行动，见下表
RandomChallenge	16 字节的集合	—	从发起者收到的 16 字节随机质疑，本参数只有在 Action 参数等于 RESPOND_ACCEPT 时才有效

行动参数列举

列 举	值	描 述
INITLATE	0x00	启动实体认证
RESPOND_ACCEPT	0x01	响应实体认证请求，接受
RESPOND_REJECT	0x02	响应实体认证请求，拒绝

当发起者或者响应者需要启动或响应实体认证时，它的 ZDO 会产生这个原语。如果 ZDO 响应 APSME-AUTHENTICATE. indication 原语，应该设置 RandomChallenge 为指示中相应的 RandomChallenge 参数的值。在接收到 APSME-AUTHENTICATE. request 原语之后，Action 参数设置为 INITIATE 会引起 APSME 启动相互实体认证协议。本地的 APSME 会作为这个协议的发起者，PartnerAddress 参数指示的 APSME 会作为这个协议的响应者。

在接收到 APSME-AUTHENTICATE. request 原语之后，Action 参数设置为 RESPOND_ACCEPT 会引起 APSME 参加相互实体认证协议。本地的 APSME 会作为这个协议的响应者，PartnerAddress 参数指示的 APSME 会作为协议的发起者。如果 Action 参数设置为 RESPOND_REJECT，实体认证不会发生。

在实体认证完成或失败时，APSME-AUTHENTICATE. confirm 原语发给发起设备和响应设备的 ZDO。

APSME-AUTHENTICATE. confirm{

Address,

Status

}

表 7-25 指定了 APSME-AUTHENTICATE. confirm 原语的参数。除了这些代码，如果发送的协议信息中，NLDE-DATA. confirm 原语的 Status 参数设置的值不是 SUCCESS，APSMEAUTHENTICATE. Confirm 原语的 Status 参数设置为从 NWK 层收到的值。

表 7-25 APSME-AUTHENTICATE. confirm 参数

参数名称	类 型	有效范围	描 述
Address	DevAddress	任何有效的 64 位地址	扩展的，实体认证发生设备的 64 位 IEEE 地址
Status	列 举	表 7-24 给的值或从 NLDE-DATA. confirm 原语返回的值	实体认证的最终状态

在完成实体认证之后，发起者或者响应者的 APSME 会发出这个原语到它的 ZDO。在接收到 APSME-AUTHENTICATE. confirm 原语之后，发起者的 ZDO 应该被通知其请求认证响应者的结果。如果传输成功，Status 参数会设置为 SUCCESS，ZDO 会知道它和响应者共享一个密钥，且它已经从响应者收到了认证数据。否则，Status 参数会显示错误。响应者的 ZDO 应该被通知发起者的认证数据传输的结果。如果传输成功，Status 参数会设置为 SUCCESS，ZDO 会知道它和发起者共享一个密钥，且它已经从发起者收到了认证数据。否则，Status 参数会显示错误。

当响应者收到来自于发起者的初始认证信息，它的 APSME 发出 APSME-AUTHENTICATE. indication 这个原语到它的 ZDO。

```
APSME-AUTHENTICATE. indication{
    InitiatorAddress,
    RandomChallenge,
}
```

表 7-26 指定了 APSME-AUTHENTICATE. indication 原语参数。

表 7-26 APSME-AUTHENTICATE. indication 参数

参数名称	类 型	有效范围	描 述
InitiatorAddress	DevAddress 列举	任何有效的 64 位地址	扩展的，发起设备的 64 位 IEEE 地址
RandomChallenge	16 字节集合	—	从发起者收到的 16 字节随机质疑

当响应设备收到了来自于发起者的开始实体认证的请求，它的 APSME 会产生这个原语到它的 ZDO。在接收到 APSME-AUTHENTICATE. indication 原语之后，ZDO 会决定它是否希望参加实体认证，使用 InitiatorAddress 参数指定的发起者。如果这样，ZDO 会用 APSMEAUTHENTICATE. request 原语响应，设置 Action 参数为 RESPOND_ACCEPT，相应的 APSMEAUTHENTICATE. request 原语的 RandomChallenge 参数设置为 RandomChallenge 参数。如果它不希望参加发起者的实体认证，ZDO 会用 APSME-AUTHENTICATE. request 原语响应，设置 Action 参数为 RESPOND_REJECT。

发起者和响应者的 APSME 执行互相实体认证机制。在指定的机制期间发送的信息应指定为给定的帧名称。发起者和响应者质疑帧的 KeyType 子域必须设置为 0x00，表示发起者和响应者之间共享的共享密钥是活动网络密钥。

在 nwkSecurityMaterialSet 上使用 NLME-GET. request 获得的发起者和响应者之间共享，使用对应于 nwkActiveKeySeqNumber 的密钥。如果到来的发起者或响应者质疑帧的 KeySeqNumber 子域不匹配 nwkActiveKeySeqNumber，或网络密钥不可用，本地 APSME 就发出 APSME-AUTHENTICATE. confirm 原语，状态参数设置为 NO_KEY。

Text1 应设置为输出的帧计数器，与使用指明的字节表示的响应者的活动网络密钥有关。使用 NLMEGET. request，这是 nwkSecurityMaterialSet 条目的 OutgoingFrameCounter 条目，它的 KeySeqNumber 条目等于 nwkActiveKeySeqNumber。如果帧计数器不可用，响应者 APSME 发出 APSME-AUTHENTICATE. confirm 原语，状态参数设置为 NO_DATA。对应响应者的到来的帧计数器，与发起者的活动网络密钥有关，应设置为指明的 Text1。使用 NLME-SET. request，这是 IncomingFrameCounterSet 条目的 IncomingFrameCounter 条目，其中 SenderAddress 条目对应响应者，nwkSecurityMaterialSet 条目的 KeySeqNumber 条目等于 nwkActiveKeySeqNumber。

Text2 应设置为输出帧计数器，与使用指明的字节表示的发起者的活动网络密钥有关。使用 NLME-GET. request，这是 nwkSecurityMaterialSet 条目的 OutgoingFrameCounter 条目，它的 KeySeqNumber 条目等于 nwkActiveKeySeqNumber。如果帧计数器不可用，响应者 APSME 发出 APSMEAUTHENTICATE. confirm 原语，状态参数设置为 NO_DATA。对应发起者的输入帧计数器，与响应者的活动网络密钥有关。使用 NLMESET. request，这是 IncomingFrameCounterSet 条目的 IncomingFrameCounter 条目，其中 nwkSecurityMaterialSet 条目的 KeySeqNumber 条目等于 nwkActiveKeySeqNumber。当发出 NLDE-DATA. request 原语以发送质疑帧或 MAC 和数据帧，SecurityEnable 参数必须总是设置为 FALSE，表示在网络层不使用安全。

当发送发起者或响应者质疑时，认证机制应通过启动一个周期为 apsSecurityTimeoutPeriod 的定时器进行监视。认证机制期间，如果检测到任何错误条件，那么机制就停止，本地 APSME 就发出 APSME-AUTHENTICATE. confirm 原语，状态参数设置为指明的值。如果没有错误条件发生（即认证机制输出“有效”），那么发起者应视为可以使用所指定的密钥和响应者安全通信。发起者和响应者应发出 APSMEAUTHENTICATE. confirm 原语，状态参数设置为 SUCCESS。

7.8.8 更新设备

APSME 提供服务允许设备（例如一个路由器）去通知另外一个设备（例如一个信任中心），第三个设备已经改变状态（例如加入或者已经离开网络）。当 ZDO 需要通知一个设备（例如一个信任中心）另外一个设备的状态需要更新（例如设备加入或者已经离开网络），它会发出 APSME-UPDATE-DEVICE. request 这个原语。

```
APSME-UPDATE-DEVICE. request{
    DestAddress,
    DeviceAddress,
    Status,
    DeviceShortAddress
}
```

表 7-27 指明了 APSME-UPDATE-DEVICE. request 原语的参数。

表 7-27 APSME-UPDATE-DEVICE. request 参数

参数名称	类 型	有效范围	描 述
DestAddress	DeviceAddress	任何有效的64位地址	发送更新信息设备的扩展64位更新信息
DeviceAddress	DeviceAddress	任何有效的64位地址	状态正在更新的设备的扩展64位地址
Status	Integer	0x00 ~ 0x07	代表通过 DeviceAddress 参数给出的设备的更新状态： 0x00 = 标准设备安全加入 0x01 = 标准设备非安全加入 0x02 = 设备离开 0x03 = 标准设备非安全重新加入 0x04 = 高安全设备安全重新加入 0x05 = 高安全设备非安全加入 0x06 = 保留 0x07 = 高安全设备非安全重新加入
DeviceShortAddress	Networkaddress	0x0000 ~ 0xffff	状态为正在更新的设备的16位网络地址

当ZDO想传送更新设备信息到另一个设备（例如，信任中心），它（例如，在路由器或ZigBee协调器上）应启动APSME-UPDATE-DEVICE. request原语。

收到APSME-UPDATE-DEVICE. request原语，设备应首先建立一个更新设备命令帧。此命令帧设备地址域设置为DeviceAddress参数，状态域应根据状态参数设置，该设备短地址域应设置为DeviceShortAddress参数。此命令帧应按照安全保护的规定加以保护，然后，如果安全处理成功，通过发出NLDE-DATA. request原语，发送到DestAddress参数指定的设备。

APSME会发送APSME-UPDATE-DEVICE. indication原语通知ZDO接收到了更新设备命令帧。

```
APSME-UPDATE-DEVICE. indication{
    SrcAddress,
    DeviceAddress,
    Status,
    DeviceShortAddress
}
```

表7-28表明了APSME-UPDATE-DEVICE. Indication原语的参数。

表 7-28 APSME-UPDATE-DEVICE. indication 参数

参数名称	类 型	有效范围	描 述
SrcAddress	DeviceAddress	任何有效的64位地址	原设备的更新设备命令的扩展64位地址
DeviceAddress	DeviceAddress	任何有效的64位地址	状态正在更新的扩展的64位地址
Status	Octet	0x00 ~ 0x07	代表通过 DeviceAddress 参数给出的设备的更新状态： 0x00 = 设备安全重新加入 0x01 = 设备非安全加入 0x02 = 设备离开 0x03 = 标准设备非安全重新加入 0x04 = 高安全设备安全重新加入 0x05 = 高安全设备非安全加入 0x06 = 保留 0x07 = 高安全设备非安全重新加入
DeviceShortAddress	Networkaddress	0x0000 ~ 0xffff	正在被更新的16位网络地址

当 APSME 接收到一个成功加密并认证过的更新设备命令帧，它会产生这个原语。在收到 APSME-UPDATE-DEVICE. request 原语之后，ZDO 将被通知，DeviceAddress 参数指示的设备已经根据 Status 参数更新了状态。

7.8.9　移除设备

APSME 提供服务允许一个设备（例如信任中心）去通知其他设备（例如路由器）它的一个子设备应该从网络中移除。

一个设备的 ZDO（例如信任中心）应该发出 APSME-REMOVE-DEVICE. request 这个原语去请求其他设备（例如路由器）移除网络中它的一个子设备。例如信任中心可以使用这个原语去移除一个未成功认证的子设备。

```
APSME-REMOVE-DEVICE. request{
    ParentAddress,
    ChildAddress
}
```

表 7-29 指明了 APSME-REMOVE-DEVICE. request 原语的参数。

表 7-29　APSME-REMOVE-DEVICE. request 参数

参数名称	类　型	有效范围	描　述
ParentAddress	DeviceAddress	任何有效的 64 位地址	被请求移除的子设备的父设备的扩展 64 位地址
ChildAddress	DeviceAddress	任何有效的 64 位地址	请求被移除的子设备的扩展 64 位地址

一个设备的 ZDO（例如信任中心）应该发出 APSME-REMOVE-DEVICE. request 原语去请求一个父设备（由 ParentAddress 参数指明）移除网络中它的一个子设备（由 ChildAddress 参数指明）。在接收 APSME-REMOVE-DEVICE. request 原语之后，设备会首先创建一个移除设备命令帧。该命令帧的子节点地址域应该设置为 ChildAddress 参数。该命令帧按照规定执行安全保护，然后，如果安全处理成功，通过发出 NLDEDATA. request 原语发送到 ParentAddress 参数指定的设备。

APSME 发出 APSME-REMOVE-DEVICE. indication 这个原语去通知 ZDO 已经收到了移除设备命令帧。

```
APSME-REMOVE-DEVICE. indication{
    SrcAddress,
    ChildAddress
}
```

表 7-30 指定了 APSME-REMOVE-DEVICE. indication 的参数。

表 7-30　APSME-REMOVE-DEVICE. indication 参数

参数名称	类　型	有效范围	描　述
SrcAddress	DeviceAddress	任何有效的 64 位地址	请求移除子设备的设备的扩展 64 位地址
ChildAddress	DeviceAddress	任何有效的 64 位地址	请求移除子设备的设备的扩展 64 位地址

当 APSME 接收到一个成功加密认证过的移除设备命令帧，会产生这个原语。在收到 APSME-REMOVE-DEVICE. indication 原语之后，ZDO 应该被通知 SrcAddress 参数引用的设备正在请求 ChildAddress 参数指明的子设备被移除出网络。

7.9 安全公共元素

这一节描述与安全有关的功能，用于在一个以上 ZigBee 的层。NWK 和 APS 层应采用指定的辅助头以及指定的安全参数。在这一规范描述的所有帧的格式和域，按照由 NWK 层传输的顺序，从左至右，其中最左边的位首先传输。每个域的位从 0（最左边的和最低位）编号至 $k-1$（最右边的和最高位），域长度就为 k 位。长于一个字节的域被发送到上层，按照编号最低的字节到编号最高的字节的顺序。

辅助帧头格式，如图 7-14 所示，应该包括一个安全控制域和一个帧计数器域，可能会包含一个发送者地址域和一个密钥序列号域。

1 字节	4 字节	0/8 字节	0/1 字节
安全控制	帧计数器	源地址	密钥序列号

图 7-14 辅助帧头格式

密钥建立时使用的 APS 命令帧在本节中有指示。通用 APS 帧格式的 APS 头部分的可选域不能存在。所有的密钥建立命令帧未加密发送。通用 SKKE 命令帧格式如图 7-15 所示。

1 字节	1 字节	1 字节	8 字节	8 字节	16 字节
帧控制	APS 计数器	APS 命令标识符	发起者地址	响应者地址	数 据
APS 头		负 载			

图 7-15 通用 SKKE 帧命令格式

命令标识符域应该指示 APS 命令类型。对于 SKKE 帧，命令标识符应该指示 SKKE-1，SKKE-2、SKKE-3 或 SKKE-4 帧，取决于帧类型（APS_CMD_SKKE_1，APS_CMD_SKKE_2，APS_CMD_SKKE_3，APS_CMD_SKKE_4）。

发起者地址域应该是作为密钥建立协议发起设备的 64 位扩展地址。响应者地址域应该是作为密钥建立协议响应设备的 64 位扩展地址。数据域的内容取决于命令标识符域（即 SKKE-1、SKKE-2、SKKE-3 或 SKKE-4）。

安全控制域应该包含一个安全等级，一个密钥标识符和一个扩展的临时子域，格式如图 7-16 所示。

位 0 ~ 2	位 3 ~ 4	位 5	位 6 ~ 7
安全级别	密钥标识符	扩展临时	保 留

图 7-16 安全控制域格式

安全等级标识符指示了输出帧如何加密，输入帧如何加密；它还指示了负载是否加密，帧提供了多大程度的认证，在信息完整性代码（MIC）的长度上反映出来。MIC 位长度取值 0、32、64 或 128，决定了 MIC 是正确的可能性的概率。安全等级的安全特性在表 7-6 中列了出来。注意安全等级标识符不表示不同的安全等级的相关强度，还要注意安全等级 0 和 4 不能用于帧安全。

在特定安全等级上对 NWK 或 APS 帧使用安全，对应指明的 AES-CCM* 操作模式的特定的一个实例。AES-CCM* 操作模式是 AES-CCM 模式的拓展，AES-CCM 模式在 802.15.4—2003 MAC 规范中使用，提供认证和加密的功能，或者同时提供这两个功能。

表 7-7 给出了安全控制域的安全等级子域、安全等级标识符以及用于这些操作的 CCM* 加密/认证属性之间的关系。

用于 CCM* 加密和认证传输、CCM* 加密和认证检查传输的临时输入包括帧明确含有的数据，和两种设备都可以独立获得的数据。

8 字节	4 字节	1 字节
源地址	帧计数器	安全控制

指明了 CCM* 临时的子域的顺序和长度。正在处理的帧的临时域的安全控制和帧计数域和辅助头的安全控制和帧计数域相同。临时的源地址域应该设置为产生该帧安全保护的扩展的 64 位 IEEE 地址。当辅助头的安全控制域的扩展临时子域是 1，产生该帧安全保护的设备的扩展 64 位 IEEE 地址应该对应正在处理的帧的辅助头的源地址域。

通过 7.8.3 小节指明的密钥建立方案在两个（或者多个）设备间建立起来的连接密钥，用来设置相关的密钥，包括数据密钥，密钥传输密钥和密钥装载密钥。这些密钥设置如下：

（1）密钥传输密钥，本密钥是执行专用密钥哈希函数的结果，在连接密钥之下，输入的字符串是 1 字节字符串‘0x00’；

（2）密钥装载密钥，本密钥是执行专用密钥哈希函数的结果，在连接密钥之下，输入的字符串是 1 字节字符串‘0x02’；

（3）数据密钥，本密钥等于连接密钥。

所有从连接密钥中获得的密钥应该共享相关的帧计数器，而且 ZigBee 所有层应该共享活动网络密钥，以及相关的输出和输入帧计数器。

一个 ZigBee 设备执行密钥建立安全服务可能需要一个随机数发生的强大方法。例如，当连接密钥被预先安装（例如在工厂），可能不需要随机数。所有需要随机数的情况下，随机数不可预见或有足够的熵是很关键的，这样一个攻击者不能通过耗尽搜索去确定它们。一般推荐就是随机数产生应该符合 FIPS140-2 的随机数测试。产生随机数的方法包括：

（1）基于 ZigBee 硬件内的随机时钟和计数器的随机数；

（2）基于随机外部事件的随机数；

（3）在产生时从一个外部源往每个 ZigBee 设备中播种一个好的随机数，然后这个随机数可以用作一个种子去产生另外的随机数。

这些方法也可以组合使用。由于随机数产生可能被集成到 ZigBeeIC，它的设计——以及因此的最终可行的任何加密/安全方案——留给 IC 生产厂家。

为了避免攻击者可能利用的“漏洞”，安全程序被很好地执行和测试很重要。还希望安全执行不需要对每个应用重复认证。安全服务应该被安全专家执行和测试，不能被重复执行或者被不同的应用修改。

安全一致性应该在本规范的 profile 中定义。所选的加密协议的正确执行应该作为 ZigBee 认证过程的一部分被证实。本认证应该包括著名的价值测试：即执行必须显示特定的某些参数，它会正确计算相应的结果。

第 8 章　ZigBee 开发实例

在本章将通过实验来为读者讲解 ZigBee 开发实例及相关应用概念。本章将会从 ZigBee 最简单的例程 Sample App 开始，讲解 ZigBee 基础实验，包括 ZigBee2006 程序下载、编译、仿真、调试；ZigBee 无线网络的数据收发、数据包信息；使用 ZigBee 协议分析仪来分析 ZigBee 数据包格式与如何使用 ZigBee 分析仪协助开发 ZigBee。

8.1　ZigBee 开发入门

本节实验是在无线龙 ZigBee 开发系统、软件集成环境 IAR For C80517.30B 上通过验证和调试的。在开始实验之前，读者需要了解 ZigBee 芯片结构，熟悉单片机语言 C51 程序设计。

8.1.1　认识 ZigBee 协议栈

ZigBee 协议栈由一组子层构成。每层为其上层提供一组特定的服务：一个数据实体提供数据传输服务，一个管理实体提供全部其他服务。每个服务实体通过一个服务接入点（SAP）为其上层提供服务接口，并且每个 SAP 提供了一系列的基本服务指令来完成相应的功能。

相比于常见的无线通信标准，ZigBee 协议套件紧凑而简单，具体实现的要求很低。以下是 ZigBee 协议套件的最低需求估计：硬件需要 8 位处理器，如 80C51；软件需要 32kb 的 ROM，最小软件需要 4kb 的 ROM，如 CC2430 芯片是具有 8051 内核的内存从 32kb 至 128kb 的 ZigBee 无线单片机；网络主节点需要更多的 RAM 以容纳网络内所有节点的设备信息、数据包转发表、设备关联表与安全有关的密钥存储等。

ZigBee 联盟希望建立一种可连接每个电子设备的无线网，它预言 ZigBee 将很快成为全球高端的无线技术，具有几十亿个节点的网络将很快耗尽已不足的 IPv4 的地址空间。因此 IPv6 与 IEEE802.15.4 结合是传感器网络的发展趋势。IPv6 采用 128 位地址长度，几乎可以不受限制地提供地址。按保守方法估算，IPv6 实际可为整个地球的每平方米面积分配 1000 多个地址。IPv6 在设计过程中，除了一劳永逸地解决了地址短缺问题以外，还考虑了在 IPv4 中解决不好的其他问题，如端到端 IP 连接、服务质量（QoS）、安全性、多播、移动性、即插即用等。

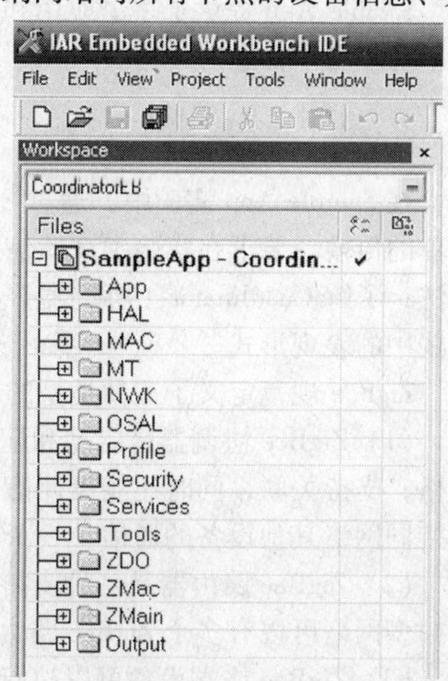

图 8-1　ZigBee 协议栈

使用 IAR For C80517.30B 或以上版本打开 ZIGBEE 开发系统系统配置的 ZigBee 协议栈，在工程文件的左边 Workspace 中可以看到整个协议栈的构架，如图 8-1

所示。

APP：应用层目录，这是用户创建各种不同工程的区域，在这个目录中包含了应用层的内容和这个项目的主要内容，在协议栈里面一般是以操作系统的任务实现的。

HAL：硬件层目录，包含有与硬件相关的配置和驱动及操作函数。

MAC：MAC 层目录，包含了 MAC 层的参数配置文件及其 MAC 的 LIB 库的函数接口文件。

MT：实现通过串口可控各层，于各层进行直接交互。

NWK：网络层目录，含网络层配置参数文件及网络层库的函数接口文件，APS 层库的函数接口。

OSAL：协议栈的操作系统。

Profile：AF 层目录，包含 AF 层处理函数文件。

Security：安全层目录，安全层处理函数，比如加密函数等。

Services：地址处理函数目录，包括地址模式的定义及地址处理函数。

Tools：工程配置目录，包括空间划分及 Z-Stack 相关配置信息。

ZDO：ZDO 目录。

ZMac：MAC 层目录，包括 MAC 层参数配置及 MAC 层 LIB 库函数回调处理函数。

ZMain：主函数目录，包括入口函数及硬件配置文件。

Output：输出文件目录，这个 IAR EW8051 IDE 自动生成的。

从上面的描述中可以看出，整个协议栈中对于 ZigBee 功能已经全部体现，在此基础上建立一个项目的方法主要是改动应用层，下面以一个例子实现数据在 ZigBee 网络中简单的传输来讲解整个协议栈的使用。

8.1.2 ZigBee 网络数据传输

Sample App 提供了一个应用和消息传输的一个简单的例子，它将例证性的说明在一个简单的应用中信息的传输。

8.1.2.1 实验目的

在 Sample App 实验中，通过 Sample App 这个简单的例子，实现数据在 ZigBee 网络中简单的传输。要求在实验中掌握信道分配、数据的发送与接收的方法及协议分析仪的使用方法；了解 Coordinator（协调器）、Router（路由节点）和 End（终端节点）接点在该协议栈中的表现形式。

ZigBee 规范定义了三种类型的设备，每种都有自己的功能要求：

（1）ZigBee 协调器是启动和配置网络的一种设备，协调器可以保持间接寻址用的绑定表格，支持关联，同时还能设计信任中心和执行其他活动，协调器负责网络正常工作以及保持同网络其他设备的通信，一个 ZigBee 网络只允许有一个 ZigBee 协调器；

（2）ZigBee 路由器是一种支持关联的设备，能够将消息转发到其他设备，ZigBee 网格或树型网络可以有多个 ZigBee 路由器，ZigBee 星形网络不支持 ZigBee 路由器；

（3）ZigBee 终端设备可以执行它的相关功能，并使用 ZigBee 网络到达其他需要与其通信的设备，它的存储器容量要求最少。

上述的三种设备根据功能完整性可分为全功能(FFD)和半功能(RFD)设备,其中全功能设备可作为协调器、路由器和终端设备,而半功能设备只能用于终端设备。一个全功能设备可与多个 RFD 设备或多个其他 FFD 设备通信,而一个半功能设备只能与一个 FFD 通信。

8.1.2.2　ZigBee 数据传输原理解析

所有的 ZigBee 设备都具有以下功能:

(1) 连接网络;

(2) 断开网络。

ZigBee 协调器和路由器都具有以下附加功能:

(1) 允许设备用如下方式与网络连接:

1) MAC 层的连接命令;

2) 应用层的连接请求命令。

(2) 允许设备以如下方式断开网络:

1) MAC 层的断开命令;

2) 应用层的断开命令;

3) 对逻辑网络地址进行分配;

4) 维护邻居设备表。

ZigBee 协调器应具有建立一个新网络的功能, ZigBee 路由器和终端设备在一个网络中应提供轻便支持。

8.1.2.3　信道分配

ZigBee 的通信频率在物理层规范, 在不同的国家或区域 ZigBee 提供了不同的工作频率范围, 它所使用的频率范围为 2.4GHz 和 816/915MHz。所以在 ZigBee 中定义了 2.4GHz 和 816/915MHz 两个物理层标准, 它们全部都基于直接序列扩频 (DSSS) 技术。

868MHz 上 ZigBee 的传输速率为 20kb/s, 916MHz 上的传输速率为 40kb/s。这两个频段的传播损耗和所受到的无线电干扰很小, 所有在这两个频段上可以降低接收机的灵敏度要求, 获得较大的通信距离。

2.4GHz 波段是全球统一、无需申请 ISM 频段, 适合 ZigBee 设备推广和生产成本降低, 2.4GHz 的物理层采用 16 相调制技术, 能够提供 250kb/s 的传输速率, 提高了数据吞吐量, 缩短了通信时延和数据收发时间, 降低了功耗。

ZigBee 在这三个频段中定义了 27 个物理信道。868MHz 频段中定义了一个信道; 915MHz 中定义了 10 个信道, 信道间隔为 2MHz; 2.4GHz 频段上定义了 16 个信道, 信道间隔为 5MHz。

在 ZigBee 协议栈中可以通过 MAC_RADIO_SET_CHANNEL(x)设置, 其中“x”为信道编号, 这里只提供了 2.4GHz 频段 (11~26 信道) 的编号, 例如, 选择 20 信道, 只需要执行 MAC_RADIO_SET_CHANNEL(20)便可以完成设置。MAC_RADIO_SET_CHANNEL(x)定义在 mac_radio_defs.h 中。该程序代码如下:

```
#defineMAC_RADIO_SET_CHANNEL(x)    st(FSCTRLL = FREQ_2405MHZ + 5 * ((x)-11);)
```

8.1.2.4 建立网络

ZigBee 设备在工作时，各种不同的任务在不同的层次上执行，通过层的服务，完成所要执行的任务。每一层的服务主要完成两种功能：根据它的下层服务要求，为上层提供相应的服务；另一种是根据上层的服务要求，对它的下层提供相应的服务。各项服务通过服务原语来实现。每个事件由服务原语组成，它将在一个用户的某一层，通过该层的服务接入点（SAP）与建立对等连接的用户的相同层之间传送。服务原语通过提供一种特定的服务来传输必需的信息。这些服务原语是一个抽象的概念，它们仅仅指出提供的服务内容，而没有指出由谁来提供这些服务。它的定义与其他任何接口的实现无关。

由代表其特点的服务原语和参数的描述来指定一种服务。一种服务可能有一个或多个相关的原语，这些原语构成了与具体服务相关的执行命令。每种服务原语提供服务时，根据具体的服务类型，可能不带有传输信息，也可能带有多个传输必需的信息参数。

设备通过 NLME-NETWORK-FORMATION. request 原语来启动一个新的网络的建立过程。

仅仅当具有 ZigBee 协调器能力，且当前还没有与网络连接的设备才可以尝试着去建立一个新的网络。如果该过程由其他设备开始，则网络层管理实体将终止改过程，并向其上层发出非法请求的报告。该步骤通过发出状态参数为 INVALID_REQUEST 的 NLME-NETWORKFORMATION. confirm 原语来完成。建立网络的流程如图 8-2 所示。

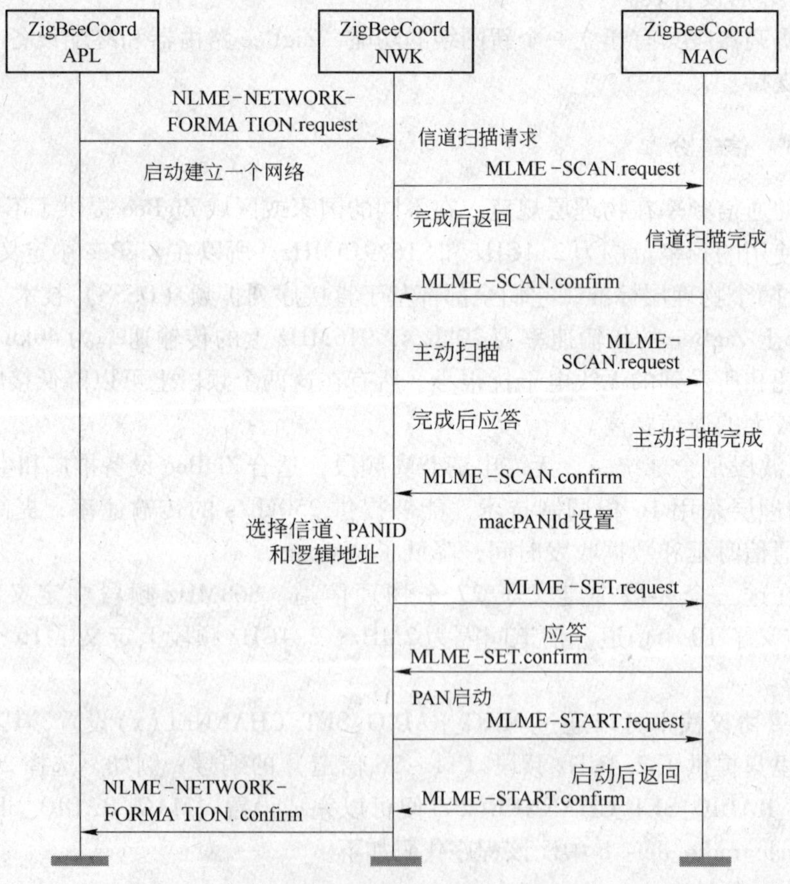

图 8-2 建立一个新网络

当建网过程开始后，网络层将首先请求 MAC 层对协议所规定的信道，或由物理层所默认的有效信道进行能量检测扫描，以检测可能的干扰。为实现能量检测扫描，设备网络层通过发送扫描类型（ScanType）参数设置为能量检测扫描的 MLME-SCAN. request 原语到 MAC 层进行信道能量检测扫描，扫描结果通过 MLME-SCAN. confirm 原语返回。

当网络层管理实体收到成功的能量检测扫描结果后，将以递增的方式对所测量的能量值进行信道排序，并且抛弃那些能量值超出了可允许能量水平的信道，选择可允许能量水平的信道有待进一步处理。此后，网络层管理实体将通过发送 MLME-SCAN. request 原语执行主动扫描，其中该原语的 ScanType 参数设置为主动扫描，ChannelList 参数设置为可允许信道的列表，搜索其他的 ZigBee 设备。为了决定用于建立一个新网络的最佳通道，网络层管理实体将检查 PAN 描述符，并且所查找的第一个信道为网络的最小编号。如果网络层管理实体找不到适合的信道，就将终止建网过程，并且向应用层发出启动失败信息，即通过发送参数状态为 STARTUP_FAILURE 的 NLME-NETWORK-FORMATION. confirm 原语向其上层通告。

如果网络层管理实体找到了合适的信道，则将为这个新网络选择一个 PAN 标识符。为了选择一个 PAN 标识符，设备将选择一个随机的 PAN 标识符值小于等于 0x3FFF 没有在已选择信道里使用的。一旦网络层管理实体做出了选择，则它通过发出 MLME-SET. request 原语将这个值写为 MAC 层 macPANId 属性。

如果选择不出唯一的标识符，网络层管理实体将终止程序，并且通过发送状态参数为 STARTUP_FAILURE 的 NLME-NETWORK-FORMATION. confirm 原语向其上层通告。

网络层管理实体一旦选择了一个 PAN 标识符，将选择一个等于 0x0000 的 16 位网络地址，并且设置 MAC 层的 macShortAddressPIB 属性，使其等于所选择的网络地址。

一旦选择了网络地址，网络层管理实体核对 PIB 属性的 nwkExtendedPANId 的值。如果这个值是 0x0000000000000000 这个属性以 MAC 常量 aExtendedAddress 初始化。

一旦 nwkExtendedPANId 值核对，网络层管理实体通过 MLME-START. request 原语给 MAC 层开始新 PAN 操作。MLME-START. request 原语参数根据 NLME-NETWORK-FORMATION. request 原语来设置，即根据信道扫描和所选择的 PAN 标识符来设置。PAN 的启动状态通过 MLME-START. confirm 原语返回到网络层。

当网络层管理实体收到 PAN 的启动状态后，将向启动 ZigBee 协调器请求状态的上层报告，即通过发出 the NLME-NETWORK-FORMATION. confirm 原语向其上层报告，其原语的状态参数为从 MAC 层的 MLMESTART. confirm 原语所返回的值。

在 ZigBee 协议栈中，建立网络的过程以库的形式出现，它的函数形式为：

NLME_NetworkFormationRequest( )

函数执行的结果（状态）由函数 ZDO_NetworkFormationConfirmCB( )返回。

建议不要直接用这个函数，可以用函数 ZDO_StartDevice( )代替。

函数原型：

```
ZStatus_t NLME_NetworkFormationRequest( uint16 PanId,
                                        uint32 ScanChannels,
                                        byte ScanDuration,
                                        byte BeaconOrder,
```

byte SuperframeOrder,
byte
BatteryLifeExtension);

其中 PanId——这个参数指出了具体的开始的设备，范围为（0～0x3FFF）。如 0xFFFF 被使用，网络层将会通过扫描网络上的 PAN IDS 以选取一个在范围内的网络上独有的地址；

ScanChannels——扫描通道，由位表示 2.4G 为 11～26（0x7FFF800）；

ScanDuration——每个通道扫描时间，跟信标帧相同；

BeaconOrder2——2006 的信标 BEACON_ORDER_NO_BEACONS；

SuperframeOrder——2006 信标 BEACON_ORDER_NO_BEACONS；

BatteryLifeExtension——如果这个值为 1 则 ZIGBEE 协调者开启外部供电模式（具体细节 R13 这个模式相关的描述）；如果这个值为假，网络层将让 ZigBee 协调者并掉外部电源扩展模式。

8.1.2.5　允许加入网络（设备与网络连接）

通过 NLME-PERMIT-JOINING. request 原语来允许设备与网络连接。仅仅只有设备为 ZigBee 协调器或者路由器时，才能企图允许设备与网络连接。加入网络过程如图 8-3 所示。

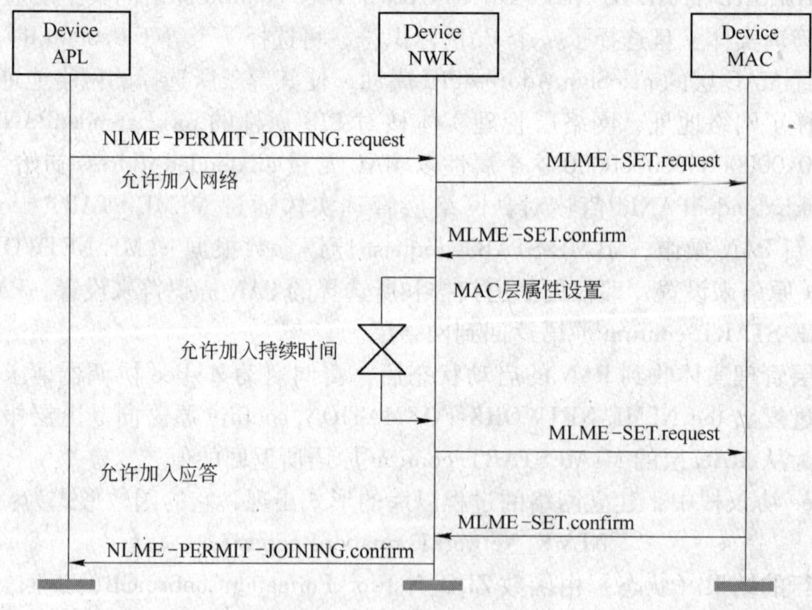

图 8-3　允许加入一个网络

当此过程开始时，若设置 PermitDuration 参数为 0x00 则启动该过程，并且网络层管理实体把在 MAC 层的 macAssociationPermit PIB 属性设置为 FALSE。MAC 层的属性设置通过 MLME-SET. Request 原语来完成。

当此过程开始时，若设置 PermitDuration 参数为一个 0x01 和 0xFE 之间的值时，则网络层管理实体将把在 MAC 层中的 macAssociationPermitPIB 属性设置为 TRUE，并且网络层管理实体将启动一个定时器，用来对一个特定的时间进行计时，达到该时间时，定时器停止计时，在该定时器停止时，网络层管理实体将把 MAC 层中的 macAssociationPermitPIB 属性设置为 FALSE。

当此过程开始时，若设置 PermitDuration 参数设置为 0xFF，则网络层管理实体将把在 MAC 层中的 macAssociationPermitPIB 属性设置为 TRUE，以表示无限定时间，除非发送另一个 NLME-PERMIT-JOINING. request 原语。

8.1.2.6 允许加入网络（与新设备的连接）

在一个网络中具有从属关系的设备允许一个新设备连接时，它就与新连接的设备形成了一个父子关系。新设备成为子设备，而第一个设备为父设备。一个子设备通过以下两种方法加入到网络中：

（1）子设备用 MAC 连接程序来加入网络；

（2）在设备直接同一个预先所指定的父设备连接来加入网络。

A 联合方式加入网络

a 子设备流程

在这里将详细地介绍一个子设备同一个网络连接的过程，以及一个 ZigBee 协调器或路由器（父设备）在接收到连接请求命令后所采取的措施。结合图 8-4 分析子设备流程。

加入网络网络的流程为：首先，应用层发送 NLME-NETWORK-DISCOVERY. request 原语，其中扫描参数（ScanChannels）设置为网络将要扫描的信道，扫描持续时间参数（ScanDuration）设置为扫描每个信道所需要的时间。网络层接收到该原语后，将发送 MLME-SCAN. request 原语请求 MAC 层执行一个主动扫描。

扫描设备的 MAC 层在扫描过程中一旦接收到有效长度不为零的信标帧时，将向其网络层发送 MLME-BEACON-NOTIFY. indication 原语。该原语中包括的信息为信标设备地址、是否允许连接和信标载荷。扫描设备的网络层将检查信标载荷中的协议标识符域的值，并验证它是否与 ZigBee 协议识别符匹配。如果不匹配，则忽略该信标；反之，设备将从接收到的信标中，将相关的信息复制到的邻居表中。

一旦 MAC 层完成对信道的扫描，在向网络层管理实体发送 MLME-SCAN. confirm 原语后，网络层将发送 NLME-NETWORK-DISCOVERY. confirm 原语，其参数包括扫描得到的网络描述参数。这些描述参数为 ZigBee 版本号、堆栈结构、扩展个域网网标识符（PANId）、个域网网标识符（PANId）、逻辑信道和是否允许连接的信息。

其上层收到 NLME-NETWORK-DISCOVERY. confirm 原语，就可得到目前邻居网络的信息。以便发现更多的网络或者其他原因，上层可以选择重新执行网络发现命令。如果不重新执行，它将从所发现的网络中选择一个网络进行连接，即通过发送 NLME-JOIN. request 原语进行连接，其中 RejoinNetwork 参数设置为 0x00，且 JoinAsRoute 参数设置为设备是否同网络连接。

仅仅只有那些还没有同网络连接的设备才能执行该连接流程。如果任何其他设备执行这个流程，则网络管理实体将终止这个流程，并且向上层发送状态参数为 INVALID_RE-

QUEST 的 NLME-JOIN. confirm 原语。

对于一个还没有同网络连接的设备，NLME-JOIN. request 原语将使得网络层在邻居表中搜索一个合适的父设备。一个合适的父设备必须具备两个条件：允许连接和链路成本最大为3。如果在邻居表中存在潜在的父设备子域，则该子域设置为1。

如果邻居表中没有合适的父设备，网络层管理实体将发送参数状态 NOT_PERMITTED 的 NLME-JOIN. confirm 原语。如果邻居表中包括不止一个合适的父设备，则选择具有到 ZIgBee 协调器最小深度的设备。如果存在多个到 ZigBee 协调器最小深度的设备，则可在它们之间任意地选择一个。

一旦选择了合适的父设备，网络层管理实体向 MAC 层发送 MLMEASSOCIATE. Request

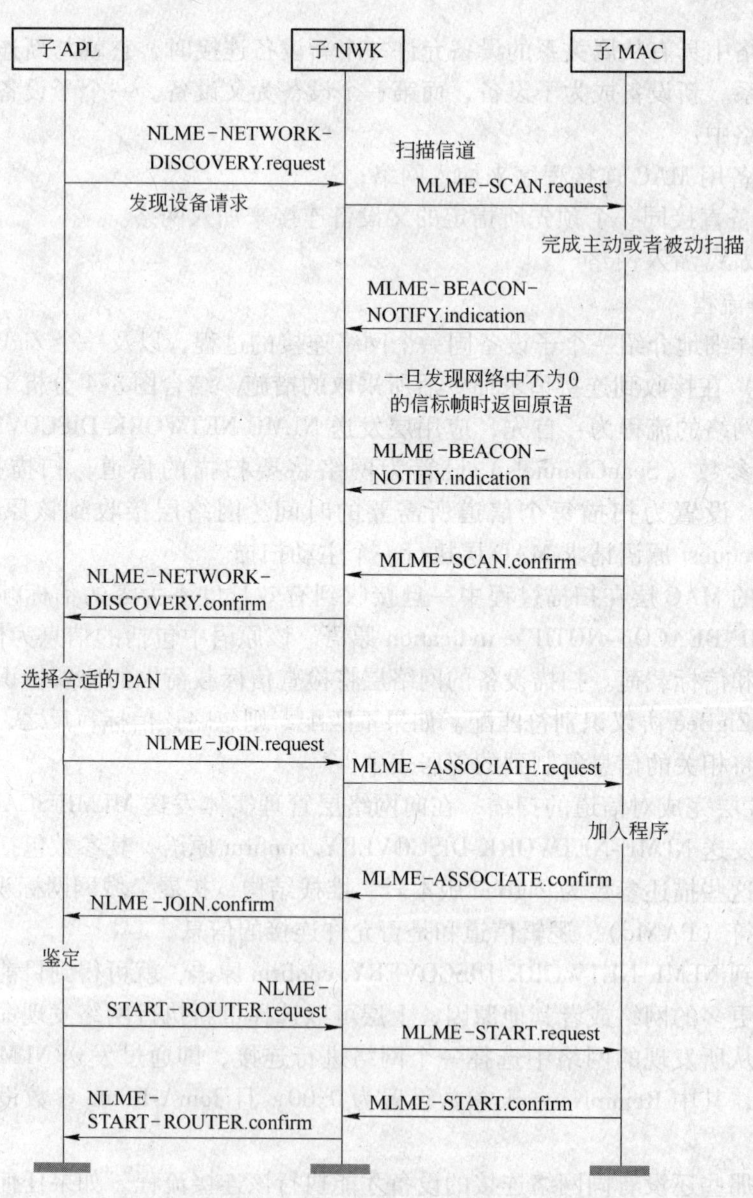

图8-4 联合方式加入网络流程

原语，原语的地址参数为在邻居表中所选择的设备地址，并通过 MLMEASSOCIATE. confirm 原语将连接的状态返回到网络层管理实体。

如果试图连接网络不成功，网络层将收到 MAC 层发送来的 MLMEASSOCIATE. Confirm 原语，其状态参数为错误代码。如果状态参数表明拒绝与邻居设备连接（即 PAN 容量或者 PAN 接入拒绝），则尝试连接的设备将把邻居表中潜在的父设备子域设置为 0，以表示尝试连接失败。潜在的父设备子域为 0 使得网络层将不会发送另一个连接请求原语去尝试连接该邻居设备。每次发送 MLMESCAN. request 原语，将邻居表中的潜在的父设备子域设置为 1。

如果潜在的父设备不允许连接新的路由器（路由器的最大数，已经连接设备的最大路由器），并且要连接的设备将 JoinAsRouter 参数设置为 TRUE，则连接请求也可能不成功。在这种情况下，NLMEJOIN. confirm 原语将给出 NOT_PERMITTED 的状态，子设备应用层将希望再次尝试连接，但只能作为一个终端设备，将发送另一个 NLME-JOIN. request 原语，且原语的 JoinAsRouter 参数设置为 FALSE。

如果尝试连接网络失败，网络层管理实体将试图从邻居表中找寻另一个合适的父设备。如果不存在这样的设备，网络管理实体将发出 NLME-JOIN. confirm 原语，其状态参数值为 MLME-ASSOCIATE. confirm 原语所返回的值。

如果尝试连接失败，并且存在第二个邻居的设备，该设备可以作为合适的父设备，则网络层启动连接第二个设备的 MAC 层连接程序。网络层将不断重复这个过程，直到成功地与网络连接或者已尝试所有可能连接的网络。

如果设备不能成功的连接上层所指定的网络，网络管理实体将通过 NLME-JOIN. confirm 原语来终止该过程，其原语的状态参数为最后接收到的 MLME-ASSOCIATE. confirm 原语所返回的值。在这种情况下，设备将不接收有效的逻辑地址，也不允许在网络中通信。

如果尝试连接网络成功，网络层收到 MLME-ASSOCIATE. confirm 原语，该原语中将包括 16 位的逻辑地址，该逻辑地址在网络中是唯一的，并且子设备在未来的通信中将使用这个逻辑地址。然后，网络层将设置相对应的邻居表的关系域，表示邻居设备为它的父设备。此时，父设备将把新连接的设备增加到邻居表中。而且网络层将更新 NIB 中 nwkShortAddress 的值。

如果设备试图同一个安全网络连接且是路由器，则在发送信标前必须等待父设备对它验证，验证之后就可以连接。因而，该设备将等待上层发送来的 NLME-START-ROUTER. request 原语。如果该设备为一个路由器，当它的网络层管理实体接收到该原语之后，就发送 MLME-START. request 原语。如果 NLME-STARTROUTER. request 原语由终端设备发出，则网络层将发出 NLME-START-ROUTER. confirm 原语，其原语状态参数设置为 INVALID_REQUEST。当设备成功的同网络连接完成以后，如果设备是路由器将等待上层发出 NLME-START-ROUTER. request 原语，则网络层将向 MAC 层 MLME-START. request 原语。PANId、LogicalChannel、BeaconOrder 和 SuperframeOrder 参数设置将设置为它所对应的父设备在邻居表中的所对应的参数值；而 PANCoordinator 和 CoordRealignment 参数都将会设置为 FALSE，网络层接收到 MLME-START. confirm 原语后，网络层将发送具有相同状态的 NLME-START-ROUTER. confirm

原语。

b 父设备流程

ZigBee 协调器或者路由器使用 MAC 层将一个设备同它所在的网络进行连接，其流程由来自于 MAC 层的 MLME-ASSOCIATE. indication 原语来进行初始化。仅仅当这些设备为协调器或者路由器，并且允许同网络连接的设备时，才能执行这个流程。如果设备为其他设备，网络层管理实体将终止这个流程。

当这个流程开始后，潜在父设备的网络层管理实体首先将要确定设备是否愿意同已经存在的网络连接。为了确定这一点，网络层管理实体将会搜索邻居表以确定是否能找到一个匹配的 64 位扩展地址。如果搜索到相匹配的地址，则网络层管理实体将检查在邻居表中给定的设备能力是否匹配设备类型。如果设备类型也匹配则网络层管理实体将得到一个相应的 16 位网络地址，并且向 MAC 层发送连接响应。如果设备类型不匹配，网络管理实体将移除邻居表中设备的所有记录且重新启动 MLME-ASSOCIATION. indication。如果搜索不到相匹配的地址，如果可能，网络管理实体将分配一个 16 位的网络地址给这个新设备。

如果潜在的父设备没有能力接受更多的子设备（用完了它的分配地址空间），则网络管理实体将终止该流程，然后向 MAC 层发出 MLME-ASSOCIATE. response 原语对其响应。该原语的状态参数将表明 PAN 的能力。

如果同意连接请求，则父设备的网络管理实体将使用设备所提供的信息在它的邻居表中为子设备创建一个新的入口。并且随后向 MAC 层发送表明连接成功的 MLME-ASSOCIATE. response 原语。MLME-COMMSTATUS. indication 原语将传送给子设备的响应状态回到网络层。

如果传送不成功（即 MLME-COMM-STATUS. indication 原语状态参数不为 SUCCESS），则网络层管理实体将立即终止程序。如果传送成功，网络层的管理实体将通过向上层发送 NLME-JOIN. indication 原语，表明子设备已经成功地同网络连接。成功地将设备同网络连接的流程如图 8-5 所示。

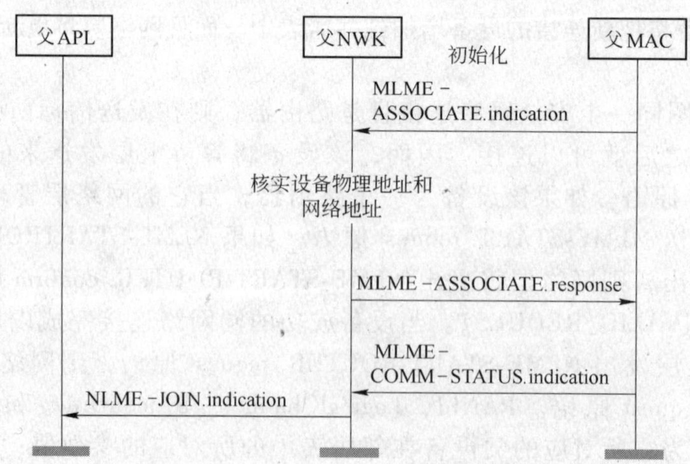

图 8-5 成功加入一个网络的流程

B 通过孤点方式或者重新加入网络

本节介绍一个曾与网络连接，但目前与其父设备失去联系的设备，如何执行孤点连接流程重新与网络连接。

一个已经同网络连接的设备为了完成建立它与其父设备的关系，应开始执行孤点流程，设备的应用层将决定是否开始该流程，如果开始，则应用层将通过网络层打开电源。

如果一个以前已经同网络连接的设备，其网络层管理实体将不断地接收到来自于MAC 层发送的通信失败通知，则它将开始执行孤点流程。

a 子设备流程

子设备通过发送 NLME-JOIN. request 原语来开始执行孤点方式同网络连接，其原语的 RejoinNetwork 参数设置为 0x01。

当开始执行流程时，首先，网络层管理实体请求 MAC 层对 ScanChannels 参数给定的信道进行孤点扫描。通过向 MAC 层发送 MLMESCAN. request 原语开始进行孤点扫描，其扫描的结果通过 MLME-SCAN. confirm 原语返回到网络层管理实体。

如果孤点扫描成功（即子设备扫描到父设备），网络层管理实体将通过发送 NLME-JOIN. confirm 原语向其上层通告请求连接或者重新连接网络已成功执行，其原语状态参数设置为 SUCCESS。

注意如果子设备是第一次连接或者以前已经同网络连接但是保持树形深度信息失败，它有可能在网络中不能正确操作，对于消息的恢复超出了规定的范围。

如果孤点扫描不成功（即没有扫描到父设备），网络层管理实体将终止该流程，并通过发送 NLME-JOIN. confirm 原语向其上层通告没有扫描到网络，其原语的状态参数设置为 NO_NETWORKS。子设备通过孤点方式连接网络或者重新连接网络的流程如图 8-6 所示。

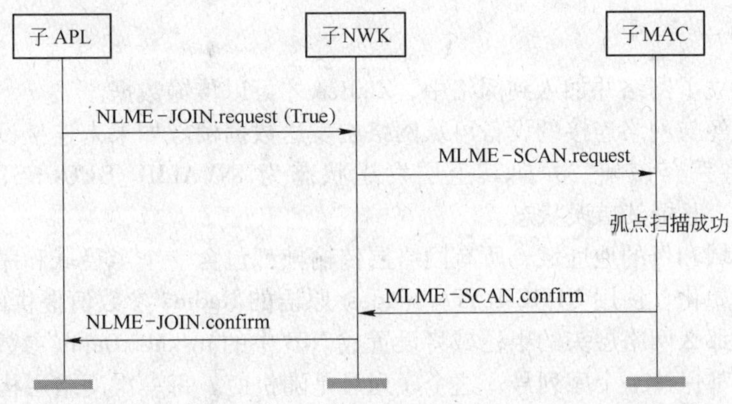

图 8-6 通过孤点方式或者重新加入网络自设备流程

b 父设备流程

一个父设备收到来自于 MAC 层发送来的 MLME-ORPHAN. indication 原语时，就可得知存在一个孤点设备。仅仅当设备为 ZigBee 协调器或者路由器（也就是具有父设备能力）时，才能执行该连接流程；否则其他设备执行该流程时，网络层管理实体将终止该流程的执行。父设备连接或者重新连接孤点设备的流程如图 8-7 所示。

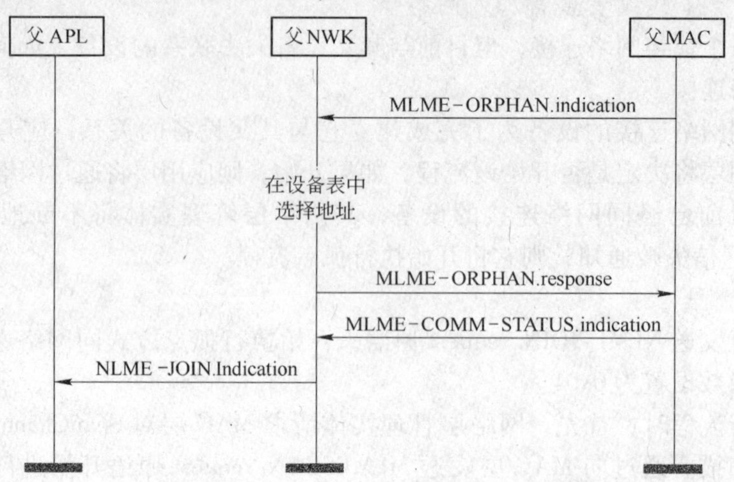

图 8-7　通过孤点方式或者重新加入网络父设备流程

该流程开始执行时，网络层管理实体首先判断该孤点是否是它的子设备。为了对其进行判断，需要将孤点设备的扩展地址和邻居表中所记录的子设备地址比较，如果存在匹配的地址，孤点设备是它的子设备，则网络层管理实体将得到其相对应的 16 位网络地址以及它随后对 MAC 层的孤点响应状态。网络层管理实体通过向 MAC 层发送 MLME-ORPHAN. response 原语对其孤点进行响应，并且通过 MLME-COMM-STATUS. indication 原语得到其传输状态。

如果不存在相匹配的地址（即孤点设备不是它的子设备），流程终止且不通知上层。

8. 1. 2. 7　数据发送

只有设备建立了网络并加入到网络中，ZigBee 才可以传输数据。

仅仅只有已经与网络连接的设备可从网络层发送数据帧。如果未连接设备收到传输帧的请求命令，将丢弃该帧，并向其上层发送状态为 INVALID_REQUEST 的 NLDE-DATA. confirm 原语，通报其错误状态。

另外源地址域和目的地址域，所有网络层传输帧都包含一个半径域和序列号域。对于高层数据帧的初始化，使用 NLDE-DATA. request 原语的 Radius 参数值提供的半径域的值。如果没有该值，那么网络层头的半径域将设置成 NIB 中的 nwkMaxDepth 参数值的二倍。每个设备的网络层都保持一个序列号，这个序列号是随机值。每一次网络层构建一个新的网络层帧，和从高层传输一个新的网络帧的请求结果，或者是当它需要一个新的网络层命令帧时，序列号加 1，增加完之后，序列号的值将插入到帧的头的序列号域。

```
NLDE-DATA. request    {
                      DstAddrMode,
                      DstAddr,
                      NsduLength,
                      Nsdu,
                      NsduHandle,
```

```
Radius,
NonmemberRadius,
DiscoverRoute,
SecurityEnable
}
```

当构造好网络协议数据单元后，如果对该帧需要进行安全处理，则将根据安全方案对它进行安全处理。如果 NLDE-DATA. request 的安全允许参数 SecurityEnable 等于 FALSE，则不需要安全处理。如果网络层安全级别参数 nwkSecurityLevel 等于 0，或者如果在高层，帧经过初始化且 nwkSecureAllFramesNIB 属性设置为 0x00，那么帧控制域的安全子域总是设置成 0。

当安全处理成功后，将返回该帧，并由网络层进行传输。经处理的帧将附加一个校验帧头。如果帧的安全处理失败，并且此帧为数据帧，则将通过 NLDE-DATA. confirm 原语的状态向上层进行通报。如果帧的安全处理失败，且此帧为网络命令帧，则将丢弃该帧，不进行进一步处理。

当构造好一个帧，并且已准备好传输该帧时，通过向 MAC 层发送 MCPSDATA. request 原语请求发送网络层协议数据单元，将该帧传送到 MAC 数据服务单元，其传送的结果将通过 MCPS-DATA. confirm 原语返回。

发送数据时，首先按照协议中规定的帧形式，构建帧数据，该帧数据包括帧头、帧内容。其中帧头包括帧类型、源地址、目的地址、PAN、CLUSTERID 等等信息，帧构建好后，然后调用 MAC 层的原语，MCPS-DATA. request，将收到结果通过 MCPS-DATA. confirm 返回。

在 Z-Stack 中，数据的发送和接收都必须通过应用层调用，在这里，我们通过发送数据请求接口函数实现数据的发送，函数形式原型为如程序清单 8-1 所示。

程序清单 8-1

```
/*************************************************************************
//函数名:afStatus_t AF_DataRequest( afAddrType_t *dstAddr, endPointDesc_t *srcEP,
                                    uint16 cID, uint16 len, uint8 *buf, uint8 *transID,
                                    uint8 options, uint8 radius )
//功能:发送数据
//输入:发送的数据、长度、方式、ID 等
//输出:无
*************************************************************************/
#if ( AF_V1_SUPPORT )
static afStatus_t afDataRequest( afAddrType_t *dstAddr, endPointDesc_t *srcEP,
                                 uint16 cID, uint16 len, uint8 *buf, uint8 *transID,
                                 uint8 options, uint8 radius )
#else
afStatus_t AF_DataRequest( afAddrType_t *dstAddr, endPointDesc_t *srcEP,
                                 uint16 cID, uint16 len, uint8 *buf, uint8 *transID,
                                 uint8 options, uint8 radius )
```

```
#endif
{
  pDescCB pfnDescCB;
  ZStatus_t stat;
  APSDE_DataReq_t req;
  afDataReqMTU_t mtu;
  if ( srcEP == NULL )
  {
    return afStatus_INVALID_PARAMETER;
  }
  if ( dstAddr->addrMode == afAddrNotPresent )
  {
    dstAddr->endPoint = ZDO_EP;
    req.dstAddr.addr.shortAddr = afGetReflector( srcEP->endPoint );
  }
  else // 发送类型
  {
    req.dstAddr.addr.shortAddr = dstAddr->addr.shortAddr;
    if ( ( dstAddr->addrMode == afAddr16Bit         ) ||
         ( dstAddr->addrMode == afAddrBroadcast )      )
    {
      // 核对有效广播值
      if( ADDR_NOT_BCAST != NLME_IsAddressBroadcast( dstAddr->addr.shortAddr ) )
      {
        //广播模式
        dstAddr->addrMode = afAddrBroadcast;
      }
      else
      {
        //不是广播类型
        if ( dstAddr->addrMode == afAddrBroadcast )
        {
          return afStatus_INVALID_PARAMETER;
        }
      }
    }
    else if ( dstAddr->addrMode != afAddrGroup )
    {
      return afStatus_INVALID_PARAMETER;
    }
  }
  req.dstAddr.addrMode = dstAddr->addrMode;
  req.profileID = ZDO_PROFILE_ID;
```

```
if ( (pfnDescCB = afGetDescCB( srcEP )) )
{
  uint16 *pID = (uint16 *)(pfnDescCB(AF_DESCRIPTOR_PROFILE_ID, srcEP->endPoint ));
  if ( pID )
  {
    req.profileID = *pID;
    osal_mem_free( pID );
  }
}
else if ( srcEP->simpleDesc )
{
  req.profileID = srcEP->simpleDesc->AppProfId;
}
req.txOptions = 0;
if ( ( options & AF_ACK_REQUEST ) && ( req.dstAddr.addrMode != AddrBroadcast ) &&
    ( req.dstAddr.addrMode != AddrGroup))
{
  req.txOptions |=  APS_TX_OPTIONS_ACK;
}
if ( options & AF_SKIP_ROUTING )
{
  req.txOptions |=  APS_TX_OPTIONS_SKIP_ROUTING;
}
if ( options & AF_EN_SECURITY )
{
  req.txOptions |= APS_TX_OPTIONS_SECURITY_ENABLE;
  mtu.aps.secure = TRUE;
}
else
{
  mtu.aps.secure = FALSE;
}
mtu.kvp = FALSE;
req.transID         = *transID;
req.srcEP           = srcEP->endPoint;
req.dstEP           = dstAddr->endPoint;
req.clusterID       = cID;
req.asduLen         = len;
req.asdu            = buf;
req.discoverRoute = (uint8)((options & AF_DISCV_ROUTE) ? 1 : 0);
req.radiusCounter = radius;
if (len > afDataReqMTU( &mtu ) )
{
```

```
    if (apsfSendFragmented)
    {
      req. txOptions |= AF_FRAGMENTED | APS_TX_OPTIONS_ACK;
      stat = ( * apsfSendFragmented)( &req );
    }
    else
    {
      stat = afStatus_INVALID_PARAMETER;
    }
  }
  else
  {
    stat = APSDE_DataReq( &req );
  }
  if ( (req. dstAddr. addrMode == Addr16Bit) &&
       (req. dstAddr. addr. shortAddr == NLME_GetShortAddr() ) )
  {
    afDataConfirm( srcEP->endPoint, * transID, stat );
  }
  if ( stat == afStatus_SUCCESS )
  {
    ( * transID) ++;
  }
  return (afStatus_t)stat;
}
```

在 Sample APP 例子中，在应用层提供了两种发送数据的方式，一种是周期性发送；另一种是 Flash 发送。

(1) 周期性发送原函数，如程序清单 8-2 所示。

程序清单 8-2

```
/************************************************************************
  //函数名:voidSampleApp_SendPeriodicMessage(void)
  //功能:周期性发送数据
  //输入:发送的数据、长度、方式、ID 等。
  //输出:无
************************************************************************/
  voidSampleApp_SendPeriodicMessage(void)
  {
  if(AF_DataRequest(&SampleApp_Periodic_DstAddr,&SampleApp_epDesc,  //发送的模式 & 目的网络地址
                    SAMPLEAPP_PERIODIC_CLUSTERID,     //串 ID
                    1,                                //数据长度
                    (uint8 * )&SampleAppPeriodicCounter,   //数据
```

```
                        &SampleApp_TransID,
                        AF_DISCV_ROUTE,
                        AF_DEFAULT_RADIUS) == afStatus_SUCCESS)        //状态
    {
    }
    else
    {
    }
}
```

(2) Flash 发送函数如程序清单 8-3 所示。

程序清单 8-3

```
/*************************************************************************
//函数名:void SampleApp_SendFlashMessage(uint16 flashTime)
//功能:Flash 发送一组数据
//输入:发送的数据、长度、方式、ID 等
//输出:无
*************************************************************************/
void SampleApp_SendFlashMessage(uint16 flashTime)
{
    uint8 buffer[3];
    buffer[0] = (uint8)(SampleAppFlashCounter ++);
    buffer[1] = LO_UINT16(flashTime);
    buffer[2] = HI_UINT16(flashTime);
    if(AF_DataRequest(&SampleApp_Flash_DstAddr,&SampleApp_epDesc,      //发送的模式 & 目的网络
地址
                    SAMPLEAPP_FLASH_CLUSTERID,                          //串 ID
                    3,                                                  //数据长度
                    buffer,                                             //数据
                    &SampleApp_TransID,
                    AF_DISCV_ROUTE,
                    AF_DEFAULT_RADIUS) == afStatus_SUCCESS)             //发送状态
    { }
    else
    { }
}
```

8.1.2.8 数据接收

为了接收数据，设备必须打开其接收机。上层使用 NLME-SYNC. request 原语初始化设备，打开其接收机。NLME-SYNC. reques 原语将会引起网络层使用 MLME-POLL. request 原语对其父设备进行轮询。

ZigBee 协调器或者路由器的网络层必须在最大程度上保证无论什么时候接收机总是处

于接收状态。

一旦接收机处于接收状态，网络层将通过 MAC 数据服务来接收数据帧。每一帧在接收之后，网络层头的半径域减 1，如果值减到 0，任何情况下，该帧都不能转发。然而，它可能传输到高层或者作为协议列出的其他地方的网络层处理。使用 NLDE-DATA. indication 原语把如下叙述的数据帧传送到高层：

（1）有广播地址的帧，此广播地址匹配一个广播组，设备是这个广播组的成员；

（2）目的地址匹配网络地址的单播数据帧和源地址数据帧；

（3）多播数据帧，它的组 ID 是在 nwkGroupIDTable 列出来的。

如果接收机是 ZigBee 协调器或者是正在操作的路由器，也就是，路由器已经调用 NLME-START-ROUTER. request 原语，它将按如下步骤处理数据帧：

（1）转播广播和多播数据帧；

（2）有目的地址的单播数据帧，目的地址和设备的网络地址不匹配，将转发该帧（在任何其他情况下，单播数据帧应立刻丢弃）；

（3）有目的地址的源路由数据帧，目的地址和设备的网络地址不匹配，将转发该帧；

（4）处理路由请求命令帧，处理目的地址与设备网络地址匹配的路由转发命令帧；

（5）目的地址与设备网络地址不匹配的路由转发命令帧被丢弃，路由错误命令帧和数据帧的处理方法相同。

网络层将使用 NLDE-DATA. indication 原语向其高层表明所接收到的数据帧。

一旦接收到帧信息，网络层数据实体将会检查帧控制域中的安全子域的值。如果该值不为 0，则网络层数据实体将把该帧传送到安全服务提供单元，并根据所指定的安全标准对其进行安全处理。如果安全子域设置为 0，那么 NIB 中的 nwkSecurityLevel 属性不为 0，且输入帧是网络层命令帧，则网络层数据实体丢弃该帧。如果安全子域设置为 0，那么 NIB 中的 nwkSecurityLevel 属性不为 0，且输入帧是网络层的数据帧，网络层数据实体将检查 nwkSecureAllFrames NIB 属性值。如果属性值设置为 0x01，网络层数据实体将只接收帧，（如果它是发给自己也就是说它不需要转发给其他设备）。

在 Sample APP 例子中，在应用层提供了接收数据的函数，根据例子的要求，在接收到 Flash 发送方式的数据以后会根据发送的数据计算小灯闪烁的数据间隔。原函数如程序清单 8-4 所示。

程序清单 8-4

```
/*******************************************************************************
//函数名:void SampleApp_MessageMSGCB( afIncomingMSGPacket_t * pkt)
//功能:接收数据
//输入:接收的数据
//输出:小灯闪烁的时间
*******************************************************************************/
void SampleApp_MessageMSGCB( afIncomingMSGPacket_t * pkt)
{
  uint16 flashTime;
```

```
switch(pkt->clusterId)
{
  case SAMPLEAPP_PERIODIC_CLUSTERID:
    break;

  case SAMPLEAPP_FLASH_CLUSTERID:
    flashTime = BUILD_UINT16(pkt->cmd.Data[1],pkt->cmd.Data[2]);
    HalLedBlink(HAL_LED_4,4,50,(flashTime/4));
    break;
}
}
```

8.1.2.9 实验设备准备

A 硬件介绍

在本实验中将通过 SampleApp 实验例程运用 CC2430 实现 ZigBee 的简单数据反送、接收、路由等功能。根据实验所要体现的功能，对实验所需要设备进行选择。在这里选择无线龙科技提供 ZigBee 无线 ZigBee 网络开发系统，在开发系统中，需要准备包括以下设备：

(1) C51RF-3 仿真器：　一台
(2) ZigBee 模块 CC2430：　三个
(3) 液晶网络扩展板：　两块
(4) 电池板：　一块
(5) ZigBee 分析仪：　一台

在实验中，将选择 3 块 ZigBee 模块分别扮演协调器和路由器两种角色。在所有路由器都可以和协调器直接通信的时候，完成接收/发送数据的功能；如果有一个路由器不能和协调器直接通信时，这个路由器将通过能直接和协调器通信的路由器路由完成通信。所以在整个系统中，路由器有两个功能：

(1) 接收/发送数据；
(2) 在网络中需要路由的时候完成路由。

B 硬件组合

在本实验中将采用一块 ZigBee 模块和一块扩展板组成协调器，一个路由器由一个扩展板加一块 ZigBee 模块组成，另一个路由器由一块 ZigBee 模块与电池板构成。

C 软件设备

必须安装 IAR For C80517.30B 或以上版本软件集成开发环境；安装 ZigBee 数据分析仪。

8.1.3 协议栈编译/下载

8.1.3.1 设备选择及设置

ZigBee2006 协议栈 Z-Stack 必须通过 IAR7.30B 以上的版本才能够打开。把 ZigBee 开

发系统系统提供 ZigBee 协议栈 Z-Stack 复制至 IAR 安装盘根目录（如常用 C 盘根目录）下，按照 C：\Texas Instruments\ZStack-1. 4. 3-1. 1. 0\Projects\zstack\Samples\SampleApp\CC2430DB\SampleApp. eww 路径打开，打开后的画面如图 8-8 所示。

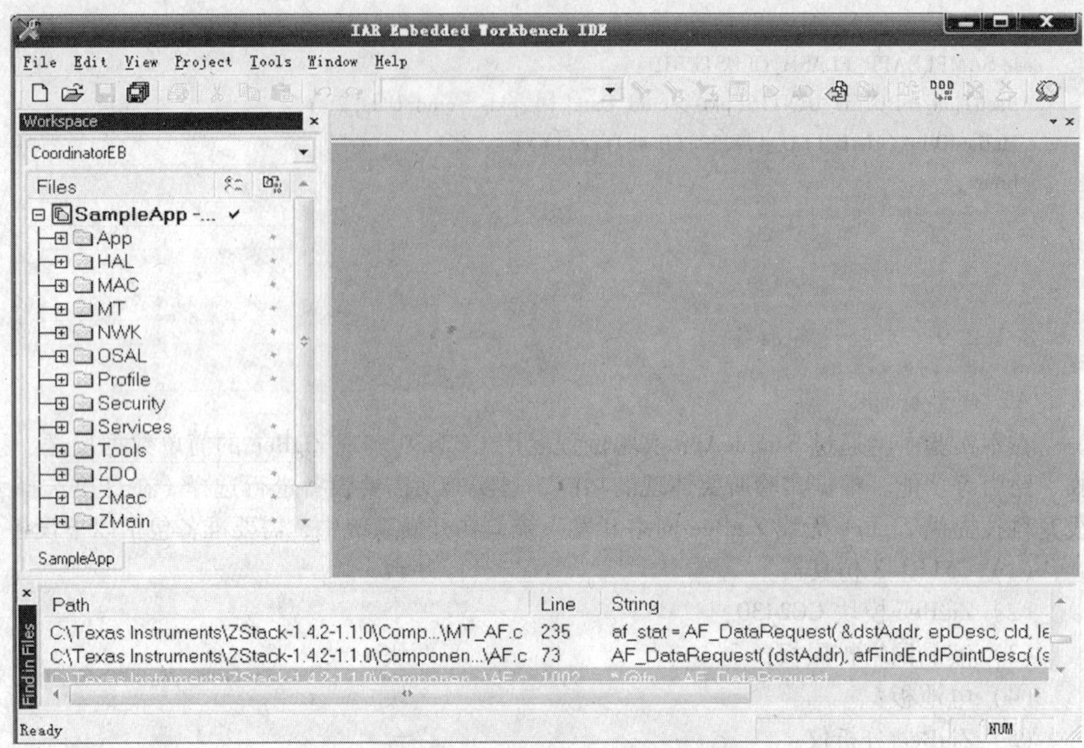

图 8-8　ZStack-Sample 工程文件

在工程文件中，分层、分功能提供了应用层、网络层、MAC 层、物理层、Profile 等源/库函数。首先选择适合实验的协调器和路由器模块，在本实验中协调器选择 Coordinator-EB，如图 8-9（a）所示；路由器选择 RouterEB，如图 8-9（b）所示。

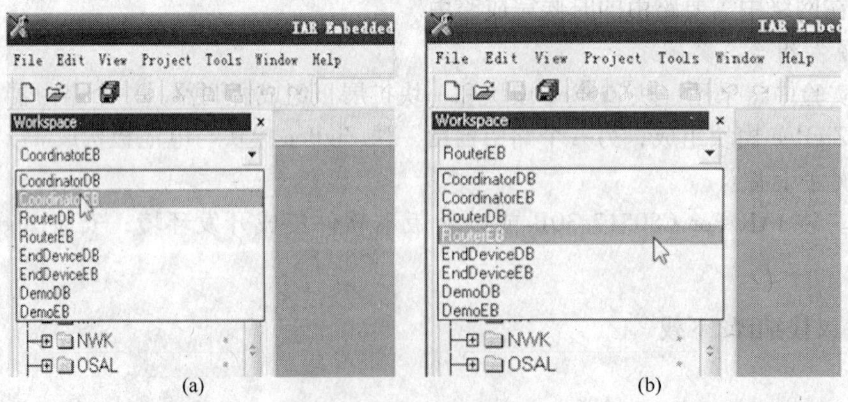

图 8-9　设备选择

（a）协调器选择；（b）路由器选择

在本实验中采用的 ZigBee 开发系统，网络扩展板上的液晶（OLED）采用的是 SPI 口。由于提供的 Z-Stack 中全部应用的是 I^2C 接口，所以需要将程序修改为 OLED 驱动程序，在本节实验中将不对液晶进行操作，所以需要将该部分程序屏蔽。

在 Z-Stack 中液晶程序采用的是条件编译，在 IAR 选项中将液晶编译选项 LCD_SUPPORTED = DEBUG 删除就可以了，具体方法如图 8-10 所示。

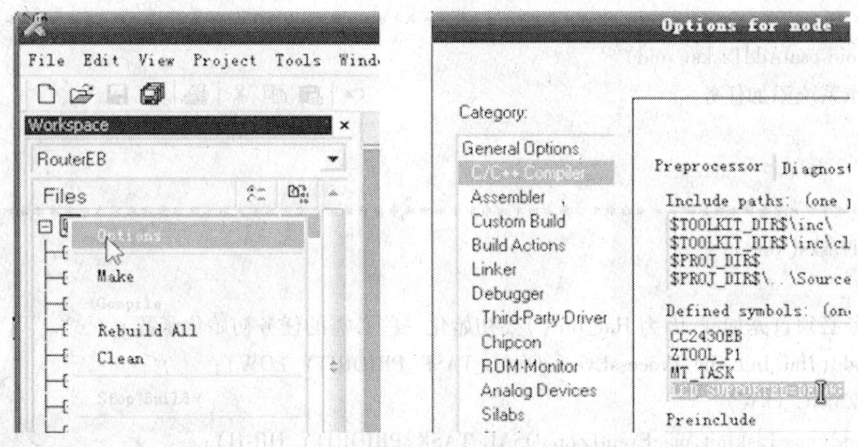

图 8-10 移除液晶选项

8.1.3.2 编译/下载程序

在对设备设置完成以后，开始对设备程序编译下载到模块中。

8.1.4 ZigBee 源代码剖析

8.1.4.1 发送一个信息包

发送数据通过在应用层调用 void SampleApp_SendFlashMessage(uint16 flashTime) 函数完成，其中 flashTime 为发送的数据（此函数可以根据不同需要修改相应的函数），这个函数在应用中通过调用 afStatus_tAF_DataRequest(afAddrType_t * dstAddr, endPointDesc_t * srcEP, uint16 cID, uint16 len, uint8 * buf, uint8 * transID, uint8 options, uint8 radius) 函数完成数据的发送。

```
afStatus_t AF_DataRequest( afAddrType_t * dstAddr,          //发送类型
                           endPointDesc_t * srcEP,          //目的地址
                           uint16 cID,                      //串 ID
                           uint16 len,                      //有效数据长度
                           uint8 * buf,                     //数据
                           uint8 * transID,
                           uint8 options,
                           uint8 radius)
```

8.1.4.2 收发数据过程

下面将介绍本实验中涉及的函数功能及本实验的流程，和实验的总体功能描述，如程序清单8-5所示。

程序清单8-5

```
/**************************************************************************
//函数名:void osalAddTasks(void)
//功能:操作系统添加任务
//输入:无
//输出:无
**************************************************************************/
void osalAddTasks(void)
{
/*这个任务必须首先加载,因为Hal_Init()要初始化一些必需的任务初始化函数*/
  osalTaskAdd(Hal_Init,Hal_ProcessEvent,OSAL_TASK_PRIORITY_LOW);
#if defined(ZMAC_F8W)
  osalTaskAdd(macTaskInit,macEventLoop,OSAL_TASK_PRIORITY_HIGH);
#endif
#if defined(MT_TASK)
  osalTaskAdd(MT_TaskInit,MT_ProcessEvent,OSAL_TASK_PRIORITY_LOW);
#endif
  osalTaskAdd(nwk_init,nwk_event_loop,OSAL_TASK_PRIORITY_MED);
  osalTaskAdd(APS_Init,APS_event_loop,OSAL_TASK_PRIORITY_LOW);
  osalTaskAdd(ZDApp_Init,ZDApp_event_loop,OSAL_TASK_PRIORITY_LOW);
  //SampleApp的主要任务
  osalTaskAdd(SampleApp_Init,SampleApp_ProcessEvent,OSAL_TASK_PRIORITY_LOW);
}
```

上面是本实验中所有的任务列表，在这里，将只对应用层 SampleApp_ProcessEvent 任务进行分析，下面是 SampleApp_ProcessEvent 函数的源代码，如程序清单8-6所示。

程序清单8-6

```
/**************************************************************************
//函数名:uint16 SampleApp_ProcessEvent(uint8 task_id,uint16 events)
//功能:一般请求任务事件处理器。这个函数是调用处理所有时间任务,时间包括时间、信息和所有其他使
用者定义的事件
//输入:操作系统反派的任务ID、事件的处理
//输出:无
**************************************************************************/
uint16 SampleApp_ProcessEvent(uint8 task_id,uint16 events)
{
  afIncomingMSGPacket_t * MSGpkt;
```

```
if(events & SYS_EVENT_MSG)
{
  MSGpkt = (afIncomingMSGPacket_t * )osal_msg_receive(SampleApp_TaskID);
  while(MSGpkt)
  {
    switch(MSGpkt- > hdr. event)
    {
      //按键触发事件
      case KEY_CHANGE:
          SampleApp_HandleKeys(((keyChange_t * )MSGpkt) - > state,
                                ((keyChange_t * )MSGpkt) - > keys);
          break;
      //接收数据事件
      case AF_INCOMING_MSG_CMD:
        SampleApp_MessageMSGCB(MSGpkt);
        break;
      //设备状态变化事件
      case ZDO_STATE_CHANGE:
        SampleApp_NwkState = (devStates_t)(MSGpkt- > hdr. status);
        if((SampleApp_NwkState = = DEV_ZB_COORD)
            ||(SampleApp_NwkState = = DEV_ROUTER)
            ||(SampleApp_NwkState = = DEV_END_DEVICE))
        {
          //在一个时间间隔中周期性发送一个数据
          osal_start_timerEx (SampleApp_TaskID,
                              SAMPLEAPP_SEND_PERIODIC_MSG_EVT,
                              SAMPLEAPP_SEND_PERIODIC_MSG_TIMEOUT);
        }
        else
        {
        }
        break;
      default:
        break;
    }
    //释放 Flash
    osal_msg_deallocate((uint8 * )MSGpkt);
    //如果有一个是可以用的
    MSGpkt = (afIncomingMSGPacket_t * )osal_msg_receive(SampleApp_TaskID);
  }
  //返回没有处理的事件
  return(events^SYS_EVENT_MSG);
}
```

```
  //发送一个数据出去:这个任务是产生一个时间
  if(events & SAMPLEAPP_SEND_PERIODIC_MSG_EVT)
  {
    //发送一个周期信息
    SampleApp_SendPeriodicMessage();
    osal_start_timerEx(SampleApp_TaskID,SAMPLEAPP_SEND_PERIODIC_MSG_EVT,
        (SAMPLEAPP_SEND_PERIODIC_MSG_TIMEOUT + (osal_rand()&0x00FF)));
    return(events^SAMPLEAPP_SEND_PERIODIC_MSG_EVT);
  }
//丢掉没有定义的事件
  return 0;
}
```

在上面的程序中不难发现，在这个任务中一共存在按键、接收数据和设备状态转变三个事件。如果按键事件则通过键盘实现相应的操作（按键在网络扩展板中）；接收数据事件是完成一次数据接收后对数据的处理。下面一段为按键扫描函数，如程序清单 8-7 所示。

程序清单 8-7

```
/**********************************************************************
//函数名:void SampleApp_HandleKeys(uint8 shift,uint8 keys)
//功能:通过按键完成人机通信,当按键 1 按下将发送一组数据
//输入:扫描到的按键值
//输出:无
**********************************************************************/
void SampleApp_HandleKeys(uint8 shift,uint8 keys)
{
  if(keys & HAL_KEY_SW_1)
  {
   SampleApp_SendFlashMessage(SAMPLEAPP_FLASH_DURATION);
  }
  if(keys & HAL_KEY_SW_2)
  {
  }
}
```

8.1.4.3 接收一个信息包

接收数据通过在应用层调用 void SampleApp_MessageMSGCB(afIncomingMSGPacket_t * pkt)函数完成，其中 * pkt 为接收的数据，在这个函数前，硬件已经将数据接收完成，并存放在 buffer 中。这个函数是通过取 buffer 中的数据来实现相应的功能，如程序清单 8-8 所示。

程序清单 8-8

```
/**********************************************************************
//函数名:void SampleApp_MessageMSGCB(afIncomingMSGPacket_t * pkt)
```

```
//功能:接收数据
//输入:接收的数据
//输出:小灯闪烁的时间
************************************************************************/
void SampleApp_MessageMSGCB( afIncomingMSGPacket_t * pkt)
{
  uint16 flashTime;
  switch( pkt- > clusterId)                         //判断串 ID
  {
    case SAMPLEAPP_PERIODIC_CLUSTERID:             //周期发送 ID
      break;
    case SAMPLEAPP_FLASH_CLUSTERID:              Flash 发送 ID
      flashTime = BUILD_UINT16( pkt- > cmd. Data[1],pkt- > cmd. Data[2]);
      HalLedBlink( HAL_LED_4,4,50,(flashTime/4));   //小灯闪烁
      break;
  }
}
```

8.1.5 实验流程

通过对上面关键函数的分析，已经能够通过广播的方式发送和接收一个简单的数据了，在本节的实验中，要求能通过上面介绍的发送和接收函数，实现一个数据的对话，具体流程如图 8-11 所示。

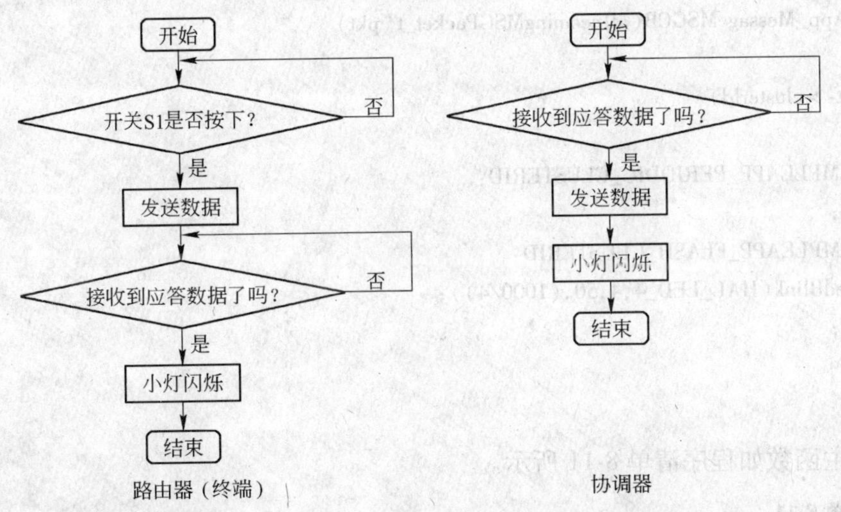

图 8-11 实验流程图

从流程图中不难发现，整个系统为一个简单的应答过程，如：终端（在本实验中，终端由路由器构成，路由器在需要路由的时候完成路由功能）发送数据“Cheng Du Wu Xian Long Tong Xun Ke Ji You Xian Gong Si”，协调器发送一个数据应答“Thank You!”。

8.1.5.1 路由器部分主要程序清单

(1) 发送函数如程序清单8-9所示。

程序清单8-9

```
void SampleApp_SendFlashMessage( uint16 flashTime)
{
  //发送的数据
  uint8 buffer[ ] = "Cheng Du Wu Xian Long Tong Xun Ke Ji You Xian Gong Si";
    if( AF_DataRequest ( &SampleApp_Flash_DstAddr,&SampleApp_epDesc,
                         SAMPLEAPP_FLASH_CLUSTERID,
                         53,                    //长度
                         buffer,
                         &SampleApp_TransID,
                         AF_DISCV_ROUTE,
                         AF_DEFAULT_RADIUS) == afStatus_SUCCESS)
  {  }
  else
  {  }
}
```

(2) 接收函数如程序清单8-10所示。

程序清单8-10

```
void SampleApp_MessageMSGCB( afIncomingMSGPacket_t * pkt)
{
  switch( pkt- > clusterId)
  {
    case SAMPLEAPP_PERIODIC_CLUSTERID:
      break;
    case SAMPLEAPP_FLASH_CLUSTERID:
      HalLedBlink( HAL_LED_4,4,50,(1000/4));
      break;
  }
}
```

(3) 主函数如程序清单8-11所示。

程序清单8-11

```
/*************************************************************************
//函数名:ZSEG int main( void)
//功能:主函数初始化设备、进入操作系统
//输入:无
//输出:无
```

```
*******************************************************************/
ZSEG int main(void)
{
  //关闭所有中断
  osal_int_disable(INTS_ALL);
  //确认电压充足才开始运行
  zmain_vdd_check();
  //初始化闪存
  zmain_ram_init();
  //初始化 I/O
  InitBoard(OB_COLD);
  //初始化设备
  HalDriverInit();
  //初始化 NV 系统
  osal_nv_init(NULL);
  //确定扩展地址
  zmain_ext_addr();
  zgInit();
  //初始化 MAC
  ZMacInit();
#ifndef NONWK
  //Since the AF isn't a task,call it's initialization routine
  afInit();
#endif
  //初始化操作系统
  osal_init_system();
  //允许中断
  osal_int_enable(INTS_ALL);
  //最终硬件初始化
  InitBoard(OB_READY);
  zmain_dev_info();
#ifdef LCD_SUPPORTED
  zmain_lcd_init();
#endif
  osal_start_system();//进入操作系统
}
```

8.1.5.2 协调器代码

(1) 发送函数如程序清单 8-12 所示。

程序清单 8-12

```
void SampleApp_SendFlashMessage(uint16 flashTime)
```

```
{
uint8 buffer[ ] = "ThankYou!";//发送的数据
if( AF_DataRequest( &SampleApp_Flash_DstAddr,&SampleApp_epDesc,
                    SAMPLEAPP_FLASH_CLUSTERID,
                    10,                                    //数据长度
                    buffer,
                    &SampleApp_TransID,
                    AF_DISCV_ROUTE,
                    AF_DEFAULT_RADIUS) == afStatus_SUCCESS)
  {
  }
else
  {
  }
}
```

（2）接收函数如程序清单8-13所示。

程序清单8-13

```
void SampleApp_MessageMSGCB( afIncomingMSGPacket_t * pkt)
{
  switch( pkt- > clusterId)
  {
case SAMPLEAPP_PERIODIC_CLUSTERID:
  break;
case SAMPLEAPP_FLASH_CLUSTERID:
HalLedBlink( HAL_LED_4,4,50,(1000/4));
break;
}
}
```

8.1.6 分析仪分析数据包

ZigBee开发系统配套提供USB接口最新IEEE802.15.4/ZigBee协议分析仪。ZigBee协议分析仪相当于一台2.4G的频谱分析仪、一台高档的逻辑分析仪和数字示波器。ZigBee协议分析仪可以全面解码、简化、了解复杂的ZigBee协议栈并加速调试。

网络协议数据单元（NPDU）即网络层帧的结构，如表8-1所示。

表8-1 网络层数据包（帧）格式

2字节	2字节	2字节	1字节	1字节	0/8字节	0/8字节	0/1字节	变长字节	变长字节
帧控制	目的地址	源地址	广播半径域	广播序列号	IEEE目的地址	IEEE源地址	多点传送控制	源路由帧	帧的有效载荷
网络层帧报头									网络层的有效载荷

网络协议数据单元（NPDU）结构（帧结构）基本组成包括：网络层帧报头，包含帧控制、地址和序列信息；网络层帧的可变长有效载荷，包含帧类型所指定的信息。

表 8-1 表示的是网络层的通用帧结构，不是所有的帧都包含地址和序列域，但网络层的帧的报头域，还是按照固定的顺序出现。然而，仅仅只有多播标志值是 1 时才存在多播（多点传送）控制域。

在 ZigBee 网络协议中，定义了两种类型的网络层帧，它们分别是数据帧和网络层命令帧。

8.1.6.1 帧结构中的组成部分

下面分别简单讲解一下通用帧内各子域。

A 帧控制域

帧控制域格式如表 8-2 所示，为 16bit（位或比特）。可以看到帧控制域包括帧类型、协议版本、发现路由、源路由、广播、地址、安全和保留位。

表 8-2 帧控制域结构

位 0 ~ 1	位 2 ~ 5	位 6 ~ 7	位 8	位 9	位 10	位 11	位 12	位 13 ~ 15
帧类型	协议版本	发现路由	广播标记	安全	源路由	IEEE 目的地址	IEEE 源地址	保留

（1）帧类型有数据、网络层命令和保留位；

（2）协议版本为 ZigBee 网络层协议标准的版本号；

（3）发现路由见网络层命令帧中的路由发现的介绍，包括抑制路由发现、使能路由发现、强制路由发现、保留；

（4）广（多）播标志域为 1bit，如果是单播或者广播帧，值为 0，如果为多播帧值为 1；

（5）安全域为该帧是否具有网络层安全操作能力，如果该帧的安全由另一层来完成或者完成被禁止，则该值是 0；

（6）源路由子域值为 1 时，源路由子帧才在网络报头中存在。如果源路由子帧不存在则源路由子域值为 0；

（7）IEEE 目的地址是 1 时，网络帧报头包含整个 IEEE 目的地址；

（8）IEEE 源地址是 1 时，网络帧报头包含整个 IEEE 源地址。

B 目的地址

在网络层帧中必须有目的地址域，其长度是 2 字节。如果帧控制域的多播标志子域值是 0，那么目的地址域值是 16 位的目的设备网络地址或者为广播地址；如果多播标志子域值是 1，目的地址域是 16 位目的多播组的 Group ID。值得注意的是设备的网络地址与 IEEE802. 15. 4—2003 协议中的 MAC 层 16 位短地址相同。

C 源地址

在网络层帧中必须有源地址域，其长度是 2 字节，其值是源设备的网络地址。值得注意的是设备的网络地址与在 IEEE802. 15. 4—2003 协议中的 MAC 层 16 位短地址相同。

D 广播半径域

广播域仅当目的地址为广播地址（0xFFFF）时，广播半径和广播序号存在。广播半径的长度为 1 字节，每个设备接收到一次该帧，则广播半径减 1。广播半径限定了传输半径范围。

E 广播序列号域

在每个帧中都包含序列号域，其长度是 1 字节。每发送一个新的帧序列号值加 1。帧的源地址和序列号子域是一对，在限定了序列号 1 字节的长度内是唯一的标识符。

F IEEE 目的地址

如果存在 IEEE 目的地址域，则包含在网络层地址头中目的地址域的 16 位网络地址相对应的 64 位 IEEE 地址。如果该 16 位网络地址是广播或者多播地址那么 IEEE 目的地址不存在。

G IEEE 源地址

如果存在 IEEE 源地址域，则包含在网络层地址头中的源地址域的 16 位网络地址相对应的 64 位 IEEE 地址。

H 多点传送控制

多播控制域是 1 字节长度且只有多播标志子域值是 1 时存在，它分成 3 个子域：多播模式（第 0、1 位，共 2 位）、非成员半径（第 2 ~4 位，共 3 位）、最大非成员半径（第 5 ~7 位，共 3 位）。

多播模式（子域）表明无论是使用成员或非成员模式传输该帧。成员模式在目的组成员设备中使用传送多播帧。非成员模式是从不是多播组成员设备到是多播组成员设备换算多播帧。

当不是目的组成员设备转播时，非成员半径域表明成员模式多播范围。接收设备是目的组成员将设置该子域值是最大非成员半径（MaxNonmemberRadius）域的值。如果 NonmemberRadiusfield 的值是 0，接收设备不是目的组成员时将丢弃该帧，且如果 NonmemberRadius 域的值是在 0x01 到 0x06 范围内，那么将耗尽此域。如果 NonmemberRadius 域值是 0x07 表明无限的范围且不能被耗尽。

I 源路由帧

如果帧控制域的源路由子域的值是 1，就存在源路由子帧域，它分成三个子域：应答计数器（1 个字节）、应答索引（1 个字节）、应答列表（可变长）。

应答计数器子域表明包含在源路由子帧转发列表里的应答的数值。

应答索引子域表明传输的数据包的应答列表子域的下一转发的索引。这个域被数据包的发送设备初始化为 0，且每转发一次就加 1。

应答列表子域是节点的 2 字节短地址的列表，这个域用来为源路由数据包的目的转发。地址是最无意义字节格式且在源路由中有顺序的出现。

J 帧有效载荷

帧有效载荷的长度是可变的，包含了各种帧类型的具体信息。

8.1.6.2 数据帧

数据帧与网络层的通用帧结构相同。帧的有效载荷为网络层上层要求网络层传送的数据。在帧控制域中，帧类型子域应为表示数据帧的值。根据数据帧的用途，对其他所有的子域进行设置。

数据帧包括网络层报头和数据有效载荷域。

数据帧的网络层报头域由控制域和根据需要适当组合而得到的路由域组成。

数据帧的数据有效载荷域包含字节的序列，该序列为网络层上层要求网络层传送的数据。

8.1.6.3 网络层命令帧

网络层命令帧结构如表 8-3 所示，网络层帧结构与通用网络层帧结构基本相同。

表 8-3 网络层命令帧结构

字节（byte）：2	参见表 8-2	1	可 变
帧控制	路由域	网络层命令标识符	网络层命令载荷
网络层帧报头		网络层载荷	

网络层命令帧中的网络层帧报头域由帧控制域和根据需要适当组合得到的路由域组成。在帧控制域中，帧类型子域应表示网络层命令帧的值。根据网络层命令帧的用途，对其他所有的子域进行设置。

根据帧控制域中的设置，路由为地址域和广播域经过适当组合得到的。

网络层命令标识符域表明所使用的网络层命令，其值为表 8-4 所示。网络层命令载荷包含网络层命令本身。

表 8-4 网络层命令帧标识符

命令帧标识符	命令名称	命令帧标识符	命令名称
0x01	路由请求	0x07	重新加入响应
0x02	路由应答	0x08	连接状态
0x03	路由错误	0x09	网络报告
0x04	断 开	0x0A	网络更新
0x05	路由记录	0x0B ~ 0xFF	保 留
0x06	重新连接请求		

在 ZigBee 网络中，各个设备都必须加入了网络之后才能完成数据的通信，所以加入网络是每一个设备的敲门砖。加入网络的过程如图 8-12 所示。

在协议分析仪中显示的数据，第 2 行到第 7 行是建立一个网络的过程，在这里可以看出在网络层管理实体一旦选择了一个 PAN 标识符，立刻会选择一个等于 0x0000 的 16 位网络地址，并且设置 MAC 层的 macShortAddressPIB 属性，使其等于所选择的网络地址。

第 8 行中，源地址是路由器的物理地址 0x2726252423220085，它的 PANID 没有确定为 0xFFFF 这时的路由器没有加入网络所以还没有网络地址；目的地址为协调器的网络地址 0x0000，它的 PANID 为 0x0091；它的命令是联合方式加入请求。所以该行表示的意思是向协调器发送联合方式加入请求，发送完成以后，将得到一个应答（第 9 行）。

收到应答以后，路由器开始加入网络参见第 10 行，在收到应答以后，协调器开始为路由器分配网络地址。从第 12 行中可以看出路由器分配到的网络地址为 0x0001。这样就

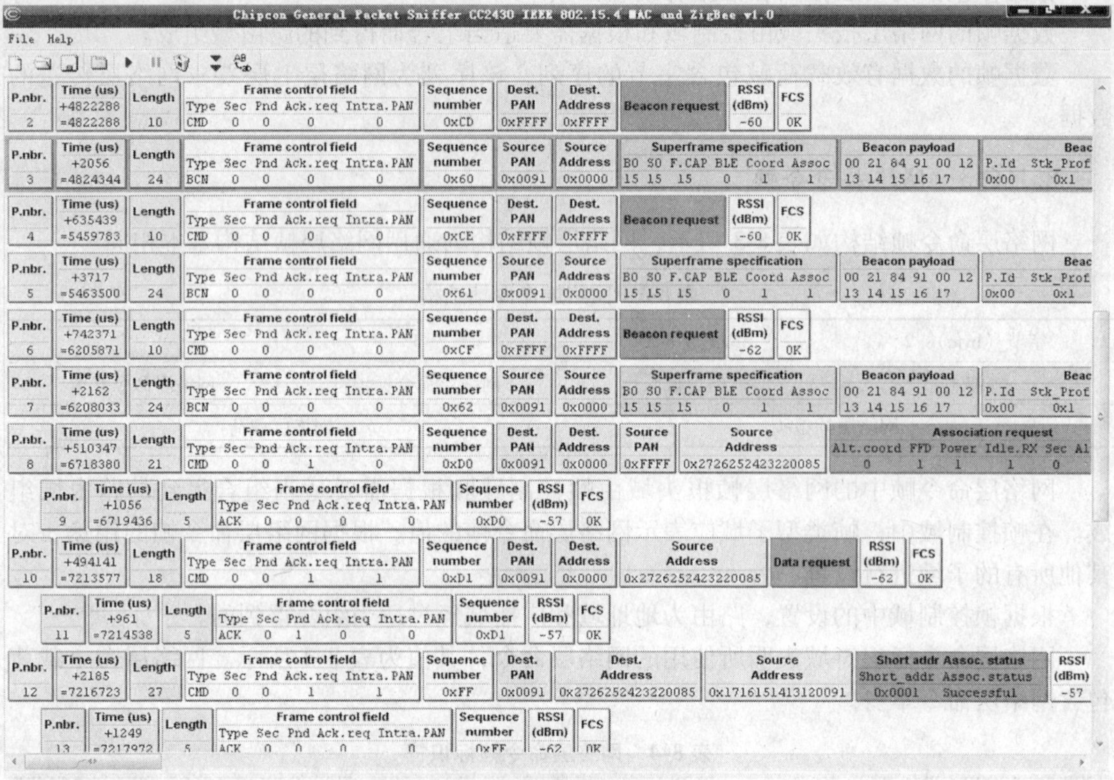

图 8-12　加入网络数据分析

完成了整个建立、加入网络的过程，并分配了各自的网络地址。

根据实验的流程和程序，在加入网络以后，路由器按下按键 1 发送一串数据 "Cheng Du Wu Xian Long Tong Xun Ke Ji You Xian Gong Si" 以后，协调器将立刻发送一个数据应答 "Thank You!"。图 8-13 为发送数据的 APS 层数据包装。

数据包第 1 行，路由器的网络地址（0x0001）作为数据源地址发送，目的地址为 0xFFFF 表示路由器是以广播的形式发送数据，综合观察，不难发现该数据包装反映路由器广播发送数据。在 APS 层中详细列举了剖面 ID（APS Profile ID）、串 ID（APS Cluster ID）、广播深度（Broadcast Radius）等数据，另外发送的数据也在此项中显示，比如第一行中的 APS Payload 部分就显示了数据帧头加上路由器发送的广播数据，在这里是以 16 进制显示的，此外在数据包装结尾有 RSSI 强度值。图 8-14 为 NWK 层数据包装。

网络层数据包装中，体现了在网络层中的数据以及格式，不难看出，网络层中也体现了源地址和目的地址，和 PAS 层基本相同，它们最大的不同点是数据中加入了网络层包装，附加了网络层数据。

最后是 MAC 层的数据包装，MAC 层的数据和其他层也基本相同，与其不同的是在 MAC 层是在物理头以及同步头两部分加上网络层的数据。通过数据包装的分析，不仅可以了解数据的组成，各层之间的关系，还能在数据包装中观察运行的流程。下面将根据协

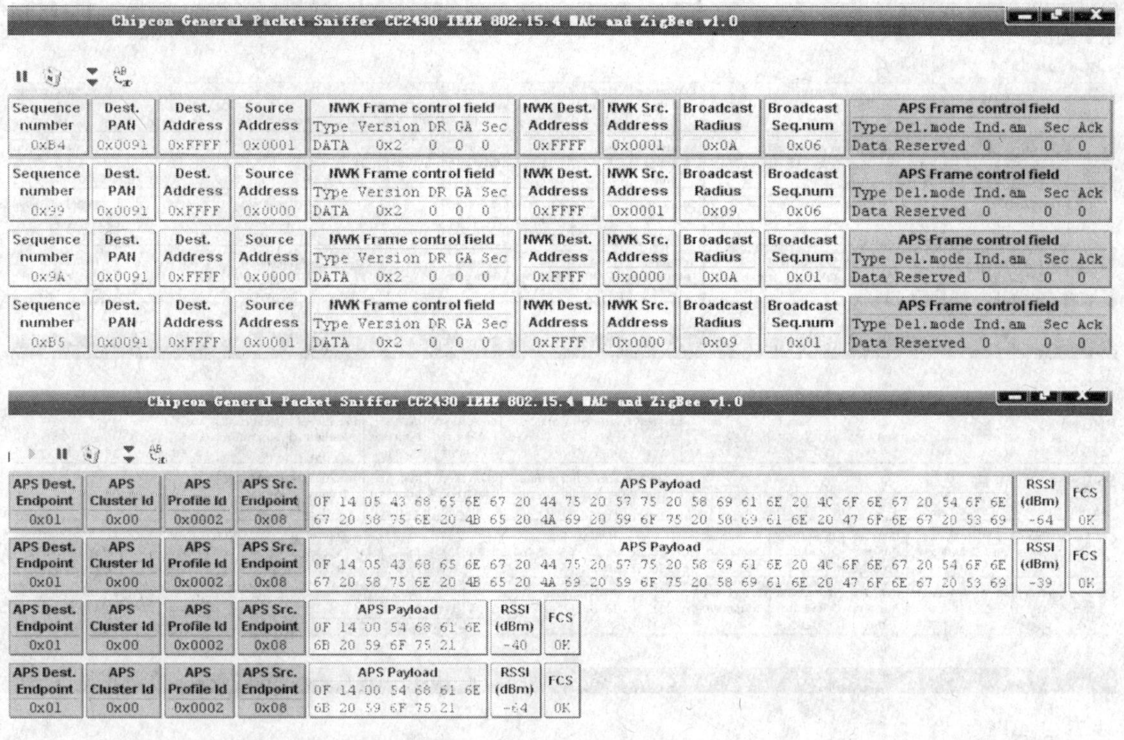
Chipcon General Packet Sniffer CC2430 IEEE 802.15.4 MAC and ZigBee v1.0

Sequence number	Dest. PAN	Dest. Address	Source Address	NWK Frame control field					NWK Dest. Address	NWK Src. Address	Broadcast Radius	Broadcast Seq.num	APS Frame control field				
				Type	Version	DR	GA	Sec					Type	Del.mode	Ind.am	Sec	Ack
0xB4	0x0091	0xFFFF	0x0001	DATA	0x2	0	0	0	0xFFFF	0x0001	0x0A	0x06	Data	Reserved	0	0	0
0x99	0x0091	0xFFFF	0x0000	DATA	0x2	0	0	0	0xFFFF	0x0001	0x09	0x06	Data	Reserved	0	0	0
0x9A	0x0091	0xFFFF	0x0000	DATA	0x2	0	0	0	0xFFFF	0x0000	0x0A	0x01	Data	Reserved	0	0	0
0xB5	0x0091	0xFFFF	0x0001	DATA	0x2	0	0	0	0xFFFF	0x0000	0x09	0x01	Data	Reserved	0	0	0

Chipcon General Packet Sniffer CC2430 IEEE 802.15.4 MAC and ZigBee v1.0

APS Dest. Endpoint	APS Cluster Id	APS Profile Id	APS Src. Endpoint	APS Payload	RSSI (dBm)	FCS
0x01	0x00	0x0002	0x08	0F 14 05 43 68 65 6E 67 20 44 75 20 57 75 20 58 69 61 6E 20 4C 6F 6E 67 20 54 6F 6E 67 20 58 75 6E 20 4B 65 20 4A 69 20 59 6F 75 20 58 69 61 6E 20 47 6F 6E 67 20 53 69	-64	OK
0x01	0x00	0x0002	0x08	0F 14 05 43 68 65 6E 67 20 44 75 20 57 75 20 58 69 61 6E 20 4C 6F 6E 67 20 54 6F 6E 67 20 58 75 6E 20 4B 65 20 4A 69 20 59 6F 75 20 58 69 61 6E 20 47 6F 6E 67 20 53 69	-39	OK
0x01	0x00	0x0002	0x08	0F 14 00 54 68 61 6E 6B 20 59 6F 75 21	-40	OK
0x01	0x00	0x0002	0x08	0F 14 00 54 68 61 6E 6B 20 59 6F 75 21	-64	OK

图 8-13 APS 数据包装

Chipcon General Packet Sniffer CC2430 IEEE 802.15.4 MAC and ZigBee v1.0

NWK Dest. Address	NWK Src. Address	Broadcast Radius	Broadcast Seq.num	NWK payload	RSSI (dBm)	FCS
0xFFFF	0x0001	0x0A	0x06	0C 01 00 02 00 08 0F 14 05 43 68 65 6E 67 20 44 75 20 57 75 20 58 69 61 6E 20 4C 6F 6E 67 20 54 6F 6E 67 20 58 75 6E 20 4B 65 20 4A 69 20 59 6F 75 20 58 69 61 6E 20 47 6F 6E 67 20 53 69		
0xFFFF	0x0001	0x09	0x06	0C 01 00 02 00 08 0F 14 05 43 68 65 6E 67 20 44 75 20 57 75 20 58 69 61 6E 20 4C 6F 6E 67 20 54 6F 6E 67 20 58 75 6E 20 4B 65 20 4A 69 20 59 6F 75 20 58 69 61 6E 20 47 6F 6E 67 20 53 69		
0xFFFF	0x0000	0x0A	0x01	0C 01 00 02 00 08 0F 14 00 54 68 61 6E 6B 20 59 6F 75 21	-40	OK
0xFFFF	0x0000	0x09	0x01	0C 01 00 02 00 08 0F 14 00 54 68 61 6E 6B 20 59 6F 75 21	-64	OK

图 8-14 NWK 数据包装

议包装图 8-15 来系统的分析一下整个系统的流程。

路由器按下按键 1 以广播的形式发送一串数据“Cheng Du Wu Xian Long Tong Xun Ke Ji You Xian Gong Si”，数据包装第 1 行网络地址为 0x0001 的设备为源地址，即表示发送数据设备的地址，由于是广播发送，所以在发送完成以后，每一个在网络中的设备都能够收到数据。在 APS 层中有一个参数是路由深度为 0x0A，所以在协调器收到数据以后，会以路由的方式转发这个数据，数据包装显示的第二行就是转发数据的数据格式。在协调器收到数据并转发了数据以后，将立即发送一个数据应答“Thank You!”，同样可以通过包装观察到发送数据的地址为 0x0000 即协调器。

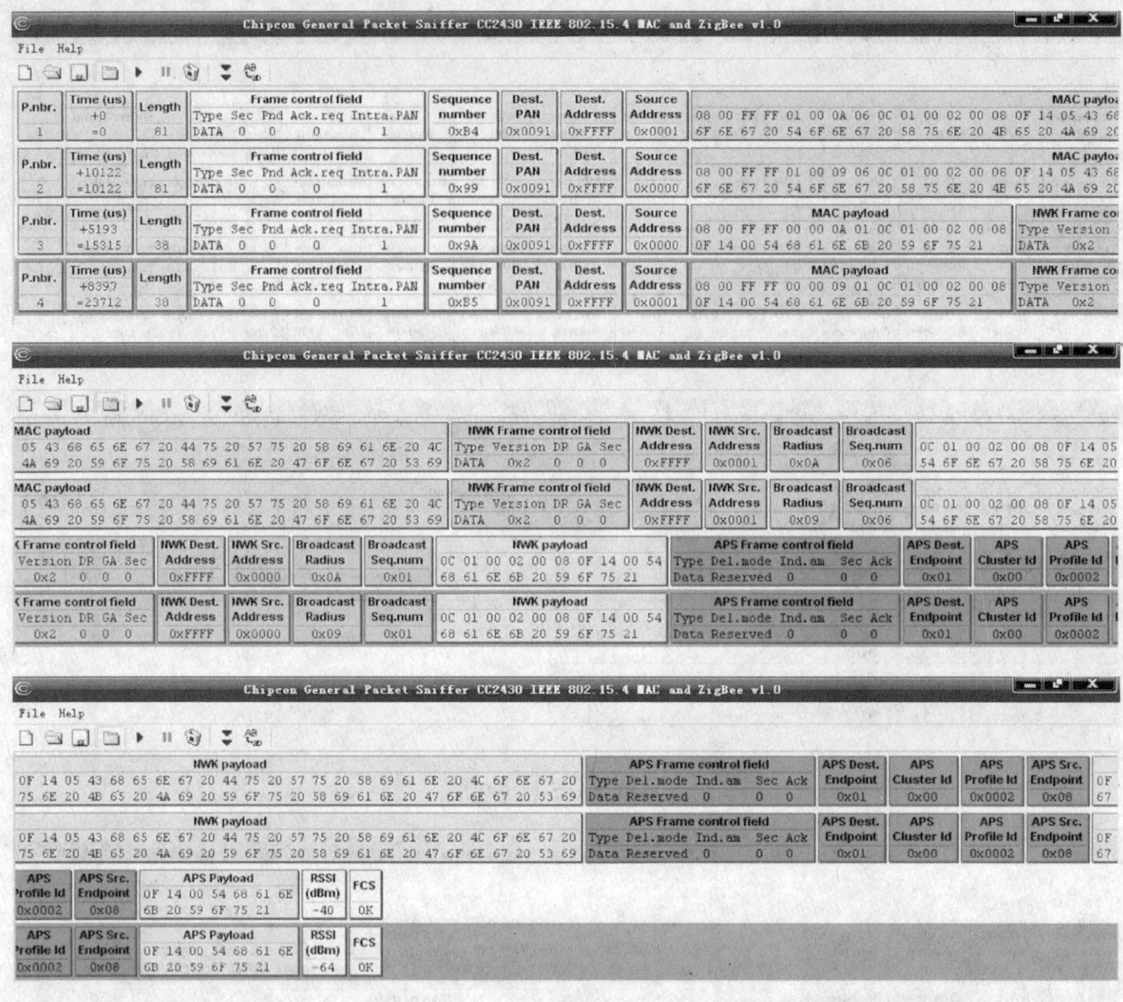

图 8-15 全部数据包装

本实验主要通过一个简单的 ZigBee 数据收发例子，完整的讲述了 ZigBee 网络的建立、加入网络和收发数据，通过本实验可以了解建立、加入网络的过程，掌握收发数据的方法。此外，通过实验产生的数据，利用协议分析仪了解 ZigBee 的数据格式。

8.2 ZigBee 开发进阶

通过第 1 节介绍，读者熟悉 ZigBee 无线网络相关概念，包括 ZigBee 程序下载、编译、仿真、调试；ZigBee 无线网络的数据收发、数据包信息；使用 ZigBee 协议分析仪来分析 ZigBee 数据包格式与如何使用 ZigBee 分析仪协助开发 ZigBee。

本节将先介绍 OSAL 及相关 API 函数，以灯开关实验为主，详细介绍其实现过程，然后通过总结归纳，开发出了温度传感器例子实验。这节重点是理解绑定和命令概念。

8.2.1 ZigBee 协议栈结构

ZigBee 堆栈是在 IEEE802.15.4 标准基础上建立的，而 IEEE802.15.4 仅定义了协议的

MAC 和 PHY 层。ZigBee 设备应该包括 IEEE802.15.4 的 PHY 和 MAC 层以及 ZigBee 堆栈层：网络层（NWK）、应用层和安全服务管理。图 3-1 给出了这些组件的概况。

每个 ZigBee 设备都与一个特定模板有关，可能是公共模板或私有模板。这些模板定义了设备的应用环境、设备类型以及用于设备间通信的串（也称簇，cluster）。公共模板可以确保不同供应商的设备在相同应用领域中的互操作性。

设备是由模板定义的，并以应用对象（Application Objects）的形式实现。每个应用对象通过一个端点连接到 ZigBee 堆栈的余下部分，它们都是器件中可寻址的组件。

从应用角度看，通信的本质就是端点到端点的连接（例如，一个带开关组件的设备与带一个或多个灯组件的远端设备进行通信，目的是将这些灯点亮）。端点之间的通信是通过称之为串的数据结构实现的，这些串是应用对象之间共享信息所需的全部属性的容器，在特殊应用中使用的串在模板中有定义。

每个接口都能接收（用于输入）或发送（用于输出）串格式的数据，一共有二个特殊的端点，即端点 0 和端点 255。端点 0 用于整个 ZigBee 设备的配置和管理，应用程序可以通过端点 0 与 ZigBee 堆栈的其他层通信，从而实现对这些层的初始化和配置，附属在端点 0 的对象被称为 ZigBee 设备对象（ZDO）。端点 255 用于向所有端点的广播。端点 241 到 254 是保留端点。

所有端点都使用应用支持子层（APS）提供的服务。APS 通过网络层和安全服务提供层与端点相接，并为数据传送、安全和绑定提供服务，因此能够适配不同但兼容的设备，比如带灯的开关。

APS 使用网络层（NWK）提供的服务。NWK 负责设备到设备的通信，并负责网络中设备初始化所包含的活动、消息路由和网络发现。应用层可以通过 ZigBee 设备对象（ZDO）对网络层参数进行配置和访问。

根据 ZigBee 堆栈规定的所有功能和支持，我们很容易推测 ZigBee 堆栈实现需要用到设备中的大量存储器资源。

从图 3-1 可以看到 ZigBee 应用层框架包括应用支持层（APS）、ZigBee 设备对象（ZDO）和制造商所定义的应用对象。

应用支持层的功能包括：维持绑定表、在绑定的设备之间传送消息。所谓绑定就是基于两台设备的服务和需求将它们匹配地连接起来。

ZigBee 设备对象的功能包括：定义设备在网络中的角色（如 ZigBee 协调器和终端设备），发起和响应绑定请求，在网络设备之间建立安全机制。ZigBee 设备对象还负责发现网络中的设备，并且决定向它们提供何种应用服务。

ZigBee 应用层除了提供一些必要函数以及为网络层提供合适的服务接口外，一个重要的功能是应用者可在这层定义自己的应用对象。

8.2.2 协议栈实时操作系统

为了更好地管理整个 ZigBee 协议栈，从 ZigBee2006 开始，ZigBee 协议栈内加入了实时操作系统对 ZigBee 协议栈进行管理。实时系统的特点是，如果逻辑和时序出现偏差将会引起严重后果的系统。有两种类型的实时系统：软实时系统和硬实时系统。在软实时系统中系统的宗旨是使各个任务运行得越快越好，并不要求限定某一任务必须在多长时间内完成。

在硬实时系统中，各任务不仅要执行无误而且要做到准时。大多数实时系统是二者的结合。实时系统的应用涵盖广泛的领域，而多数实时系统又是嵌入式的。这意味着计算机建在系统内部，用户看不到有个计算机在系统里面。

对于 C51RF-3-PK 系统配置的 ZigBee 协议栈，也采用了操作系统的概念，程序中为 OSAL 层。在执行外界处理程序的时候，该 OS（操作系统）有保护软件成分。它提供如下管理：

（1）任务登记，初始化，启动；

（2）任务间的信息交换；

（3）任务同步；

（4）中断处理；

（5）定时器；

（6）存储器分配。

8.2.2.1 OS 术语介绍

任务：一个任务，也称作一个线程，是一个简单的程序，该程序可以认为 CPU 完全只属该程序自己。实时应用程序的设计过程，包括如何把问题分割成多个任务，每个任务都是整个应用的某一部分，每个任务被赋予一定的优先级，有它自己的一套 CPU 寄存器和自己的栈空间。典型地、每个任务都是一个无限的循环。每个任务都处在以下 5 种状态之一的状态下，这 5 种状态是休眠态、就绪态、运行态、挂起态（等待某一事件发生）和被中断态。

多任务：多任务运行的实现实际上是靠 CPU（中央处理单元）在许多任务之间转换、调度。CPU 只有一个，轮番服务于一系列任务中的某一个。多任务运行很像前后台系统，但后台任务有多个。多任务运行使 CPU 的利用率得到最大的发挥，并使应用程序模块化。在实时应用中，多任务化的最大特点是，开发人员可以将很复杂的应用程序层次化。使用多任务，应用程序将更容易设计与维护。

消息队列：用于给任务发消息。消息队列实际上是邮箱阵列，通过内核提供的服务，任务或中断服务子程序可以将一条消息（该消息的指针）放入消息队列。同样，一个或多个任务可以通过内核服务从消息队列中得到消息。发送和接收消息的任务约定，传递的消息实际上是传递的指针指向的内容。通常，先进入消息队列的消息先传给任务，也就是说，任务先得到的是最先进入消息队列的消息，即先进先出原则（FIFO）。然而 μC/OS-Ⅱ也允许使用后进先出方式（LIFO）。

互斥条件：实现任务间通信最简便的办法是使用共享数据结构。特别是当所有到任务都在一个单一地址空间下，能使用全程变量、指针、缓冲区、链表、循环缓冲区等，使用共享数据结构通信就更为容易。虽然共享数据区法简化了任务间的信息交换，但是必须保证每个任务在处理共享数据时的排他性，以避免竞争和数据的破坏。与共享资源打交道时，使之满足互斥条件最一般的方法有：

（1）关中断；

（2）使用测试并置位指令；

(3) 禁止做任务切换;

(4) 利用信号量。

8.2.2.2 OSALAPI 介绍

OSAL 层是与协议栈独立的，但是整个协议都要基于 OS 才能运行，OSAL 提供如下服务和管理:

(1) 信息管理;

(2) 任务同步;

(3) 时间管理;

(4) 中断管理;

(5) 任务管理;

(6) 内存管理;

(7) 电源管理;

(8) 非易失存储管理。

A 信息管理 API

信息管理为任务间的信息交换或者外部处理事件（例如：中断服务程序或一个控制循环内的函数调用等）提供一种管理机制，包括允许任务分配和不分配信息缓存、发送命令信息到其他任务和接收应答信息等 API 函数。

a osal_msg_allocate()

函数原型：byte * osal_msg_allocate(uint16 len)

功能描述：为信息分配缓存储空间，任务调用或函数被调用的时候，该空间被信息填充或调用发送信息函数 osal_msg_send()发送缓存储空间的信息到其他任务。如果该空间不能被分配，那么 msg_ptr 将设置为空（NULL)。

输入：len 信息的长度。

输出：指向该信息分配的信息存储空间，如果如果一个空（NULL）指针返回，那么该信息缓存空间分配失败。

注意：不能与函数 osal_mem_alloc()混淆，osal_mem_alloc()函数被用于为在任务间发送信息(osal_msg_send())分配缓冲区的。用该函数也可以分一个配存储空间。

b osal_msg_deallocate()

功能描述：信息处理分配缓存。该函数通过一个任务（或一个处理过程）调用后完成处理一个接收的信息。

函数原型：byte osal_msg_deallocate(byte * msg_ptr)

输入：msg_ptr 指向需要的处理分配信息缓存的指针。

输出：指示操作结果，参数如下：

ZSUCCESS：成功。

INVALID_MSG_POINTER:无效的信息指针。

MSG_BUFFER_NOT_AVAIL：缓存被排队。

c osal_msg_send()

功能描述：一个任务发送一个命令或数据信息到其他任务或处理元素。目的任务标志符必须设置为 osal_create_task( )函数创建的有效的任务标志符，而且 osal_msg_send( )函数将在目的任务事件列表内设置 SYS_EVENT_MSG 事件。

函数原型：byte osal_msg_send(byte destination_task, byte* msg_ptr)

输入：

参数1：destination_task 接收信息的任务 ID；

参数2：msg_ptr 是指向包含该信息的指针，必须为 osal_msg_allocate( )函数分配的有效的数据缓存。

输出：返回一个字节指示操作的结果：

ZSUCCESS：信息发送成功；

INVALID_MSG_POINTER：无效的信息指针；

INVALID_TASK：无效的目的任务 ID。

d osal_msg_receive( )

功能描述：一个任务接手一个命令信息时，调用该函数。该任务在处理完该信息之后，必须调用 osal_msg_deallocate( )函数为该信息分配信息缓存。

函数原型：byte* osal_msg_receive(byte task_id)

输入：task_id 是运行任务的标志符（信息归属的任务）。

输出：返回一个包含该信息存储区的指针，如果没有接收信息为空（NULL）。

B 同步任务 API

该 API 允许一个任务等待某个事件的发生并返回等待期间的控制。该 API 的功能是为某个任务设置事件，一旦任何一个事件被设置就修改该任务。

osal_set_event( )：

功能描述：该函数为某个任务设置事件标志；

原型：byte osal_set_event(byte task_id, UINT16event_flag)；

输入：

参数1：task_id 任务标志符，为该任务设置事件的任务标志符；

参数2：vent_flag 是两个字节的位图，每一个位都对应一个事件，仅仅有一个系统事件(SYS_EVENT_MSG)，只有符合的事件/位被接收任务定义；

输出：返回该操作的结构：

ZSUCCESS：成功；

INVALID_TASK：无效任务。

C 时间管理 API

该 API 允许定时器被内部（Z-Stack）任务和外部（应用水平）任务使用。该 API 体统开始和停止一个定时器的功能，这些定时器能用毫秒设置。

a osal_start_timer( )

功能描述：启动一个定时器。当定时器终止的时候，指定的事件标志位被设置。通过在任务中调用 osal_start_timer 函数设置事件标志位。如果指明任务 ID，可以用 osal_start_timerEx( )函数替代函数 osal_start_timer( )。

函数原型：byte osal_start_timer(UINT16event_id, UINT16timeout_value)

输入参数：

参数 1：event_id 是用户定义的事件标志位，当定时器终止的时候，该运行的任务将被通报（事件）；

参数 2：timeout_value 定时器事件被设置之前时间的计数（毫秒）。

返回：指示操作的结果：

ZSUCCESS：定时器启动成功；

NO_TIMER_AVAILABLE：不能启动定时器。

b osal_start_timerEx()

功能描述：该函数类似于 osal_start_timer()函数，只不过参数多了一个任务 ID。允许调用者设置另一个任务的定时器。

函数原型：byte osal_start_timerEx(byte taskID, UINT16event_id, UINT16timeout_value)

输入参数：

参数 1：taskID 当定时器终止的时候，得到该事件的任务 ID；

参数 2：event_id is 是用户定义的事件位，当定时器终止时，正调用的任务将被通报（事件）；

参数 3：timeout_value 定时器事件被设置之前时间的计数（毫秒）。

返回：指示操作结果：

ZSUCCESS：定时器启动成功；

NO_TIMER_AVAILABLE：不能启动定时器。

c osal_stop_timer()

功能描述：停止已经被启动的定时器。如果成功，该函数将取消定时器并且防止该定时器分配的任务事件的设置。该函数可以停止正在运行任务的定时器，区别与 osal_stop_timerEx()可以停止不同任务的定时器。

函数原型：byte osal_stop_timer(UINT16 event_id)

输入参数：event_id 被停止定时器的标志符。

返回：指示操作结果：

ZSUCCESS 定时器停止成功；

INVALID EVENT_ID：无效事件。

d osal_stop_timerEx()

功能描述：该函数功能类似于 osal_stop_timer，只是它指明了任务 ID。

函数原型：byte osal_stop_timerEx(byte task_id, UINT16 event_id)

输入参数：

参数 1：task_id 停止定时器所在的任务 ID；

参数 2：event_id i 被停止定时器的标志符。

返回：指示操作结果：

ZSUCCESS 定时器停止成功；

INVALID_EVENT_ID：无效事件。

e osal_GetSystemClock()

功能描述：读系统时钟。

函数原型：uint32 osal_ GetSystemClock （void）

输入参数：无。

返回：系统时钟（毫秒）。

D 中断管理 API

这些 API 是外部中断和任务的接口。这些 API 函数允许一个任务为每个中断分配指定服务程序，这些中断能被允许或禁止。在服务程序内，可以为其他的任务设置事件。

a osal_int_enable( )

功能描述：允许中断。一旦允许，中断发生将引起为该中断分配的服务程序运行。

函数原型：byte osal_ int_ enable（byte interrupt_ id）

输入参数：interrupt_ id 被允许中断的标志符。

返回：指示操作的结果：

ZSUCCESS：中断允许成功；

INVALID_INTERRUPT_ID：无效的中断。

b osal_int_disable( )

功能描述：禁止某个中断。当中断禁止后，为该中断分配的服务程序就不能在运行。

函数原型：byte osal_int_disable(byte interrupt_id)

输入参数：interrupt_id 被禁止中断的标志符。

返回：操作的结果：

ZSUCCESS：中断禁止成功；

INVALID_INTERRUPT_ID：无效中断。

E 任务管理 API

该 API 用在添加和管理 OSAL 中的任务。

a osal_init_system( )

功能描述：初始化 OSAL 系统，该函数必须被调用在启动任何一个 OSAL 函数之前。

函数原型：byte osal_init_system(void)

输入参数：无。

返回：操作结果的值。

ZSUCCESS：成功 Success。

b osal_start_system( )

功能描述：该函数是任务系统的主循环函数，它将查询所有的任务事件并为每个任务事件调用任务事件处理函数。如果某个特定的任务有事件发生，那么该函数就将调用该任务事件的处理函数。如果某事件发生并做了时间处理，该处理函数必将返回该主循环函数，继续查找其他任务事件。如果所有的任务没有事件发生，那么该函数将使处理器进入睡眠模式。

函数原型：void osal_start_system(void)

输入参数：无。

返回：无。

c osal_self( )

功能描述：该函数返回当前运行任务的 ID 号，如果在一个中断服务程序里调用该函数，将返回一个错误的结果。

函数原型：byte osal_self(void)

输入参数：无。

返回：返回当前激活运行的任务 ID。

d osalTaskAdd（）

功能描述：该函数在 OSAL 系统里添加一个任务，一个任务包括两个功能函数——初始化和消息处理。信息处理函数将带走事件，然后处理完它们之一并返回主循环。

函数原型：

```
/＊任务初始化函数原型＊/
typedef void( ＊pTaskInitFn)(unsigned char task_id)
/＊事件处理函数原型＊/
typedef unsigned short( ＊pTaskEventHandlerFn)(unsigned char task_id,unsigned short event)
/＊添加任务函数原型 e＊/
void osalTaskAdd(const pTaskInitFn pfnInit, const pTaskEventHandlerFn pfnEventProcessor, const byte
taskPriority)
```

输入参数：

pfnInit：指向任务初始化函数的指针。

pfnEventProcessor：指向任务事件处理函数的指针。

taskPriority：任务优先级，值为下列之一：

OSAL_TASK_PRIORITY_LOW:50

OSAL_TASK_PRIORITY_MED:130

OSAL_TASK_PRIORITY_HIGH:230

返回：无。

F 内存管理 API

该 API 描绘了一个简单的存储分配系统。这些函数允许动态存储分配。

a osal_mem_alloc()

功能描述：这个函数是一个简单的存储分配函数，返回指向一个缓存的指针（如果成功执行的话）。

函数原型：void* osal_mem_alloc(uint16 size)

输入参数：size 被分配缓存的大小（字节数）。

返回：一个无类型（void）指针（在使用的时候应该被指定其类型）指向被分配新的缓存区。如果没有足够的存储空间被分配，那么将返回一个空（NULL）指针。

b osal_mem_free()

功能描述：该函数释放被分配的存储空间准备再一次使用，该函数只能释放已经被 osal_mem_alloc()分配的存储空间。

函数原型：void osal_mem_free(void* ptr)

输入参数：ptr：指向释放的存储空间。该缓存必须是已经被分配了的。

返回：无。

G 电源管理 API

这节描写了 OSAL 的电源管理系统。当 OSAL 安全地关闭接收器和外部硬件，和使处理器进入休眠模式时，该系统提供向应用/任务通报该事务的方法。

a osal_pwrmgr_device( )

功能描述：该函数被调用在电源供电状态或电源需要改变的时候，该函数可以设置设备的电源管理 ON/OFF 状态，这个函数应该在一个中心控制被调用。

函数原型：void osal_pwrmgr_state(byte pwrmgr_device)

输入参数：

Pwrmgr_device：改变或设置电源节能模式；

PWRMGR_ALWAYS_ON：主电源供电，无节能模式；

PWRMGR_BATTERY：打开节能模式（一般为电池供电）。

返回：无

b osal_pwrmgr_task_state( )

功能描述：该函数被每个任务调用，声明该任务是否需要节能。当任务被创建的时候，默认是节能模式，如果任务总是需要节能，那么不需要调用该函数。

函数原型：byte osal_pwrmgr_task_state(byte task_id, byte state)

输入参数：

state：改变一个任务的电源模式；

PWRMGR_CONSERVE：打开节能，所有的任务都认同，这是任务被初始化的默认状态；

PWRMGR_HOLD：关闭节能。

返回：返回操作结果。

ZSUCCESS：成功；

INVALID_TASK：无效任务。

H 非易失性存储管理 API

这节描述了 OSAL 非易失存储系统，该系统为应用提供存储设备固定信息的方式。依照 ZigBee 规范，它也可以用于某些堆栈条目的固定存储，这些 NV 函数被设计为可以读和写用户定义的如结构或队列等任意数据类型的条目。

用户能读或写一个条目，也可以通过设置适当的偏移和长度读写条目的一些元素。这些 API 与 NV 存储体没有关系，flash 或 EEPROM 都能实现。每个 NV 条目有个唯一的 ID 号，这些 ID 号也有规定和限制，某些 ID 值被保留，有些 ID 被用在指定的堆栈或指定的平台，用户定义的条目 ID 只能用应用分配到的 ID 值范围。条目 ID 分配如下：

0x0000：保留

0x0001 ~ 0x0020：OSAL

0x0021 ~ 0x0040：NWK

0x0041 ~ 0x0060：APS

0x0061 ~ 0x0080：安全

0x0081 ~ 0x00A0：ZDO

0x00A1 ~ 0x0200：保留

0x0201 ~ 0x0FFF：应用

0x1000 ~ 0xFFFF：保留

a osal_nv_item_init( )

功能描述：在 NV 中初始化一个条目，该函数在 NV 中检查一个存在的条目，如果它不存在，它被创建并用携带的数据进行初始化。在对每个条目调用 osal_ nv_ read （）或 osal_ nv_ write （）函数之前，这个函数都必须被调用。

函数原型：byte osal_nv_item_init(uint16 id,uint16 len,void *buf)

输入参数：

id：用户定义条目 ID。

len：条目长度（字节）。

*buf：条目初始化数据的指针，如果没有初始化数据，设置为 NULL。

返回：指示操作结果。

ZSUCCESS：成功。

NV_ITEM_UNINIT：条目未被初始化。

NV_OPER_FAILED：操作失败。

b osal_nv_read( )

功能描述：从 NV 读数据，该函数可以从 NV 中读取整个条目或者一个条目的部分数据，读取的数据复制入*buf. 缓存区。

函数原型：byte osal_nv_read(uint16 id,uint16 offset,uint16 len,void*buf)

输入参数：

id：用户定义的条目 ID。

offset：条目存储偏移大小（字节）。

len：条目长度（字节）。

*buf：读入的数据。

返回：指示操作结果。

ZSUCCESS：成功。

NV_ITEM_UNINIT：条目未被初始化。

NV_OPER_FAILED：操作失败。

c osal_nv_write( )

功能描述：写数据到 NV。

函数原型：byte osal_nv_write(uint16 id,uint16 offset,uint16 len,void*buf)

输入参数：

id：用户定义的条目 ID。

offset：条目存储偏移大小（字节）。

len：条目长度（字节）。

*buf：写的数据指针。

返回：指示操作结果。

ZSUCCESS：成功。

NV_ITEM_UNINIT：条目未被初始化。

NV_OPER_FAILED：操作失败。

d osal_offsetof( )

功能描述：这个宏定义计算一个结构在内存中偏移大小（字节），在 NVAPI 函数中计算补偿参数是很有用的。

函数原型：osal_offsetof(type,member)

输入参数：

type：结构字节数。

member：结构成员。

8.2.2.3 OSAL 任务

A 初始化

OSAL 功能可以被用户修改，但是在 zigbee 协议中，OSAL 设计的目的是：只需要对 OSAL 任务初始化和 osalAddTasks（）函数进行必要修改，其他部分不用修改，用户可以直接使用 OSAL 里的功能。

B 组成

OSAL 执行一个维护性的循环任务，Z-Stack 的子系统都作为 OSAL 任务运行，用户在应用中，必须创建至少一个 OSAL 任务。这些任务添加在 osalAddTasks（）函数中执行，在该例子中也清晰地显示了在所有 Z-Stack 任务添加后，用户必须用 osalTaskAdd（）函数创建至少一个属于自己的任务。

C 系统服务

OSAL 和 HAL 系统服务是唯一的，仅仅一个 OSAL 任务可以登记键盘（开关按下）通告和串口行为通告。同一个任务并非一定要登记这两个，如果 Z-Stack 任务没有登记任何一个，它们不被用户应用。

D 应用设计

用户可能为每一个应用对象都创建一个任务，或者为所有的应用对象只创建一个任务。当选择上述的设计的时候，下面是一些设计思路。

a 为许多应用对象创建一个 OSAL 任务

下面是简单和复杂（pros & cons）处理的一些叙述：

-Pro：接收一个互斥任务事件（开关按下或串口）时，动作是单一的；

-Pro：需要堆栈空间保存一些 OSAL 任务结构；

-Con：接收一个 AF 信息或一个 AF 数据确认时，动作是复杂的——在一个用户任务上，分支多路处理应用对象的信息事件；

-Con：通过匹配描述符（如：自动匹配）去发现服务的处理过程更复杂——为了适当地对 ZDO_NEW_DSTADDR 信息起作用，一个静态标志必须被维持。

b 为一个应用对象创建一个 OSAL 任务

一对一设计的反面和正面（pros & cons）是与上面一对多设计相反的：

-Pro：在应用对象试图自动匹配时，仅仅一个 ZDO_NEW_DSTADDR 被接收；

-Pro：已经被协议栈下层多元处理后的一个 AF 输入信息或一个 AF 数据确认；

-Con：需要堆栈空间保存一些 OSAL 任务结构；

-Con：如果两个或更多应用对象用同一个唯一的资源，接收一个互斥任务事件的动作就更复杂。

E 强制方法

任何一个 OSAL 任务必须用两种方法执行：一个是初始化；另一个是处理任务事件。

a 任务初始化

在例子中调用如下函数执行任务初始化：

“Application Name”_Init(如 SAPI_Init)。

该任务初始化函数应该完成如下功能：

(1) 变量或相应应用对象特征初始化，为了使 OSAL 内存管理更有效，在这里应该分配永久堆栈存储区；

(2) 在 AF 层登记相应应用对象（如：afRegister())；

(3) 登记可用的 OSAL 或 HAL 系统服务（如：RegisterForKeys())。

b 任务事件处理

调用如下函数处理任务事件：

“Application Name”_ProcessEvent(e. g. SAPI_ProcessEvent()). 除了强制的事件之外，任一 OSAL 任务能被定义多达 15 个任务事件。

F 强制事件

OSAL 任务设计，必须保留任务事件 SYS_EVENT_MSG(0x8000)。

SYS_EVENT_MSG(0x8000)

任务事件管理者应该处理如下的系统信息子集，下面只列出了部分信息，但是是最常用的几个信息处理，推荐根据例子复制到自己项目中使用。

(1) AF_DATA_CONFIRM_CMD：调用 AF_DataRequest()函数数据请求成功的指示。Zsuccess 确认数据请求传输成功，如果数据请求设置 AF_ACK_REQUEST 标志位，那么，只有最终目的地址成功接收后，Zsuccess 确认才返回。如果如果数据请求没有设置 AF_ACK_REQUEST 标志位，那么，数据请求只要成功传输到下一跳节点就返回 Zsuccess 确认信息。

(2) AF_INCOMING_MSG_CMD：AF 信息输入指示。

(3) KEY_CHANGE：键盘动作指示。

(4) ZDO_NEW_DSTADDR：匹配描述符请求（Match Descriptor Request）响应指示（例如：自动匹配）。

(5) ZDO_STATE_CHANGE：网络状态改变指示。

8.2.3 ZigBee 应用接口

8.2.3.1 设备（Devices）

该示范例子有两种应用设备类型，即开关和灯。

应用例子工程有作为终端设备（end-device）的简单开关配置和作为协调器或路由器设备的简单管理器配置。

当这个设备第一次开启的时候，它进入一个“保持状态”，LEDx 闪烁。

对于灯管理器设备，在该状态下，按下 SW1 它将使该设备作为协调器启动，期间要是按下 SW2 它将使该设备作为路由器启动。

对于开关设备而言，在该状态下，无论是按下 SW1 还是 SW2 都将作为终端设备启动。

8.2.3.2 命令

有一个单一的应用命令，即一个“拨动”（TOGGLE）命令。对于开关该命令作为输出被定义，对于管理器却作为输入别定义。该命令信息除了命令标志符之外没有其他参数。

8.2.3.3 绑定

“按钮”绑定被使用。

在一个开关和一个管理器间绑定被创建，首先是这个管理器要进入允许绑定模式，接着是开关（在一定时间内）发出一个绑定请求。这就将从开关到管理器之间创建一个绑定。

重复上面的过程，一个开关可以与多个管理器绑定。

为某个开关重新分配绑定，这个绑定请求与同一个删除参数被发出。这就将该开关的所有绑定移除。现在就可以用上面的绑定方法重新与其他的管理器进行绑定操作。

关于详细的程序清单见 SAPI. C 文件。

A 初始化

(1) ZB 系统复位(zb_SystemReset)；

(2) ZB 启动请求(zb_StartRequest)。

B 配置

(1) ZB 读配置(zb_ReadConfiguration)；

(2) ZB 写配置(zb_WriteConfiguration)；

(3) ZB 获得设备信息(zb_GetDeviceInfo)。

C 发现（设备，网络和服务发现）

(1) ZB 发现设备请求(zb_FindDeviceRequest)；

(2) ZB 绑定设备请求(zb_BindDeviceRequest)；

(3) ZB 允许绑定请求(zb_AllowBindRequert)；

(4) ZB 许可加入请求(zb_PermitJoinRequest)。

D 数据传输

(1) ZB 发送数据请求(zb_SendDataRequest)；

(2) ZB 接收数据指示(zb_ReceiveDataIndication)。

8.2.4 网络形成

每个设备都有一组能被配置的参数（例如：被 PC 工具或者外部处理器配置），这个配置参数在代码中已经定义了默认值。在同一个网络中的，所有设备的“网络细节”（“network-specific”）配置参数应该被设置一样的值。每个设备的“设备细节”（“device-specifi”）配置参数可以配置为不同的值。

但是 ZCD_NV_LOGICAL_TYPE 必须被设置以致：

(1) 有正确的一个设备作为协调器被配置；

(2) 所有电池电源设备作为终端设备被配置。

一旦这些工作都完成，这个设备就可以以任意种方式被启动。协调器设备将建立网络，其他设备将被发现和加入这个网络。

协调器将扫描所有被 ZCD_NV_CHANLIST 参数指定的通道和选择一个最少能量的通道。如果有两个及以上的最小能量通道，协调器选择在 ZB 网络中存在的序号最小的通道。协调器将选择用 ZCD_NV_PAN ID 参数指定的网络 ID。路由器和终端设备将扫描用 ZCD_NV_CHANLIST 配置参数制定的通道和试图发现 ID 为 ZCD_NV_PAN ID 参数指定的网络。

8.2.4.1 协调器格式化网络

协调器将扫描 DEFAULT_CHANLIST 指定的通道，最后在其中之一上形成网络。如果 ZDAPP_CONFIG_PAN_ID 被定义为 0xFFFF，那么协调器将根据自身的 IEEE 地址建立一个随机的 PAN ID，如果 ZDAPP_CONFIG_PAN_ID 没有被定义为 0xFFFF，那么协调器建立网络的 PAN ID 将由 ZDAPP_CONFIG_PAN_ID 指定。

当所有的参数配置好后，可以调用下面函数来格式化网络：

```
NLME_NetworkFormationRequest(
                    zgConfigPANID,
                    zgDefaultChannelList,
                    zgDefaultStartingScanDuration,
                    beaconOrder,
                    superframeOrder,
                    false
                    );
```

一般不直接用上面的函数形成网络，而是用 ZDO_ StartDevice（）函数来启动一个设备。

8.2.4.2 路由器和终端设备加入网络

路由器和终端设备启动后，将扫描 DEFAULT_CHANLIST 指定的频道。如果 ZDAPP_CONFIG_PAN_ID 没有被定义为 0xFFFF，路由器器将强制加入 ZDAPP_CONFIG_PAN_ID 定义的网络，注意：如果协调器和路由器或终端设备都没有定义 ZDAPP_CONFIG_PAN_ID 为 0xFFFF，两者之间不一样的定义可能会出现一些意外的结果；如果 ZDAPP_CONFIG_PAN_ID 被定义为一个正确的值（小于或等于 0x3FFF），那么协调器就只在指定的 PANID 上试图建立网络。

发现一个网络将调用下面函数：

```
NLME_NetworkDiscoveryRequest(
                    uint32 ScanChannels,
                    byte scanDuration
                    );
```

发现网络存在后，就调用下面函数加入该网络：

```
NLME_OrphanJoinRequest(
               uint32 ScanChannels,
```

```
                                byte ScanDuration
                                );
```

最好也不要用这两个函数去发现/加入网络，而是用 ZDO_StartDevice( )启动该设备。

8.2.4.3 ZDO_StartDevice

功能描述：在网络中启动设备，协调器、路由器、终端设备都可以用该函数启动，启动之后，设备根据自身的类型去建立或发现和加入网络。

函数原型：

```
ZDO_StartDevice(
                byte logicalType,
                devStartModes_t startMode,
                byte beaconOrder,
                byte superframeOrder
                );
```

参数介绍：

```
byte logicalType,              //设备逻辑类型
devStartModes_t startMode,     //启动模式
```

模式如下定义：

```
typedef enum
{
    MODE_JOIN,          //加入
    MODE_RESUME,        //恢复
    MODE_SOFT,          //软件启动
    MODE_HARD,          //硬件启动
    MODE_REJOIN         //在加入
} devStartModes_t;
byte beaconOrder,                   //信标时间
byte superframeOrder                //超帧长度
```

返回：无。

源代码可以查阅 ZDObject. c 源文件。

但是在 ZDO_StartDevice 函数中调用了 NLME_NetworkFormationRequest、NLME_NetworkDiscoveryRequest、NLME_OrphanJoinRequest 函数，所以它会自动启动设备，并根据不同的类型做相应的工作，这些工作甚至用户可以不必关心，它就会自动完成建立网络、发现网络、加入网络等工作。

要注意的是，该函数在 ZDApp_ event_ loop 事件处理函数中被调用，也就是在 ZDO 层完成了相应的功能，所有的工作都是通过操作系统管理完成的。ZDApp_ event_ loop 函数的源码可查阅 ZDApp. c 源文件。

8.2.5 绑定

绑定是控制信息从一个应用层到另一个应用层流动的一种机制。在 ZigBee2006 版本

中，绑定机制在所有的设备中被执行。

绑定允许应用层发送信息不需要带目的地址，APS 层确定目的地址从它的绑定表格中，然后在信息前端加上这个目的地址或组地址。

注意：在 ZigBee2004 版本中，所有绑定条目存储在协调器中；在 ZigBee2006 版本中所有绑定条目存储在发送数据的设备中。

绑定就是在两个设备应用层上的逻辑连接。多重绑定能在一个设备上被创建，另外，一个绑定可能有多余一个的目的设备（一个到多个绑定）。

例如：在多开关控制灯的网络中，每一个开关可以控制一个或更多的灯。这样的话，在每一次开关灯时，一个绑定都被建立。这样就允许应用在没有目的地址情况下发送数据包。

一旦一个绑定在源设备被创建，应用就可以不需要指定目的地址（在调用函数 zb_SendDataRequest( )时，一个有效的目的地址—0xFFFE 应该被用作为目的地址）而发送数据了。这是因为协议栈查询目的地址在内部基于信息包的命令标志符绑定表格。

在绑定如果能有多余一个目的地址，这样的话，这个协议栈将自动发送一个信息的复制到每一个指定的绑定目的地址的入口。

如果 NV_RESTORE 编译选项允许时，绑定，这个协议将保存绑定条目到非易失性的 RAM 中。这是对设备意外复位（或电池需要充电）是很有用的，这个设备不需要用户设置，能重新自动在一次获得绑定。

注意：绑定只能在“补充的”（“complementary”）设备间被创建。也就是说，如果两个设备已经登记为一样的命令_ID 在他们的简单描述符结构中，而且一个作为“输入”，另一个作为“输出”时，绑定才能成功。

8.2.5.1 绑定表格

绑定表格形成形式：

(as,es,cs) = {(ad1|,ed1|),(ad2|,ed2|),…,(adn|,edn|)}

其中 as——绑定源设备的地址；

es——绑定源设备 EP 的标志符；

cs——绑定连接的串标志符；

adi——i 绑定分配的目的地址或目的组地址；

edi——i 绑定分配的 EP 标志符。

注意：只有当 adi 是一个设备地址的时候，edi 才会有。

有三种方式建立一个绑定表格：

(1) ZDO 绑定请求，一个试运转工具能告诉这个设备制作一个绑定报告；

(2) ZDO 终端设备绑定请求，设备能告诉协调器他们想建立绑定表格报告，该协调器将使协调并在这两个设备上创建绑定表格条目；

(3) 设备应用，在设备上的应用能建立或管理一个绑定表格。

任何一个设备或应用能在网络中发送一个 ZDO 信息到另一个设备建立一个绑定报告。这是调用绑定帮助并且它将建立一个绑定条目为发送设备。

A　ZDO 绑定请求

通过调用函数 ZDP_BindReq( ) 发送一个绑定请求。第一个参数（dstAddr）是绑定的源地址的短地址。这之前应该确定允许绑定，在 ZDConfig. h 文件中有参数[ZDO_BIND_UNBIND_REQUEST]允许绑定。

能用同样的参数调用函数 ZDP_UnbindReq( ) 移除绑定。

目标设备将调用函数 ZDApp_BindRsp( ) 或 ZDApp_UnbindRsp( )，反馈绑定或移除绑定的响应，返回其操作状态为 ZDP_SUCCESS，ZDP_TABLE_FULL 或 ZDP_NOT_SUPPORTED。

B　ZDO 终端设备绑定请求

该机制是用一个按钮按下或其他类似的动作来选择设备在指定时间内被绑定。在规定时间内，该终端设备绑定请求信息被收集到协调器，并创建一个基于模式（profile）ID 和串（cluster）ID 的规定的绑定表格条目。默认的终端设备绑定超时时间（APS_DEFAULT_MAXBINDING_TIME）为 16s（定义在 nwk_globals. h 中），但是能被改变。

在所有的应用例子中有一个处理键盘事件的函数［例如在 TransmitApp. c 文件中的 TransmitApp_HandleKeys( ) 函数］，在该函数中，调用了函数 ZDApp_SendEndDeviceBindReq( )[在 ZDApp. c 中]，它将收集应用的终端设备的所有信息并调用函数 ZDP_EndDeviceBindReq( )[ZDProfile. c]，发送一个绑定信息到协调器。或者，在 SampleLight 和 SampleSwitch 例子中，直接调用 ZDP_EndDeviceBindReq( ) 函数就实现点亮/关闭灯的功能。

协调器将接收[ZDP_IncomingData( ) 在 ZDProfile. c]这些信息并分析处理，［ZDO_ProcessEndDeviceBindReq( ) 在 ZDObject. c］这些信息并调用函数 ZDApp_EndDeviceBindReqCB( )［在 ZDApp. c］，它将调用 ZDO_MatchEndDeviceBind( )［ZDObject. c］处理这个请求。

当协调器接收到两个匹配终端设备的绑定请求时，它将启动在绑定设备上创建源绑定条目的处理过程。该协调器有如下处理过程：

(1) 发送一个 ZDO 解除绑定请求到第一个设备，该终端设备绑定处理，所以首先发送一个解除绑定，移除一个存在的绑定条目；

(2) 等待 ZDO 解除绑定响应，如果响应状态为 ZDP_NO_ENTRY，发送一个 ZDO 绑定请求，在源设备上制作一个绑定条目；如果该响应为 ZDP_SUCCESS，为第一个设备移除绑定；

(3) 等待 ZDO 绑定响应；

(4) 当第一个设备完成时，对第二个设备做同样的处理；

(5) 当第二个设备完成时，发送 ZDO 终端设备绑定响应信息到第一个和第二个设备。

C　设备应用绑定管理

在设备上其他进入绑定条目的方式是应用层管理绑定表格。意思是说，应用层将调用下列函数添加和移除绑定表格条目：

(1) bindAddEntry( )——增加绑定表格条目；

(2) bindRemoveEntry( )——从绑定表格中移除条目；

(3) bindRemoveClusterIdFromList( )——从一个存在的绑定表格项目中移除一个串 ID；

(4) bindAddClusterIdToList( )——添加一个串 ID 到一个存在的绑定表格；

(5) bindRemoveDev( )——移除指定地址的所有绑定条目；

(6) bindRemoveSrcDev()——移除源地址的所有条目;
(7) bindUpdateAddr()——更新条目到另一个地址;
(8) bindFindExisting()——发现一个绑定表条目;
(9) bindIsClusterIDinList()——在绑定表条目中核对一个存在的串;
(10) bindNumBoundTo()——同一个地址(源或目的)的条目数;
(11) bindNumOfEntries()——表格条目数;
(12) bindCapacity()——最大条目允许;
(13) BindWriteNV()——在 NV 中更新表格。

8.2.5.2 绑定建立

有两种可用的机制配置设备绑定:

(1) 如果目的设备的扩展地址是已知的,zb_BindDeviceRequest()这个函数能创建一个绑定条目;

(2) 如果扩展地址是未知的,一个“按钮”可以利用,这样的话,这个目的设备首先要处于一种状态,它将被 zb_AllowBindResponse()发出一个匹配响应;然后在源设备处 zb_BindDeviceRequest()函数带着空地址发出。

A 已知扩展地址的绑定

这里可以直接调用函数 zb_BindDeviceRequest()发起绑定请求:

```
zb_BindDevice(
        uint8 create,          //是否创建绑定,TRUE 创建,FALSH 解除。
        uint16 commandId,      //命令 ID,基于某命令的绑定。
        uint8 * pDestination   //指向扩展地址指针。
        );
```

该函数部分代码如程序清单 8-14 所示。

程序清单 8-14

```
if(pDestination)
{    //已知扩展地址的绑定,即 * pDestination 为非 NULL
    source.addr.shortAddr = _NIB.nwkDevAddress;
    source.addrMode = Addr16Bit;
    destination.addrMode = Addr64Bit;
    osal_cpyExtAddr(destination.addr.extAddr,pDestination);
     //调用 APS 绑定请求函数
    ret = APSME_BindRequest(&source,sapi_epDesc.endPoint,commandId,
                                    &destination,sapi_epDesc.endPoint);
    if(ret == ZSuccess)
    {
      //发现网络地址,得到被绑定设备的短地址
      ZDP_NwkAddrReq(pDestination,ZDP_ADDR_REQTYPE_SINGLE,0,0);
      osal_start_timerEx(ZDAppTaskID,ZDO_NWK_UPDATE_NV,250);
```

```
        }
    }
```

在上面调用了 APS 绑定函数 APSME_BindRequest,该函数叙述如下:

```
ZStatus_t  APSME_BindRequest(
    zAddrType_t * SrcAddr,
    byte SrcEndpInt,
    uint16 ClusterId,
    zAddrType_t * DstAddr,
    byte DstEndpInt
);
```

在两个设备间建立绑定，该函数通过 APSME-BIND. confirm 原语返回，而且这两者是不可分割的。如果绑定成功，调用函数 ZDP_NwkAddrReq 得到目的设备的短地址。

```
afStatus_t ZDP_NwkAddrReq(
    byte * IEEEAddress,     //被请求设备的 IEEE 地址
    byte ReqType,           //想得到的响应类型
    byte StartIndex,
    byte SecuritySuite
);
```

ReqType，想得到的响应类型，它的值可能是下面之一：

ZDP_NWKADDR_REQTYPE_SINGLE:返回设备的短地址和扩展地址；

ZDP_NWKADDR_REQTYPE_EXTENDED:返回设备的短地址和扩展地址和所有相关设备的短地址。

调用这个函数可以产生一个根据已知遥远设备的 IEEE 地址，请求得到 16 位的短地址的信息。该信息以广播的方式发送给网络中的所有设备。

B 未知扩展地址的绑定

在该绑定方式下，发送绑定请求之前，先要让被绑定的目的设备处于允许绑定模式，可以调用函数 zb_AllowBind( )进入该模式，如程序清单 8-15 所示。

程序清单 8-15

```
void zb_AllowBind( uint8 timeout)
{
    osal_stop_timer(ZB_ALLOW_BIND_TIMER);
    if( timeout ==0)
    {
        afSetMatch( sapi_epDesc. simpleDesc- > EndPoint, FALSE);
    }
    else
    {
        afSetMatch( sapi_epDesc. simpleDesc- > EndPoint, TRUE);
        if( timeout!  =0xFF)
```

```
    {
      if(timeout > 64)
      {
        timeout = 64;
      }
      osal_start_timerEx(sapi_TaskID,ZB_ALLOW_BIND_TIMER,timeout * 1000);
    }
  }
  return;
}
```

参数 timeout 是进入绑定模式持续的时间（秒），如果设置为 0xFF，设备在任何时候都在允许绑定模式；如果设置为 0x00，设备将通过该命令取消允许绑定模式。

在该实验中最大的溢出时间为 64，仅仅一个命令可以用在任何时候允许绑定模式。

调用该函数使设备在给定时间内进入允许绑定模式。一个在允许绑定模式下同等的设备调用函数 zb_BindDevice 能与之建立绑定，目的地址为空。

在里面调用函数 afSetMatch，使之允许响应 ZDO 的匹配描述符请求。

在目的设备处于允许绑定模式的时间内，源设备可以调用函数 zb_ BindDevice 发起绑定请求。此时执行如下代码，如程序清单 8-16 所示。

程序清单 8-16

```
{
    ret = ZB_INVALID_PARAMETER;
    destination. addrMode = Addr16Bit;
    destination. addr. shortAddr = NWK_BROADCAST_SHORTADDR;
    if(ZDO_AnyClusterMatches(1,&commandId,sapi_epDesc. simpleDesc- > AppNumOutClusters,
                                        sapi_epDesc. simpleDesc- > pAppOutClusterList))
      {
        //匹配一个在允许绑定模式下的设备
        ret = ZDP_MatchDescReq(&destination,NWK_BROADCAST_SHORTADDR,
              sapi_epDesc. simpleDesc- > AppProfId,1,&commandId,0,(cId_t * )NULL,0);
      }
      else if(ZDO_AnyClusterMatches(1,&commandId,sapi_epDesc. simpleDesc- > AppNumInClusters,
                                        sapi_epDesc. simpleDesc- > pAppInClusterList))
      {
        ret = ZDP_MatchDescReq(&destination,NWK_BROADCAST_SHORTADDR,
              sapi_epDesc. simpleDesc- > AppProfId,0,(cId_t * )NULL,1,&commandId,0);
      }
      if(ret == ZB_SUCCESS)
      {
        //设置一个时间,确保绑定完成
        osal_start_timerEx(sapi_TaskID,ZB_BIND_TIMER,AIB_MaxBindingTime);
        sapi_bindInProgress = commandId;  //允许基于命令的绑定过程
```

```
        return;//
    }
}
```

在其中调用了函数 ZDP_MatchDescReq（如程序清单 8-17 所示），将建立和发送一个匹配描述符（Match Descripton）请求。用这个函数搜索在一个应用中的输入/输出串（cluster）列表中匹配某条件的设备/应用。

程序清单 8-17

```
afStatus_t ZDP_MatchDescReq(
                            zAddrType_t * dstAddr,
                            uint16 nwkAddr,
                            uint16 ProfileID,
                            byte NumInClusters,
                            byte * InClusterList,
                            byte NumOutClusters,
                            byte * OutClusterList,
                            byte SecuritySuite
                            );
```

参数：

dstAddr——目的地址；

nwkAddr——已知的 16 位网络地址；

ProfileID——应用模式（application's profile）ID，为串（cluster）ID 作为参考；

NumInClusters——在输入串列表中串 ID 的数量；

InClusterList——输入串 ID 的队列（每 1 字节）；

NumOutClusters——在输出串列表中串 ID 的数量；

OutClusterList——输出串 ID 的队列（每 1 字节）；

SecuritySuite——信息安全类型。

返回：

afStatus_t 这个函数用在 AF 发送信息，因此这个状态值是被定义在 ZComDef. h 文件中的 AF 的状态值。

该绑定响应处理在 SAPI_ProcessEvent 事件处理函数中，如程序清单 8-18 所示。

程序清单 8-18

```
case ZDO_MATCH_DESC_RESP:
        pMatchRsp = (ZDO_MatchDescResp_t*) pMsg;
        if(sapi_bindInProgress! =0xffff)
        {
          //创建一个绑定条目
          srcAddr. addrMode = Addr16Bit;
          srcAddr. addr. shortAddr = _NIB. nwkDevAddress;
          dstAddr. addrMode = Addr16Bit;
```

```
            dstAddr. addr. shortAddr = pMatchRsp- > nwkAddr;
            if( APSME_BindRequest( &srcAddr, sapi_epDesc. simpleDesc- > EndPoint,
                    sapi_bindInProgress, &dstAddr, pMatchRsp- > epList[0]) == ZSuccess)
            {
              osal_stop_timer( ZB_BIND_TIMER);
              osal_start_timerEx( ZDAppTaskID, ZDO_NWK_UPDATE_NV, 250);
              sapi_bindInProgress = 0xffff;
              //发现 IEEE 地址
              ZDP_IEEEAddrReq( pMatchRsp- > nwkAddr, ZDP_ADDR_REQTYPE_SINGLE, 0, 0);
              //发送一个绑定确认到应用
              zb_BindConfirm( sapi_bindInProgress, ZB_SUCCESS);
            }
          }
        break;
```

在以上两种绑定方式中，最终都是用函数 APSME_BindRequest 函数创建绑定，不同的是，前者目的地址采用的是 64 位扩展地址，而后者采用的目的地址是 16 位网络地址。

前者已知扩展地址，调用了 ZDP_NwkAddrReq 函数获得目的设备的短地址；后者利用描述匹配得到了短地址，然后调用了 ZDP_IEEE AddrReq 函数，获取目的设备的扩展地址。

8.2.5.3 绑定解除

解除绑定和建立绑定请求函数都是 zb_BindDeviceRequest( )，但是参数不一样（第一个参数为 FALSH），被执行的代码段就有区别，如程序清单 8-19 所示。

程序清单 8-19

```
{
  //移除存在的绑定
  BindingEntry_t * pBind;
  source. addr. shortAddr = _NIB. nwkDevAddress;
  source. addrMode = Addr16Bit;
  //循环发现所有的绑定并将之移除
  while( pBind = bindFind( &source, sapi_epDesc. simpleDesc- > EndPoint, commandId,
            FALSE, FALSE))
  {
    bindRemoveEntry( pBind);
  }
  osal_start_timerEx( ZDAppTaskID, ZDO_NWK_UPDATE_NV, 250);
}
return;
```

函数 bindRemoveEntry( )完成从绑定表格中移除绑定条目。

8.2.6 命令

命令就是为了实现某种特定的通信，而指定的一种强制性的通信方式。

8.2.6.1 命令定义及使用

根据上面的叙述，在该例子中定义了一个命令：

```
#define TOGGLE_LIGHT_CMD_ID                    1
```

这就是灯状态切换的一个命令，也可以说是一个串，ID 为 1。该命令定义在文件 SimpleApp.h 中。

作为灯设备来说，该命令为输入命令，所以定义在输入命令列表中：

```
const cId_t zb_InCmdList[NUM_IN_CMD_CONTROLLER] =
{
  TOGGLE_LIGHT_CMD_ID
};
```

该设备的简单描述符定义为：

```
const SimpleDescriptionFormat_t zb_SimpleDesc =
{
  MY_ENDPOINT_ID,                  //  端点(2)
  MY_PROFILE_ID,                   //  Profile ID
  DEV_ID_CONTROLLER,               //  设备 ID
  DEVICE_VERSION_CONTROLLER,       //  设备版本
  0,                               //  保留
  NUM_IN_CMD_CONTROLLER,           //  输入命令数量(1)
  (cId_t*)zb_InCmdList,            //  输入命令列表
  NUM_OUT_CMD_CONTROLLER,          //  输出命令数量(0)
  (cId_t*)NULL                     //  输出命令列表(空)
};
```

作为开关设备来说，该命令书输出命令，所以定义在输入命令列表中：

```
const cId_tzb_OutCmdList[NUM_OUT_CMD_SWITCH] =
{
  TOGGLE_LIGHT_CMD_ID
};
```

该设备的简单描述符定义为：

```
const SimpleDescriptionFormat_t zb_SimpleDesc =
{
  MY_ENDPOINT_ID,                  //  端点(2)
  MY_PROFILE_ID,                   //  Profile ID
  DEV_ID_CONTROLLER,               //  设备 ID
  DEVICE_VERSION_SWITCH,           //  设备版本
  0,                               //  保留
  NUM_IN_CMD_SWITCH,               //  输入命令数量(1)
```

```
    (cId_t*)NULL,                      // 输入命令列表(空)t
    NUM_OUT_CMD_SWITCH,                // 输出命令数量(1)
    (cId_t*)zb_OutCmdList              // 输出命令列表
};
```

描述符定义好后，需要调用函数 afRegister 登记一个 EP 描述符。

```
afStatus_t afRegister(endPointDesc_t*epDesc)
{
  epList_t*ep = afRegisterExtended(epDesc,NULL);
  return((ep == NULL)? afStatus_MEM_FAIL:afStatus_SUCCESS);
}
```

该函数是在任务初始化函数 SAPI_Init 中被调用了。

这样就可以使用该端点了，从而可以使用该命令（串）。

命令的发送是通过函数 zb_SendDataRequest 来完成的，如程序清单 8-20 所示。

程序清单 8-20

```
//*******************************************************************
//函数原型:void zb_SendDataRequest(uint16 destination,uint16 commandId,uint8 len,
                                   uint8 *pData,uint8 handle,uint8 txOptions,uint8 radius)
//输入:目的地址,命令 ID,数据长度,数据,句柄,发送选项,半径(深度)
//输出:无
//功能描述:发送数据
//*******************************************************************
void zb_SendDataRequest(uint16 destination,uint16 commandId,uint8 len,
                        uint8 *pData,uint8 handle,uint8 txOptions,uint8 radius)
{
  afStatus_tstatus;
  afAddrType_t dstAddr;
  txOptions| = AF_DISCV_ROUTE;
  //设置目的地址
  if(destination == ZB_BINDING_ADDR)
  {
    //绑定模式
    dstAddr.addrMode = afAddrNotPresent;
  }
  else
  {
    //用短地址
    dstAddr.addr.shortAddr = destination;
    dstAddr.addrMode = afAddr16Bit;
    if(ADDR_NOT_BCAST! = NLME_IsAddressBroadcast(destination))
    {
      txOptions& = ~AF_ACK_REQUEST;
```

```
    }
  }
  //设置目的端点
  dstAddr. endPoint = sapi_epDesc. simpleDesc- > EndPoint;
  //发送信息
  status = AF_DataRequest( &dstAddr, &sapi_epDesc, commandId, len,
                           pData, &handle, txOptions, radius);
  if( status! = afStatus_SUCCESS)
  {
    SAPI_SendCback( SAPICB_DATA_CNF, status, handle);
  }
}
```

关于该函数更多的功能描述见 5.3.3 节相关部分。

从代码中可以看出，其实发送数据调用了 AF_DataRequest 函数。

由于该实验是基于绑定的命令传输，所以目的地址为指定的 0xFFFE，这样，设备将自动地去绑定表格查找真正的目的地址，如果绑定表格中有大于一个目的地址，那么该信息将被复制多次分别发送出去。

试验中调用该函数为：

```
zb_SendDataRequest( 0xFFFE, TOGGLE_LIGHT_CMD_ID, 0,
                    ( uint8 * ) NULL, myAppSeqNumber, 0, 0);
```

8.2.6.2 串 (cluster)

一个串实际上是一些相关命令和属性的集合，这些命令和属性一起定义为指定的功能。典型的，串的属性存储实体是作为服务器，而属性采集或处理实体被作为客机。可是，如果需要，属性可以在串的客机上被呈现。

举一个例子：读和写属性命令，它允许设备处理属性，从客机设备发送该属性，服务器设备接收，任何对于该命令的应答（读和写属性响应命令）是从服务器发送，客机接收。反之，动态的属性报告命令，从服务器设备发送，客机接收。

在该例子中的 TOGGLE_LIGHT_CMD_ID 命令和 SENSOR_REPORT_CMD_ID 命令，实际上就是两个串。

8.2.6.3 ZCL 介绍

在 ZigBee 中 ZCL（串库）担当一个仓库的作用。通过 ZCL 的应用，可以直接通过命令控制各个功能的实现。它主要的功能有：

（1）产生请求与应答命令；

（2）记录应用属性表；

（3）记录串库管理者回收函数；

（4）记录 Profile 真实的串 ID 换算表。

ZCL 是通过判断串 ID 来达到相应的作用，在系统中首先对串库进行设置，根据不同的 ID 设置不同的功能，这样 ID 和功能形成了一一对应的关系，在无线控制的过程中，就不需要传输大量的命令，只需要传输串 ID，然后通过串 ID，判断需要执行的命令就可以了，这样既保证了数据的安全性、通信可靠性和又提高了通信的效率。

8.2.6.4 Profile 介绍

在 ZigBee 网络中两个设备之间通信的关键是统一一个 Profile（模式、也称剖面）。

Profile 的一个例子就是智能家居。这个 ZigBee Profile 允许一系列设备类型交换控制消息来构造一个无线智能家居应用。这些设备被设计成很好的交换已知信息来实现这些控制，如控制灯的开和关，发送一个亮度传感器测量给一个照明设备控制器或者如果已有的传感器检测到移动就发送一个警告信息。

Profile 另一个类型的例子是在相连的 ZigBee 设备间定义了普通行为。举例说明，无线网络在网络中依靠自制设备的能力来同网络连接和发现其他设备和在设备上的服务。设备和服务发现是在设备的 Profile 中支持的特性。

ZigBee 在两个分开的等级定义 Profile，这两个等级是：私人的和公开的。这些等级的精确定义和标准是在 ZigBee 联盟和在这个文件范围之外的一个管理问题。为了这个技术规范的目的，对 Profile 标识符标准是唯一的。到最后，对一个 Profile 标识符的应用程序，每一个 Profile 必须以向 ZigBee 联盟的一个请求开始。一旦获得 Profile 标识符，Profile 标识符允许 Profile 设计者有如下定义：

（1）设备描述；

（2）串（簇）标识符，Profile 标识符应用的市场空间对从 ZigBee 联盟发行 Profile 标识符是一个关键的标准。Profile 需要覆盖一个足够宽的设备范围来允许互动性发生在没有过度范围设备之间，且导致用来描述它们接口的一个串（簇）标识符的不足。相反的，Profile 不能被定义的太狭窄导致很多被个人 Profile 标识符描述的设备导致 Profile 标识符寻址空间的浪费，且在描述设备如何接口时产生互操作性。在 ZigBee 联盟里的政策组将就如何定义 Profile 建立标准，且帮助请求者制作它们的 Profile 标识符请求。

Profile 标识符是在 ZigBee 协议中主要的主要枚举量。每一个唯一的 Profile 标识符定义了设备描述和串（簇）标识符的一个联合的枚举量。例如，对 Profile 标识符“1”，存在一些被 16 位值描述的设备描述（就是说在每一个 Profile 中可能有 65536 个设备描述）和一些被 16 位值描述的串（簇）标识符（就是说在每一个 Profile 中可能有 65536 个标识符）。每一个串（簇）标识符也支持一些被 16 位值描述的属性。例如，每一个 Profile 标识符最多有 65536 格串（簇）标识符且每一个这样的标识符最多又可以包含 65536 格属性。

Profile 开发者的责任就是定义和分配设备描述，串（簇）标识符和在它们已分配的 Profile 标识符里的属性。注意设备描述、串（簇）标识符和属性标识符的定义必须很小心地采用以保证简单描述的有效建立和当交换消息时单一化处理。

设备描述和串（簇）标识符必须通过将被处理的已知的 Profile 标识符来完成。在任何消息被定向到一个设备之前，ZigBee 协议采用已经使用服务发现确定 Profile 在设备和端点的支持。同样的，绑定处理采用相似的服务发现，且 Profile 发生，由于作为结果的匹配提取到源地址、源端点、串（簇）标识符、目的地址和目的端点。

在一个单独的 ZigBee 设备也许包含许多的 Profile 的维持，这些 Profile 是由在这些 Profile定义的各种串（簇）标识符的子集提供的，且维持多样的设备描述。在设备里使用一个分层寻址定义的能力如下：

（1）设备，设备是由有唯一的IEEE和网络地址的单个无线电来维持的；

（2）端点，这是一个8位的域，描述了不同的应用程序，这些应用都是由单个无线电来维持的。端点0x00用来寻址设备Profile，设备Profile是每个ZigBee设备必须使用的；端点0xff用来寻址所有活动的端点（广播端点），且端点0xf1～0xfe保留。结果，一个单独的物理ZigBee无线电能维持最多240个应用程序在端点0x01～0xf0。

应用程序决定关于如何造设备端点配置应用程序和哪个端点来广播。唯一的要求是每个端点都建立简单的描述符，且这些描述符对于服务发现是有效的。

一旦设备被建立，维护特殊的Profile且同串（簇）描述符使用一致，串（簇）描述符使用是为在这些Profile中的设备描述，那么应用程序能被配置。为了达到这一点，每一个应用程序被分配给个别的端点，且每一个都使用简单描述符来描述。

重要的一点是服务发现是以Profile标识符、输入串（簇）标识符列表和输出串（簇）标识符列表（设备描述很明显的丢失了）为基础构成的。设备描述是在表示Profile的类型的设备里规定必选的和可选的串（簇）标识符维持的一个简单的协定。另外，期望设备描述枚举在PDA里使用或者其他辅助的绑定设备提供设备能力的额外描述。

一个例子，ZigBee设备能被建立带有一个为了一个标准而写的单独的端点应用程序，公开的ZigBee Profile标识符“XX”。如果生产商想配置一个ZigBee设备支持的标准Profile“XX”，且提供给卖主特殊的扩展名，这些扩展名将被放在一个孤立的端点。维持标准的Profile标识符“XX”，但生产时没有卖主扩展名的设备将仅仅维持单独的Profile标识符“XX”，且不能使用卖主扩展名响应或者建立消息。

在先前的例子中，使用一个标准建立一个设备，这个标准公布ZigBee Profile标识符“XX”，它包含了标准的Profile的最初版本。如果ZigBee联盟将更新这个标准Profile来建立新的特性和加法，修订本将组合成一个新的标准Profile，这个新的标准Profile有一个新的Profile标识符（即“XY”）。有Profile标识符“XX”的设备应域新设备兼容，这新的设备对于Profile标识符“XX”和Profile标识符“XY”有新设备维持。以这种方式，新设备使用Profile标识符“XX”与旧设备通信，然而，也可以使用Profile标识符“XY”与旧设备通信在相同的应用程序里。在ZigBee中的服务发现特性激活网络中的设备来确定维持级别。

ZigBee设备使用描述符数据结构来描述它们自己。包含在这些描述符里的实际数据被定义在个人的设备描述符里，有五个描述符：节点、节点电源、简单的、复杂的和使用者，如表8-5所示。

表8-5 ZigBee设备描述符

描述符名称	状 态	描 述
Node	M	节点的类型和能力
Node power	M	节点电源特性
Simple	M	包含在节点里的设备描述
Complex	O	设备描述的进一步信息
User	O	定义的使用者的描述符

节点、节点电源、简单的和使用者描述符按它们出现在各自的表中的顺序传送，也就是在表头的域第一个传送，表底的域最后传送。

节点描述符包含 ZigBee 节点能力的信息，且对于每个节点都是必选的。在一个节点里仅仅有一个节点描述符。节点描述符的域如表 8-6 所示，是按照传送的顺序。

表 8-6 节点描述符域

域 名	长度/bit	域 名	长度/bit
逻辑类型	3	MAC 能力标志	8
有效复杂描述符	1	生产商代码	16
有效使用者描述符	1	最大缓冲值	8
保 留	3	最大转换值 (Maximum transfer size)	16
APS 标志	3	服务器 MASK	16
频率组合 (Frequency band)	5		

节点电源描述符是给节点的电源状态一个动态表示，且对每一个节点都是必须有的。在一个节点里就只有一个节点电源描述符。节点电源描述域如表 8-7 所示，按照传输的顺序。

表 8-7 节点电源描述域

域 名	长度/bit	域 名	长度/bit
当前电源模式	4	当前的电源	4
有效的电源	4	当前电源级别	4

简单描述符包含节点里的每一个端点的特定信息。简单描述符在节点里存在的每一个端点是必选的。简单描述符域如表 8-8 所示，是按照传输的顺序。这个描述符在整个空间进行传输，简单描述符的全部长度应小于等于 maxCommandSize。

表 8-8 简单描述符域

域 名	长度/bit	域 名	长度/bit
端 点	8	应用输入簇计数器	8
应用 Profile 标识符	16	应用输入簇列表器	16 * i（i 是应用输入簇计数器的值）
应用设备标识符	16	应用输出簇计数器	8
应用设备版本	4	应用输出簇列表器	16 * o（o 是应用输出簇计数器的值）
保 留	4		

复杂描述符包含在节点里的每一个复杂描述符的扩展信息，复杂描述的使用是可选的。

由于在这个描述符里的扩展的和复杂的特性，它使用压缩的 XML 标志以 XML 格式存在。描述符的每个域如表 8-9 所示，可以以任何顺序传输。作为这个标识符需要在整个空间传输，复杂描述符的全部长度应小于等于maxCommandSize。

表8-9 复杂描述符域

域 名	XML标志	复杂XML标志值b3b2b1b0	数据类型
保 留	—	0000	—
语言和字符设置	<语言代码>	0001	
生产商名称	<生产商名称>	0010	字符串
模型名称	<模型名称>	0011	字符串
连续数	<连续数>	0100	字符串
设备URL	<设备URL>	0101	字符串
图标（Icon）	<图标>	0110	字节串
图标URL	<大纲>	0111	字符串
保 留	—	1000～1111	—

使用者标识符包含允许使用者使用user-friendly字符标识符来识别设备的信息，这些字符串如“Bedroom TV”或者“Stairs light”。使用者标识符的使用是可选的。这个标识符包括一个单独的域，使用ASCII字符设置，且包含一个16个字符的最大值。使用者标识符域如表8-10所示，按照它们传输的顺序。

表8-10 使用者标识符域

域 名	长度/bit
使用者标识符	16

应用程序框架能通过APS子层的数据服务过滤到达的帧，且仅存在对在每个活动的端点上执行的应用有影响的帧。

应用程序框架通过APSDEDATA. indication原语从APS子层接收数据，且被标定为一个特殊的端点（DstEndpoint参数）和一个特殊的Profile（Profile ID参数）。

如果应用程序框架为一个不活动的端点接收一个帧，丢弃该帧。否则，应用程序框架应确定是否规定Profile标识符与在规定的端点上执行的Profile标识相匹配。如果Profile标识符不匹配，那么应用程序框架拒绝该帧；反之，应用程序框架应传递接收到的帧的载荷到执行在规定端点的应用。

A 为什么需要Profiles

(1) 需要一种共同的语言来交换数据；

(2) 需要一个良好的处理动作设置；

(3) 不同厂商设备的互用性；

(4) 最终（使用）用户需要简单和可靠性操作；

(5) 产品的消费适应性；

(6) 允许可靠的一致的测试程序被创建。

B Profile规范

(1) 设置一个设备的应用范围；

(2) 设置一个串的功能：

1）设置一个设备状态属性；
2）设置一个信息传达的命令。
(3) 各个设备串的详细说明；
(4) 各个设备的特殊功能描述。

C Profile 分类

a 公用 Profiles

(1) 一般应用；
(2) 公然的发展 ZigBee 联盟成员；
(3) 处理内部应用结构工作集。

b 厂商特殊 Profiles

(1) 特殊的制造商私有应用软件；
(2) 厂商特殊的应用 Profiles 必须通过 ZigBee 分配模式认证。

D ZigBee 公共应用模式

a 家庭自动化

定义设备在家庭自动化：
(1) 灯开关；
(2) 温度计；
(3) 窗帘控制；
(4) 加热单元；等等。

b 工业工厂监控

定义工业控制：
(1) 温度；
(2) 压力传感器；
(3) 红外；等等。

E 更多应用模式

更多应用模式在不同的公司开发中：
(1) 商业楼宇自动化；
(2) 大楼控制，管理和监视；
(3) 电信服务；
(4) 自动抄表，包括：电表、水表等；
(5) 无线传感器网络；
(6) 超低功耗无人看护网络。

8.2.7 家庭自动化实验

家庭自动化——灯光控制实验除了协议栈完成的功能之外，应用上层用户需要添加自己的任务函数，该实验的主要函数如下介绍。

8.2.7.1 任务函数

SAPI 初始化函数。该函数应该初始化该任务的所有初始量，如：相关硬件初始化、表格初始化、电源初始化等等。下面代码中有详细的注释，如程序清单 8-21 所示。

程序清单 8-21

```
//******************************************************************
//函数原型:void SAPI_Init(bytetask_id)
//输入:任务 ID
//输出:无
//功能描述:初始化任务
//******************************************************************
void SAPI_Init(byte task_id)
{
  uint8 startOptions;
  sapi_TaskID = task_id;          //分配任务 ID
  sapi_bindInProgress = 0xffff;   //不允许绑定过程
  sapi_epDesc. endPoint = zb_SimpleDesc. EndPoint;   //初始化描述符
  sapi_epDesc. task_id = &sapi_TaskID;               //
  sapi_epDesc. simpleDesc = (SimpleDescriptionFormat_t*)&zb_SimpleDesc;
  sapi_epDesc. latencyReq = noLatencyReqs;
  //在 AF 层登记该端点描述符
  afRegister(&sapi_epDesc);
  //关闭匹配描述符响应
  afSetMatch(sapi_epDesc. simpleDesc->EndPoint,FALSE);
  //从 ZDApp 登记返回事件
  ZDApp_RegisterForNwkAddrRsp(sapi_TaskID);
  ZDApp_RegisterForMatchDescRsp(sapi_TaskID);
#if(HAL_KEY == TRUE)
  //登记 HAL(键盘)事件
  RegisterForKeys(sapi_TaskID);
#endif
#if(definedHAL_KEY)&&(HAL_KEY == TRUE)
  if(HalKeyRead() == HAL_KEY_SW_1)
  {
    //关闭自动启动设备,复位
    startOptions = 0;
    zb_WriteConfiguration(ZCD_NV_STARTUP_OPTION,sizeof(uint8),&startOptions);
    zb_SystemReset();
  }
#endif
  //设置事件,启动应用
  osal_set_event(task_id,ZB_ENTRY_EVENT);
}
```

任务事件处理函数，如程序清单 8-22 所示。处理该任务所有的事件，包括：时间、消息和其他用户定义的事件。里面的所有确认函数，都是用户编写，向应用（用户）指示该事件发生，继而可以做相关的处理，如发现网络设备后，可以把该设备的信息输出到 LCD 或串口；接收到数据后，把该数据输出到 LCD 或串口。接收到命令后，根据命令做相应的处理（闪灯等）。发生键盘事件，可以调用键盘处理函数。发送完数据包后可以闪烁 LED 指示发送完毕，等等。

虽然能做很多处理，但是在本实验中很多事件虽然调用了函数，但是该函数没有做任何的处理，就有待于用户自己开发，如发送数据确认函数 zb_SendDataConfirm 就为空。当然用户也可以添加自己的消息，在该实验中，为用户留下了空间 pMsg- > event > = ZB_USER_MSG。

程序清单 8-22

```
//*****************************************************************
//函数原型:UINT16 SAPI_ProcessEvent(byte task_id,UINT16 events)
//输入:任务 ID,事件
//输出:无
//功能描述:初始化任务
//*****************************************************************
UINT16 SAPI_ProcessEvent(byte task_id,UINT16 events)
{
  osal_event_hdr_t* pMsg;
  afIncomingMSGPacket_t* pMSGpkt;
  afDataConfirm_t* pDataConfirm;
  ZDO_NwkAddrResp_t* pNwkAddrRsp;
  ZDO_MatchDescResp_t* pMatchRsp;
  zAddrType_t srcAddr,dstAddr;
  if(events & SYS_EVENT_MSG)  //同步消息事件
  {
    pMsg = (osal_event_hdr_t* )osal_msg_receive(task_id);
    while(pMsg)
    {
      switch(pMsg- >event)
      {
        case AF_DATA_CONFIRM_CMD:  //AF 数据确认
          //数据包发送确认信息.
          //这些状态值定义在 ZComDef. h 文件中 h
          //该信息定义域在 inAF. h 中
          pDataConfirm = (afDataConfirm_t* )pMsg;
          SAPI_SendDataConfirm(pDataConfirm- >transID,pDataConfirm- >hdr. status);//发送数据确认
          break;
        case AF_INCOMING_MSG_CMD:  //AF 数据输入
          pMSGpkt = (afIncomingMSGPacket_t* )pMsg;
```

```
        //接收数据指示
        SAPI_ReceiveDataIndication( pMSGpkt- > srcAddr. addr. shortAddr, pMSGpkt- > clusterId,
                                    pMSGpkt- > cmd. DataLength, pMSGpkt- > cmd. Data) ;
        break;
      case ZDO_STATE_CHANGE:  //ZDO 状态改变
        //向应用通报设备启动,
        if( pMsg- > status = = DEV_END_DEVICE ||
            pMsg- > status = = DEV_ROUTER ||
            pMsg- > status = = DEV_ZB_COORD)
        {
          SAPI_StartConfirm( ZB_SUCCESS) ;  //启动确认
        }
        break;
      case ZDO_NWK_ADDR_RESP:  //网络地址响应
        //发现到设备,返回设备信息到应用
        pNwkAddrRsp = ( ZDO_NwkAddrResp_t * ) pMsg;
        SAPI_FindDeviceConfirm( ZB_IEEE_SEARCH, ( uint8 * ) &pNwkAddrRsp- > nwkAddr,
                                pNwkAddrRsp- > extAddr) ;
        break;
      case ZDO_MATCH_DESC_RESP:  //ZDO 接收到一个匹配描述符响应
        pMatchRsp = ( ZDO_MatchDescResp_t * ) pMsg;
        if( sapi_bindInProgress !  = 0xffff)
        {
            //创建一个绑定表格条目
            srcAddr. addrMode = Addr16Bit;
            srcAddr. addr. shortAddr = _NIB. nwkDevAddress;
            dstAddr. addrMode = Addr16Bit;
            dstAddr. addr. shortAddr = pMatchRsp- > nwkAddr;
            if( APSME_BindRequest( &srcAddr, sapi_epDesc. simpleDesc- > EndPoint,
                    sapi_bindInProgress, &dstAddr, pMatchRsp- > epList[ 0 ] ) = = ZSuccess)
          {
            osal_stop_timer( ZB_BIND_TIMER) ;
            osal_start_timerEx( ZDAppTaskID, ZDO_NWK_UPDATE_NV, 250) ;
            sapi_bindInProgress = 0xffff;
            //发现 IEEE 地址
            ZDP_IEEEAddrReq( pMatchRsp- > nwkAddr, ZDP_ADDR_REQTYPE_SINGLE, 0, 0) ;
            //发送绑定确认,反馈到应用
            zb_BindConfirm( sapi_bindInProgress, ZB_SUCCESS) ;
          }
        }
        break;
      case ZDO_MATCH_DESC_RSP_SENT:  //ZDO 发送一个匹配描述符响应
        SAPI_AllowBindConfirm( ( ( ZDO_MatchDescRspSent_t * ) pMsg) - > nwkAddr) ;
```

```
            break;
          case KEY_CHANGE: //键盘事件
            zb_HandleKeys(((keyChange_t*)pMsg)->state,((keyChange_t*)pMsg)->keys);
            break;
          case SAPICB_DATA_CNF: //发送数据确认
            SAPI_SendDataConfirm((uint8)((sapi_CbackEvent_t*)pMsg)->data,
                                 ((sapi_CbackEvent_t*)pMsg)->hdr.status);
            break;
          case SAPICB_BIND_CNF: //绑定确认
            SAPI_BindConfirm(((sapi_CbackEvent_t*)pMsg)->data,
                             ((sapi_CbackEvent_t*)pMsg)->hdr.status);
            break;
          case SAPICB_START_CNF: // 设备启动确认
            SAPI_StartConfirm(((sapi_CbackEvent_t*)pMsg)->hdr.status);
            break;
          default:
            //用户信息处理
            if(pMsg->event>=ZB_USER_MSG)
            { //用户可以编写自己的消息处理任务函数 }
            break;
        }
        //释放存储空间
        osal_msg_deallocate((uint8*)pMsg);
        //下一个任务事件
        pMsg=(osal_event_hdr_t*)osal_msg_receive(task_id);
      }
    //返回没有被处理的事件
    return(events^SYS_EVENT_MSG);
  }
  if(events & ZB_ALLOW_BIND_TIMER) //允许绑定时间事件
  {
    afSetMatch(sapi_epDesc.simpleDesc->EndPoint,FALSE);
    return(events^ZB_ALLOW_BIND_TIMER);
  }
  if(events & ZB_BIND_TIMER) //绑定时间事件
  {
    //Send bind confirm callback to application
    SAPI_BindConfirm(sapi_bindInProgress,ZB_TIMEOUT);
    sapi_bindInProgress=0xffff;
    return(events^ZB_BIND_TIMER);
  }
  if(events & ZB_ENTRY_EVENT) //设备启动事件
  {
```

```
    uint8 startOptions;
    //等待启动事件
    HalLedSet(HAL_LED_4,HAL_LED_MODE_OFF);
    zb_ReadConfiguration(ZCD_NV_STARTUP_OPTION,sizeof(uint8),&startOptions);
    if(startOptions&ZCD_STARTOPT_AUTO_START)
    {
      zb_StartRequest();
    }
    else
    {
      //闪烁 LED2,等待外部输入,启动设备
      HalLedBlink(HAL_LED_2,0,50,500);
    }
    return(events^ZB_ENTRY_EVENT);
  }
  //用户事件必须是最后一个
  if(events & (ZB_USER_EVENTS))
  {
    //用户事件处理,这里函数没有编写
    zb_HandleOsalEvent(events);
  }
  //Discard unknown events
  return 0;
}
```

这里要特别强调以下绑定过程，也就是描述符匹配过程：

(1) 首先调用 zb_AllowBind(myAllowBindTimeout)函数，使管理设备（灯）处于允许绑定（匹配）响应模式；

(2) 在 myAllowBindTimeout 规定的时间内，终端设备需要调用 zb_BindDevice(TRUE, TOGGLE_LIGHT_CMD_ID,NULL)函数发送绑定（描述符匹配 ZDP_MatchDescReq）请求；

(3) 当管理器接收到匹配请求后，对该匹配作出响应，发送一个匹配响应，之后可以看到发送匹配响应后的确认事件；

```
case　ZDO_MATCH_DESC_RSP_SENT
```

(4) 当终端设备接收到匹配响应后，产生该事件：

```
case　ZDO_MATCH_DESC_RESP
```

该事件详细的处理过程见任务处理函数，在这里面调用了函数 APSME_BindRequest 建立绑定，而且调用了函数 ZDP_IEEEAddrReq，得到被绑定的 IEEE 地址；

(5) 最后完成绑定，在终端设备建立绑定表格。

该实验采用了手动绑定（匹配）的方法，很多时候该过程都需要自动完成，那么在程序中做相应的处理即可，也可以在规定的时间里完成绑定等。

8.2.7.2 管理器（灯）设备

管理器应用程序见 SimpleController. c 源文件，这里就两个重要的函数加以说明。键盘处理函数，完成所有外部键盘输入事件的处理，如程序清单 8-23 所示。

程序清单 8-23

```
//*****************************************************************
//函数原型:void zb_HandleKeys(uint8 shift,uint8 keys)
//输入:键盘按下状态,按键
//输出:无
//功能描述:按键处理函数
//*****************************************************************
void zb_HandleKeys(uint8 shift,uint8 keys)
{
  uint8 startOptions;
  uint8 logicalType;
  //双击处理,这里没有使用
  if(shift)
  {
    if(keys & HAL_KEY_SW_1)
    {
    }
    if(keys & HAL_KEY_SW_2)
    {
    }
    if(keys & HAL_KEY_SW_3)
    {
    }
    if(keys & HAL_KEY_SW_4)
    {
    }
  }
  Else  //单击按键
  {
    if(keys & HAL_KEY_SW_1)
    {
      if(myAppState == APP_INIT  )
      {
        //在初始化状态,键盘用于指示设备逻辑模式
        //SW1(S1)作为协调器启动
        zb_ReadConfiguration(ZCD_NV_LOGICAL_TYPE,sizeof(uint8),&logicalType);
        if(logicalType! = ZG_DEVICETYPE_ENDDEVICE)
        {
```

```
            logicalType = ZG_DEVICETYPE_COORDINATOR;
            zb_WriteConfiguration(ZCD_NV_LOGICAL_TYPE,sizeof(uint8),&logicalType);
          }
          //配置完成,然后使设备进入自动启动模式
          //设置自动启动标志后,复位重新启动设备
          zb_ReadConfiguration(ZCD_NV_STARTUP_OPTION,sizeof(uint8),&startOptions);
          startOptions = ZCD_STARTOPT_AUTO_START;
          zb_WriteConfiguration(ZCD_NV_STARTUP_OPTION,sizeof(uint8),&startOptions);
            zb_SystemReset();
        }
      else
        {
          //允许绑定
          zb_AllowBind(myAllowBindTimeout);
        }
      }
      if(keys & HAL_KEY_SW_2)
      {
        if(myAppState == APP_INIT)
        {
          //在初始化状态,键盘用于指示设备逻辑模式
          //SW2(S4)作为路由器启动
          zb_ReadConfiguration(ZCD_NV_LOGICAL_TYPE,sizeof(uint8),&logicalType);
          if(logicalType != ZG_DEVICETYPE_ENDDEVICE)
          {
            logicalType = ZG_DEVICETYPE_ROUTER;
            zb_WriteConfiguration(ZCD_NV_LOGICAL_TYPE,sizeof(uint8),&logicalType);
          }
          zb_ReadConfiguration(ZCD_NV_STARTUP_OPTION,sizeof(uint8),&startOptions);
          startOptions = ZCD_STARTOPT_AUTO_START;
          zb_WriteConfiguration(ZCD_NV_STARTUP_OPTION,sizeof(uint8),&startOptions);
          zb_SystemReset();
        }
        else
        {
        }
      }
    //按键3和4这里没有使用
      if(keys & HAL_KEY_SW_3)
      {
      }
      if(keys & HAL_KEY_SW_4)
      {
```

```
    }
  }
}
```

键盘处理函数，这里只使用了 SW1 和 SW2 按键，其他 SW3 和 SW4 用户可以自己定义其处理过程，也可以加入自己的处理函数。

接收数据指示，如程序清单 8-24 所示。当管理器接收到数据后，发生该事件 AF_INCOMING_MSG_CMD，这里调用了函数 zb_ReceiveDataIndication，对接收到的数据做相应的处理。

程序清单 8-24

```
//****************************************************************
//函数原型:void zb_ReceiveDataIndication( uint16 source,uint16 command,uint16 len,uint8 * pData)
//输入:源地址、数据命令、数据长度、数据
//输出:无
//功能描述:接收数据指示
//****************************************************************
void zb_ReceiveDataIndication( uint16 source,uint16 command,uint16 len,uint8 * pData  )
{
  if( command == TOGGLE_LIGHT_CMD_ID)
  {
    //接收命令为"toggle"命令
    HalLedSet( HAL_LED_1,HAL_LED_MODE_TOGGLE);
  }
}
```

由于在该实验中，数据为空，所以该函数只针对命令做了相应处理，如果有数据载荷，还可以对数据做相应处理。5.7.4 小节中的温度传感器实验就有数据载荷，并对数据做了处理。

8.2.7.3 终端（开关）设备

应用程序见源文件 SimpleSwitch. c，如程序清单 8-25 所示。

程序清单 8-25

```
//****************************************************************
//函数原型:void zb_HandleKeys( uint8 shift,uint8 keys)
//输入:键盘按下状态,按键
//输出:无
//功能描述:按键处理函数
//****************************************************************
void zb_HandleKeys( uint8 shift,uint8 keys)
{
  uint8 startOptions;
  uint8 logicalType;
  //双击没有功能代码
  if( shift)
```

```
{
  if( keys & HAL_KEY_SW_1)
  {
  }
  if( keys & HAL_KEY_SW_2)
  {
  }
  if( keys & HAL_KEY_SW_3)
  {
  }
  if( keys & HAL_KEY_SW_4)
  {
  }
}
else
{
  if( keys & HAL_KEY_SW_1)
  {
    if( myAppState = = APP_INIT)
    {
      //在初始化状态,键盘用于指示设备逻辑模式
      //SW1(S1)和 SW2(S4)都作为终端设备启动
      logicalType = ZG_DEVICETYPE_ENDDEVICE;
      zb_WriteConfiguration( ZCD_NV_LOGICAL_TYPE, sizeof( uint8), &logicalType);
      zb_ReadConfiguration( ZCD_NV_STARTUP_OPTION, sizeof( uint8), &startOptions);
      startOptions = ZCD_STARTOPT_AUTO_START;
      zb_WriteConfiguration( ZCD_NV_STARTUP_OPTION, sizeof( uint8), &startOptions);
      zb_SystemReset( );
    }
    else
    {
      //绑定请求
      zb_BindDevice( TRUE, TOGGLE_LIGHT_CMD_ID, NULL);
    }
  }
  if( keys&HAL_KEY_SW_2)
  {
    if( myAppState = = APP_INIT)
    {
      logicalType = ZG_DEVICETYPE_ENDDEVICE;
      zb_WriteConfiguration( ZCD_NV_LOGICAL_TYPE, sizeof( uint8), &logicalType);
      zb_ReadConfiguration( ZCD_NV_STARTUP_OPTION, sizeof( uint8), &startOptions);
    startOptions = ZCD_STARTOPT_AUTO_START;
```

```
        zb_WriteConfiguration(ZCD_NV_STARTUP_OPTION,sizeof(uint8),&startOptions);
        zb_SystemReset();
      }
      else
      {
        //发送命令 TOGGLE_LIGHT_CMD_ID
        zb_SendDataRequest(0xFFFE,TOGGLE_LIGHT_CMD_ID,0,
                          (uint8*)NULL,myAppSeqNumber,0,0);
      }
    }
    if(keys&HAL_KEY_SW_3)
    {
      //移除存在的所有绑定
      HalLedSet(HAL_LED_1,HAL_LED_MODE_OFF);//bangding
      zb_BindDevice(FALSE,TOGGLE_LIGHT_CMD_ID,NULL);
    }
    if(keys&HAL_KEY_SW_4)
    {
    }
  }
}
```

从键盘处理函数可以看出，在初始化阶段，SW1 和 SW2 作为选择设备逻辑类型用。启动之后，SW1（S1）发送绑定请求，SW2（S4）发送命令，SW3（S2）解除绑定。

绑定确认，绑定成功后，在终端设备上有指示，如程序清单 8-26 所示。

程序清单 8-26

```
//*****************************************************************os
//函数原型:void zb_BindConfirm(uint16 commandId,uint8 status)
//输入:命令,状态
//输出:无
//功能描述:绑定成功确认
//*****************************************************************
void zb_BindConfirm(uint16 commandId,uint8 status)
{
  if((status == ZB_SUCCESS)&&(myAppState == APP_START))
  {
    //打开 LED1
    HalLedSet(HAL_LED_1,HAL_LED_MODE_ON);
  }
}
```

在这里是打开 LED1 作为绑定成功的标志。

完成上面工作后，可以在 void osalAddTasks（void）函数中添加一个添加任务函数 osalTaskAdd(SAPI_Init,SAPI_ProcessEvent,OSAL_TASK_PRIORITY_LOW),此时操作系统就可以完成所有期望的处理。

针对管理器和开关配置编程在上节中有详细描述。确保只能有一个管理器作为协调器，其他都作为路由器。

在本实验中使用 1 块扩展板及 1 块 ZigBee 模块 CC2430 作为一个管理器（协调器），使用 1 块扩展板及 1 块 ZigBee 模块 CC2430 作为一个路由设备，1 块 ZigBee 模块 CC2430 作为终端（开关）设备。

设备自动加入网络之后（LED3 闪亮——开关设备，协调器建立网络 LED3 点亮，路由器加入网络 LED3 点亮），采用下面的控制方式来创建绑定：

（1）通过按某个管理器的 S1 使它进入允许绑定模式；

（2）在某个灯开关上按下 S1（10s 之内）发出绑定请求；

（3）这就将使该开关设备绑定到该（处于绑定模式下的）管理器设备上；

（4）当开关绑定成功时，（开关设备上的）LED1 闪亮；

（5）之后，开关设备上的 S4 被按下就将发送“切换”命令，它将使对应的管理器设备上的 LED1 状态切换；

（6）如果开关设备上的 S3 按下，它将移除该设备上所有的绑定。

下面介绍整个实验的演示流程及相关分析。

把 C51RF-3-PK 配置的 simple 工程文件夹复制至 IAR 安装盘根目录下（如 C 盘），找到工程目录打开。

编译下载：用两个模块，选择管理器编译下载，如图 8-16 所示。

换个模块，选择开关设备编译下载，如图 8-17 所示。

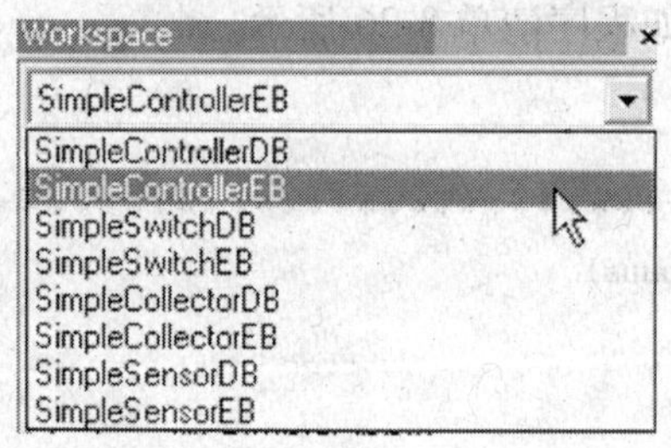

图 8-16　选择管理器（灯）

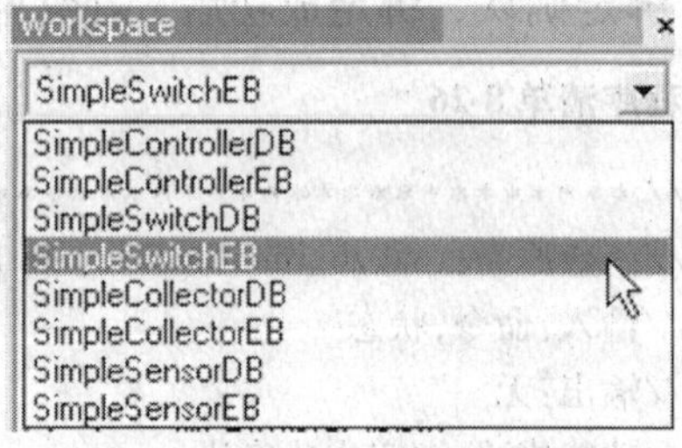

图 8-17　选择开关

选择适当的类型启动，这里三个模块，两个管理器分别作为协调器和路由器启动，开关设备作为终端设备启动。

建立绑定。可以在协调器和终端设备之间建立绑定，或可以在路由器和终端设备间建立绑定，开关也可以同时绑定所有的管理器设备，其绑定方法如前介绍。

绑定之后，就可以在建立绑定之间的设备发送命令，可以观察管理设备灯 LED1 的显示状态的变化。按下 S2 可以解除开关上的所有绑定，从而可以按照上述步骤从新绑定和传输命令。

下面介绍用简单的 API 开发一个应用的方法，项目配置示意如图 8-18 所示。

（1）确定应用中的所有的设备：

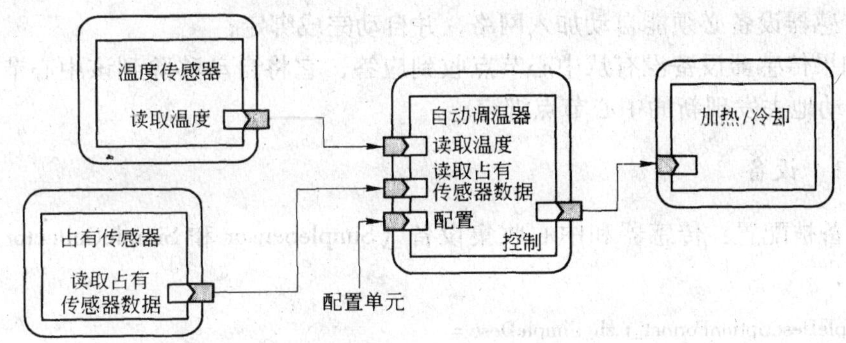

图 8-18 项目配置示意图

1）如温度传感器、占有传感器、自动调温器、加热单元和遥控；

2）为他们中的每一个设备都分配一个设备 ID（唯一的 16 位 ID）。

（2）确定“命令”，为每个设备在设备之间交换信息分配的 16 位命令 ID，例如：

1）读温度；

2）读自动调温器设置；

3）加热/制冷单元的控制。

（3）为每个“命令”，确定设备“引起”（输出）和“吸引”（输入）命令。温度读是“输出”从占有传感器设备和“输入”到自动调温器等等。

（4）为每个设备创建简单描述符结构，这个包括：

1）为每个设备分配设备 ID 和版本；

2）为设备指定“输出”和“输入”命令列表；

3）指定一个模式(profile)ID，这个是唯一的应用模式 16 位的身份识别码，由 ZB 联盟分配。

（5）为每一个“命令”：

1）定义信息交换格式和它的解释；

2）例如：温度值能被交换作为：

（格式）“一个 8 位值”。

（解释）“0 指示 0℃和 255 指示 64℃步长为 0.25℃”。

（6）为每个设备写应用程序：

1）“输出”命令设备应该能产生一个数据包，作为周期发送或外部时间触发发送；

2）“输入”命令设备应该接收这些数据包和分析有效的载荷。

确定一个绑定方案以致设备能够正确的交换数据包。

8.2.8 无线传感器实验

传感器节点采集温度和电池电压，并发送这些数据到中心收集节点进行处理。这里为了实验简单，只有一个中心节点收集这些信息，处理后通过串口送到计算机，可以在串口调试工具或超级终端上看到，为了提高网络的负载，可以增加中心收集节点。

这个实验必须做到：

（1）自动形成一个网络；

(2) 传感器设备必须能自动加入网络，并自动完成绑定；

(3) 如果传感器设备没有从中心节点收到应答，它将自动移除到该中心节点的绑定，然后它将自动地去发现新的中心节点绑定。

8.2.8.1 设备

两种设备被配置：传感器和中心收集设备（SimpleSensor 和 SimpleCollector）。中心设备描述符为：

```
const SimpleDescriptionFormat_t zb_SimpleDesc =
{
  MY_ENDPOINT_ID,                          // 端点
  MY_PROFILE_ID,                           // Profile ID
  DEV_ID_COLLECTOR,                        // 设备 ID
  DEVICE_VERSION_COLLECTOR,                // 设备版本
  0,                                       // 保留
  NUM_IN_CMD_COLLECTOR,                    // 输入命令数量
  (cId_t*)zb_InCmdList,                    // 输入命令列表
  NUM_OUT_CMD_COLLECTOR,                   // 输出命令数量
  (cId_t*)NULL                             // 输出命令列表
};
```

中心收集设备作为协调器或路由器启动。传感器设备的描述符为：

```
const SimpleDescriptionFormat_t zb_SimpleDesc =
{
  MY_ENDPOINT_ID,                          // 端点
  MY_PROFILE_ID,                           // Profile ID
  DEV_ID_SENSOR,                           // 设备 ID
  DEVICE_VERSION_SENSOR,                   // 设备版本
  0,                                       // 保留
  NUM_IN_CMD_SENSOR,                       // 输入命令数量
  (cId_t*)NULL,                            // 输入命令列表
  NUM_OUT_CMD_SENSOR,                      // 输出命令数量
  (cId_t*)zb_OutCmdList                    // 输出命令列表
};
```

传感器设备作为终端设备启动。

8.2.8.2 命令

这里仍然只有一个命令——SENSOR_REPORT_CMD_ID，在传感器设备，该命令定义为“输出”命令：

```
const cId_t zb_OutCmdList[NUM_OUT_CMD_SENSOR] =
{
  SENSOR_REPORT_CMD_ID
```

```
};
```

在中心收集设备，该命令定义为“输入”命令：

```
const cId_t zb_InCmdList[NUM_IN_CMD_COLLECTOR] =
{
  SENSOR_REPORT_CMD_ID
};
```

该命令信息带有两个字节的负载，第一个字节指示读取的类型（温度或电池电压）；第二个字节为传感器指示值（温度或电压指示）。温度值指示范围为 0~99℃，电压值范围为 0~3.75V，精度为 0.1V。

注意：温度和电池电压值不是很准确，许多硬件参数需要校准，看源代码传感器的相关校准参数。另外 2430 内部的温度传感器经实验检验不准确，可以采用外部温度传感器，不过这里为了实验方便，仍然采用内部温度传感器。

8.2.8.3 发现和绑定

加入网络之后，传感器设备将试图发现和绑定它自己到一个中心收集设备，如果发现多个收集设备，它将挑选第一个响应的收集设备建立绑定；如果没有发现收集节点，它将周期性的继续搜索。用 osal_start_timer(MY_START_EVT, myStartRetryDelay) 函数设置一个时间事件，该事件处理如下：

```
if(event & MY_FIND_COLLECTOR_EVT)
{
    //继续发送绑定
    zb_BindDevice(TRUE,SENSOR_REPORT_CMD_ID,(uint8*)NULL);
}
```

该代码在 zb_HandleOsalEvent 函数中，这个是专门为用户留下的事件处理函数。可以看出，如果没有建立绑定，传感器设备将周期的发送绑定请求。

网络启动建立成功后，中心收集设备必须进入允许绑定模式，才能对传感器发送的绑定请求作出响应。在该实验中，通过按下收集设备的 S1，使之进入允许绑定模式，在该模式下，LED1 处于点亮状态；通过按下 S4，可以退出允许绑定模式，此时 LED1 关闭。

这个可以通过键盘处理函数 zb_HandleKeys 可以看出：

中心收集设备键盘 S1 处理：

```
else  //设备启动之后
{
  //打开允许绑定模式
  zb_AllowBind(0xFF);
  HalLedSet(HAL_LED_1,HAL_LED_MODE_ON);  //点亮 LED1
}
```

S4 处理：

```
else  //设备启动之后
```

```
    {
      //关闭允许绑定模式
      zb_AllowBind(0x00);
      HalLedSet(HAL_LED_1,HAL_LED_MODE_OFF);//关闭 LED1
    }
```

8.2.8.4　数据包发送和接收

绑定建立成功之后，传感器设备将根据定义的时间间隔周期的采集温度传感器和电池电压值，分别通过报告命令发送给收集设备。该报告命令要求收集设备应答，通过函数 zb_SendDataConfirm 可以指示应答，如果传感器设备有一个应答没有接收到，传感器设备将移除它存在的绑定，然后进行重新发现和绑定过程。

通过函数 zb_HandleOsalEvent 完成用户定义的事件，如程序清单 8-27 所示。

程序清单 8-27

```
//************************************************************************
//函数原型:void zb_HandleOsalEvent(uint16 event)
//输入:事件
//输出:无
//功能描述:用户定义事件处理函数
//************************************************************************
void zb_HandleOsalEvent(uint16 event)
{
  uint8 pData[2];
  if(event&MY_START_EVT)
  {
    zb_StartRequest();
  }
  if(event & MY_REPORT_TEMP_EVT)  //温度报告
  {
    //读温度值
    pData[0] = TEMP_REPORT;
    pData[1] =   myApp_ReadTemperature();
    zb_SendDataRequest(0xFFFE,SENSOR_REPORT_CMD_ID,2,pData,0,AF_ACK_REQUEST,0);
    osal_start_timer(MY_REPORT_TEMP_EVT,myTempReportPeriod);
  }
  if(event & MY_REPORT_BATT_EVT)  //电池报告
  {
    //读电压值
    pData[0] = BATTERY_REPORT;
    pData[1] =   myApp_ReadBattery();
    zb_SendDataRequest(0xFFFE,SENSOR_REPORT_CMD_ID,2,pData,0,AF_ACK_REQUEST,0);
    osal_start_timer(MY_REPORT_BATT_EVT,myBatteryCheckPeriod);
```

```
    }
    ……………………………………………
}
```

温度采集函数 myApp_ReadTemperature( )和电压采集函数 myApp_ReadBattery( )见 SimpleSensor. c 文件中的源代码，这里不列出。收集节点接收到传感器设备发送的数据包后，它能显示到 PC 机或 LCD 上。该实验采用的是串口传输到 PC 机，通过串口调试工具可以观察到。该过程通过接收数据指示函数 zb_ReceiveDataIndication 完成，如程序清单 8-28 所示。

程序清单 8-28

```
//*******************************************************************
//函数原型:void zb_ReceiveDataIndication(uint16 source,uint16 command,uint16 len,uint8 *pData)
//输入:源地址,命令,数据长度,数据
//输出:无
//功能描述:接收数据指示
//*******************************************************************
//静态常量定义
CONST uint8 strDevice[ ] = "Device:0x";
CONST uint8 strTemp[ ] = "Temp:";
CONST uint8 strBattery[ ] = "Battery:";
void zb_ReceiveDataIndication(uint16 source,uint16 command,uint16 len,uint8 *pData )
{
  uint8 buf[32];
  uint8 *pBuf;
  uint8 tmpLen;
  uint8 sensorReading;
  if(command == SENSOR_REPORT_CMD_ID)   //保证命令正确
  {
    //读取传感器数据
    sensorReading = pData[1];
    //写信息到串口
    tmpLen = (uint8)osal_strlen((char*)strDevice);
    pBuf = osal_memcpy(buf,strDevice,tmpLen);
    _ltoa(source,pBuf,16);
    pBuf + =4;
    *pBuf ++ ='';
    if(pData[0] == BATTERY_REPORT)   //电池电压
    {
      tmpLen = (uint8)osal_strlen((char*)strBattery);
      pBuf = osal_memcpy(pBuf,strBattery,tmpLen);
      *pBuf ++ = (sensorReading/10) + '0';     //转换 MSB 为 ascii
      *pBuf ++ ='.';                            //小数点
      *pBuf ++ = (sensorReading%10) + '0';     //转换 LSB 为 ascii
```

```
      *pBuf ++ = '';
      *pBuf ++ = 'V';
    }
    Else  //  温度
    {
      tmpLen = (uint8)osal_strlen((char*)strTemp);
      pBuf = osal_memcpy(pBuf,strTemp,tmpLen);
      *pBuf ++ = (sensorReading/10) + '0';     //转换 MSB 为 ascii
      *pBuf ++ = (sensorReading% 10) + '0';     //转换 LSB 为 ascii
      *pBuf ++ = '';
      *pBuf ++ = 'C';
    }
    *pBuf ++ = '\r';
    *pBuf ++ = '\n';
    *pBuf = '\0';
#if defined(MT_TASK)
    debug_str((uint8*)buf);
#endif
    //为了方便,这样里也可以调用串口驱动函数,直接把接收到的数据写到串口。
  }
}
```

这时就可以在串口观察到结果，如图 8-19 所示。

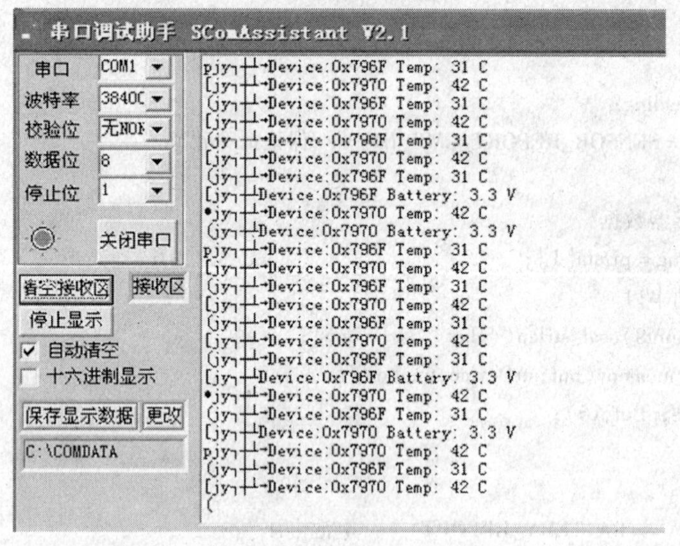

图 8-19　温度传感器串口观察

从图 8-19 可以看出，该实验采用了一个中心节点，两个传感器设备，短地址分别为 0x796F，0x7970，可以看到两个设备环境中的温度和电池电压。注意：这里温度传感器采用 CC2430 内部温度传感器，精确度不是很理想。

参 考 文 献

[1] CC2430 A True System-on-Chip solution for 2. 4GHz IEEE802. 15. 4 / ZigBee. http: // www. chipcon. com; www. TI. com.

[2] CC2520 2. 4GHz IEEE802. 15. 4/ZigBee-ready RF Transceiver. http: //www. chipcon. com; www. TI. com.

[3] CC2530 A True System-on-Chip Solution for 2. 4GHz IEEE802. 15. 4 and ZigBee Applications. http: // www. TI. com.

[4] CC2431 System-on-Chip for 2. 4 GHz ZigBee/ IEEE802. 15. 4 with Location Engine. http: // www. chipcon. com; www. TI. com.

[5] ZigBee Specification 2007. http: // www. zigbee. org.

[6] ZigBee Specification 2006 . http: //www. zigbee. org.

[7] IEEE Std 802. 15. 4 2003 http: //www. zigbee. org.

[8] 8051 IAR Embedded Workbench Help. http: //www. iar. com.

[9] 解析 ZigBee 堆栈架构 . http: //www. eetchina. com/ART_8800403003_640279_1fddbe6c. HTM.

[10] 如何建立完善的单片机开发实验平台 . http: //www. ourmpu. com/mcujx/kfdh00. htm.

[11] 无线定位系统及其发展趋势[J]. 山西电子技术，2006(6).

[12] 贝克．嵌入式系统译丛：嵌入式系统中的模拟设计[M]. 北京：北京航空航天大学出版社，2005.

[13] 楼然苗．51 系列单片机设计实例[M]. 北京：北京航空航天大学出版社，2006.

[14] 彭力．信息融合关键技术及其应用[M]. 北京：冶金工业出版社，2010.

[15] 郑宝玉等译．现代无线通信[M]. 北京：电子工业出版社，2006.

[16] 庞淑英．网络信息安全技术基础与应用[M]. 北京：冶金工业出版社，2009.

[17] 北京教育科学研究院．无线电技术基础[M]. 北京：人民邮电出版社，2005.

[18] 郭兵．SOC 技术原理应用[M]. 北京：清华大学出版社，2006.

[19] 赵阿群，陈少红，赵直，等．计算机网络基础[M]. 北京：北京交通大学出版社，2005.

[20] 蒋挺，赵成．紫蜂技术及其应用[M]. 北京：北京邮电大学出版社，2006.

[21] 徐爱钧，彭秀华．单片机高级语言 C51 Windows 环境编程与应用[M]. 北京：电子工业出版社，2003.

[22] 李文仲，段朝玉．ZigBee 无线网络入门与实战[M]. 北京：北京航空航天大学出版社，2007.

[23] 李文仲，段朝玉．ZigBee2006 无线网络与无线定位实战[M]. 北京：北京航空航天大学出版社，2008.

冶金工业出版社部分图书推荐

书　　名	作　者	定价(元)
热轧带钢轧后层流冷却控制系统	彭　力	18.00
无线传感器网络技术	彭　力	22.00
供热工程实用仿真案例详解	彭　力	16.00
现代无线传感网概论	无线龙	49.00
C ++ 程序设计(本科教材)	高　潮	40.00
高频 RFID 技术高级教程	无线龙	49.00
轧制过程自动化(第 3 版)(本科教材)	丁修堃	59.00
热轧生产自动化技术	刘　玠	52.00
炼钢生产自动化技术	刘　玠	53.00
冶金过程自动化基础	孙一康	68.00
冷轧生产自动化技术	刘　玠	48.00
连铸及炉外精炼自动化技术	蒋慎言	52.00
冶金企业管理信息化技术	漆永新	56.00
冶金原燃料生产自动化技术	马竹梧	58.00
精简无线传感器网络技术	无线龙	40.00
钢铁工业自动化·炼钢卷	马竹梧	98.00
钢铁工业自动化·炼铁卷	马竹梧	40.00
高精度板带钢厚度控制的理论与实践	丁修堃	65.00
机械原理(本科教材)	吴　洁	29.00
机械设计(本科教材)	张　磊	40.00
UG NX7.0 三维建模基础教程(本科教材)	王庆顺	42.00